“十四五”职业教育国家规划教材
经全国职业教育教材审定委员会审定

生物化学与技术(含实训)

(第二版)

主　编　陈　芬　赵丽平
副主编　李旭颖　余细红　郑　寅
　　　　曾青兰　夏新奎
参　编　高小娥　付　艳　金　鹏
　　　　赵　君　杨玉红　丁　鸿
　　　　蒋利群　张银冰　孙　伟

华中科技大学出版社
中国·武汉

图书在版编目(CIP)数据

生物化学与技术:含实训/陈芬,赵丽平主编.—2版.—武汉:华中科技大学出版社,2018.8(2025.1重印)

ISBN 978-7-5680-4426-4

Ⅰ.①生… Ⅱ.①陈… ②赵… Ⅲ.①生物化学-高等职业教育-教材 ②生物工程-高等职业教育-教材 Ⅳ.①Q5 ②Q81

中国版本图书馆CIP数据核字(2018)第173499号

生物化学与技术(含实训)(第二版) 陈 芬 赵丽平 主编

Shengwu Huaxue yu Jishu(Han Shixun)

策划编辑:王新华

责任编辑:王新华

封面设计:刘 卉

责任校对:李 琴

责任监印:周治超

出版发行:华中科技大学出版社(中国·武汉) 电话:(027)81321913

武汉市东湖新技术开发区华工科技园 邮编:430223

录 排:华中科技大学惠友文印中心

印 刷:武汉邮科印务有限公司

开 本:787mm×1092mm 1/16

印 张:19.5

字 数:461千字

版 次:2025年1月第2版第6次印刷

定 价:48.80元

内容提要

本书为“十四五”职业教育国家规划教材。

本书将生物化学与技术课程内容分成生物化学知识平台和技术平台两大模块，知识平台坚持“够用、适度、实用”的原则，强化五类生物大分子物质的结构和性质，以及能量和物质在机体内的代谢过程；技术平台紧紧围绕企业的岗位需求展开，将知识与技能整合到各个实训任务中，每个任务融入必备知识、操作要点、注意事项等要素，加深对理论知识的理解，使学生觉得学有所用，激发他们的学习潜能。

全书共分为两大模块，第一个模块包括认识生物化学，生物大分子的功能、性质、结构及应用，能量及物质代谢，遗传信息的表达与传递。第二个模块包括 24 个实训项目。每一个部分都配有思考训练，供学生课后练习巩固。

本书是作者在长期教学实践与改革的基础上，为适应高职发展的要求精心编写而成的。本书配有电子课件。

本书可供高职高专院校生物类、制药类、食品类和医药类专业师生作为生物化学与技术教材使用，也可供从事相关专业教学与科研的技术人员参考。

前言

21世纪是生命科学的世纪，生物化学与技术是生命科学的核心学科之一，也是高职高专生物类和制药类专业学生的一门科学性、技术性、操作性很强的专业基础课，其实验技术是从事生物医药产品生产与检测必备的基本技术。

生物化学与技术内容十分广泛，新的理论和研究成果与日俱增，不可能在本书中全面介绍。为了培养适应生物产业发展的高素质应用型人才，本书在第一版的基础上作了较大的改变和创新。知识平台坚持“够用、适度、实用”的原则，强化五类生物大分子物质的结构和性质，以及能量和物质在机体内的代谢过程；技术平台紧紧围绕企业的岗位需求展开，将知识与技能整合到各个实训任务中，每个任务融入必备知识、操作要点、注意事项等要素，加深对理论知识的理解，使学生体会到学有所用，激发他们的学习潜能。深入学习党的“二十大”的精神，将科技强国的思想体现在学习和实践过程中。

标题前加※的内容是选讲内容。

本书由陈芬、赵丽平主编。参加本书编写的有：武汉职业技术学院陈芬、高小娥，信阳农林学院赵丽平、夏新奎、孙伟，黑龙江农垦科技职业学院李旭颖、付艳，揭阳职业技术学院余细红、丁鸿，咸宁职业技术学院曾青兰，天津科技大学金鹏，三门峡职业技术学院赵君，鹤壁职业技术学院杨玉红，新乡卫生学校蒋利群，广东轻工职业技术学院张银冰，武汉爱博泰克生物科技有限公司郑寅。在编写的过程中得到了武汉天天好生物制品有限公司和武汉爱博泰克生物科技有限公司等企业专家的指导，还得到武汉大学胡佑伦教授的指导，在此表示衷心的感谢。同时感谢华中科技大学出版社的大力支持。

由于高职教学改革步伐很快，加之编者水平有限，书中难免存在诸多不足之处，恳请同行专家与读者批评指正。

编　者

目录

模块一 生物化学知识平台

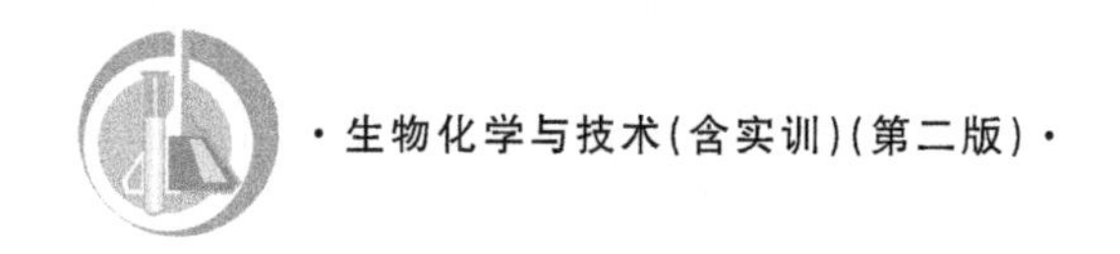

模块二 生化技术平台

模块一

生物化学知识平台

项目一

认识生物化学

知识目标

知道生物化学的发展史、生物化学的概念。

技能目标

知道生物化学的研究内容及生物化学知识在生活中的广泛应用。

素质目标

理解生物化学与其他学科的关系，认识学习生物化学的重要意义。

1. 生物化学的概念、对象、研究方法

地球上充满着无数的生物，从简单的病毒到菌藻树草，从鱼虫鸟兽到最复杂的人类，处处都有生命活动的踪迹。不同的生物，其形态、生理特征和对环境的适应能力各不相同，但都经历着生长、发育、衰老、死亡的过程，都具有繁殖后代的能力。

生物化学(biochemistry)就是生命的化学，是从分子水平上探讨生命活动中生物体内的化学变化及这些变化与生命活动之间的关系。生物化学的研究对象是一切生物有机体，包括动物、植物、微生物。

生物化学的研究方法是在分子水平上研究生物体的组成与结构、代谢及其调控。生物化学是一门具有先进性、科学性和系统性的学科，并以众多相关学科为基础。就目前的发展趋势来看，更多的人倾向于认为：生物化学更接近于分子生物学。分子生物学是研究核酸、蛋白质等生物大分子的结构、功能及其调控的一门科学。生物化学是以实验技术为前提的，实验技术的新进展推动了生物化学的深入研究。常用的生物化学技术主要有：物质的分离、提纯法，离心法，层析法，电泳法，光谱法，分子杂交技术等。

2. 生物化学的发展简史

作为一门新兴的边缘学科，生物化学仅有 100 多年的历史。从远古时代起，人类在长期的生产活动和社会实践中，积累了不少有关农牧业生产、食品加工和医药方面的知识。

公元前21世纪，我国人民就利用酒曲造酒，实际上就是用酒曲中的酶将谷物中的糖类物质转化为乙醇。4世纪，人们已知道地方性甲状腺肿可用含碘的海带、紫菜、海藻等海产品防治。7世纪，人们已经知道用猪肝治疗夜盲症（夜盲症是由于缺乏维生素A引起的，而猪肝富含维生素A）。

18世纪70年代以后，伴随着近代化学和生理学的发展，生物化学开始逐步形成。例如：1774年，英国人J. Priestley发现了氧气，并指出动物消耗氧气而植物产生氧气；1770—1786年，瑞典人C. W. Scheele分离出甘油、柠檬酸、苹果酸、乳酸、尿酸等；1796年，荷兰人J. Ingenbousz证明，在光照条件下，绿色植物吸收二氧化碳并放出氧气；1780—1789年，法国著名化学家A. L. Lavoisier证明，动物呼吸需要氧气，并最先测定了人的耗氧量。进入19世纪后，化学、物理学、生物学都有了极大的进展，这些学科的进展也推动了生物化学的进步。1828年，德国化学家Wöhler合成了有机物尿素，从而打破了有机物只能靠生物产生的观点，给“生机论”以重大打击。这一时期，尤其是法国著名生理学家C. Bernard、法国著名微生物学家L. Pasteur、德国化学家J. von Liebig等人开拓性的研究工作，为现代生物化学的发展奠定了基础。1877年，Hoppe-Seyler首先使用“biochemistry”这个词，生物化学作为一门新兴学科宣告诞生。

生物化学的发展大约可分为以下三个阶段。

（1）静态生物化学阶段　20世纪前，是生物化学发展的萌芽阶段。这一阶段主要的工作是分析和研究生物体的成分，对生物体的各种成分进行分离、纯化、结构测定、合成及理化性质的研究。早期生物化学的发展动力来自医药实践和发酵工业的兴起。其中，Fischer测定了多糖和氨基酸的结构，并指出蛋白质是由肽键连接的；1897年，德国人Hans Buchner和Eduard Buchner成功地用不含细胞的酵母提取液实现了发酵，从而证明发酵过程并不需要完整的细胞；1926年，Sumner制得了脲酶结晶，并证明它是蛋白质；酵母发酵过程中“可溶性催化剂”被发现。

（2）动态生物化学阶段　从20世纪初到20世纪50年代，是生物化学蓬勃发展的时期。这一阶段的主要特点是研究生物体内物质的变化。在这一时期，人们基本上弄清了生物体内各种主要化学物质的代谢途径。例如：1932年，英国科学家Krebs建立了尿素合成的鸟氨酸循环；1937年，Krebs又提出了各种化学物质的中心环节——三羧酸循环的基本代谢；1940年，德国科学家Emben和Meyerhof提出了糖酵解途径。

（3）分子生物学阶段　1953年，以Watson和Crick提出的DNA双螺旋结构模型作为标志，生物化学的发展进入了分子生物学阶段。这一阶段的主要研究工作就是探讨各种生物大分子的结构与功能之间的关系。

生物化学重大发展代表主要如下：

1897年，Buchner发现酵母细胞质能使糖发酵；

1902年，Fischer创立了肽键理论；

1926年，Sumner结晶得到了脲酶，并证明酶就是蛋白质；

1935年，Schneider将同位素应用于代谢的研究；

1937年，Krebs发现了三羧酸循环；

1944年，Avery等人证明遗传信息在核酸上；

1953 年,Sanger 进行了胰岛素的氨基酸序列测定,Waston-Crick 提出 DNA 双螺旋结构模型;

1958 年,Perutz 等解析了肌红蛋白的立体结构;

1965 年,中国首次人工合成结晶牛胰岛素;

1970 年,Arber、Smith 及 Nathans 发现了 DNA 限制性内切酶;

1972 年,DNA 重组技术建立;

1990 年,人类基因组计划实施;

1997 年,Wilmut 等首次不经过受精,用成年母羊体细胞的遗传物质,成功地获得了克隆羊——多莉(Dolly);

2001 年,Venter(美)等报道完成了人类基因组草图测序,由此进入后基因组时代;

2002 年,Kurt Wüthrich 等发明了利用核磁共振技术测定溶液中生物大分子三维结构的方法;

2003 年,Peter Agre 等发现了细胞膜中的水通道以及离子通道;

2006 年,Roger David Kornberg 等研究了真核转录的分子基础;

2009 年,Elizabeth Blackburn 等发现了由染色体根冠制造的端粒酶(telomerase);

2012 年,John Gurdon 等发现了成熟细胞可以被重新编程而具备多能性;

2013 年,James E. Rothman 等发现了细胞囊泡运输与调节机制;

2015 年,Tomas Robert Lindahl 等研究了 DNA 修复的细胞机制。

1999 年我国作为唯一发展中国家参与了人类基因组计划,并成功完成了 3 号染色体上大约 3000 万个碱基对的测序任务。我国在生物化学领域中的杰出代表吴宪、刘思职、王应睐、童第周、施一公等,在各自的领域都取得了世界瞩目的成果。

3. 生物化学研究内容

生物化学研究的内容主要包括以下部分。

(1) 构成生物有机体的物质基础,即静态生物化学。高等生物体主要由蛋白质、核酸、糖类、脂类、水、无机盐等组成,此外,还含有一些低分子物质。生物化学主要研究生物体内糖类、脂类、蛋白质、核酸,以及对代谢起催化和调控作用的酶、维生素和激素等各种生物分子的化学组成、结构、性质和功能。这些大分子在生物体内有机相联,各司其职,使得人体“机器”有序运转。而目前流行全世界的新型冠状病毒主要由蛋白质和核酸组成。

(2) 生物物质在体内的运动规律,即动态生物化学或新陈代谢的规律。物质代谢的基本过程主要包括:消化、吸收、中间代谢、排泄。其中,中间代谢过程在细胞内进行,是最复杂的化学变化过程,包括合成代谢、分解代谢、物质互变、代谢调控、能量代谢。

(3) 生物遗传信息的传递、表达及其调控。对生物体遗传与繁殖的分子机制的研究,是现代生物化学与分子生物学研究的一个重要内容。信息代谢是近代生物化学研究的核心。生物体可以在细胞间和世代间保证准确的复制和信息传递。

4. 生物化学的应用

生物化学的产生和发展源于生产实践,它的迅速进步又有力地推动着生产实践的发展。生物化学在生产和生活中的作用主要体现在以下几个方面。

在医学上,随着人们对生命活动分子机制的逐步了解,对各种生理和疾病过程的认识不断深化，并将这些知识应用于医疗与保健上。例如：疾病的诊断与病理分析、设计或筛选出各种高效低毒的药物、保健品的开发、基因疗法、器官克隆等。

在工业生产尤其是发酵工业上，人们根据某种产物的代谢规律，特别是它的代谢调节规律，通过控制反应条件，或者用遗传手段来改造生物，突破反应中限制步骤的调控，大量生产所需要的生物产品。例如：利用发酵法成功地生产出维生素C和许多氨基酸等。

在农业上，随着对养殖动物和种植农作物代谢过程的深刻认识，人们研制出了生长激素、各种生物农药和除草剂、生物杀虫剂，转基因技术育种、高级动植物品种的克隆技术。此外，农产品、畜产品、水产品的储藏、保鲜、加工业广泛地运用有关的生化知识。

生化分析已经成为现代工业生产和医药实践中常规的检测手段，特别是酶法分析，具有专一性强、精度高的优点，有广阔的应用前景。在工业生产上，利用生化分析检验产品质量，监测生产过程，指导工艺流程的改造。在农业上，利用生化分析进行品种鉴定，促进良种选育。在医学上，生化分析用于帮助临床诊断，跟踪和指导治疗过程，同时，还为探讨疾病产生机制和药物作用机制提供重要的线索。生化分离纯化技术和生物合成技术不仅极大地推动了近代生物化学，以及分子生物学和生物工程的发展，而且必将给许多传统的生产领域带来一场深刻的变革。

目前，生化产品得到广泛应用。例如：蛋白酶制剂被用作助消化和溶血栓的药物，还用于皮革脱毛和洗涤剂的添加剂；淀粉酶和葡萄糖异构酶用以生产高果糖糖浆；纤维素酶用作饲料添加剂；某些固定化酶被用来治疗相应的酶缺陷疾病；一些酶制剂已在工农业产品的加工和改造、工艺流程的革新和“三废”治理中得到应用。各种疫苗、血液制品、激素、维生素、氨基酸、核苷酸、抗生素和抗代谢药物等，已经广泛应用于医疗实践。此外，许多食品添加剂、营养补剂和某些饲料添加剂也是生化制品。

因此，学习生物化学的基础理论、基础知识和基本技能，掌握生物化学、分子生物学和基因工程的基本原理及操作技术，密切关注生物化学发展的前沿知识和发展动态，是十分必要的。

5. 生物化学的学习方法

生物化学内容十分丰富，发展非常迅速，在生命科学中的地位极其重要，因而，成为生物技术、医学、农学、畜牧、兽医和食品科学等专业必修的专业基础课。生物化学与数学、物理和化学不同，它还没有进入定量科学的阶段，还处在定性科学阶段，不可能像物理、数学那样通过公式或定理推出一个准确的结论。因此，生物化学的学习还是以概念为主，当然也有规律和规则。

学习生物化学时，要有明确的学习目的，同时还要有勤奋的学习态度、科学的学习方法。这就要求在学习后面的内容后要返回到前面，进行比较、分析，将整个内容贯穿起来。要根据本学科的特点，联系选修课程（如有机化学、生物学、微生物学，以及化学、物理等学科）的知识，使生物化学与整个生物学融为一体。同时，还要在教师的指导下全面了解教材内容，在理解的基础上加强记忆，在记忆的过程中加深理解。要重视实训课程，利用实训和完成练习题来培养和提高分析问题及解决问题的能力。

总结与反馈

生物化学是生命的化学。它是利用化学的理论和方法研究生物体的化学组成和性质,以及这些物质在生命活动中的化学变化和能量转换的一门科学。

人们认识生命现象是一个漫长的过程,许多学者都作出了巨大的贡献。生物化学发展分为三个阶段:静态生物化学阶段、动态生物化学阶段和分子生物学阶段。静态生物化学阶段主要是发现了生物体主要由糖类、脂类、蛋白质和核酸四大类有机物质组成。动态生物化学阶段对各种化学物质的代谢途径有了一定的了解。分子生物学阶段主要是探讨生物遗传信息的传递、表达及其调控。

生物化学是生物类专业衔接基础课程和专业课程的专业基础课,学好它有一定的难度,需要同学们在理解的基础上记忆,通过实训和练习,巩固理论知识。

思考训练

1. 什么是生物化学?
2. 生物化学研究的主要内容包括哪些方面?
3. 简述生物化学在各行业的主要应用。

项目二

生物大分子的功能、性质、结构及应用

任务一　糖类的功能、性质、结构及应用

知识目标

（1）认识糖类化合物并了解其生物功能；

（2）掌握单糖的性质、结构及应用；

（3）认识低聚糖和多糖。

技能目标

（1）能运用已学的糖类化合物的知识解决生活和生产中一些实际问题；

（2）运用互联网、图书、杂志进行资料的收集和整理。

素质目标

通过对糖类化合物的学习了解生物大分子的功用，培养思维能力及探索创新精神。

一、糖类化合物及其生理功能

（一）认识糖类

1．糖的概念

糖类化合物是自然界存在最多的一类有机化合物，如葡萄糖、蔗糖、淀粉、纤维素等。细菌和高等动物都含有糖类化合物；植物体中糖类化合物的含量最为丰富，占其干重的85％～90％；人和动物体内含糖量较少，约占体内干重的2％。

自然界中糖的来源是绿色植物的光合作用。绿色植物通过光合作用将太阳能转变成化学能并储存在糖类化合物中，同时释放出氧气。动物不能自行合成糖类，只能从植物中

摄取。动物从空气中吸收氧气，将摄入体内的糖经过一系列的反应，逐步氧化成 CO_2 和 H_2O，同时释放出能量以供机体生命活动的需要。因此，动、植物是互相依存的有机体。

2. 糖的分类

糖类化合物可根据其能否水解及水解产物的不同分为单糖、低聚糖和多糖。

单糖是最简单的糖，不能再被水解为更小的单位。如葡萄糖、果糖和核糖等。

低聚糖是由 2～10 分子单糖缩合而成的，水解后产生单糖，按照水解产生的单糖数目又可分为二糖、三糖、四糖等。如麦芽糖、蔗糖、乳糖等。

多糖是由多个单糖分子缩合而成，水解后可产生许多个单糖分子。如淀粉、糖原和纤维素等。

(二) 糖类化合物的生理功能

(1) 糖是生物体最重要的能量来源。生物体内的能量主要是通过糖的氧化获得的。

(2) 糖是生物机体内的碳源。构成生物有机体中的各种有机物质的碳架都是直接或间接地由糖类物质转化而来的，所以糖是生物体合成其他化合物的基本原料。

(3) 多糖是细胞、生物体的一种结构物质，如纤维素，它是植物细胞壁的主要成分。

(4) 糖可作为细胞生物体的储藏物质，如植物中的淀粉、动物细胞中的糖原。

(5) 糖可作为细胞识别的信息分子。细胞膜表面糖蛋白的低聚糖链参与细胞间的识别，一些细胞的细胞膜表面含有糖分子或低聚糖链，构成细胞的“天线”，参与细胞通信。

二、单糖的性质、结构及应用

单糖一般是含有 3～6 个碳原子的多羟基醛或多羟基酮。按碳原子数目，单糖可分为丙糖、丁糖、戊糖、己糖等。自然界的单糖主要是戊糖和己糖。按结构，单糖又可分为醛糖和酮糖。多羟基醛称为醛糖，最简单的醛糖是甘油醛；多羟基酮称为酮糖，最简单的酮糖是二羟丙酮。

(一) 理化性质

1. 物理性质

单糖都是无色晶体，味甜，有吸湿性；极易溶于水，难溶于乙醇，不溶于乙醚。单糖有旋光性，其溶液有变旋现象。

2. 化学性质

单糖主要以环状结构形式存在，但在溶液中可以发生开链反应。

(1) 差向异构化　在含多个手性碳原子的旋光异构体中，只有一个手性碳原子的构型相反，而其他手性碳原子的构型完全相同，这种构型异构体称为差向异构体。用碱性水溶液处理单糖时，能形成某些差向异构体的平衡体系。例如：用稀碱处理 D-葡萄糖，就得到 D-葡萄糖、D-甘露糖和 D-果糖三种物质的平衡混合物。这种作用就是差向异构化，差向异构体之间相互转化时是通过烯醇式中间体完成的。在生物体内的代谢过程中，某些糖的衍生物的相互转化就是通过烯醇式中间体来进行的。D-葡萄糖通过烯醇式中间体转化为 D-果糖的反应式如下。

$$
\begin{array}{c}
\mathrm{CHO}\\
\mathrm{H}-\!\!\!+\!\!\!-\mathrm{OH}\\
\mathrm{HO}-\!\!\!+\!\!\!-\mathrm{H}\\
\mathrm{H}-\!\!\!+\!\!\!-\mathrm{OH}\\
\mathrm{H}-\!\!\!+\!\!\!-\mathrm{OH}\\
\mathrm{CH_2OH}
\end{array}
\rightleftharpoons
\begin{array}{c}
\mathrm{H{-}O}\quad\mathrm{H}\\
\mathrm{C}\\
\|\\
\mathrm{C{-}O{-}H}\\
\mathrm{HO}-\!\!\!+\!\!\!-\mathrm{H}\\
\mathrm{H}-\!\!\!+\!\!\!-\mathrm{OH}\\
\mathrm{H}-\!\!\!+\!\!\!-\mathrm{OH}\\
\mathrm{CH_2OH}
\end{array}
\rightleftharpoons
\begin{array}{c}
\mathrm{CH_2OH}\\
\mathrm{C{=}O}\\
\mathrm{HO}-\!\!\!+\!\!\!-\mathrm{H}\\
\mathrm{H}-\!\!\!+\!\!\!-\mathrm{OH}\\
\mathrm{H}-\!\!\!+\!\!\!-\mathrm{OH}\\
\mathrm{CH_2OH}
\end{array}
$$

D-葡萄糖　　　　烯醇式　　　　D-果糖

（2）氧化作用　单糖无论是醛糖还是酮糖，都可与托伦试剂、斐林试剂（又称费林试剂）和班氏试剂（由硫酸铜、碳酸钠和柠檬酸钠配制成的蓝色溶液）作用，生成金属或金属的低价氧化物。以上三种试剂为碱性弱氧化剂，能把一般的醛氧化为相应的羧酸。单糖易被弱氧化剂氧化，说明单糖具有还原性。具有还原性的糖称为还原糖，单糖都是还原糖。利用单糖的还原性可进行单糖的定性、定量测定。例如，临床上常用班氏试剂检验尿中是否含有葡萄糖，并根据产生 Cu_2O 沉淀的颜色来判断葡萄糖的含量，借以诊断糖尿病。葡萄糖被弱氧化剂氧化的反应式如下。

$$
\begin{array}{c}
\mathrm{CHO}\\
\mathrm{H}-\!\!\!+\!\!\!-\mathrm{OH}\\
\mathrm{HO}-\!\!\!+\!\!\!-\mathrm{H}\\
\mathrm{H}-\!\!\!+\!\!\!-\mathrm{OH}\\
\mathrm{H}-\!\!\!+\!\!\!-\mathrm{OH}\\
\mathrm{CH_2OH}
\end{array}
\xrightarrow{[\mathrm{Ag(NH_3)_2}]^+}
\begin{array}{c}
\mathrm{COOH}\\
\mathrm{H}-\!\!\!+\!\!\!-\mathrm{OH}\\
\mathrm{HO}-\!\!\!+\!\!\!-\mathrm{H}\\
\mathrm{H}-\!\!\!+\!\!\!-\mathrm{OH}\\
\mathrm{H}-\!\!\!+\!\!\!-\mathrm{OH}\\
\mathrm{CH_2OH}
\end{array}
+\mathrm{Ag}\downarrow
$$

$$
\begin{array}{c}
\mathrm{CHO}\\
\mathrm{H}-\!\!\!+\!\!\!-\mathrm{OH}\\
\mathrm{HO}-\!\!\!+\!\!\!-\mathrm{H}\\
\mathrm{H}-\!\!\!+\!\!\!-\mathrm{OH}\\
\mathrm{H}-\!\!\!+\!\!\!-\mathrm{OH}\\
\mathrm{CH_2OH}
\end{array}
\xrightarrow{\text{斐林试剂}}
\begin{array}{c}
\mathrm{COOH}\\
\mathrm{H}-\!\!\!+\!\!\!-\mathrm{OH}\\
\mathrm{HO}-\!\!\!+\!\!\!-\mathrm{H}\\
\mathrm{H}-\!\!\!+\!\!\!-\mathrm{OH}\\
\mathrm{H}-\!\!\!+\!\!\!-\mathrm{OH}\\
\mathrm{CH_2OH}
\end{array}
+\mathrm{Cu_2O}\downarrow
$$

用溴水氧化醛糖也可形成糖酸，同样条件下酮糖不起反应。因此，利用溴水可鉴别醛糖和酮糖。而硝酸可使醛基及一级醇氧化，形成糖二酸。葡萄糖被溴水和硝酸氧化的反应式如下。

$$
\begin{array}{c}
\mathrm{CHO}\\
\mathrm{H}-\!\!\!+\!\!\!-\mathrm{OH}\\
\mathrm{HO}-\!\!\!+\!\!\!-\mathrm{H}\\
\mathrm{H}-\!\!\!+\!\!\!-\mathrm{OH}\\
\mathrm{H}-\!\!\!+\!\!\!-\mathrm{OH}\\
\mathrm{CH_2OH}
\end{array}
\xrightarrow{\mathrm{Br_2,\ H_2O}}
\begin{array}{c}
\mathrm{COOH}\\
\mathrm{H}-\!\!\!+\!\!\!-\mathrm{OH}\\
\mathrm{HO}-\!\!\!+\!\!\!-\mathrm{H}\\
\mathrm{H}-\!\!\!+\!\!\!-\mathrm{OH}\\
\mathrm{H}-\!\!\!+\!\!\!-\mathrm{OH}\\
\mathrm{CH_2OH}
\end{array}
$$

$$
\begin{array}{c}
\mathrm{CHO}\\
\mathrm{H}-\!\!\!+\!\!\!-\mathrm{OH}\\
\mathrm{HO}-\!\!\!+\!\!\!-\mathrm{H}\\
\mathrm{H}-\!\!\!+\!\!\!-\mathrm{OH}\\
\mathrm{H}-\!\!\!+\!\!\!-\mathrm{OH}\\
\mathrm{CH_2OH}
\end{array}
\xrightarrow{\mathrm{HNO_3}}
\begin{array}{c}
\mathrm{COOH}\\
\mathrm{H}-\!\!\!+\!\!\!-\mathrm{OH}\\
\mathrm{HO}-\!\!\!+\!\!\!-\mathrm{H}\\
\mathrm{H}-\!\!\!+\!\!\!-\mathrm{OH}\\
\mathrm{H}-\!\!\!+\!\!\!-\mathrm{OH}\\
\mathrm{COOH}
\end{array}
$$

(3) 成苷作用　环状结构上的半缩醛羟基与醇或酚的羟基缩合失水形成的缩醛式衍生物，称为糖苷。α-D-(＋)-吡喃葡萄糖转化为甲基-α-D-(＋)-吡喃葡萄糖苷的反应式如下。

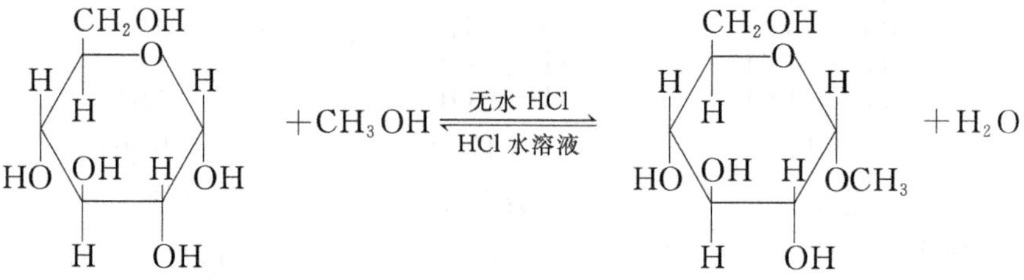

$$\alpha\text{-D-(+)-吡喃葡萄糖} + CH_3OH \underset{HCl\ 水溶液}{\overset{无水\ HCl}{\rightleftharpoons}} \text{甲基-}\alpha\text{-D-(+)-吡喃葡萄糖苷} + H_2O$$

α-D-(＋)-吡喃葡萄糖　　　　甲基-α-D-(＋)-吡喃葡萄糖苷

(4) 成酯作用　单糖分子中含多个羟基，这些羟基能与酸作用生成酯。人体内的葡萄糖在酶作用下生成葡萄糖磷酸酯，如 1-磷酸吡喃葡萄糖和 6-磷酸吡喃葡萄糖等。

单糖的磷酸酯在生命过程中具有重要意义，它们是人体内许多代谢的中间产物。D-甘油醛转化为 D-甘油醛-3-磷酸酯的反应式如下。

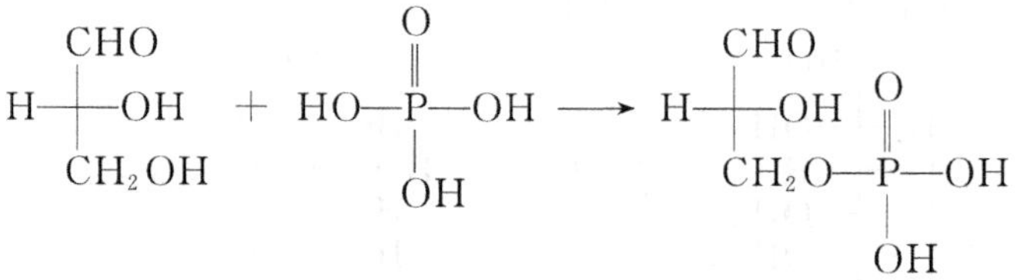

$$\text{D-甘油醛} + HO-P(=O)(OH)-OH \longrightarrow \text{D-甘油醛-3-磷酸酯}$$

D-甘油醛　　　　D-甘油醛-3-磷酸酯

(5) 成脎反应　苯肼与还原糖反应生成的含有两个苯腙基的衍生物就是糖脎。成脎反应发生在醛糖或酮糖的链状结构上。糖脎相当稳定，且不溶解于水，易结晶，可以根据结晶的形状和晶体的熔点，判断单糖的种类。D-葡萄糖、D-果糖、D-甘露糖转化为糖脎的反应式如下。

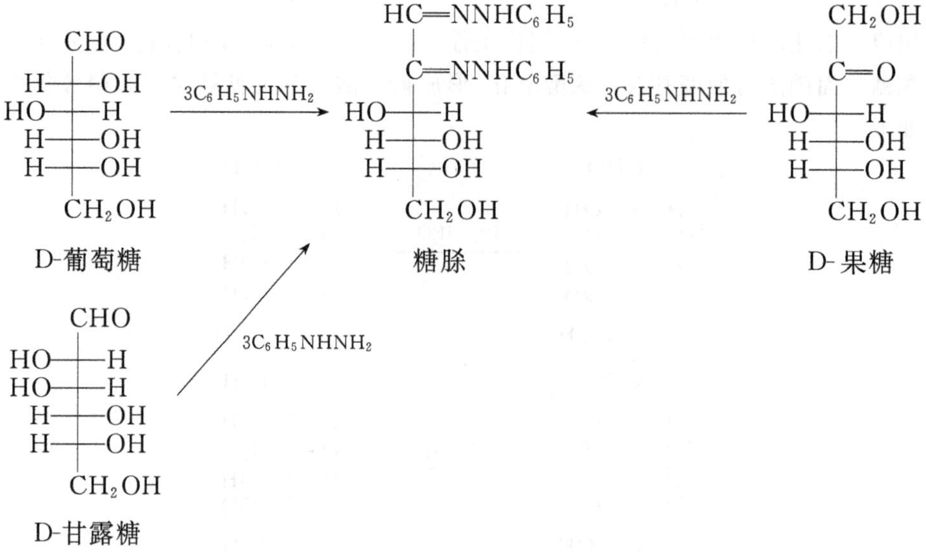

$$\text{D-葡萄糖} \xrightarrow{3C_6H_5NHNH_2} \text{糖脎} \xleftarrow{3C_6H_5NHNH_2} \text{D-果糖}$$

$$\text{D-甘露糖} \xrightarrow{3C_6H_5NHNH_2} \text{糖脎}$$

D-葡萄糖　　糖脎　　D-果糖

D-甘露糖

(6) 还原反应　单糖可以被许多还原剂还原生成相应的糖醇。例如：单糖可以用催化氢化及硼氢化钠还原为相应的多元醇。D-(－)-苏阿糖的还原反应如下。

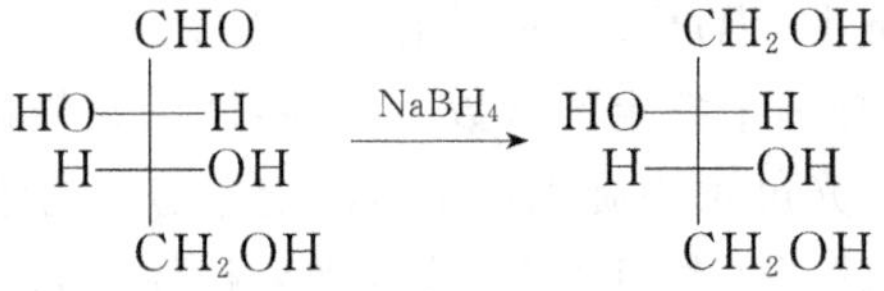

$$\begin{array}{c} CHO \\ HO-\!\!\!-\!\!\!\!\!\!\!\!\!+\!\!\!-H \\ H-\!\!\!\!\!\!\!\!+\!\!\!-OH \\ CH_2OH \end{array} \xrightarrow{NaBH_4} \begin{array}{c} CH_2OH \\ HO-\!\!\!\!\!\!\!\!+\!\!\!-H \\ H-\!\!\!\!\!\!\!\!+\!\!\!-OH \\ CH_2OH \end{array}$$

D-(－)-苏阿糖

糖醇主要用于食品加工业和医药，如葡萄糖还原生成山梨醇，添加到糖果中能延长糖果的货架期，因为它能防止糖果失水。

(7) 颜色反应　在糖的水溶液中加入 α-萘酚的乙醇溶液，然后沿试管壁慢慢加入浓硫酸(不得振摇)，此时密度较大的浓硫酸沉到管底。在浓硫酸与水交界面很快出现美丽的紫色环，这就是 Molisch 反应。单糖、低聚糖和多糖都能发生这种反应，而且此反应非常灵敏，常用于糖类物质的鉴定。

单糖和其他糖类都能与蒽酮的浓硫酸溶液作用生成绿色物质，该反应就为蒽酮反应。利用这个反应可以定量测定糖类物质。

(二) 单糖的构型、结构、构象

1. 单糖的构型

单糖多为不对称分子，具有旋光性。以甘油醛为例，分子中的第 2 个碳原子是不对称碳原子，这个碳原子上的羟基有两种不同的排布方式，羟基在左边为 L 型，羟基在右边的为 D 型，所以就有两种不同的异构体：D-甘油醛和 L-甘油醛。其他单糖的构型是以 D-、L-甘油醛为参照物，以距醛基最远的不对称碳原子为准，羟基在左边的为 L 型，羟基在右边的为 D 型。D、L 型是两种不同的物质，尽管组成的元素相同，但空间结构不同，表现出不同的性质。自然界存在的单糖多属 D 型糖。L-甘油醛和 D-甘油醛的结构式如下。

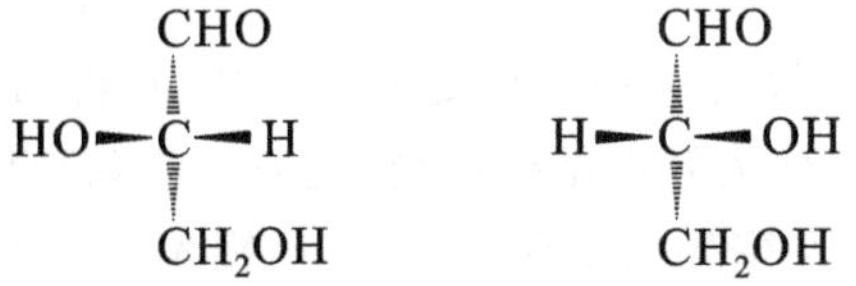

$$\begin{array}{c} CHO \\ HO-C-H \\ CH_2OH \end{array} \qquad \begin{array}{c} CHO \\ H-C-OH \\ CH_2OH \end{array}$$

L-甘油醛　　**D-甘油醛**

许多单糖含有不对称的碳原子，分子具有不对称性，故具有旋光性。单糖可使平面偏振光的偏振面发生旋转的性质称为旋光性。例如：甘油醛有一个不对称碳原子，故甘油醛具有旋光性。甘油醛有两个旋光异构体，实验也证实有两种：一个使偏振光的偏振面向右旋转，记为 d 或(＋)；另一个使偏振光的偏振面向左旋转，记为 l 或(－)。两个旋光异构体在结构上不是同一物质，而是实物与镜像的关系，对映而不重合，所以旋光异构体也称为对映异构体。任何一种具旋光性的物质在一定条件下均可使偏振光的偏振面旋转一定角度，称为旋光度，旋转角度方向向左的称为左旋，向右的称为右旋。比旋光度是旋光性化合物的一个物理常数，用 $[\alpha]_D^t$ 表示：

$$[\alpha]_D^t = \frac{\alpha_D^t}{c \times L} \times 100$$

式中:L——旋光管的长度,单位为 cm;

c——100 mL 溶液中含溶质的质量,单位为 g/100 mL;

α_D^t——以钠光灯为光源,温度为 t 时测定的旋光度。

不同单糖的比旋光度是一个特定的常数。例如:D-葡萄糖的$[\alpha]_D^{20}$为+52.2°,D-果糖的$[\alpha]_D^{20}$为-92°。利用比旋光度可用旋光仪定量测定糖溶液的浓度。

单糖分子中的不对称碳原子数目增多,其旋光异构体数目增多。若分子中含有 n 个不对称碳原子,则旋光异构体为 2^n 个。

2. 单糖的结构

(1) 单糖的开链结构　葡萄糖是最常见的一种单糖,分子式为 $C_6H_{12}O_6$。D-醛糖和D-酮糖的开链结构如图 1-2-1 所示。早在 20 世纪已证明,葡萄糖具有开链的 2,3,4,5,6-五羟基乙醛的基本结构,含有 4 个手性碳原子,共有 16 个旋光异构体,D-葡萄糖是其中之一。

(2) 葡萄糖的环状结构和变旋现象　结晶葡萄糖有以下两种:一种是从乙醇中结晶出来的,熔点为 146 ℃,它的新配制溶液的$[\alpha]_D^{20}$为+112°,此溶液在放置过程中,比旋光度逐渐下降,达到+52.7°,以后维持不变;另一种是从吡啶中结晶出来的,熔点为 150 ℃,新配溶液的$[\alpha]_D^{20}$为+18.7°,此溶液在放置过程中,比旋光度逐渐上升,也达到+52.7°,以后维持不变。糖在溶液中,比旋光度自行转变为定值的现象称为变旋现象。

从葡萄糖的开链结构可见,它既具有醛基,也有醇羟基,因此,在分子内部可以形成环状的半缩醛。成环后,使原来的羰基碳原子(C-1)变成了手性碳原子。C-1 上新形成的半缩醛羟基在空间的排布方式有两种可能:半缩醛羟基与决定单糖构型的羟基(C-5 上的羟基)在碳链同侧的称为 α 型,在异侧的称为 β 型。α 型和 β 型是非对映异构体。它们的不同点是 C-1 上的构型,因此,它们又称为异头物(端基异构体)。它们的熔点和比旋光度都不同。

葡萄糖的变旋现象,就是由于开链结构与环状结构形成平衡体系过程中的比旋光度变化所引起的。在溶液中 α-D-葡萄糖可转变为开链结构,再由开链结构转变为 β-D-葡萄糖;同样,β-D-葡萄糖也可转变为开链结构,再转变为 α-D-葡萄糖。经过一段时间后,两种异构体达到平衡,形成一个互变异构平衡体系,其比旋光度亦不再改变。

不仅葡萄糖有变旋现象,凡能形成环状结构的单糖,都会产生变旋现象。

书写单糖的结构时常用 D、L,d 或(+)、l 或(-),α、β 表示。D、L 表示糖的构型;d 或(+)表示单糖的右旋光性,l 或(-)表示单糖的左旋光性;α、β 则表示糖环状结构中半缩醛羟基的构型。

(3) 环状结构的哈沃斯式和构象式　直立的环状费歇尔投影式虽然可以表示单糖的环状结构,但还不能确切地反映单糖分子中各原子或原子团的空间排布。这种投影式结构中过长的氧桥是不合理的,因为每个碳原子的键角并非 180°。1926 年,英国化学家 W. H. Haworth提出用透视式来表示环状葡萄糖的结构,将直立环式改写成平面的环式。因为葡萄糖的环式结构是由五个碳原子和一个氧原子组成的杂环,它与杂环化合物中的吡喃相似,故称为吡喃糖。连在环上的原子或原子团分别写在环的上方和下方,如图 1-2-2 所示。

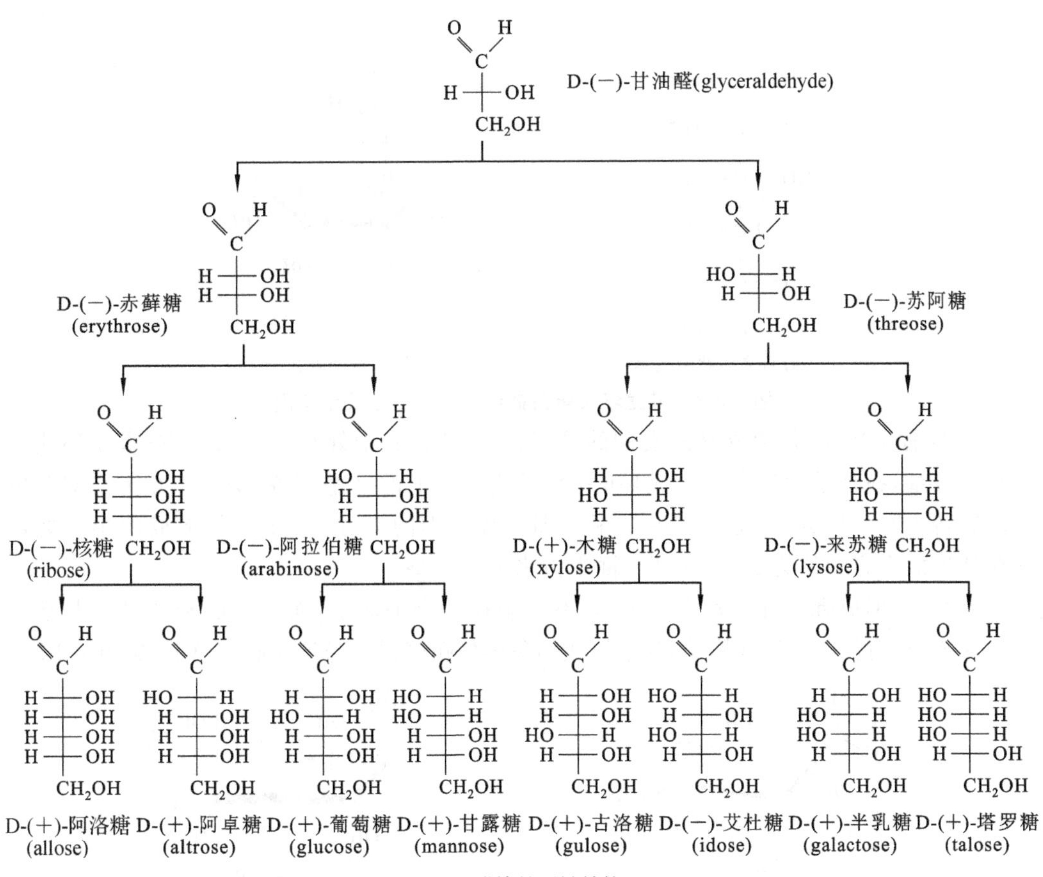

(a)D-醛糖的开链结构

二羟丙酮
(dihytroasetone)
D-(−)-赤藓酮糖
(erythrulose)
D-(−)-核酮糖
(ribulose)
D-(+)-核酮糖
(xylulose)
D-(+)-阿洛酮糖
(psicose、allulose)
D-(−)-果糖
(fructose)
D-(+)-山梨糖
(sorbose)
D-(−)-洛格酮糖
(tagalose)

(b)D-酮糖的开链结构

图 1-2-1 D-醛糖和 D-酮糖的开链结构

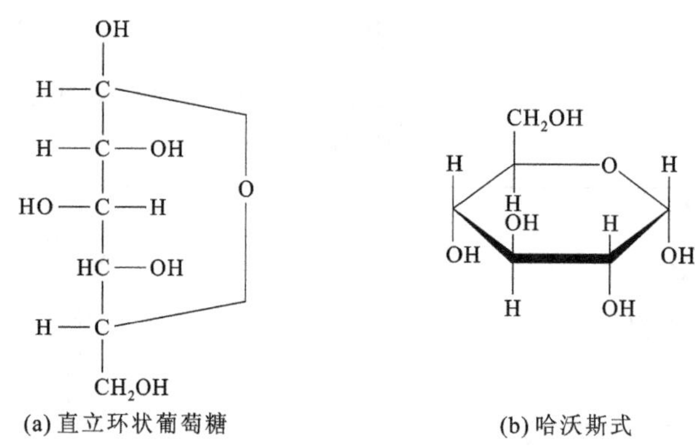

(a) 直立环状葡萄糖　　(b) 哈沃斯式

图 1-2-2　直立环状葡萄糖结构与哈沃斯式示意图

对 D-葡萄糖来说，直立环式右侧的羟基，在哈沃斯式中处在环平面下方；直立环式中左侧的羟基，在环平面的上方。成环时，为了使 C-5 上的羟基与醛基接近，C-4 与 C-5 单键须旋转 120°。因此，D-糖末端的羟甲基即在环平面的上方。C-1 上新形成的半缩醛羟基在环平面下方者称为 α 型，在环平面上方者称为 β 型。

事实上，形成吡喃环的各个原子，并不完全在一个平面上，而是折成和环己烷非常相似的形式，也有船式和椅式构象，其中椅式构象因使扭张强度降到最低而稳定(见图 1-2-3)。

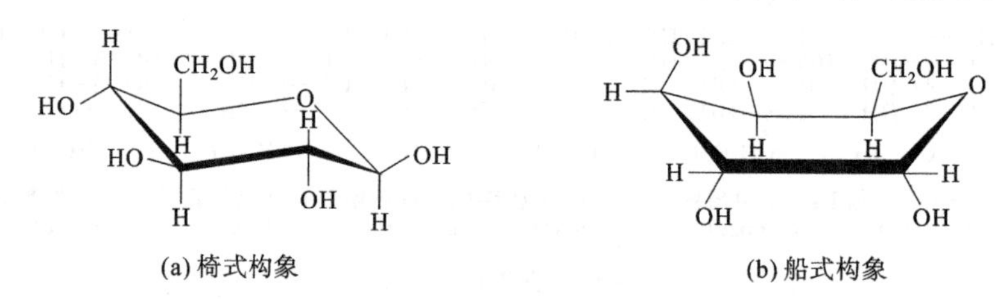

(a) 椅式构象　　(b) 船式构象

图 1-2-3　葡萄糖的椅式与船式构象

(三) 自然界存在的重要单糖及其衍生物

自然界中存在的重要单糖除了葡萄糖外，还有果糖、核糖、半乳糖等。它们除了参与生物大分子的合成外，在代谢方面也具有重要意义。重要的单糖衍生物有糖醇、糖醛酸、氨基糖及糖苷、糖酯等。

1. D-果糖

D-果糖为无色结晶，味很甜，是最甜的一种糖。其甜度为蔗糖的 170%，常以游离状态存在于水果和蜂蜜中，蜂蜜的甜度主要是因为果糖的存在。组成蔗糖的果糖是 β-呋喃果糖。

2. D-核糖及 D-2-脱氧核糖

这两种糖是极为重要的戊糖，常与磷酸及嘌呤碱或嘧啶碱结合成核苷酸而存在于核蛋白中，是核糖核酸和脱氧核糖核酸及某些酶和维生素的重要成分。核糖和脱氧核糖都是醛糖，都有呋喃糖的环状结构，有还原性和变旋现象。

3. D-半乳糖

D-半乳糖为无色结晶，与葡萄糖结合成乳糖，存在于哺乳动物的乳汁中，脑髓中有一些结构复杂的脑磷脂也含有半乳糖。半乳糖能溶于水及乙醇，有还原性和变旋现象，可用于有机合成和医药。

4. 糖醇

糖醇是单糖的羰基被还原成羟基所形成的衍生物，易溶于水，有甜味，可用于糖类的替代品用于食品工业，也可以作为生化或化学制药的原料或中间体。广泛分布于植物界的糖醇有甘露醇（熔点为 166 ℃，$[\alpha]_D^{20}$ 为 −21°）、山梨醇（熔点为 97.5 ℃，$[\alpha]_D^{20}$ 为 −19.8°）。山梨醇氧化时可生成葡萄糖、果糖或山梨糖。

5. D-氨基糖

D-氨基糖是单糖分子中的醇羟基被氨基取代而生成的化合物。氨基糖以结合成黏蛋白和糖蛋白的状态存在于动植物组织中。常见的有 D-氨基葡萄糖（存在于甲壳质、黏液酸中）和 D-氨基半乳糖（是软骨的成分）。

6. 糖苷

单糖的半缩醛羟基与非糖物质（醇、酚等）的羟基形成的缩醛类化合物称为糖苷，连接糖和非糖物质的化学键称为糖苷键。半缩醛羟基有 α 和 β 两种构象，因此，糖苷键也有 α 和 β 两种。糖苷键对碱稳定，易被酸水解成相应的糖和非糖体。自然界的许多天然糖苷具有重要的生物学作用。例如：洋地黄苷为强心剂；皂角苷有溶血作用；苦杏仁苷有止咳作用。糖苷中常见的糖基有葡萄糖、半乳糖、鼠李糖等，非糖体有多种类型的化合物。

三、低聚糖及应用

（一）低聚糖

低聚糖是由 2～10 个单糖分子组成的聚合物，亦称寡糖。低聚糖分为普通低聚糖和功能性低聚糖两类。其中蔗糖、乳糖、麦芽糖属于普通低聚糖，水苏糖、棉籽糖、低聚果糖等属于功能性低聚糖。

1. 乳糖

乳糖是由半乳糖和葡萄糖组成的二糖，它们是靠葡萄糖的 C-4 羟基与半乳糖 C-1 的半缩醛羟基脱水而形成的 β-1，4-糖苷键相连接的（见图 1-2-4）。乳糖存在于哺乳动物的乳汁中，牛乳中含 4%～5%，人乳中含 5%～8%，有些水果中也含有乳糖。乳糖还保留一个半缩醛羟基，属还原糖。

乳糖能进行有控制的水解，生成不同含量的葡萄糖、半乳糖和乳糖的浓缩物糖浆。近年来，已提出乳糖的这类糖浆可用作冰淇淋中蔗糖的合适代用品，亦可作为水果罐头中转化糖的补充，或者在啤酒和葡萄酒生产中作发酵糖浆用。

乳糖能减缓食品关键组分的晶化作用，改善食品的持水性，还能保持食品对温度的良好稳定性，所以乳糖在食品工业中有扩大应用的趋势。

2. 麦芽糖

麦芽糖是由两个葡萄糖分子组成的还原性二糖。麦芽糖是靠一个葡萄糖分子的 C-4 羟基和另一个葡萄糖分子的半缩醛羟基脱水形成的 α-1，4-糖苷键连接的（见图 1-2-5）。麦芽糖存在于麦芽中，麦芽中的淀粉酶将淀粉水解而生成麦芽糖。人体中，淀粉被淀粉酶水解生成麦芽糖，再经过麦芽糖酶水解生成 D-葡萄糖，所以麦芽糖是淀粉水解过程中的中间产物。大麦、水果（包括葡萄、桃和杏）中存在少量麦芽糖。

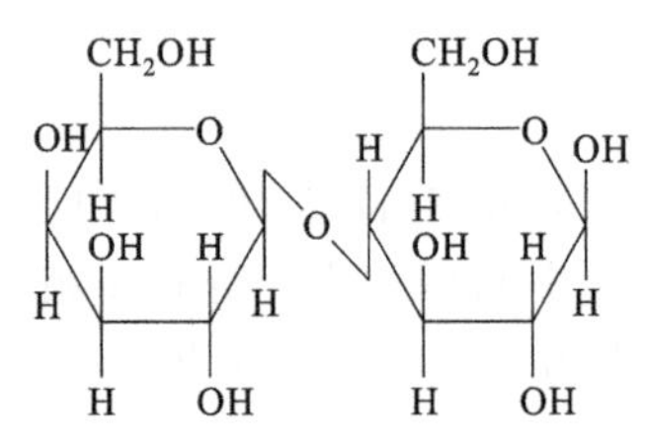

乳糖(葡萄糖-β-1,4-半乳糖苷)

图 1-2-4　乳糖的结构

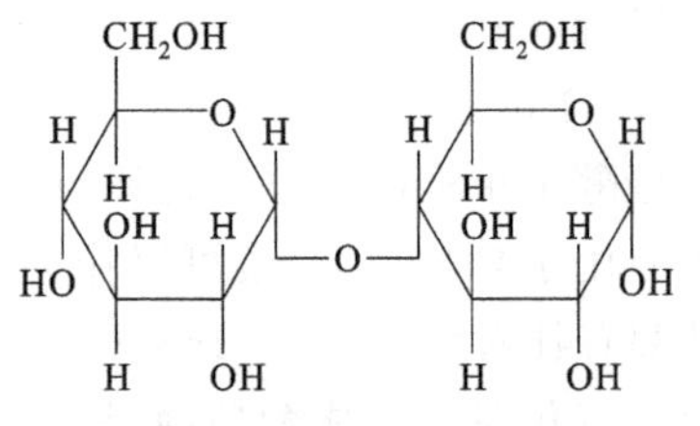

麦芽糖(葡萄糖-α-1,4-葡萄糖苷)

图 1-2-5　麦芽糖的结构

麦芽糖分子中也保留一个半缩醛羟基,属还原糖。

3. 蔗糖

与麦芽糖不同,蔗糖在自然界分布非常广泛,是植物的主要二糖。它是由一分子 D-葡萄糖和一分子 β-D-果糖通过 α-1,2-糖苷键连接而成的。由于葡萄糖 C-1 和果糖 C-2 上的两个半缩醛羟基脱水形成 1,2-糖苷键(见图 1-2-6),蔗糖分子中不再含有半缩醛羟基,故蔗糖不是还原糖。蔗糖在食品工业中大量地用于焙烤、制作软饮料和糖果点心类食品,所以是极其重要的。蔗糖在巧克力制品中作为甜味剂和充填剂,在糕点中作为质地改良剂,在果酱和水果罐头中作为保藏剂,在与酸协同作用下作为果胶的絮凝剂。蔗糖还可以用来发酵生产乙醇等。

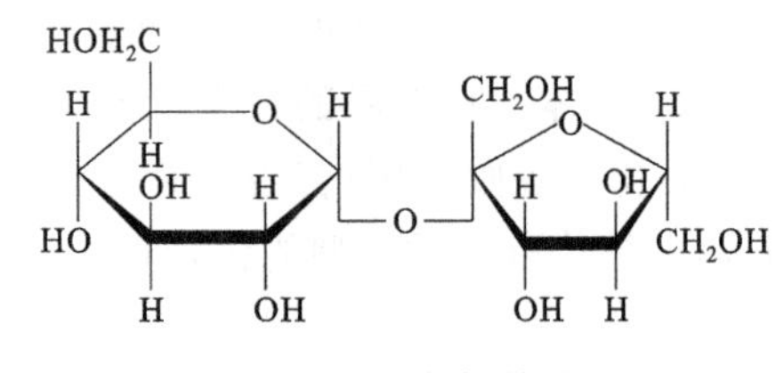

图 1-2-6　蔗糖的结构

蔗糖可用酸或蔗糖酶(转化酶)水解。通常把蔗糖的水解产物称为转化糖。转化糖也是蜂蜜的主要成分。由于果糖的存在,转化糖的甜度明显增加,而且超过了转化前母体蔗糖的甜度。果糖也使混合物的持水性增加,而且减少了糖结晶化的势能。正是这些优越性才使转化糖在蜜饯糖食、果酱、果冻和面包食品中得到了广泛应用。

4. 三糖

三糖主要有棉籽糖、麦芽三糖等。在棉籽糖(蜜三糖)的分子结构中存在基础性的蔗糖。这种非还原性三糖,由 D-吡喃半乳糖、D-吡喃葡萄糖和呋喃果糖组成(见图 1-2-7),彼此以糖苷键连接。

(二) 功能性低聚糖的保健作用

(1) 低聚糖能改善人体内微生态环境,有利于双歧杆菌和其他有益菌的增殖,经代谢产生有机酸使肠内 pH 值降低,抑制肠内沙门菌和腐败菌的生长,调节胃肠功能,抑制肠内腐败物质,改变大便性状,防治便秘,并增加维生素合成量,提高人体免疫功能。

(2) 低聚糖类似水溶性植物纤维,能改善血脂代谢,降低血液中胆固醇和甘油三酯的含量。

(3) 低聚糖属非胰岛素所依赖,不会使血糖升高,适合于高血糖人群和糖尿病患者食用。

(4) 由于难被唾液酶和小肠消化酶水解,低聚糖的发热量很低,很少转化为脂肪。

(5) 低聚糖不被龋齿菌形成基质,也没有凝结菌体作用,可防止龋齿。

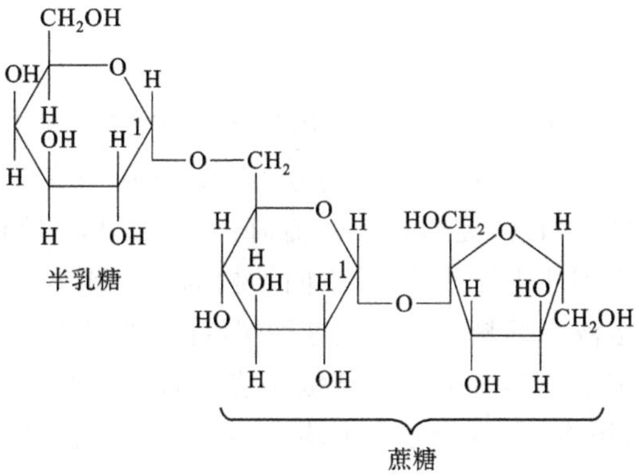

半乳糖

蔗糖

棉籽糖

(α-D-吡喃半乳糖基-(1→6)-O-α-D-吡喃葡萄糖基-(1→2)-O-β-D-呋喃果糖苷)

图 1-2-7 棉籽糖的结构

因此，低聚糖作为一种食物配料被广泛应用于乳制品、乳酸菌饮料、双歧杆菌酸奶、谷物食品和保健食品中，尤其是应用于婴幼儿和老年人的食品中。在保健食品系列中，也有单独以低聚糖为原料而制成的口服液，直接用来调节肠道菌群、润肠通便、调节血脂、调节免疫等。

四、多糖及应用

（一）多糖

多糖是一类天然高分子化合物，由许多个单糖分子以糖苷键相连而形成。多糖在自然界分布很广，如植物的骨架纤维素、动植物储藏成分淀粉与糖原、昆虫与节肢动物的甲壳质、植物的黏液、树胶、果胶等许多物质都是由多糖组成的。组成多糖的单糖有醛糖或酮糖，或者是单糖的衍生物，如糖醛酸、氨基糖等。组成多糖的单糖可以相同，也可以不相同，以相同为常见，称为同多糖（或均多糖），如淀粉、糖原和纤维素。不同单糖组成的多糖称为杂多糖，如半纤维素、果胶质和黏多糖。

多糖是由单糖聚合而成，由于单糖在连接过程中失去了大部分半缩醛羟基，因此多糖与单糖及低聚糖在性质上有较大区别，没有还原性和变旋现象，无甜味，也不能生成糖脎，而且大多数不溶于水，个别的与水能形成胶体溶液。

多糖的结构复杂，其一级结构包含单糖的组成、糖苷键的类型、单糖的排列顺序等基本结构因素。多糖的二级结构通常是指多糖链骨架的形状及空间排布。例如：纤维素分子是锯齿形带状，直链淀粉是空心螺旋状；右旋糖酐是无规则卷曲。多糖的更高一层的高级结构概念（指三级、四级）尚无统一规定，只是推测多条带状可以堆砌成束，几股螺旋可拧成一束，不同多糖链间还可以协同结合等。

多糖的功能是多种多样的。多糖除作为储藏物质、结构支持物质外，还具有许多生物活性，与细胞的抗原性及细胞凝集反应、细胞连接、细胞识别等有关。在与非糖物质结合后，这样的功能特性更加明显。此外，某些多糖因其特殊的理化特性而应用在石油工业、轻纺工业、食品工业等方面。

(二) 重要的多糖

1. 淀粉与糖原

(1) 淀粉　淀粉是绿色植物进行光合作用的产物,广泛存在于植物的种子和块茎中,是人类最重要的食物。天然淀粉可根据结构分为直链淀粉与支链淀粉,它们都是由 α-D-葡萄糖缩合而成的同多糖。直链淀粉是 α-D-葡萄糖基以 α-1,4-糖苷键连接而成的直链结构,相对分子质量由几千到几十万不等,其空间结构为空心螺旋状,每一圈螺旋约含 6 个葡萄糖单位,淀粉在水溶液中混悬时就形成这种螺旋圈(见图 1-2-8)。支链淀粉分子比直链淀粉分子大,分子中除具有以 α-1,4-糖苷键相连接的直链外,还具有分支,分支点上的葡萄糖以 α-1,6-糖苷键相连接,每一分支平均含 20～30 个葡萄糖基,各分支也都是卷曲成螺旋状。

直链淀粉水溶性较支链淀粉差,可能由于直链淀粉封闭型螺旋线型结构紧密,利于形成较强的分子内氢键而不利于与水分子接近,支链淀粉则由于高度分支性,相对来说结构比较开放,利于与溶剂水分子以氢键结合,有助于支链淀粉分散在水中。

淀粉的部分水解产物称为糊精,相对分子质量比淀粉的要小,但仍然是多糖。淀粉初步水解得到的糊精相对分子质量较大,遇碘显蓝色,继续水解得到相对分子质量较小的糊精,遇碘显红色,称为红糊精,若再经水解则变成分子更小的无色糊精,遇碘不显色。淀粉逐步水解生成一系列产物情况如下:淀粉→红糊精→无色糊精→麦芽糖→葡萄糖。

淀粉遇碘显蓝色,反应非常灵敏,加热煮沸时颜色消失,冷却后又重新出现颜色,可作为淀粉的定性分析。淀粉遇碘之所以显蓝色,主要是由于直链淀粉螺旋结构的中空部分的大小正好适合碘分子进入,形成一种蓝色“包络”化合物(即淀粉-碘配合物,见图1-2-9)。其颜色与淀粉糖苷链的长度有关,当链长小于 6 个葡萄糖基时,不能形成一个螺旋圈,因而不能呈色。当平均长度为 20 个葡萄糖单位时呈红色,大于 60 个葡萄糖单位时呈蓝色。

(2) 糖原　糖原又称动物淀粉,是动物体内的储存多糖,主要存在于动物的肝脏与肌肉中,在软体动物中也含量甚多,在谷物和细菌中也发现有糖原类似物。食物中的淀粉经消化所得葡萄糖以糖原的形式储存在动物的肝脏和肌肉中,因此,有肝糖原和肌糖原之分。人体中肝糖原约 400 g,用以维持血液中葡萄糖浓度的稳定。

糖原也是由 α-D-葡萄糖构成的同多糖,结构与支链淀粉相似,也是带有 α-1,6 分支点的 α-1,4-葡萄糖多聚物,其分支较支链淀粉更多(见图 1-2-10 和图 1-2-11),每一短链含 8～10 个葡萄糖单位。糖原较易分散在水中,遇碘产生红紫色,彻底水解后产生 D-葡萄糖。

2. 纤维素与半纤维素

(1) 纤维素　纤维素是自然界中最丰富的有机化合物,是植物细胞壁的主要组分,构成植物支持组织的基础。棉花是含纤维素最高的物质,其纤维素含量高达 97%～99%,木材中纤维素占 50%～70%,脱脂棉和滤纸几乎全部是纤维素。此外,动物中也发现有动物纤维素。

纤维素的结构单位也是 D-吡喃葡萄糖,每一分子中含有 1 800～3 000 个葡萄糖单位,相对分子质量不易正确测定。与淀粉分子中的 α-1,4-糖苷键连接方式不同的是,纤维素分子中连接各葡萄糖单位的化学键是 β-1,4-糖苷键(见图 1-2-12)。在纤维素的长链之

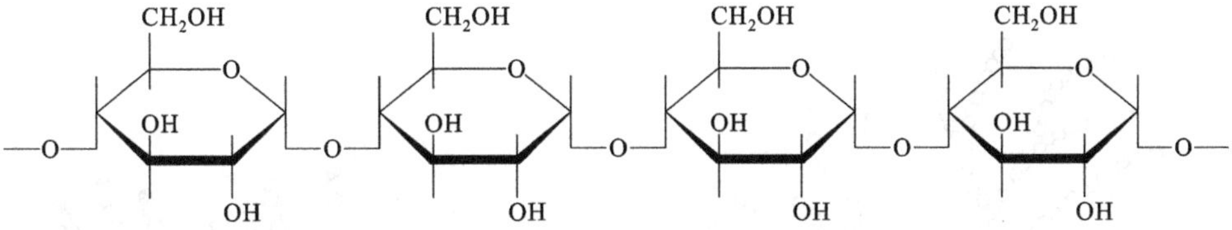

(a) 直链淀粉

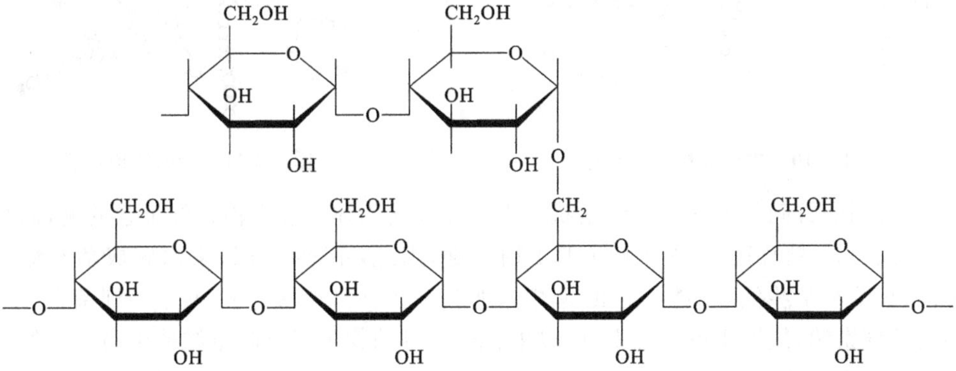

(b) 支链淀粉

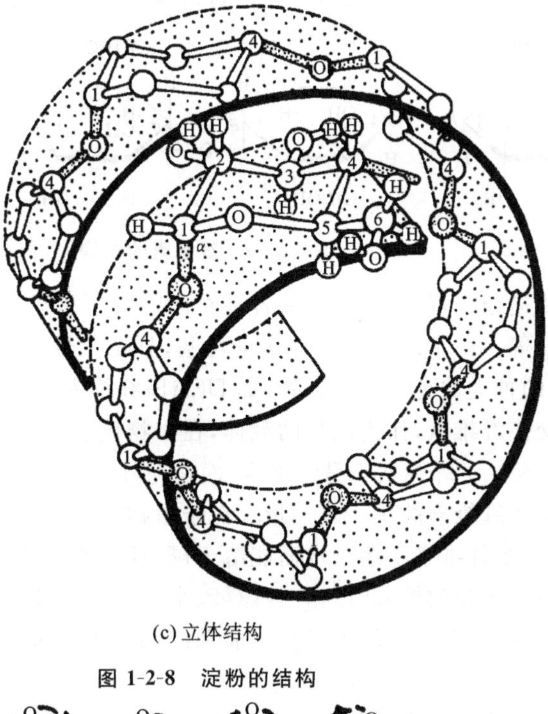

(c) 立体结构

图 1-2-8 淀粉的结构

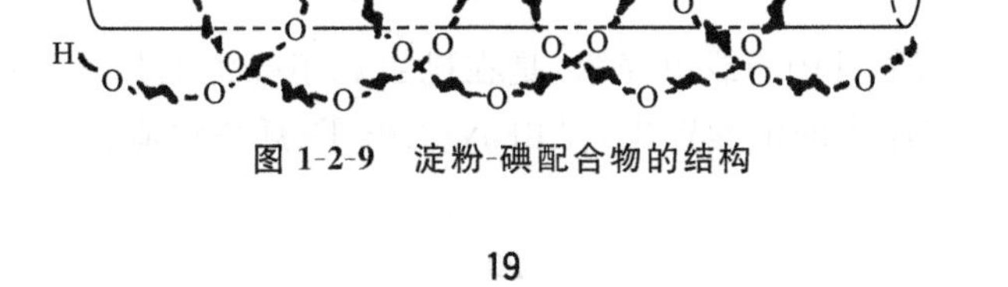

图 1-2-9 淀粉-碘配合物的结构

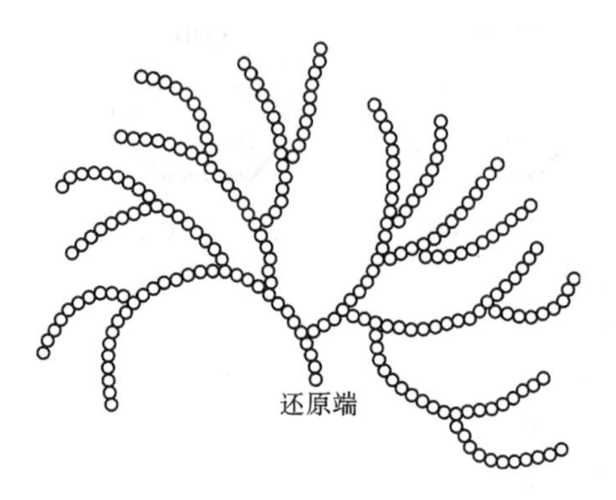

图 1-2-10　支链淀粉结构示意

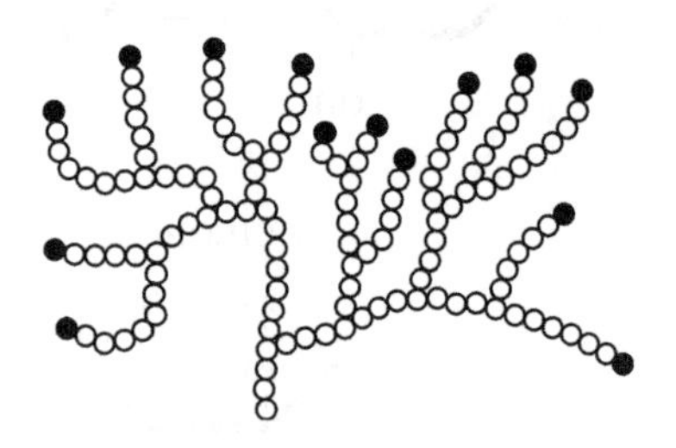

图 1-2-11　糖原结构示意

间,平行排列的链间氢键交织成绳索状。人和哺乳动物体内没有消化纤维素的酶,而淀粉酶只水解 α-1,4-糖苷键,不能水解 β-1,4-糖苷键,因此,不能将纤维素水解成葡萄糖。一些细菌、真菌和某些低等动物(昆虫、蜗牛),尤其是在反刍动物胃中,共生的细菌含有活性很高的纤维素酶,能够水解纤维素,所以牛、羊、马等动物可以靠吃草维持生命。虽然纤维素不能作为人类的营养物,但人类膳食中必须含有纤维素,因为它可以促进胃肠蠕动、增进消化液的分泌和排便。近年来的研究表明,食物中缺乏纤维素容易导致肠癌。

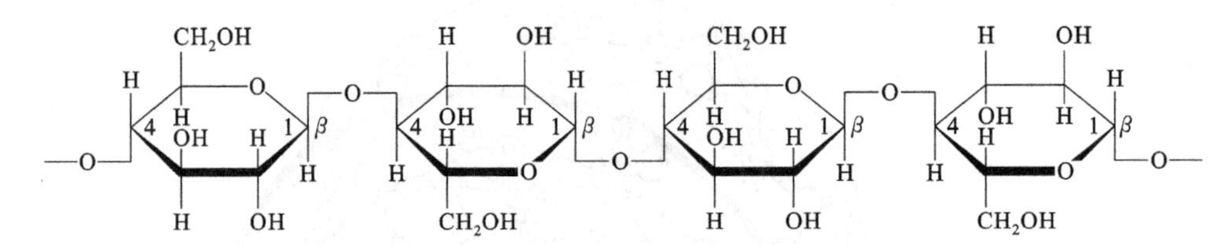

图 1-2-12　纤维素的结构

纤维素的用途很广,除可用来制造各种纺织品和纸张外,还可用于医药、食品包装材料、吸附剂、炸药等。由于纤维素含有大量羟基,具亲水性,其羟基上的 H 被某些基团取代后,可制成不同种类的高分子化合物,如 DEAE-纤维素、羧甲基纤维素、磺酸纤维素等。这些阴阳离子交换纤维素,作为层析的载体,在生物化学研究中发挥着重要的作用。

(2) 半纤维素　半纤维素不是纤维素,而是与纤维素共存于植物细胞壁的一类多糖,其相对分子质量比纤维素的小。它大量存在于植物的木质化部分(如秸秆、种皮、坚果壳、玉米穗轴等)中。半纤维素不溶于水而能溶于碱,比纤维素容易水解,彻底水解后可以得到某些戊糖(木糖、阿拉伯糖)和己糖(甘露糖、半乳糖),以及某些戊糖或己糖的衍生物(如葡萄糖酸等)。不同来源的半纤维素其组成和结构大不相同,有的半纤维素是同多糖,有的则是杂多糖。

半纤维素在植物体内主要起支撑和保护物质的作用,但在植物生命活动旺盛时,如种子发芽期,它可在酶的作用下水解生成单糖,供植物生长所需营养之用。

3. 壳多糖

壳多糖也叫几丁质(chitin)或甲壳素,是在昆虫和甲壳纲的外骨骼中发现的,也存在于大多数真菌和许多藻类的细胞壁中,是由 *N*-乙酰-D-氨基葡萄糖通过 β-1,4-糖苷键缩合成的同多糖。壳多糖同纤维素伸展的链式结构类似，在链间以氢键交联集合成片（见图1-2-13）。由于其氢键比纤维素多，因此壳多糖比较坚硬，是藻类、昆虫、甲壳动物的结构材料。

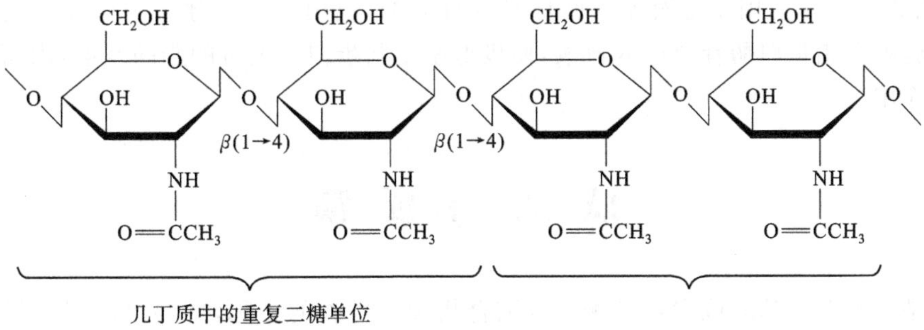

图 1-2-13　几丁质的结构

壳多糖在医药、化工及食品行业中应用较广，是重要的工业原料，可用作黏结剂、上光剂、填充剂、乳化剂等。据报道，壳多糖尚有耐化学药物和辐射影响的作用。

4. 葡聚糖

葡聚糖（dextran）又称右旋糖酐，是酵母菌及某些细菌中的储存多糖。它是由多个葡萄糖以 α-1，6-糖苷键连接而成的同多糖。它与糖原、淀粉不同之处是：α-1，6-糖苷键连接的葡萄糖构成了主链骨架，α-1，2-、α-1，3-或 α-1，4-糖苷键相连的葡萄糖构成了它的支链。整个分子形成网状，由于水的作用可形成凝胶。右旋糖酐作为血浆，已用于临床。

5. 黏多糖

黏多糖（mucopolysaccharides）是一类含氮的杂多糖，是动物结缔组织和细胞间质的成分，在免疫化学、植物病理学及细胞生长等方面有重要的研究价值。其化学组成通常为糖醛酸及氨基己糖，有的含硫酸。具有代表性的黏多糖有下列几类。

（1）透明质酸（hyaluronic acid）　透明质酸存在于动物的结缔组织、眼球的玻璃体、角膜、关节液中。因它具有很强的吸水性，在水中能形成黏度很大的胶状液，故有黏合和保护细胞的作用。存在于某种细菌及蜂毒中的透明质酸酶能促使透明质酸水解，使其失去特有的黏性以便于异物的入侵。

透明质酸由 D-葡萄糖醛酸和 *N*-乙酰氨基葡萄糖交替组成。其结构为葡萄糖醛酸与 *N*-乙酰氨基葡萄糖以 β-1，3-糖苷键连接成二糖单位，后者再以 β-1，4-糖苷键同另一个二糖单位连成线状结构。

（2）硫酸软骨素（chondroitin sulfate）　硫酸软骨素是体内最多的黏多糖，为软骨的主要成分。它也是一类二糖的聚合物，按其组成可分为 A、B、C 三种，基本组成单位如下。

硫酸软骨素 A：葡萄糖醛酸-1，3-*N*-乙酰氨基半乳糖-4-硫酸酯。

硫酸软骨素 B：艾杜糖醛酸-1，3-*N*-乙酰氨基半乳糖-4-硫酸酯。

硫酸软骨素 C：葡萄糖醛酸-1，3-*N*-乙酰氨基半乳糖-6-硫酸酯。

其中硫酸软骨素 A 在软骨及生长的骨中较多，硫酸软骨素 C 在脐带及软骨中较多，硫酸软骨素 B 在皮肤中较多。硫酸软骨素有降血脂及缓和的抗凝血作用，临床用于冠心病和动脉粥样硬化的治疗。

(3) 肝素(heparin)　最早在肝脏中发现,故称为肝素。但它也存在于肺、血管壁、肠黏膜、脾脏及心脏等组织中,是动物体内一种天然抗凝血物质。肝素的组分是硫酸氨基葡萄糖、葡萄糖醛酸和艾杜糖醛酸的硫酸酯。其结构中氨基葡萄糖苷为 α 型,糖醛酸糖苷是 β 型。肝素在临床上用作血液体外循环时的抗凝剂,也用于防止脉管中血栓形成。肝素能使细胞膜上脂蛋白酶释放进入血液,使极低密度脂蛋白所携带的脂肪水解,因而肝素有降血脂作用。

总结与反馈

糖是一类多羟基醛或多羟基酮及其缩合物和衍生物的总称,主要由碳、氢、氧三种元素组成。糖是自然界分布广泛、数量最多的有机化合物,是生物体内重要的物质,是一切生物体生命活动所需能量的主要来源。糖在生物体内可转化为其他化合物,有些糖还具有结构作用,此外糖还有着特殊的生物功能,如它是细胞膜上“受体”分子的重要组成部分,参与细胞识别和信息传递等过程。

糖类化合物的分类有不同的方法,按其组成可分为单糖、低聚糖和多糖。

单糖是最简单的糖,不能再分解为更小的糖单位。含有醛基的单糖称为醛糖,含有酮基的单糖称为酮糖。根据单糖所含碳原子的数目,可将其分为丙糖、丁糖、戊糖和己糖。在自然界分布最广、最重要的是戊糖和己糖。

低聚糖是由 2～10 个单糖缩合而成,水解后产生单糖。在生物化学中,重要的低聚糖有蔗糖、麦芽糖和乳糖。

多糖是由许多个单糖分子缩合而成。按其结构特点分为同多糖和杂多糖。同多糖由若干相同的单糖分子缩合而成,如纤维素、淀粉和糖原。杂多糖则由不同的单糖或单糖的衍生物缩合而成,如黏多糖。

思考训练

1. 解释下列名词:低聚糖、糖苷键、同多糖、变旋现象、杂多糖、L 型糖、比旋光度。
2. 说明淀粉与纤维素在结构和性质方面的主要区别。
3. 列举你所了解的糖的生物学功能。
4. 用葡萄糖的结构来说明 D、L,(+)、(−),α、β 的意义。
5. 蔗糖、麦芽糖、乳糖各由哪两种单糖以什么键结合而成?是否具有还原性?
6. 如何鉴别单糖与多糖、醛糖与酮糖?

任务二　脂类化合物的功能、性质、结构及应用

知识目标

(1) 认识脂类化合物，了解脂类的概念；

(2) 知道脂类化合物的分布、生理功能及应用；

(3) 掌握脂蛋白的组成及生理功能。

技能目标

知道脂类在生物膜中的重要作用，以及对机体健康的影响。

素质目标

根据所学知识，体会到脂类在日常生活中的作用。

一、脂类化合物及其生理功能

(一) 认识脂类

脂类(lipids)是甘油三酯(脂肪)和类脂的总称，不溶于水而溶于非极性溶剂，是生物体的重要组成部分。它是广泛存在于自然界的一大类生物有机分子，主要由碳、氢、氧元素组成，有些脂类还含有氮、磷、硫等元素。脂类是机体重要的优质能源物质，也是各种生物膜的重要成分。

(二) 脂类的分布、含量及生理功能

1. 脂类的分布及含量

脂类广泛分布于一切生物体内，其中绝大部分是以脂肪的形式储存于脂肪组织内，在体内主要以储脂和体脂的形式存在。它们的含量和作用各不相同。

(1) 储脂(storage lipid)　甘油三酯在体内含量变动很大，因营养条件和生理状况而异。高等动物和人体内的脂肪大都分布于皮下脂肪、腹腔大网膜及肠系膜等处，称之为储脂。这些组织可达体重的10%～20%，若以干重计，脂肪含量可达80%以上。

(2) 体脂(structural lipid)　细胞的外周膜(质膜)、核膜和各种细胞器的膜总称为生物膜(biomembrane)。生物体内各种类脂质主要作为生物膜的基本结构成分。有些类脂质主要作为生理活性物质，如异戊二烯类脂。有些则分布在生物体表面起保护作用，如某些蜡质。所有这些脂类统称为体脂，又称结构脂、固定脂或基本脂。体脂在生物体的含量较低，但比较稳定，它的含量不像储脂那样变化很大。

2. 脂类的生理功能

脂类物质具有重要的生理功能，主要有以下几个方面。

(1) 结构成分　磷脂、少量糖脂和胆固醇是生物膜的重要结构成分。脑组织中脂类物质占全部物质的51%～54%。此外，类脂中的各种磷脂、糖脂和胆固醇脂也是各种脂蛋白的主要成分。必需脂肪酸如亚油酸、亚麻酸、花生四烯酸等是磷脂的重要成分。

(2) 机体能量储存和运输的形式　机体在糖供应不足时，能动用储存的脂肪为机体提供能量。脂类是机体良好的能源，每克脂肪的潜能比等量蛋白质和糖高一倍以上。

(3) 作为溶剂　脂溶性维生素如维生素 A、D、E、K 等在机体内均溶解于脂肪中。因此，食物中脂类缺乏或消化吸收障碍，往往发生脂溶性维生素缺乏。

(4) 作为维生素、激素的成分　例如：维生素 A 和 D 含有萜类和固醇类物质；人体内的许多激素如睾酮等均由固醇类物质组成。

(5) 保护作用　脂肪有润滑组织、固定脏器和保持体温的功能。分布于皮下、内脏周围的脂肪组织较为柔软，存在于器官之间，使器官之间减少摩擦，有保护内脏和固定内脏的作用。脂肪不易导热，有维持体温的作用。

(6) 其他作用　脂类物质也可以作为药物，所含必需脂肪酸能降低血脂、防止动脉粥样硬化和血栓形成。卵磷脂、脑磷脂用于肝病、神经衰弱及动脉粥样硬化的治疗。多不饱和脂肪酸如二十碳五烯酸及二十二碳六烯酸可以降血脂、抗动脉粥样硬化、抗血栓，在抗心律失常、抑制血小板聚集、抗炎作用及增强免疫功能等方面也有显著疗效。胆酸中的鹅去氧胆酸及去氢胆酸等均为利胆药，可治疗胆结石和胆囊炎等。此外，胆固醇可作为人工牛黄的原料，蜂蜡常作为药物赋形剂及油膏基质等。

二、脂肪及应用

脂肪(fat)又称真脂或中性脂肪，由甘油和三分子脂肪酸组成，化学名称为三酰甘油或甘油三酯。

(一) 脂肪的理化性质

1. 物理性质

(1) 颜色和气味　纯的脂肪是无色、无臭、无味的稠性液体或蜡状固体。天然油脂由于混入叶绿素、叶黄素、胡萝卜素等有色物质而呈现不同的颜色；气味少数是由于油脂中的挥发性短链脂肪酸所致，一般是由非油脂成分引起的。

(2) 密度　脂肪的密度除极少数如肉豆蔻油(nutmeg oil)密度高达0.996 g/cm^3外，一般为 0.91～0.94 g/cm^3，均小于 1 g/cm^3。

(3) 溶解度　脂肪不溶于水，也没有形成高度分散体系的倾向，略溶于低级醇，易溶于乙醚、氯仿、苯和石油醚等非极性有机溶剂。

(4) 熔点和沸点　天然油脂由于都是多种甘油三酯的混合物，因此，没有明确的熔点，只有一个大概的范围。脂肪的熔点是由其脂肪酸组成决定的，一般随饱和脂肪酸的数目和链长增加而升高。

2. 化学性质

(1) 水解与皂化　脂肪与酸、碱共煮或在脂酶的作用下，可发生水解。酸水解可逆，碱水解不可逆。当用碱水解脂肪时，产物之一为脂肪酸的盐类(如钠、钾盐)，即肥皂。此反应称为皂化反应(saponification)。完全皂化 1 g 油脂所需的氢氧化钾的质量(mg)称为皂化值(saponification value，saponification number)。皂化值是脂肪平均相对分子质量的量度。

(2) 酸败和酸值　天然油脂在空气中长时间暴露会产生难闻的气味，这种现象称为酸败(rancidity)。酸败的原因主要是油脂的不饱和成分发生自动氧化(autoxidation)。所谓自动氧化，是指空气中的分子氧在常温常压下对化合物的直接作用，从而导致氧化的发生。其次是微生物的作用，它们把油脂分解为游离的脂肪酸和甘油。低分子脂肪酸的氧化产物都有臭味。油脂暴露在阳光下可加速自动氧化反应的发生。

酸败程度一般用酸值(acid value)来表示。酸值是指中和 1 g 油脂中的游离脂肪酸所消耗的氢氧化钾的质量(mg)。

油脂氧化后可聚合形成黏稠、胶状乃至固化的聚合物。油漆和涂料在干燥过程中变硬即是根据此原理。

(3) 氢化和卤化(加成反应)　油脂分子中的不饱和键都能与氢或卤素起加成反应(addition reaction)。

油脂中的不饱和键可以在催化剂金属镍的催化下发生氢化反应。氢化作用可以将液态的植物油变成固态的脂，可防止酸败作用。

油脂中的不饱和键可以和卤素中的溴或碘发生加成作用，生成卤化脂肪酸，此过程称为卤化作用。卤化反应中吸收卤素的量反映了油脂中不饱和键的多少。通常用碘值(iodine value)来表示油脂的不饱和程度。100 g 油脂所能吸收的碘的质量(g)称为碘值。

(二) 脂肪的结构和组成

脂肪根据在室温下的物理状态不同可分为油和脂。室温下呈液态的称为油，呈固态的称为脂。前者含不饱和脂肪酸和短链脂肪酸较多，后者含饱和脂肪酸较多。脂肪的结构如下。

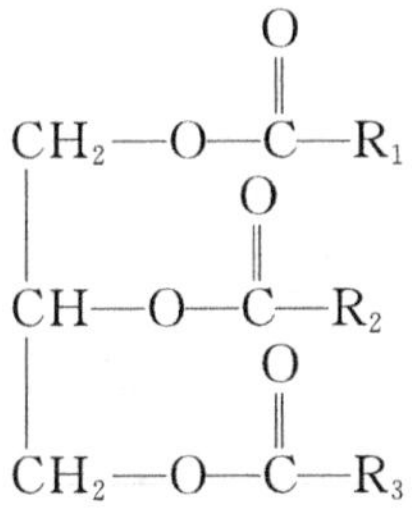

$$\begin{array}{l} CH_2-O-\overset{\overset{O}{\|}}{C}-R_1 \\ | \\ CH-O-\overset{\overset{O}{\|}}{C}-R_2 \\ | \\ CH_2-O-\overset{\overset{O}{\|}}{C}-R_3 \end{array}$$

D 型

$$\begin{array}{r} CH_2-O-\overset{\overset{O}{\|}}{C}-R_1 \\ | \qquad\qquad \\ R_2-\overset{\overset{O}{\|}}{C}-O-CH \qquad\qquad \\ | \qquad\qquad \\ CH_2-O-\overset{\overset{O}{\|}}{C}-R_3 \end{array}$$

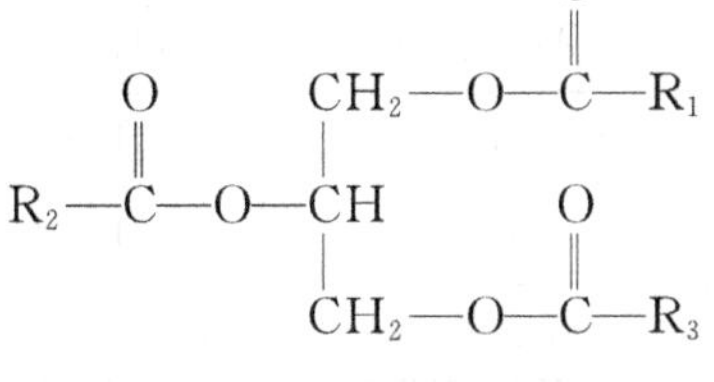

L 型

R_1、R_2、R_3代表脂肪酸的烃基，它们可以相同，也可以不同。R_1、R_2、R_3相同的，称为单纯甘油酯；三者中有 2 个或 3 个不同者，称为混合甘油酯。通常 R_1和 R_3为饱和的烃基，R_2为不饱和的烃基。天然油脂都是许多不同的甘油三酯的混合物，很难分离纯化成纯品。天然的脂肪都是 L 型。

(三) 脂肪酸结构特点及共同特性

在组织和细胞中，绝大部分的脂肪酸是以结合形式存在的，以游离形式存在的脂肪酸数量极少。从动物、植物、微生物中分离得到的脂肪酸已有上百种。脂肪酸有饱和脂肪酸和不饱和脂肪酸之分。所有的脂肪酸都有一条长的碳氢链,在其一端带有一个羧基,是极性基团。碳氢链大多是直链,分支者或环状者很少。饱和脂肪酸相当稳定,而不饱和脂肪酸因为有双键,极易被氧化分解为醛或酮,或者被还原为饱和脂肪酸。不同脂肪酸之间的区别主要在碳氢链的长度、饱和与否、双键的数目和位置。表1-2-1和表1-2-2所示为常见的饱和脂肪酸及不饱和脂肪酸。

天然脂肪酸的分子结构存在着如下一些共同特性。

(1) 不饱和脂肪酸的双键的位置有一定的规律性。一个双键者,位置在C-9和C-10之间,用Δ^9表示。多个双键者也常常有一个Δ^9,其余双键在Δ^9与碳链甲基末端之间,两个双键之间有亚甲基间隔。所以不饱和脂肪酸很少有共轭双键,只在少数植物中有所发现。

(2) 天然脂肪酸一般都是偶数碳原子,14～20个碳原子者占多数。最常见的是16个碳和18个碳,在哺乳动物的乳脂中存在许多12个碳以下的饱和脂肪酸。

表1-2-1　常见的饱和脂肪酸

名　　称	英　文　名	分　子　式	熔点/℃	存在物质
丁酸(酪酸)	butyric acid	C_3H_7COOH	−7.9	奶油
己酸(羊油酸)	caproic acid	$C_5H_{11}COOH$	−3.4	羊脂、可可油
辛酸(羊脂酸)	caprylic acid	$C_7H_{15}COOH$	16.7	奶油、羊脂、可可油
癸酸(羊蜡酸)	capric acid	$C_9H_{19}COOH$	32	椰子油、奶油
十二酸(月桂酸)	lauric acid	$C_{11}H_{23}COOH$	44	蜂蜡、椰子油
十四酸(豆蔻酸)	myristic acid	$C_{13}H_{27}COOH$	54	肉豆脂、椰子油
十六酸(软脂酸)	palmitic acid	$C_{15}H_{31}COOH$	63	动植物油
十八酸(硬脂酸)	stearic acid	$C_{17}H_{35}COOH$	70	动植物油
二十酸(花生酸)	arachidic acid	$C_{19}H_{39}COOH$	75	花生油
二十二酸(山萮酸)	behenic acid	$C_{21}H_{43}COOH$	80	山萮、花生油
二十四酸	tetracosanic acid	$C_{23}H_{47}COOH$	84	花生油
二十六酸(蜡酸)	cerotic acid	$C_{25}H_{51}COOH$	87.7	蜂蜡、羊脂
二十八酸(褐煤酸)	montanic acid	$C_{27}H_{55}COOH$		蜂蜡

表1-2-2　常见的不饱和脂肪酸

名　　称	英文名	分　子　式	熔点/℃	存在物质
十八碳Δ^9-一烯酸(油酸)	oleic acid	$CH_3(CH_2)_7CH{=}CH(CH_2)_7COOH$	13.4	动植物油脂(橄榄油、猪油含量较高)
十八碳$\Delta^{9,12}$-二烯酸(亚油酸)*	linoleic acid	$CH_3(CH_2)_4CH{=}CH{-}CH_2{-}CH{=}CH{-}(CH_2)_7{-}COOH$	−5	棉籽油、亚麻仁油

续表

名　　称	英文名	分　子　式	熔点/℃	存 在 物 质
十八碳 $\Delta^{9,12,15}$-三烯酸(亚麻酸)*	linolenic acid	CH_3CH_2CH=CH—CH_2—CH=CH—CH_2—CH=CH—$(CH_2)_7COOH$	−11	亚麻仁油
二十碳 $\Delta^{5,8,11,14}$-四烯酸(花生四烯酸)*	arachidonic acid	$CH_3(CH_2)_4CH$=CH—CH_2—CH=CH—CH_2—CH=CH—CH_2—CH=CH—$(CH_2)_3COOH$	−50	卵磷脂、胚磷脂

注：* 是动物的必需脂肪酸，亚油酸和亚麻酸有降低血液葡萄糖含量的作用。

(3) 高等动、植物的不饱和脂肪酸一般都是顺式结构，反式者很少。顺式用“*cis*”表示，反式用“*trans*”表示。

(4) 来自动物的脂肪中含饱和脂肪酸多，脂肪酸结构比较简单，碳骨架(carbon skeleton)为线形，双键数目一般为 1～4 个，少数脂肪酸多达 6 个。细菌所含的脂肪酸绝大多数也是饱和脂肪酸，少数是单烯酸，很少有多于一个双键的，有些含有分支的甲基、环丙烷环或环丙烯环。植物界特别是高等植物中不饱和脂肪酸比饱和脂肪酸丰富，其营养价值也高。

三、类脂及应用

生物体内除了脂肪外，还有少量非脂肪化合物成分，可溶于脂溶性溶剂，称为类脂。类脂包括磷脂、萜类和类固醇类。

(一) 磷脂

1. 磷脂的结构

磷脂的非脂成分是磷酸和含氮碱。磷脂根据醇成分不同，又可分为甘油磷脂和鞘氨醇磷脂(简称鞘磷脂)。

甘油磷脂是第一大类膜脂，由甘油和磷脂构成。甘油磷脂均含有甘油、脂肪酸、磷酸和含氮化合物或其他成分，结构如下。

```
RCOOCH2
   |
RCOOCH       O
   |         ↑
   CH2O—P—O—X        (X 为醇基)
             |
             OH
```

甘油磷脂的两个长脂肪链为非极性的，而其余部分则为极性的，所以磷脂是两性脂类。

常见的甘油磷脂有卵磷脂、脑磷脂、磷脂酰丝氨酸和心磷脂，它们的分子组成中含氮基团分别是胆碱、乙醇胺和丝氨酸。磷脂在细胞膜的组成、脂类的消化和吸收、脂类的运输及损伤表面的凝血酶原的活化等方面起着重要的作用。

鞘磷脂是由鞘氨醇、脂肪酸、磷酸、胆碱、乙醇胺组成的脂质，如神经酰胺。鞘磷脂在脑和神经组织中较多，也存在于脾、肺及血液中，它是以鞘氨醇为骨架，与一条脂肪酸链组成疏水尾部，亲水头部也含磷酸胆碱。神经磷脂也是两性脂类，极性部分为磷酸胆碱，脂肪酸和神经氨基醇的长碳链为非极性部分，是高等动物组织中含量最丰富的鞘磷脂类。原核细胞和植物中没有鞘磷脂。

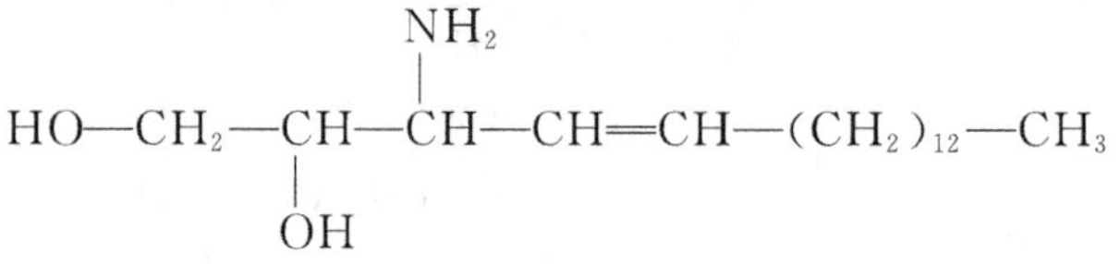

$$HO—CH_2—CH(OH)—CH(NH_2)—CH=CH—(CH_2)_{12}—CH_3$$

鞘氨醇

$$HO—CH_2—CH(OH)—CH(NH—COR)—CH=CH—(CH_2)_{12}—CH_3$$

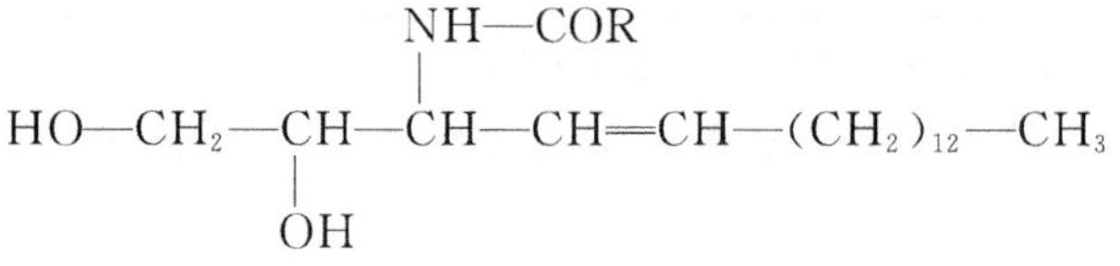

神经酰胺

2. 磷脂的性质

(1) 电荷和极性　所有的磷脂在 pH=7 时，其含磷的基团均带负电荷。磷脂酰胆碱和磷脂酰乙醇胺的极性头部在 pH=7 时都带正电荷，则整个分子都是电中性的，是两性离子。

(2) 水解作用　磷脂在强碱性水溶液中易于水解，水解的终产物是脂肪酸、氨基醇及甘油磷酸酯。甘油磷酸酯的水解较困难，需要在酸性水溶液中长时间回流才行。不同的磷脂水解速度不同。在酶存在下，磷脂水解就变得容易，选择性也很高，不同的酶将会有不同的分解产物。卵磷脂在酶的作用下水解反应式如下。

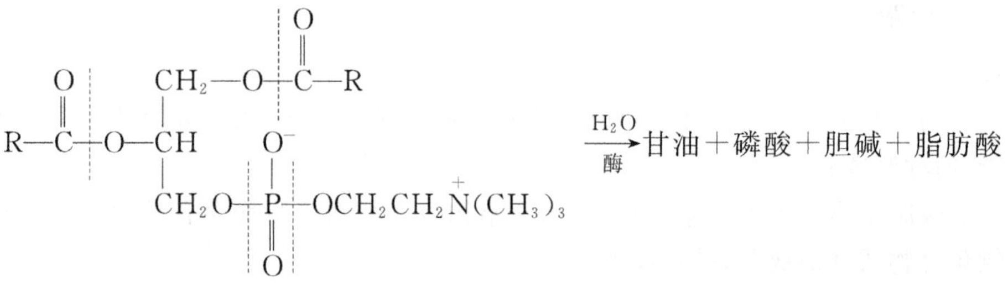

$$\begin{array}{l} CH_2—O—\overset{O}{\overset{\|}{C}}—R \\ R—\overset{O}{\overset{\|}{C}}—O—CH \\ CH_2O—\underset{\|}{\overset{O^-}{\overset{|}{P}}}—OCH_2CH_2\overset{+}{N}(CH_3)_3 \\ \qquad\quad O \end{array} \xrightarrow[\text{酶}]{H_2O} \text{甘油}+\text{磷酸}+\text{胆碱}+\text{脂肪酸}$$

(3) 溶解性　磷脂在有机溶剂中形成透明溶液，在不同的有机溶剂中，不同的磷酯的溶解度也有很大差异，利用这种性质可以分离、纯化各种磷脂。磷脂在水溶液中以胶体状态存在。磷脂不溶于丙酮和乙酸乙酯中，利用这种性质可以将磷脂与油脂分开。

(4) 氧化性质　磷脂均是白色蜡状固体，当暴露于空气中时，则逐渐地发生颜色的改变，即白色→黄色→黑色。目前认为，这种颜色的变化过程是由于磷脂的氧化作用而造成的。一般磷脂中含有大约 50% 的不饱和脂肪酸残基，所以磷脂容易被氧化。当与空气接触时，不饱和脂肪酸残基可能首先被氧化为过氧化物，然后过氧化物再聚合生成黑色的物质。

(二) 萜类

萜类一般不含脂肪酸，属于不可皂化脂质。萜分子的碳架可以看成是由两个或多个异戊二烯单位(一种五碳单位)连接而成，异戊二烯的连接方式一般是头尾相连，也有尾尾相连的。形成的萜类可以是直链的，也可以是环状的。环状的包括单环、双环和多环化合物。

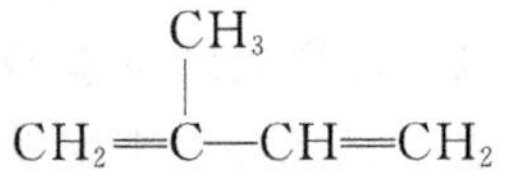

$$CH_2{=}C(CH_3){-}CH{=}CH_2$$

异戊二烯

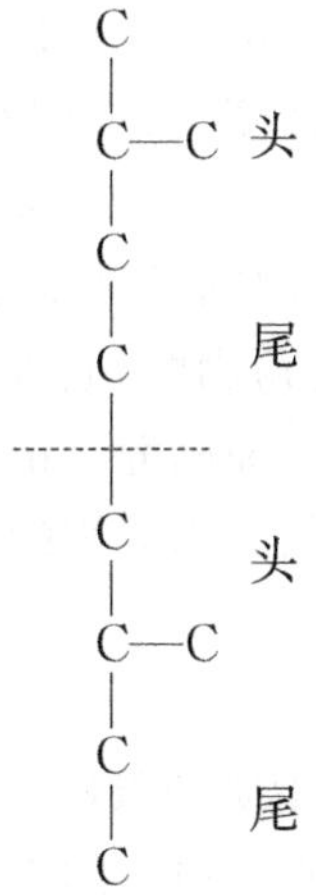

异戊二烯
头尾相连形式

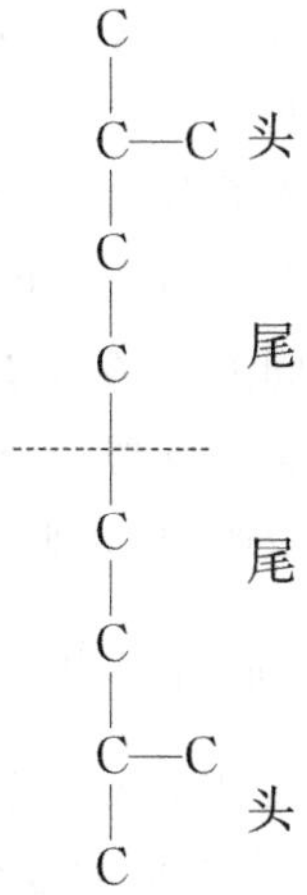

异戊二烯
尾尾相连形式

根据所含异戊二烯的数目的不同，萜类可分为单萜、双萜、三萜和多萜等。由两个异戊二烯构成的萜称为单萜，由三个异戊二烯构成的萜称为倍半萜，由四个异戊二烯构成的萜称为双萜，以此类推。

萜类是从植物的花、果、叶、茎、根中得到的有挥发性和香味的油状物，有一定的生理活性，如祛痰、止咳、祛风、发汗、驱虫、镇痛及其他作用。例如：四萜中的类胡萝卜素，是天然的食用色素，着色性能好，还具有营养价值，在医药上有防止血管硬化和抑制癌细胞的功能。

（三）类固醇类

类固醇类是环戊烷多氢菲的衍生物，是脂中不被皂化，在有机溶剂中容易结晶出来的化合物。因常温下呈固态，故称为类固醇，也称为固醇或甾类。根据类固醇的来源，可将其分为动物固醇、植物固醇和酵母固醇。

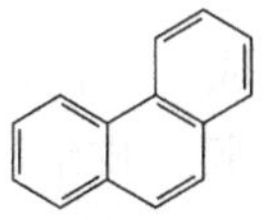

菲 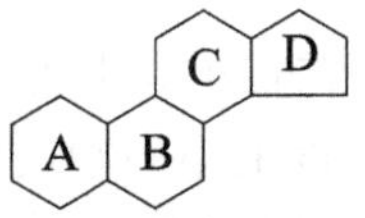　　环戊烷多氢菲 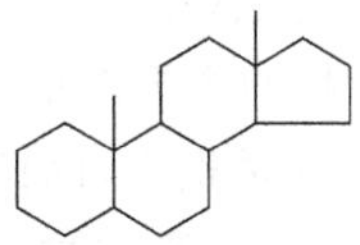　　甾类

常见的动物固醇是胆固醇，在脑、肝、肾和蛋黄中含量很高，胆固醇是人和动物体内重要的固醇类之一，是维持生命和正常身体功能所必需的一种营养成分。胆固醇熔点较高，大部分以与脂肪酸结合成胆固醇脂的形式存在。

胆固醇

胆固醇除人体自身合成外,也可从膳食中获取。胆固醇是人体必需的,可调节胃肠道对膳食脂肪的吸收,并且是胆汁酸、类固醇和维生素 D_3 合成的前体物质。胆固醇对调节机体脂类物质的吸收,尤其是脂溶性维生素 A、维生素 D、维生素 E 和维生素 K 的吸收及钙磷代谢等起着重要的作用。胆固醇过多时会引起某些疾病,如胆结石、冠心病等。

植物固醇中最重要的是麦角固醇,它经紫外线照射后,可变成维生素 D_2。常见的植物固醇还有豆固醇、谷固醇和菜油固醇。植物固醇很少被人的肠黏膜细胞吸收,并能抑制胆固醇的吸收,可由此开发降低胆固醇用的植物固醇类药物。

※四、脂蛋白类

脂蛋白(lipoprotein)是由脂质和蛋白质以非共价键(疏水相互作用力、范德华力和静电引力)结合而成的复合物。脂蛋白中的蛋白质部分称脱辅基脂蛋白或载脂蛋白。脂蛋白广泛存在于血浆中,因此,也称血浆脂蛋白(plasma lipoprotein)。

(一) 血浆脂蛋白的组成、分类

血浆脂蛋白是由蛋白质、脂类、甘油三酯、磷脂、胆固醇及其酯组成的。但由于各种脂蛋白所含的各种脂类和蛋白质都不尽相同,可据此采用适当的方法将它们分离开来,以便分类。

各类脂蛋白中脂类所占的比例不同,它们的密度也因此各不相同,脂类比例高的密度小。可根据超速离心时沉降速度的不同,将血浆脂蛋白分为四种:乳糜微粒(chylomicron,CM)、极低密度脂蛋白(very low density lipoprotein,VLDL)、低密度脂蛋白(low density lipoprotein,LDL)和高密度脂蛋白(high density lipoprotein,HDL)。

(二) 血浆脂蛋白的主要功能

血浆脂蛋白都是球状颗粒,以小泡或微粒形式分散在血浆内,其基本结构相似,都是由一个疏水脂(甘油三酯和胆固醇脂)组成的核心和一个极性脂(磷脂和游离胆固醇)与载脂蛋白参与的外壳层(单分子层)构成。

(1) 乳糜微粒的主要功能　乳糜微粒在小肠上皮细胞中合成,内含有大量脂肪(约占90%),而蛋白质含量很少,因此,它是密度最小的脂蛋白。肠黏膜上皮细胞能将食物中消化吸收的脂类(主要是脂肪酸、单酰甘油、胆固醇及溶血卵磷脂等)再重新合成脂肪,然后由内质网上合成的蛋白质、磷脂、胆固醇等组成外壳,将新合成的脂肪包裹起来而形成乳糜微粒。乳糜颗粒中的脂肪来自食物,因此,乳糜微粒为外源性脂肪的主要运输形式,主要把甘油三酯、胆固醇及其他脂质运至血浆和其他组织,运输量与食物中脂肪的含量基本一致。乳糜微粒经乳糜管、胸导管进入血液。由于乳糜微粒的颗粒很大,能使光散射而呈现乳浊,因此,饱餐后的血清混浊。不过,乳糜微粒代谢较快,半衰期仅 5～15 min,所以食入大量的脂肪后血浆混浊只是暂时现象,数小时后血浆便澄清,这种现象称为血浆的廓清。正常空腹血应没有乳糜微粒存在,极少数人由于先天性脂蛋白脂肪酶缺乏,空腹血电泳时可检出乳糜微粒。

(2) 极低密度脂蛋白的主要功能　极低密度脂蛋白主要由肝细胞合成,其合成及分泌过程与乳糜微粒合成过程基本类似,组成上只有量的变化而无质的差别。极低密度脂蛋白的主要成分也是脂肪，但磷脂和胆固醇的含量比乳糜微粒多。肝细胞合成极低密度脂蛋白的脂肪是糖在肝细胞中转变而来的，也可由脂库中脂肪动员而来，所以它是转运内源性脂肪的主要运输形式。事实上，乳糜微粒所携带的脂肪也有一部分参与极低密度脂蛋白的合成。

当血液经过脂肪组织、肝、肌肉等的毛细血管时，经肠壁的脂蛋白脂肪酶的作用，乳糜微粒和极低密度脂蛋白中的脂肪被分解成脂肪酸和甘油，这些水解产物的大部分进入细胞被氧化或重新合成脂肪被储存。这种作用进行得很快，所以正常人空腹血浆几乎不能检出乳糜微粒，极低密度脂蛋白也很少。

（3）低密度脂蛋白的主要功能　低密度脂蛋白是血浆中极低密度脂蛋白在清除过程中水解掉部分脂肪及少量蛋白质后的残余部分，是血液中胆固醇的主要载体。由于其中脂肪已被水解掉一部分，低密度脂蛋白中脂肪含量较少，而胆固醇和磷脂的含量则相对增高。因此，它的主要功能是运输胆固醇到外围组织，并调节这些部位的胆固醇从头合成，从肝内到肝外组织人血浆总胆固醇有60%～70%由低密度脂蛋白运输。肝外组织细胞表面存在低密度脂蛋白受体，当低密度脂蛋白与细胞膜上特异受体结合后，低密度脂蛋白就进入细胞内，并被溶酶体水解，有利于胆固醇的释放，供细胞利用。在临床上，对低密度脂蛋白的增多很重视，因为它的增多会导致胆固醇总量的增多。如果低密度脂蛋白结构不稳定，则胆固醇很容易沉着而形成斑块，这就是动脉粥样硬化的病理基础，它可诱发一系列的心血管疾病。

（4）高密度脂蛋白的主要功能　高密度脂蛋白主要是在肝中生成和分泌的。它最初在细胞内，由蛋白质部分结合磷脂和胆固醇而形成，其密度大于1.2 g/cm^3，在酶的作用下其中的胆固醇可转变为胆固醇酯，其组成中除蛋白质含量最多外，胆固醇（约20%）和磷脂（约30%）的含量也较高。高密度脂蛋白如果减少，会影响血浆脂蛋白的清除。因此，高密度脂蛋白在某些疾病中作为临床上颇为重视的指标。

血浆脂蛋白的蛋白质部分称为载脂蛋白。不同血浆脂蛋白的载脂蛋白不同，目前已经发现的载脂蛋白有18种之多，主要有载脂蛋白A、B、C、D、E这五类，它们的主要功能是与脂类化合物结合并转运。

总结与反馈

脂类是脂肪和类脂的总称，不溶于水而溶于非极性溶剂，是生物体的重要组成部分。脂类广泛分布于一切生物体内，其含量随所分布位置的不同而变化很大。脂类具有氧化供能、提供必需脂肪酸、构成生物膜、润滑组织、固定脏器、保持体温以及作为药物等功能。

脂肪(fat)又称真脂或中性脂肪。它是由甘油和三分子脂肪酸组成的，化学名称为三酰甘油或甘油三酯。脂肪无色无味，可溶于有机溶剂。脂肪与碱共热可发生皂化反应，可因自动氧化而发生酸败，还可发生氢化、卤化、乙酰化反应。在组织和细胞中，绝大部分的脂肪酸是以结合形式存在的，以游离形式存在的脂肪酸数量极少。天然脂肪酸在分子结构上存在着一定的共同特性。

生物体内除了脂肪外，还有少量非脂肪化合物成分，可溶于脂溶性溶剂，称为类脂。类脂包括磷脂、萜类和类固醇类。磷脂根据醇成分不同，又可分为甘油磷脂和鞘氨醇磷脂(简称鞘磷脂)。磷脂可与蛋白质结合形成脂蛋白，维持着细胞和细胞器的正常形态和功能。由于磷脂内的不饱和脂肪酸分子中存在双键，使得生物膜具有良好的流动性和特殊的通透性。萜类一般不含脂肪酸，属于不可皂化脂质。萜类广泛存在于动物、植物和微生物体内，有着重要的作用，在医药上也有重要的功能。类固醇类是环戊烷多氢菲的衍生物，是脂中不被皂化、在有机溶剂中容易结晶出来的化合物。胆固醇是人和动物体内重要的固醇类之一，是维持生命和正常身体功能所必需的一种营养成分，对人体有有利的一面，可调节胃肠消化道中对膳食脂肪的吸收；胆固醇过多时，会引起某些疾病，如胆结石、冠心病等。

脂蛋白是由脂质和蛋白质以非共价键(疏水相互作用力、范德华力和静电引力)结合而成的复合物。脂蛋白中的蛋白质部分称为载脂蛋白。血浆脂蛋白是血浆中转运脂质的脂蛋白颗粒。可根据超速离心时沉降速度的不同，将血浆脂蛋白分为四种：乳糜微粒、极低密度脂蛋白、低密度脂蛋白和高密度脂蛋白。各种血浆脂蛋白有着不同的功能。

思考训练

1. 名词解释：必需脂肪酸、皂化反应、碘值、酸败。
2. 脂类的生理功能有哪些?
3. 天然脂肪酸在结构上有哪些共同特性?
4. 血浆蛋白可以分为几类? 各有什么功能?

任务三　蛋白质的功能、性质、结构及应用

知识目标

(1) 认识蛋白质；
(2) 掌握蛋白质的化学组成和蛋白质的结构与功能；
(3) 掌握蛋白质的性质。

技能目标

了解蛋白质含量测定的几种方法。

素质目标

(1) 通过蛋白质功能、性质、结构的学习，培养自主学习获得信息的能力；

(2) 培养学生创新思维能力，理论联系实际。

一、认识蛋白质

(一) 蛋白质的普遍存在

生命是物质运动的高级形式，这种运动形式是通过蛋白质来实现的。恩格斯早就指出："生命是蛋白体的存在形式"，"无论在什么地方，只要我们遇到生命，我们就会发现生命是与某种蛋白质相联系的；并且无论在什么地方，只要我们遇到不处于解体过程中的蛋白体，我们也无例外地发现生命现象。"

蛋白质是生物体的重要成分，存在于一切生物体中，从高等动植物到低等微生物，从人类到最简单的生物病毒，都含有蛋白质，且都是以蛋白质为主要成分。

以人体来说，皮肤、肌肉、内脏、毛发、韧带、血液都是以蛋白质为主要成分。蛋白质量占人体总固形物量的45%，某些组织含量更高，如脾、肺及横纹肌等高达约80%。

微生物中蛋白质含量也很高，病毒除了一小部分核酸外，其余几乎都是蛋白质。一些高等植物茎叶中虽然淀粉和纤维素的含量很高，但在植物细胞的原生质和种子中，蛋白质的含量就显得较多。

(二) 蛋白质的生物学功能

蛋白质在生物体中的重要性不仅在于数量多，更在于它具有多种多样的生理功能，生命现象和生理活动往往都是通过蛋白质来实现的。

(1) 催化功能　生物体内的一切化学过程几乎都是在生物催化剂即酶的催化下进行的，而酶绝大多数是蛋白质。

(2) 结构功能　结构蛋白构建和维持生物体的结构，保护和支持细胞和组织。如构成动物毛发、蹄、角的α-角蛋白，骨、腱、韧带、皮肤中的胶原蛋白。

(3) 运输功能　转运蛋白把特定物质从体内一处运输到另一处。高等动物体血液中的血红蛋白把氧气从肺转运到其他组织；血清清蛋白把脂肪酸从脂肪组织转运到各器官。此外有的蛋白质在膜内形成通道，被转运的物质经过它进出细胞，如葡萄糖转运蛋白。

(4) 运动功能　动物肌肉的收缩是通过蛋白质来实现的。肌肉的松弛与收缩主要是由肌球蛋白和肌动蛋白来完成的。细胞有丝分裂或减数分裂过程中的纺锤体以及鞭毛、纤毛等涉及的微管蛋白都属于这一类蛋白。

(5) 调节功能　能调节其他蛋白质执行其生物学功能的蛋白质称为调节蛋白。动物体内起某些代谢调节作用以保证动物正常生理活动的激素就属于调节蛋白，如调节血糖的胰岛素。还有一些蛋白参与基因表达的调控，它们起激活或抑制 RNA 转录的作用，如原核生物乳糖操纵子中的阻遏物。

(6) 防御功能　生物体内防御系统也是高度专一的蛋白质，它们可识别外来入侵物，

并通过相应免疫球蛋白的结合或特定细胞的吞噬作用消灭异源物。最典型的实例是脊椎动物体内免疫球蛋白。

(7) 信息传递功能　生物体内的信息传递和接受过程也离不开蛋白质,它们能互相作用与识别,能对细胞内外的刺激作出相应的反应。如花粉落在柱头上,只有同种植物的花粉才能萌发或萌发后花粉管才能继续生长。

(8) 生物膜功能　蛋白质是生物膜的重要组分。生物膜是生物体内物质和信息流通必经之路,也是能量转换的重要场所,细胞内各种细胞器的膜几乎都是由蛋白质和脂类物质组成的,蛋白质在维持生物膜结构和功能方面起着决定性作用。

蛋白质是生命存在的形式,除了上述专一的生物功能外,还有一些共同的功能。如蛋白质可以作为能量的来源、氮源,提供缓冲效应和体液渗透压。蛋白质的降解代谢产生的能量约为 17 kJ/g。然而,正常情况下糖和脂肪可作为基本能源,只有在特殊的情况下才降解蛋白质供应能量。

(三) 蛋白质的分类

生物界中蛋白质的种类很多,估计有 10^{10} 种以上。目前常用的蛋白质分类方法有以下两种。

1. 按蛋白质分子的形状分类

根据蛋白质的分子形状可将蛋白质分为球状蛋白质及纤维状蛋白质。纤维状蛋白质分子很不对称,形状类似纤维,有的能溶于水,有的不溶于水;球状蛋白质分子对称性好,空间结构较纤维状蛋白质复杂,能结晶,溶解性好,生物体大多数可溶性蛋白质属于这一类。

2. 按蛋白质的化学组成分类

根据蛋白质组成,可将蛋白质分成两大类,即单纯蛋白质和结合蛋白质。单纯蛋白质(见表 1-2-3)分子中只含氨基酸残基,不含非蛋白质部分。结合蛋白质分子中除氨基酸外还有非氨基酸物质,后者称为辅基(见表 1-2-4)。

表 1-2-3　单纯蛋白质类别及举例简表

类　别	分　布	溶　解　性	举　例
清蛋白	一切生物体中	溶于水和稀盐溶液,需用饱和硫酸铵才能沉淀	血清清蛋白、乳清蛋白、卵清清蛋白、麦清清蛋白
球蛋白		微溶于水,溶于稀盐溶液,需用半饱和硫酸铵沉淀	血清球蛋白、肌球蛋白、大豆球蛋白、免疫球蛋白
醇溶谷蛋白	各类植物种子中	不溶于水,可溶于稀酸、稀碱溶液中,溶于70%~80%乙醇中	玉米蛋白、小麦胶体蛋白
谷蛋白		不溶于水、醇及中性盐溶液,易溶于稀酸或稀碱	米谷蛋白、麦谷蛋白
精蛋白	与核酸结合成核蛋白,存在于动物体中	溶于水及稀酸,不溶于氨水	蛙精蛋白、鱼精蛋白
组蛋白		溶于水及稀酸,能溶于氨水	小牛胸腺组蛋白
硬蛋白	动物体毛、发、蹄、角、骨等组织中	不溶于水、盐、稀酸或稀碱溶液	角蛋白、胶原、弹性蛋白、丝心蛋白等

表 1-2-4 结合蛋白质类别及举例简表

类别	辅基	主要功能	举例
核蛋白	核酸	细胞器的成分	核糖体、脱氧核糖核蛋白体
脂蛋白	与脂类以非共价键相连	载体、生物膜的成分	卵黄蛋白、血清 β-脂蛋白
糖蛋白	与糖类共价结合	免疫、载体、调节、成分等	黏蛋白、γ-球蛋白、膜蛋白等
色蛋白	色素	载体、催化作用等	血红蛋白、细胞色素、过氧化氢酶等
磷蛋白	磷酸	催化作用等	胃蛋白酶、酪蛋白等
黄蛋白	FAD、FMN	催化作用等	琥珀酸脱氢酶、D-氨基酸氧化酶等
金属蛋白	金属离子	催化、调节等	铁蛋白、乙醇脱氢酶(含锌)、黄嘌呤氧化酶(含钼、铁)

(四) 煤气中毒的机制

因一氧化碳无色无味，人常在意外情况下，特别是在睡眠中不知不觉将一氧化碳吸入呼吸道，通过肺泡的气体交换，一氧化碳进入血液，并散布全身，造成中毒。

一氧化碳攻击性很强，空气中含 0.04%以上浓度便会很快进入血液，在较短的时间内强占人体内所有的红细胞，紧紧“抓住”红细胞中的血红蛋白不放，形成碳氧血红蛋白，取代正常情况下氧气与血红蛋白结合成的氧合血红蛋白，使血红蛋白失去输送氧气的功能。一氧化碳与血红蛋白的结合力比氧气与血红蛋白的结合力大 300 倍。一氧化碳中毒后，人体血液不能及时供给全身组织器官充分的氧气，这时，血中的含氧量明显下降。一氧化碳中毒时，脑内小血管迅速麻痹、扩张，脑内三磷酸腺苷(ATP)在无氧情况下迅速耗尽，钠泵运转不灵，钠离子蓄积于细胞内而诱发脑细胞内水肿。缺氧使血管内皮细胞发生肿胀而造成脑血液循环障碍。缺氧时，脑内酸性代谢产物蓄积，使血管通透性增加而产生脑细胞和脑间质水肿。脑血液循环障碍可发生脑血栓形成、脑皮质和基底节局灶性的缺血性坏死及广泛的脱髓鞘病变，致使少数患者发生迟发性脑病。

二、蛋白质的化学组成

(一) 蛋白质的元素组成及其特点

从动物和植物组织细胞中提取出来的蛋白质，经元素分析得知都含有 C、H、O、N 及少量 S 元素。这些元素在蛋白质中都以一定的比例关系存在。糖和脂肪一般只含 C、H、O 三种元素，N 元素是蛋白质区别于糖和脂肪的特征元素，而且大多数蛋白质含 N 量相当接近，一般恒定在 15%～17%，平均值为 16%，即100 g蛋白质中含 16 g N。因此，在蛋白质定量分析中，每测得 1 g N 即相当于 6.25 g 蛋白质，称为蛋白质系数，是蛋白质定量测定的依据之一。“三聚氰胺事件”中，一些不法商人利用这一方法的漏洞，在奶粉中加入含氮量高的三聚氰胺，冒充高蛋白奶粉，以牟取暴利。少数蛋白质中还含有铁、铜、锰、锌、

钼等金属元素,个别含有碘元素。

(二) 蛋白质的基本组成单位——氨基酸

1. 蛋白质的水解

蛋白质是一类高分子物质,相对分子质量大,结构复杂,但若用酸、碱或蛋白酶处理使其彻底水解,蛋白质分子断裂,水解成相对分子质量大小不等的肽段和氨基酸。肽是由两个或两个以上氨基酸所组成的片段,它可以进一步水解,而氨基酸则不能再水解为更小的单位,故氨基酸是蛋白质水解的最后产物,是蛋白质的基本组成单位。用各种方法水解蛋白质,确知组成蛋白质的氨基酸主要有20种。

(1) 酸法水解　最常用的是用6 mol/L 的 HCl 溶液,在105～110 ℃温度下水解22～24 h,可以使蛋白质完全水解。但蛋白质分子含有的色氨酸将会在强酸中被破坏,羟基氨基酸被部分水解,天冬酰胺和谷氨酰胺侧链的酰氨基也能被水解成羧基。

(2) 碱法水解　一般用浓度为2 mol/L 的 NaOH 水解20 h 左右,蛋白质可以完全水解,但是水解过程中多数氨基酸遭到不同程度的破坏,如可引起精氨酸脱氨基生成鸟氨酸和尿素,并且易产生消旋现象。因此,一般不用此法水解蛋白质。

(3) 酶法水解　目前,用于蛋白质多肽链水解的酶有许多种。酶法水解既不会破坏氨基酸,也不会产生消旋现象,水解产物为大小不等的肽段。由于酶具有催化的专一性,故此法在蛋白质一级结构的测序和氨基酸组成分析中常被采用。

2. 氨基酸结构上的特点

组成蛋白质的20种氨基酸均可用下式表示,式中 R 为 α-氨基酸的侧链,方框内的基团为各种氨基酸的共同结构。

不带电形式　　　　两性离子形式

从通式中可看出,这些氨基酸在结构上具有下列共同特点。

(1) 蛋白质中的氨基酸除脯氨酸外,均为 α-氨基酸,即羧酸分子中 α-碳原子上的一个氢原子被氨基取代而成的化合物。

(2) 从结构通式可以看出,除 R 为氢原子(即甘氨酸)外,所有 α-氨基酸分子中的 α-碳原子都为不对称碳原子。因此,氨基酸都具有旋光性,能使偏振光平面向左或向右旋转,通常左旋者用(－)表示,右旋者用(＋)表示。

(3) 20种氨基酸除甘氨酸外都有 D 型和 L 型两种立体异构体,氨基酸的构型也是与甘油醛的构型相比较后确定的。

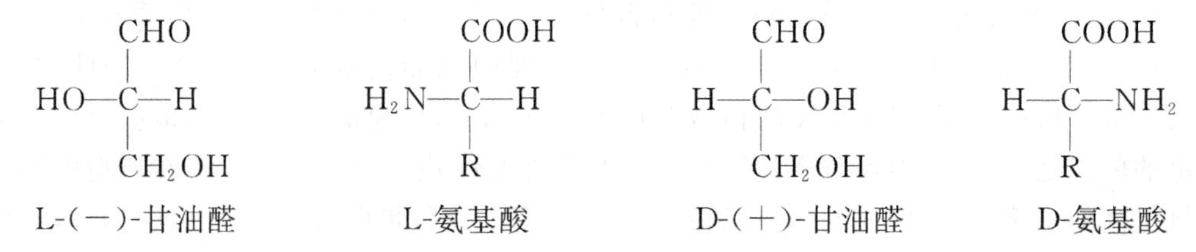

(三) 氨基酸的分类及必需氨基酸

1. 组成蛋白质的氨基酸

从组成蛋白质的 20 种氨基酸的结构特点可以看出，它们之间的差别表现在 R 基团上，这些 R 基团通常称为侧链基团。基于氨基酸结构上的差别，可以根据侧链 R 基团的结构不同对氨基酸进行分类，这种分类方法通常有以下两种。

(1) 按照侧链 R 基团的化学结构进行分类，可将氨基酸分为四大类。

① 脂肪族氨基酸：一氨基一羧基酸(又称中性氨基酸)有甘氨酸、丙氨酸、缬氨酸、亮氨酸、异亮氨酸、甲硫氨酸、半胱氨酸、丝氨酸、苏氨酸；一氨基二羧基酸(又称酸性氨基酸)有谷氨酸、天冬氨酸；二氨基一羧基酸(又称碱性氨基酸)有赖氨酸、精氨酸；酰胺型氨基酸有谷氨酰胺、天冬酰胺。

② 芳香族氨基酸：苯丙氨酸、酪氨酸。

③ 杂环氨基酸：组氨酸、色氨酸。

④ 杂环亚氨基酸：脯氨酸。

(2) 根据 R 基团的极性不同进行分类，可把 20 种氨基酸分为两大类：极性氨基酸和非极性氨基酸。

① 极性氨基酸又根据它们在 pH6～7 范围内是否带电，分为极性不带电荷氨基酸(丝氨酸、苏氨酸、天冬酰胺、谷氨酰胺、酪氨酸、半胱氨酸)、极性带负电荷氨基酸(天冬氨酸、谷氨酸)和极性带正电荷氨基酸(组氨酸、赖氨酸、精氨酸)。

② 非极性氨基酸有甘氨酸、丙氨酸、缬氨酸、亮氨酸、异亮氨酸、苯丙氨酸、甲硫氨酸、脯氨酸、色氨酸共 9 种。其中，因甘氨酸 α-碳原子上的氢受到易解离的 α-氨基、α-羧基的影响，体现不出它的极性，故将甘氨酸列入非极性这一大类。氨基酸的分类详见表 1-2-5。

2. 稀有氨基酸

除上述 20 种常见的 α-氨基酸外，还有一些仅存在于少数蛋白质中的稀有 L-氨基酸，它们是常见氨基酸的衍生物，是在蛋白质生物合成后通过有关的酶修饰而形成的，称为稀有氨基酸，如 4-羟基脯氨酸、5-羟基赖氨酸。

3. 非蛋白质氨基酸

除此之外，生物体内还存在着非蛋白质氨基酸，它们不参与蛋白质的组成，而是以游离状态存在，具特定功能，如 L-鸟氨酸、L-瓜氨酸等。

4. 必需氨基酸

有些氨基酸是体内不能生成的，必须从食物中供给，如果食物中缺乏这些氨基酸，就会影响机体的正常生长和健康，这些氨基酸称为必需氨基酸。上述 20 种氨基酸中有 8 种是人体所必需的，它们是赖氨酸(Lys)、缬氨酸(Val)、蛋氨酸(Met)、色氨酸(Try)、亮氨酸(Leu)、异亮氨酸(Ile)、苏氨酸(Thr)、苯丙氨酸(Phe)。婴儿时期所需氨基酸：精氨酸(Arg)、组氨酸(His)。早产儿所需氨基酸：色氨酸(Try)、半胱氨酸(Cys)。

表 1-2-5　氨基酸分类

极性状况	带电荷状况	氨基酸名称	缩写符号（三字母）	单字母符号	化学结构式	等电点（pI）
极性氨基酸	不带电荷	丝氨酸 Serine	Ser	S	$HO-CH_2-\underset{\large NH_3^+}{\underset{\mid}{CH}}-COO^-$	5.68
		苏氨酸 Threonine	Thr	T	$CH_3-\underset{\large OH}{\underset{\mid}{CH}}-\underset{\large NH_3^+}{\underset{\mid}{CH}}-COO^-$	5.60
		天冬酰胺 Asparagine	Asn	N	$H_2N-\overset{\large O}{\overset{\Vert}{C}}-CH_2-\underset{\large NH_3^+}{\underset{\mid}{CH}}-COO^-$	5.41
		谷氨酰胺 Glutamine	Gln	Q	$H_2N-\overset{\large O}{\overset{\Vert}{C}}-CH_2-CH_2-\underset{\large NH_3^+}{\underset{\mid}{CH}}-COO^-$	5.65
		酪氨酸 Tyrosine	Tyr	Y	$HO-C_6H_4-CH_2-\underset{\large NH_3^+}{\underset{\mid}{CH}}-COO^-$	5.66
		半胱氨酸 Cysteine	Cys	C	$HS-CH_2-\underset{\large NH_3^+}{\underset{\mid}{CH}}-COO^-$	5.07
	带负电荷	天冬氨酸 Aspartic acid	Asp	D	$^-OOC-CH_2-\underset{\large NH_3^+}{\underset{\mid}{CH}}-COO^-$	2.77
		谷氨酸 Glutamic acid	Glu	E	$^-OOC-CH_2-CH_2-\underset{\large NH_3^+}{\underset{\mid}{CH}}-COO^-$	3.22
	带正电荷	组氨酸 Histidine	His	H	$(^{+}HN\;\;NH\ \text{ring})-CH_2-\underset{\large NH_3^+}{\underset{\mid}{CH}}-COO^-$	7.59
		赖氨酸 Lysine	Lys	K	$^+H_3N-CH_2-CH_2-CH_2-CH_2-\underset{\large NH_3^+}{\underset{\mid}{CH}}-COO^-$	9.74
		精氨酸 Arginine	Arg	R	$H_2N-\overset{\large NH_2^+}{\overset{\Vert}{C}}-NH-CH_2-CH_2-CH_2-\underset{\large NH_3^+}{\underset{\mid}{CH}}-COO^-$	10.76

续表

极性状况	氨基酸名称	缩写符号（三字母）	单字母符号	化学结构式	等电点（pI）
非极性氨基酸	甘氨酸 Glycine	Gly	G	$H—CH—COO^-$ （CH 上连 NH_3^+）	5.97
	丙氨酸 Alanine	Ala	A	$CH_3—CH—COO^-$ （CH 上连 NH_3^+）	6.00
	缬氨酸 Valine	Val	V	$CH_3—CH—CH—COO^-$ （第一个 CH 上连 CH_3，第二个 CH 上连 NH_3^+）	5.96
	亮氨酸 Leucine	Leu	L	$CH_3—CH—CH_2—CH—COO^-$ （第一个 CH 上连 CH_3，第二个 CH 上连 NH_3^+）	5.98
	异亮氨酸 Isoleucine	Ile	I	$CH_3—CH_2—CH—CH—COO^-$ （第一个 CH 上连 CH_3，第二个 CH 上连 NH_3^+）	6.02
	苯丙氨酸 Phenylalanine	Phe	F	苯环$—CH_2—CH—COO^-$ （CH 上连 NH_3^+）	5.48
	甲硫氨酸（蛋氨酸） Methionine	Met	M	$CH_3—S—CH_2—CH_2—CH—COO^-$ （CH 上连 NH_3^+）	5.74
	脯氨酸 Proline	Pro	P	H_2C——CH_2 H_2C　　$CH—COO^-$ $\overset{+}{N}H_2$（五元环）	6.30
	色氨酸 Tryptophan	Trp	W	吲哚环（N—H）$—CH_2—CH—COO^-$ （CH 上连 NH_3^+）	5.89

（四）氨基酸的理化性质

1. 物理性质

（1）性状　α-氨基酸为无色晶体，熔点极高，一般为 230～300 ℃，达到熔点时往往分解放出 CO_2。

（2）溶解性　α-氨基酸都能溶解于强酸、强碱溶液中，也可溶于水，它们在水中的溶解度大小不同，根据其溶解性可分离有关的氨基酸。

（3）气味特性　气味随不同氨基酸有所不同，有的无味，有的味甜，有的味苦。谷氨酸的单钠盐有鲜味，是味精的主要成分。

（4）紫外吸收特性　构成蛋白质的 20 种氨基酸在可见光区都没有光吸收，但在远紫外区（λ<220 nm）均有光吸收。由于酪氨酸、色氨酸和苯丙氨酸具有共轭双键结构，它们

在近紫外区(220～300 nm)有吸收光的能力。

(5) 旋光性　除甘氨酸外，氨基酸都具有旋光性和特定的比旋光度，能使偏振光平面向左或向右旋转。这是氨基酸的一个重要物理常数。

2. 两性解离和等电点

氨基酸分子中含有碱性的氨基和酸性的羧基，因此，氨基酸是两性化合物，具有酸和碱的双重性质，能与酸或碱作用生成盐类。不仅如此，氨基酸分子中的酸性羧基和碱性氨基能形成分子内盐。

$$\mathrm{H_2N{-}\underset{\displaystyle}{\overset{\displaystyle R\atop |}{C}}H{-}COOH} \rightleftharpoons \mathrm{H_3\overset{+}{N}{-}\overset{\displaystyle R\atop |}{C}HCOO^-}$$

内盐分子中具有两个相反电荷，故称为两性离子或偶极离子，氨基酸在固体状态主要以内盐形式存在。内盐和无机盐相似，具有熔点高、易溶于水的性质，故氨基酸大都易溶于水，熔点较高。

在水溶液中，氨基酸分子中的氨基与羧基都可以分别像酸和碱一样地解离，而氨基酸在溶液中的解离情况及本身所带电荷情况，取决于它所处溶液的酸碱度大小。在酸性环境中，由于羧基结合质子而使它带正电荷；在碱性环境中，由于氨基的解离而使其带负电荷；当氨基酸在某一特定 pH 值时，氨基酸所带正、负电荷相等，即静电荷为零，在电场中不定向移动，此时的 pH 值称为氨基酸的等电点(isoelectric point)，用 pI 表示。因为各氨基酸分子中所含基团不同，所以每一个氨基酸中氨基与羧基的解离程度各不相同。因此，不同的氨基酸等电点不同；在等电点时，氨基酸实际上是以两性离子状态存在的：

$$\underset{pH<pI}{\mathrm{H_3\overset{+}{N}{-}\overset{\displaystyle R\atop |}{C}H{-}COOH}} \underset{H^+}{\overset{OH^-}{\rightleftharpoons}} \underset{pH=pI}{\mathrm{H_3\overset{+}{N}{-}\overset{\displaystyle R\atop |}{C}H{-}COO^-}} \underset{H^+}{\overset{OH^-}{\rightleftharpoons}} \underset{pH>pI}{\mathrm{H_2N{-}\overset{\displaystyle R\atop |}{C}H{-}COO^-}} + \mathrm{H_2O}$$

由于静电作用，在等电点时，氨基酸的溶解度最小，最容易沉淀析出。利用各种氨基酸的等电点不同，可以通过电泳法、离子交换等方法在实验室或工业生产上进行混合氨基酸的分离或制备。

3. 氨基酸的化学性质

氨基酸分子结构中含有羧基、氨基及侧链基团。因此，氨基酸的化学性质是这三个基团的某些独特性质的总和。由于化合物分子结构内部的相互影响，氨基酸还具有这三个基团相互影响而产生出来的某些特性，故氨基酸可以发生的反应很多。

(1) 与亚硝酸的反应　氨基酸中的氨基具有伯胺的性质，与亚硝酸作用时则放出氮气。利用这个反应可以测定蛋白质分子中的自由氨基及水解产物氨基酸分子中的氨基含量。

$$\mathrm{R{-}CH(NH_2){-}COOH + HNO_2 \longrightarrow R{-}CH(OH){-}COOH + N_2\uparrow + H_2O}$$

但应注意，生成的氮只有一半来自氨基酸。这一氨基氮测定法也常称为范斯莱克(Van-Slyke)定氮法。

(2) 与茚三酮的反应　α-氨基酸都能与水合茚三酮反应生成蓝紫色的化合物。这个反应可用于 α-氨基酸的定性鉴定。其反应过程如下。

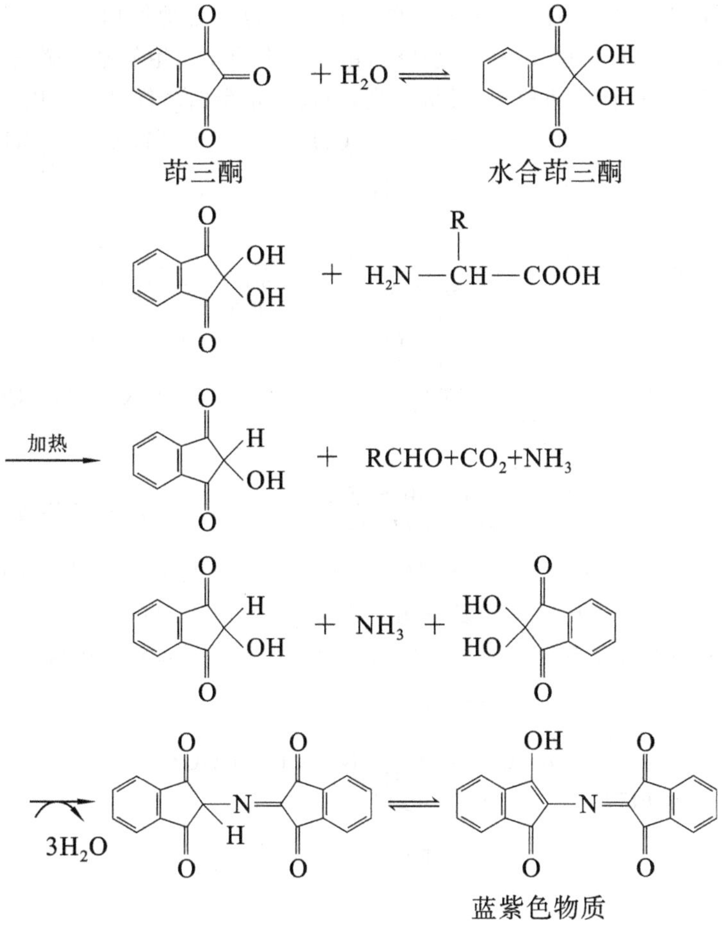

$+ H_2O \rightleftharpoons$

茚三酮　　水合茚三酮

$+ H_2N—CH(R)—COOH$

$\xrightarrow{\text{加热}}$ $+ RCHO + CO_2 + NH_3$

$+ NH_3 +$

$\xrightarrow{-3H_2O}$ $\rightleftharpoons$

蓝紫色物质

脯氨酸和羟脯氨酸因只含 α-亚氨基，故与茚三酮反应产生黄色物质。天冬酰胺因含有游离的酰氨基，与茚三酮反应呈棕色。其余所有的 α-氨基酸与茚三酮反应均产生蓝紫色物质。

氨基酸与茚三酮反应非常灵敏，几微克氨基酸就能显色。根据蓝紫色的深浅，在 570 nm 波长(或根据黄色深浅在 440 nm 波长)下测定吸光度值，再与标准样的吸光度值进行比较，就可测定样品中氨基酸的含量。

(3) 与 2,4-二硝基氟苯的反应　在弱碱性溶液中，氨基酸分子中的 α-氨基能与 2,4-二硝基氟苯(DNFB)作用，生成氨基酸的 2,4-二硝基氟苯的衍生物——DNP-氨基酸。

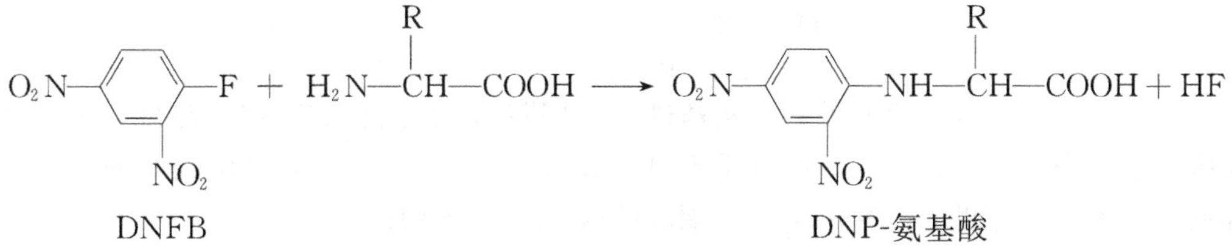

$O_2N—C_6H_3(NO_2)—F + H_2N—CH(R)—COOH \longrightarrow O_2N—C_6H_3(NO_2)—NH—CH(R)—COOH + HF$

DNFB　　DNP-氨基酸

DNP-氨基酸呈黄色，能吸收紫外线，故在紫外线光下呈暗色。利用这一性质，可在蛋白质水解产物中鉴别 DNP-氨基酸。由于这一反应只发生于游离的氨基上,故利用此反应可确定蛋白质分子结构中的 N 端氨基酸。近年来也广泛地使用 5-二甲氨基萘磺酰氯代替 DNFB 试剂来测定蛋白质 N 端氨基酸,由于产生的 5-二甲氨基萘磺酰氨基酸有强烈的荧光,可用荧光光度计快速检出,灵敏度高,只需微量蛋白质样品就可以测定其 N 端。

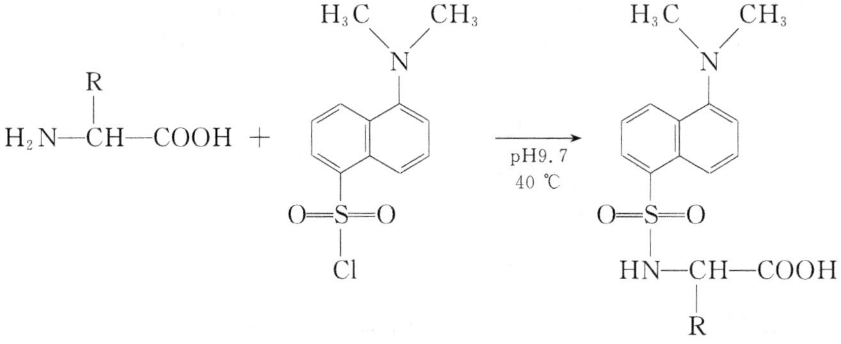

$$H_2N—CH(R)—COOH + \text{DNS-Cl} \xrightarrow[40\ ℃]{pH9.7} \text{DNS-氨基酸}$$

氨基酸　　5-二甲氨基萘磺酰氯(DNS-Cl)　　DNS-氨基酸

(4) 与异硫氰酸苯酯的反应　在弱碱性条件下,氨基酸中的 α-氨基还可以与异硫氰酸苯酯(PITC)反应,产生相应的苯氨基硫甲酰氨基酸(简称 PTC-氨基酸)。在无水氢氟酸中,PTC-氨基酸即环化变为苯硫乙内酰脲(简称 PTH),后者在酸中极稳定。

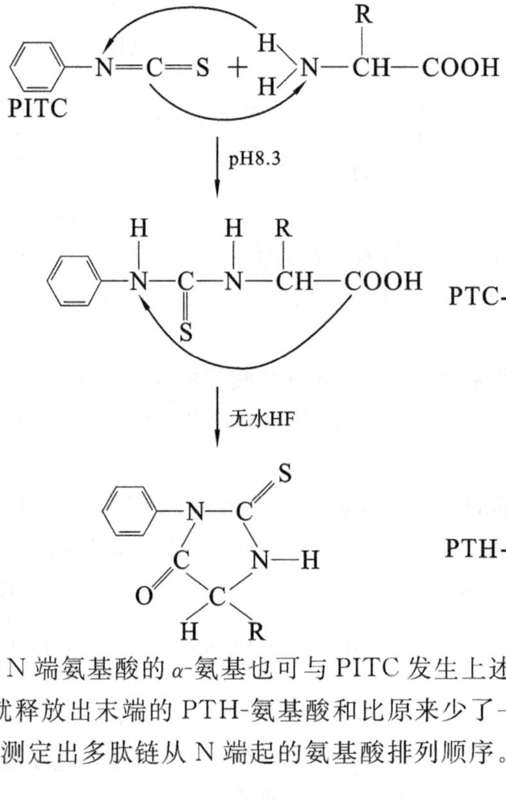

$$\text{PITC} + H_2N—CH(R)—COOH \xrightarrow{pH8.3} \text{PTC-氨基酸} \xrightarrow{无水HF} \text{PTH-氨基酸}$$

PITC　　PTC-氨基酸　　PTH-氨基酸

蛋白质多肽链 N 端氨基酸的 α-氨基也可与 PITC 发生上述反应并生成 PTC-蛋白质。在酸性溶液中,它就释放出末端的 PTH-氨基酸和比原来少了一个氨基酸残基的多肽链。如此重复多次就可测定出多肽链从 N 端起的氨基酸排列顺序。

三、蛋白质的结构

（一）肽

1. 肽的结构

肽是多个氨基酸单元的聚合物，相对分子质量介于氨基酸和蛋白质之间。可以把它们看作多个氨基酸分子通过羧基和氨基之间脱水缩合而成的化合物。连接氨基酸单元的化学键称为肽键或酰胺键。

由两个氨基酸缩合组成的肽称为二肽，由三个氨基酸缩合组成的肽称为三肽，十个以下氨基酸形成的肽称为寡肽，十个以上氨基酸形成的肽则称为多肽。多肽的结构可表示如下。

Ser　Val　Tyr　Asp　Gln

$$^{+}H_3N-CH(CH_2OH)-CO-NH-CH(CH(CH_3)_2)-CO-NH-CH(CH_2-C_6H_4-OH)-CO-NH-CH(CH_2COOH)-CO-NH-CH(CH_2CH_2CONH_2)-COO^{-}$$

N端　肽键　C端

凡保留游离氨基的部分称为 N 末端、N 端或氨基末端，用“N”表示；保留游离羧基的部分称为 C 末端、C 端或羧基末端，用“C”表示。

多肽的命名是以 C 端的氨基酸为母体，把肽链中其他氨基酸中的“酸”字改为“酰”字，按在主链中的顺序写在母体名称之前，肽链的排列顺序是将含有 N 端的氨基酸写在左边，C 端的氨基酸写在右边，即从 N 端起至 C 端而终。例如：由丙氨酸的 α-羧基和甘氨酸的 α-氨基缩合形成的二肽称为丙氨酰甘氨酸。

$$\underset{\text{丙氨酸}}{CH_3-CH(NH_2)-C(=O)-OH} + \underset{\text{甘氨酸}}{H-NH-CH_2-COOH} \xrightarrow{-H_2O} \underset{\text{丙氨酰甘氨酸（二肽）}}{CH_3-CH(NH_2)-C(=O)-NH-CH_2COOH}$$

肽键

肽键是氨基酸在蛋白质分子中的主要连接方式。肽键具有如下特点：①氮原子上的孤对电子与羰基具有明显的共轭作用；②组成肽键的四个原子处于同一平面；③肽键中的碳氮键具有部分双键性质，不能自由旋转，而且大多数情况下，以反式结构存在。

2. 常见的活性肽

在生物体中，多肽最重要的存在形式是作为蛋白质的亚单位。但是，也有许多相对分子质量比较小的多肽以游离状态存在。这类多肽通常都具有特殊的生理功能，常称为活

性肽。肽的种类繁多,现简单介绍两种。

(1) 谷胱甘肽　谷胱甘肽是由谷氨酸、半胱氨酸、甘氨酸组成的重要的三肽,简称GSH。它的分子中有一个特殊的γ-肽键,是由谷氨酸的γ-羧基与半胱氨酸的α-氨基缩合而成的。它广泛存在于动、植物和微生物细胞中,参与生物体内的氧化还原反应。谷胱甘肽在体内是某些酶的辅酶。还原型谷胱甘肽的结构如下。

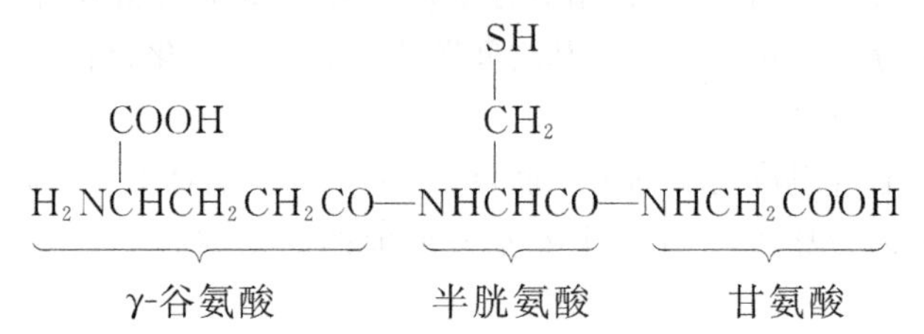

(2) 脑啡肽　这是近年来在高等动物脑中发现的比吗啡更有镇痛作用的活性肽。1975年底,人们弄清了脑啡肽的结构,并从猪脑中分离出两种类型脑啡肽。一种称Met-脑啡肽,另一种称Leu-脑啡肽。它们都是五肽,其结构如下。

甲硫氨酸型(Met-脑啡肽):$^{+}H_3N$—Tyr—Gly—Gly—Phe—Met—COO^{-}

亮氨酸型(Leu-脑啡肽):$^{+}H_3N$—Tyr—Gly—Gly—Phe—Leu—COO^{-}

由于脑啡肽存在于高等动物的脑组织中,因此,对它的研究有可能人工合成出一类既有镇痛作用,而又不会像吗啡那样使人上瘾的药物。

(二) 蛋白质分子中的非共价键

蛋白质分子的一级结构是由共价键形成的,如肽键和二硫键都属于共价键。而维持蛋白质的空间构象的稳定性的是次级键。次级键是非共价键,如图1-2-14所示。

(1) 氢键(hydrogen bond)　蛋白质分子中,一条肽链不同部位或两条或多条肽链之间,主链骨架羰基上的负电性氧原子与亚氨基上的正电性氢原子靠近时,彼此吸引形成的氢键,对稳定二级结构至关重要。在蛋白质的某些侧链之间,如酪氨酸残基的羟基

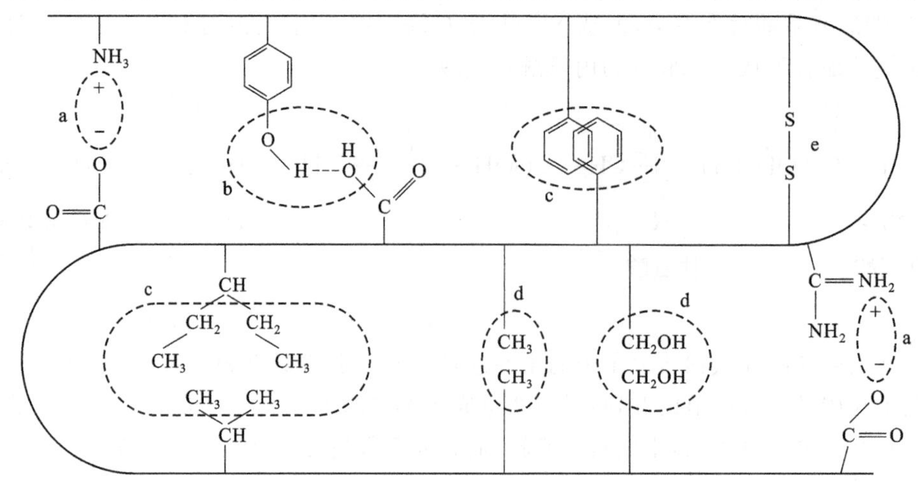

图1-2-14　蛋白质分子中的次级键

a—盐键(离子键);b—氢键;c—疏水相互作用力;d—范德华力;e—二硫键

(—OH)与谷氨酸或天冬氨酸残基的羧基(—COOH)之间也可以形成氢键，侧链之间的氢键虽然数量不多，但是，对维持蛋白质分子的三、四级结构也有一定作用。

(2) 二硫键(disulfide bond)　它是指两个硫原子之间的化学键，键能较大，它可以把不同的肽链或同一肽链的不同部位连接起来。蛋白质分子中的二硫键数目增多，蛋白质分子抵抗外力的能力加强，即蛋白质的稳定性增加。

(3) 离子键(salt linkage)　离子键又称盐键。它是由正、负离子相互吸引所形成的化学键，蛋白质分子中酸性氨基酸和碱性氨基酸在一定条件下可以形成离子，带正、负电荷的基团由于静电引力的作用可形成盐键。

(4) 范德华力(van der Waals force)　这是一种普遍存在的作用力，是一个原子的原子核吸引另一个原子外围电子所产生的作用力。它是一种比较弱的、非特异性的作用力，其实质是静电引力。它有三种表现形式：吸引力、色散力、诱导力。

(5) 配位键(dative bond)　凡共用电子对由一个原子单独提供而生成的共价键称为配位键。不少蛋白质分子中含有金属离子，如铁氧还原蛋白、细胞色素 c 和血红蛋白都含有 Fe^{3+}，胰岛素含有 Zn^{2+} 等。金属离子与蛋白质的连接往往是配位键。在一些金属蛋白质分子中，金属离子通过配位键参与维持蛋白质的三、四级结构。用螯合剂从蛋白质中除去金属离子时，则蛋白质分子解离成亚基或结构遭到破坏，以致失去活力。

(6) 疏水键(hydrophobic bond)　疏水键也称疏水作用。在水溶液中，蛋白质非极性氨基酸残基的侧链彼此紧密靠近形成一个疏水核心，埋藏在蛋白质分子内部以避开水相而互相黏附，从而形成分子内胶囊。因此，疏水键也参与维持蛋白质三、四级结构的稳定。

(7) 酯键(ester bond)　蛋白质分子中的酸性氨基酸的羧基可以和苏氨酸、丝氨酸的羟基缩合成酯而形成酯键。

(三) 蛋白质的一级结构

1. 蛋白质一级结构的概念

蛋白质是由一条或多条肽链以特殊方式结合而成的生物大分子，而蛋白质的一级结构，是指各个氨基酸残基以线性的顺序组成的肽链，它包含氨基酸的数量、种类及排列顺序。它是蛋白质生物功能的基础。

$$H_2N-\underset{\substack{|\\R_1}}{CH}-\boxed{CO-NH}-\underset{\substack{|\\R_2}}{CH}-\boxed{CO-NH}-\underset{\substack{|\\R_3}}{CH}-\boxed{CO-NH}-\underset{\substack{|\\R_4}}{CH}-\boxed{CO-NH}-\underset{\substack{|\\R_5}}{CH}-CO-\cdots$$

$$-NH-\underset{\substack{|\\R_n}}{CH}-COOH$$

上述是多肽链的一个片段结构通式，即表示了氨基酸的种类、连接方式和排列顺序。从上述结构通式可以看到组成多肽链的氨基酸单位已不是完整的氨基酸分子。因此，每一个氨基酸单位称为氨基酸残基。

1965 年 9 月 17 日中国科学家人工合成了具有全部生物活性的结晶牛胰岛素。现以其为例介绍蛋白质的一级结构。胰岛素是存在于动物胰腺器官中的一种蛋白质激素，它

是第一个被阐明化学结构的蛋白质。胰岛素分子由 51 个氨基酸组成,有两条肽链,一条称为 A 链,一条称为 B 链。A 链是由 21 个氨基酸组成的二十一肽,B 链是由 30 个氨基酸组成的三十肽。A 链和 B 链之间通过两对二硫键连接起来。另外,A 链本身 6 位和 11 位上的两个半胱氨酸通过二硫键相连形成链内小环。A 链和 B 链都是由一定的氨基酸按特定的排列顺序组成的。图1-2-15为牛胰岛素的化学结构(或一级结构)。

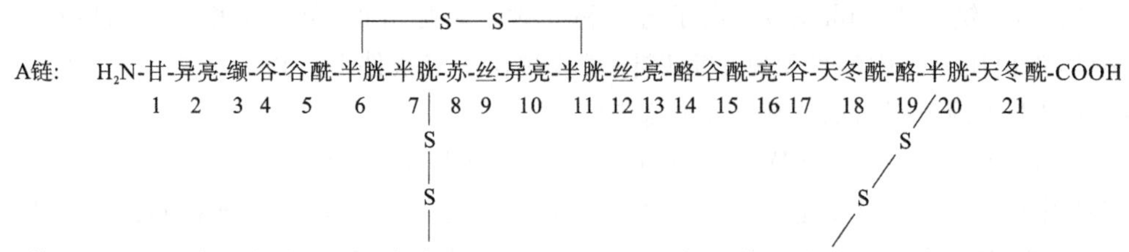

图 1-2-15 牛胰岛素的一级结构

2. 蛋白质一级结构的测定

蛋白质一级结构的测定实际上是氨基酸排列顺序的测定,其步骤虽然繁多,但方法并不复杂,大致要经过以下几个方面的程序。

(1) 提纯蛋白质样品。首先要获得高度纯净的蛋白质样品,被测蛋白质样品中必须没有其他大分子,尤其不能含有任何其他杂蛋白。

(2) 测定相对分子质量和氨基酸的组成分析。被测的蛋白质要进行完全水解,分析氨基酸的组成及各氨基酸的种类和数量,知道蛋白质的相对分子质量。

(3) 氨基酸的末端分析。确定蛋白质是由几条肽链组成,即需要进行末端分析,测出 N 端或 C 端的氨基酸残基的数目,由此推导出肽链的数目。

(4) 拆开二硫键获得伸展的肽链,并确定二硫键的位置。拆开二硫键可用过甲酸氧化法,使胱氨酸部分氧化成两个半胱氨磺酸。

(5) 应用化学或酶法将肽链进行专一性的部分水解。目前,用于肽链断裂的蛋白水解酶已有几十种,最常用的有胰蛋白酶、胃蛋白酶、胰凝乳蛋白酶和几种近年来发现的蛋白酶。这些蛋白酶都是肽链内切酶。

(6) 分离、提纯肽片段。测定各片段的氨基酸顺序,最后把所得结构拼凑起来,即可推导出大肽段的全部氨基酸顺序。

(四) 蛋白质的空间结构

蛋白质分子的多肽链并不是线形伸展的,也不是一条任意盘绕的无规则线团,任何一种蛋白质都具有其特征性和稳定的空间结构。蛋白质的空间结构通常称为蛋白质的构象(又称高级结构),是指蛋白质分子中所有原子在三维空间的排列分布和肽链的走向。

蛋白质多肽链中有很多酰胺键平面,由于受蛋白质分子中肽单元的刚性平面结构所限,以及氨基酸侧链的影响,一个具有生物活性的蛋白质多肽链在一定条件下往往只有一种或很少几种构象，这说明天然蛋白质主链中的C—N单键是不能自由旋转的，图 1-2-16 所示为围绕多肽链的单键发生的有限旋转。

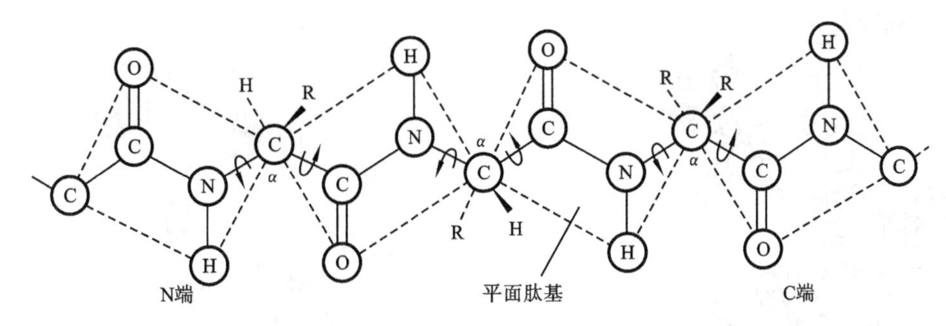

图 1-2-16　多肽链中酰胺平面和 C_α—N 及 C—C_α 单链的旋转

蛋白质的高级结构可以从如下几个结构水平上加以认识，这就是通常采用的二级结构、过渡结构（超二级结构、结构域）、三级结构和四级结构。

1. 蛋白质的二级结构

蛋白质的二级结构主要是指蛋白质多肽链本身的折叠和盘绕方式。二级结构只包括主链原子的局部空间排列，不包括其他链段间的相互关系及侧链构象的内容。二级结构包括 α-螺旋、β-折叠、β-转角、无规则卷曲等结构形式。现分别简单介绍如下。

（1）α-螺旋（α-helix）结构　α-螺旋是指多肽链主链骨架围绕螺旋中心轴一圈一圈地上升，从而形成螺旋式的构象。在螺旋构象中，主链骨架中的羰基氧原子与亚氨基上的氢原子可形成氢键，螺旋的构象就是靠氢键维系的，若破坏氢键则螺旋构象变成伸展的肽链。右手 α-螺旋结构如图 1-2-17 所示。

α-螺旋结构具有如下的特征。

① 多肽链主链环绕螺旋中心轴螺旋式地上升，每隔 3.6 个氨基酸残基，螺旋上升一圈。螺旋每上升一圈相当于向上平移 0.54 nm，即螺旋的螺距是 0.54 nm。

② 螺旋上升时，每个氨基酸残基沿轴旋转 100°，即每个氨基酸残基沿轴上升0.15 nm。

③ α-螺旋结构的稳定性主要依靠链内的氢键维系。每个氨基酸残基上的亚氨基氢和位于它前面的第四个氨基酸残基上的羰基形成氢键，即每隔 3 个氨基酸残基可形成一个氢键，螺旋体内氢键形成示意如下。

$$\begin{array}{c} O \cdots\cdots\cdots\cdots\cdots\cdots H \\ \| \qquad\qquad\qquad\quad | \\ -C\!\left(\!NH-\underset{\underset{R}{|}}{\overset{\overset{H}{|}}{C}}-CO\!\right)_3\!N- \end{array}$$

④ 氨基酸残基的 R 基团伸向螺旋体外侧，不会出现在螺旋内，R 基团的大小、带电状况影响螺旋的稳定性。

⑤ α-螺旋有左手螺旋和右手螺旋两种，天然的蛋白质分子中 α-螺旋大多数是右手螺旋，即从R—CH—NH一端起，围绕着螺旋轴心向右盘旋。

蛋白质多肽链能否形成稳定 α-螺旋结构，与它的氨基酸组成和排列顺序有关。如多

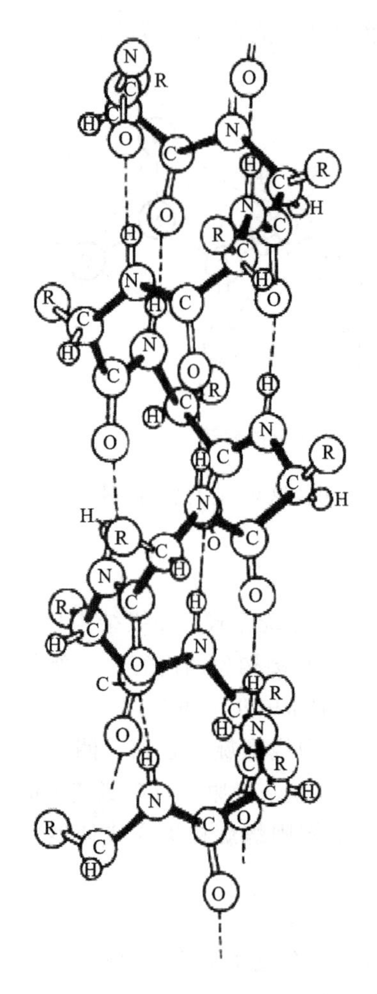

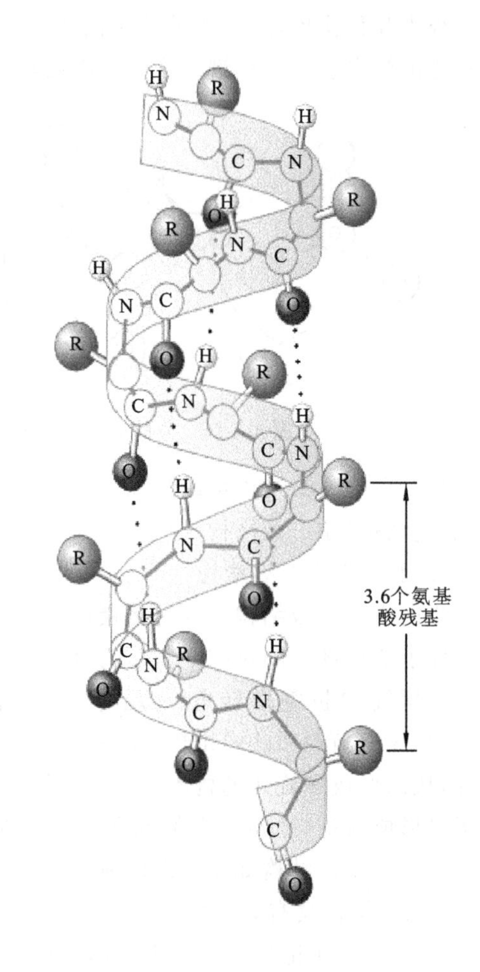

图 1-2-17　右手 α-螺旋结构

肽链中有脯氨酸或羟脯氨酸存在时，α-螺旋就会被中断，并产生一个“结节”。这是因为脯氨酸的 α-亚氨基氢参与了肽键的形成，没有多余的氢原子形成氢键了。因此，多肽链上有脯氨酸时，肽链就拐弯，不再形成 α-螺旋。

近年来，也偶尔发现极少数蛋白质中存在左手螺旋的结构。

(2) β-折叠(β-pleated sheet)结构　β-折叠结构与 α-螺旋结构有着显著的区别，它是一种肽链相当伸展的结构(如图 1-2-18 所示)。在这种结构中，若干条肽链或一条肽链的若干肽段平行排列，相邻肽链之间或同一肽链内平行排列的肽段之间，依靠肽键上的羰基和亚氨基形成的氢键来维系。β-折叠主要有两种类型：一种是平行式，即所有的 N 端在同一方向上；另一种是反平行式，即所有肽链的 N 端按正、反方向交替排列。β-折叠结构具有如下特征。

① 肽链平行排列，链与链之间或肽段与肽段之间形成的氢键，是维持这种构象的主要次级键。

② 肽链的伸展使肽键平面之间折叠成锯齿形。

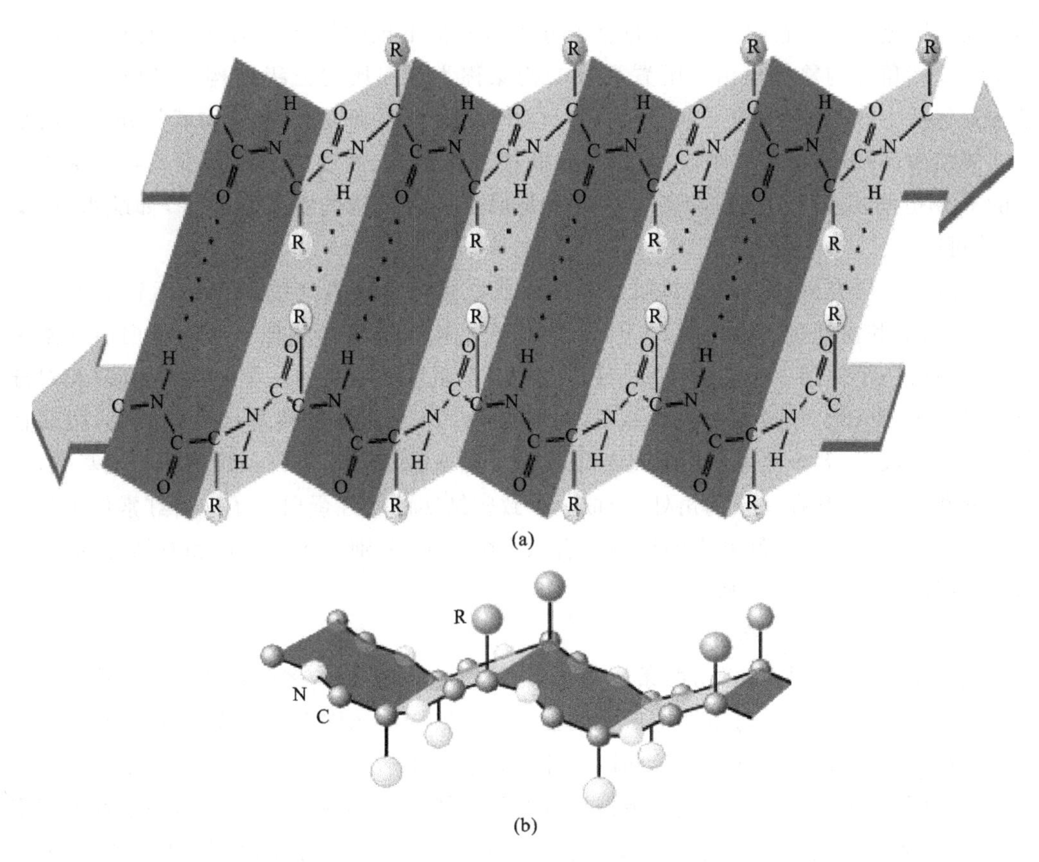

图 1-2-18　β-折叠结构

③ 肽链中的氨基酸残基的 R 基团分布在片层的上、下方。

β-折叠结构也是蛋白质构象中经常存在的一种结构形式。它广泛存在于丝心蛋白和 β-角蛋白中，也广泛存在于球蛋白中，如溶菌酶、G 蛋白、黄素蛋白等。

(3) β-转角(β-turn)结构　β-转角结构又称 β-弯曲(β-bend)、β-回折(β-reverse turn)、发夹结构(hairpin structure)和 U 形转折等。近年来，在球状蛋白质的空间构象的研究中还经常观察到，在蛋白质分子结构的主链中会经常出现 180°的回折，一般由四个连续的氨基酸组成，在这种肽链的回折角上就是一种 U 形结构，统称为 β-转角。甘氨酸和脯氨酸易出现在这种结构中。在这种构象中也存在着氢键，它也是在第一个氨基酸残基的羰基与第四个氨基酸残基的亚氨基之间形成的。

(4) 自由回转(又称无规则卷曲)　自由回转是指没有一定规律性的那部分松散的肽链构象，是一种任意的肽链结构(不能归入明确的二级结构单位，如折叠片或螺旋状的肽区段)，它使蛋白质的构象表现出很大的灵活性。酶的功能部位常常处于这种构象区域里，所以受到人们的重视。

不同蛋白质的二级结构不同，有的相差很大。例如：肌红蛋白分子的肽链中约有 75% 是 α-螺旋结构，α-角蛋白几乎全是 α-螺旋结构，而蚕丝的丝心蛋白却几乎全是 β-折叠结构。

2. 蛋白质的三级结构

蛋白质的三级结构是指蛋白质多肽链在二级结构的基础上由氨基酸残基侧链的相互

作用使多肽链进一步卷曲折叠,导致整个分子形成很不规则的特定构象,这种由 α-螺旋、β-折叠、β-转角等构象单元相互配置而成的构象称为蛋白质的三级结构。蛋白质的三级结构是包括主、侧链在内的三维空间排布。对单链蛋白质来说,三级结构就是分子的特征性立体结构;对多链蛋白质来说,是指每条肽链各自的主、侧链的三维折叠。各氨基酸残基的 R 侧链间相互作用生成的各种次级键是稳定三级结构的主要化学键,如疏水键、氢键、盐键等。

三级结构研究得最早的是对肌红蛋白。肌红蛋白是哺乳动物肌肉中运输氧的蛋白质,这一功能和血红蛋白极为相近,因此,它们在结构上也极为相似。肌红蛋白由一条多肽链盘绕成一个外圆中空的不对称结构,有 153 个氨基酸残基和一个血红素辅基(相对分子质量为 17 800)。全链共折叠成八段,每段为 7～24 个氨基酸残基的 α-螺旋体,段间拐角处都有一段 1～8 个氨基酸残基的松散肽链。脯氨酸及难以形成 α-螺旋体的氨基酸,如异亮氨酸、丝氨酸都存在于拐角处,形成一个致密结实的肌红蛋白分子。血红素位于分子内部,是疏水空穴区,血红素中的铁离子有六个配位键,分别与肌红蛋白和氧结合,肌红蛋白的三级结构如图 1-2-19 所示。

3. 蛋白质的四级结构

蛋白质的四级结构是指由两条或两条以上具有三级结构的多肽链通过非共价键聚合而成的特定构象。其中,每条肽链形成的独立三级结构单元称为亚基或亚单位,有的亚基由两条或多条肽链组成,这些肽链间以二硫键相连。亚基是肽链,但肽链不一定是亚基。

一般而言,由两个亚基组成的蛋白质称为二聚体,由四个亚基组成的蛋白质称为四聚体,由多个亚基组成的蛋白质称为寡聚蛋白质或多体蛋白质,亚基之间也依靠次级键维系。亚基单独存在时,无生物活性或活性很小,只有通过亚基之间相互聚合成四级结构时,蛋白质才具有完整的生物活性。

蛋白质四级结构主要指的是亚基间的立体空间排布和相互关系,不包括亚基内部的空间结构。血红蛋白就是一个典型的例子。血红蛋白是由两条 α 链和两条 β 链组成,是一个含有两种不同亚基的四聚体。每一个亚基含有一个血红素辅基,α 链由 141 个氨基酸组成,β 链由 146 个氨基酸组成,各自都有一定的排列次序。α 链和 β 链的一级结构差别较大,但它们的三级结构大致相同,并和肌红蛋白极相似,在 N 端和 C 端及各个 α-螺旋肽段之间,都有长短不一的非螺旋松散链。疏水侧链大都位于分子内部,极性基团暴露在分子表面。分子中 4 条链(α、α、β、β)各自折叠卷曲形成三级结构,再通过分子表面的一些次级键(主要是盐键和氢键)的结合而联系在一起,互相凹凸相嵌排列,形成一个四聚体的功能单位,如图 1-2-20 所示。整个血红蛋白分子接近于球形,每一个亚基含有一个与氧结合的血红素辅基。因此,一个血红蛋白分子可以同时输送四分子氧。

四、蛋白质的结构与功能关系

蛋白质的结构是其功能的基础。研究蛋白质结构与功能的关系是从分子水平上认识生命现象的一个极为重要的课题,它能从分子水平上阐明生物体内活性物质的作用机理,以及遗传疾病发生的原因,它与生命起源、细胞分化、代谢调节等重大理论问题的解决密切

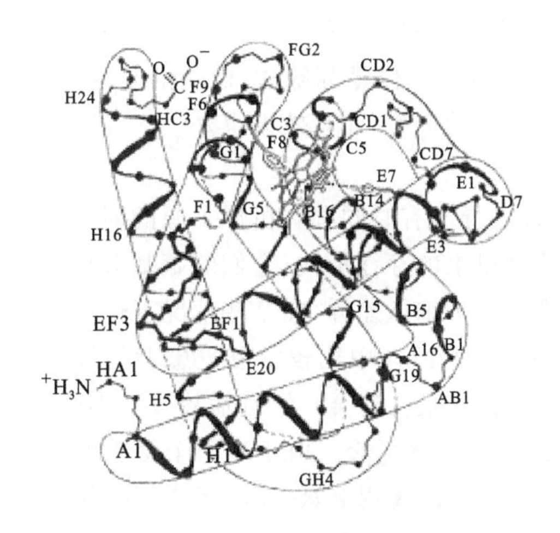

图 1-2-19　肌红蛋白的三级结构

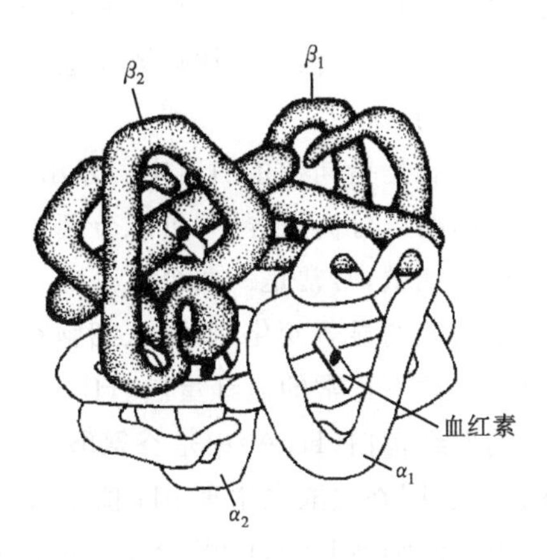

图 1-2-20　血红蛋白的四级结构

相关，也为工农业生产、生物药物的研究和开发、疾病的预防和治疗提供重要的理论依据。

蛋白质结构与功能的关系，包含两个问题：首先，具有某种生物功能的蛋白质必须具有怎样的结构基础，在蛋白质多肽链中哪些氨基酸是必需的，哪些是非必需的；其次，这样的蛋白质分子在机体组织中又是怎样和一定的生物分子相作用来完成它的功能的。后一问题涉及面广、情况复杂，我们重点讨论前一个问题。

（一）蛋白质的一级结构与功能的关系

蛋白质的一级结构是高级结构的基础。多肽链是否能形成稳定的高级结构，与其分子中氨基酸的组成和排列顺序有关，而氨基酸组成和顺序的改变又必然影响蛋白质的生物学功能。因此，蛋白质的结构与其功能具有高度统一性。

1. 一级结构氨基酸组成不同，生物功能各异

以催产素和加压素为例来说明。催产素和加压素是分子中仅相差两个氨基酸的九肽，两者生理功能不同。前者使子宫和乳腺平滑肌收缩，具有催产及使乳腺排乳作用；后者则是促进血管平滑肌收缩，从而升高血压，并有减少排尿的作用。

2. 种属差异

种属差异是指在不同有机体中实现同一功能的蛋白质分子中氨基酸顺序的个体差异。例如，胰岛素的种属差异是十分明显的。胰岛素是脊椎动物体内的一种蛋白质激素，不同来源的胰岛素都具有相同的生理功能——调节血糖的浓度。功能相同，必然反映在空间构象上相同或者相似。但是通过分析比较不同来源的胰岛素的一级结构之后，发现它们在氨基酸组成上有较大的差异，在 51 个氨基酸残基中只有 24 个氨基酸残基是恒定不变的，为不同来源的胰岛素所共有。分析了胰岛素的空间结构之后，发现这些不变的氨基酸对于维持胰岛素的空间结构是非常重要的，其他不变的氨基酸残基绝大多数属于非极性侧链氨基酸，它们也都处于维持胰岛素空间结构稳定的重要位置上。由此看来，这些不变的氨基酸残基起到了使不同来源的胰岛素具有相同或相似的空间构象的作用。至于那些可变动的氨基酸，一般认为不处于激素的“活性中心”或对维持“活性中心”不重要，只

是与免疫性有关。我国生产的胰岛素是从猪的胰腺中提取出来的。由于猪与人的胰岛素相比只有B链第30位氨基酸不同,人的胰岛素B链第30位是苏氨酸,而猪的是丙氨酸。因此,用猪胰岛素治疗糖尿病既不会引起胰岛素抗体的产生,而且效果也好。

3. 分子病

分子病是指同种蛋白质中氨基酸顺序的个体差异。有时同种有机体来源的同一种蛋白质在高精度分离过程中,可以分离出两种或两种以上的存在形式,它们的氨基酸顺序差异往往很细微,常常是一两个氨基酸残基的差别。这种细微差异,在某些情况下也可能引起生物功能的显著变化,如镰状细胞贫血。这种病在非洲人中比较常见。患者的红细胞合成了一种不正常的血红蛋白(HbS),它的一级结构只是β链第6位氨基酸残基不同,正常人的血红蛋白(HbA)中是谷氨酸,患者血红蛋白中是缬氨酸。由于这两个氨基酸性质上的差别,即谷氨酸在生理pH值条件下为带负电荷的极性侧链氨基酸,而缬氨酸却是一种非极性侧链氨基酸,HbS分子表面的负电荷数目减少,致使血红蛋白分子不正常积聚,红细胞扭曲形成镰刀形,以致输氧功能下降,细胞变得脆弱,而易发生溶血。血红蛋白是由两条α链和两条β链构成的蛋白质,仅仅因为β链上的两个氨基酸残基发生了改变,就导致功能上如此重大的变化,足见结构与功能的高度统一。

(二)蛋白质的高级结构与功能的关系

蛋白质分子具有特定的空间构象是表现其生物学功能所必需的,空间结构的变化必然导致功能的改变。

1. 变性作用

若空间结构破坏,则生物功能丧失,如蛋白质的变性作用。蛋白质变性是多肽链折叠部分解开或完全伸展,分子的天然结构变成松散状态。蛋白质变性有可逆与不可逆两种情况。煮鸡蛋就是众所周知的例子,加热时鸡蛋清的构象改变,天然的多肽链产生变性,最终形成凝固的蛋白质,这是一种不可逆变性。在某些蛋白质变性中,若除去变性因素后,蛋白质分子的空间结构又得以恢复,可完全或部分恢复其生物活性,这称为复性。无论变性与复性,可见蛋白质分子的空间结构与其功能的关系十分密切。在实际应用中,对于蛋白质变性,有时可加以利用(如消化作用,变性蛋白更易于消化),有时则要防止(如制备活性蛋白)。

2. 变构现象

当然蛋白质的空间结构也不是固定不变的。有些蛋白质当它表现其生物功能时,立体结构往往会发生变化,从而改变整个分子的性质,这种现象称为变构现象。如酶原的激活、凝血酶和凝血因子的活化等。很多蛋白质的功能往往是通过构象的变化来调节的。例如,血红蛋白(Hb)在表现其输氧功能时就伴随着构象的变化。血红蛋白是由两个α亚基和两个β亚基组成的四聚体,是含有血红素辅基的蛋白质,携带氧的部位是血红素中的Fe^{2+},Fe^{2+}有6个配位键,其中四个与吡咯环N配位结合,一个与蛋白质的组氨酸残基结合,还有一个则可与氧结合。血红蛋白未结合氧时,结构紧密,与氧的亲和力很弱。随着氧浓度的增加,当氧与其中一个亚基血红素铁结合后,该亚基的构象会发生变化,从而导致另外三个亚基的构象发生变化,亚基间的次级键破坏,整个分子的空间构象改变,结构变得松弛，使得所有亚基血红素铁更容易与氧结合，因此，血红蛋白与氧的结合速度大大加快。

3. 构象病

因蛋白质空间构象异常变化，如相应蛋白质的有害折叠、折叠不能，或错误折叠导致错误定位引起的疾病，称为蛋白质构象病。其中朊病毒病就是蛋白质构象病中的一种，如图 1-2-21 所示。

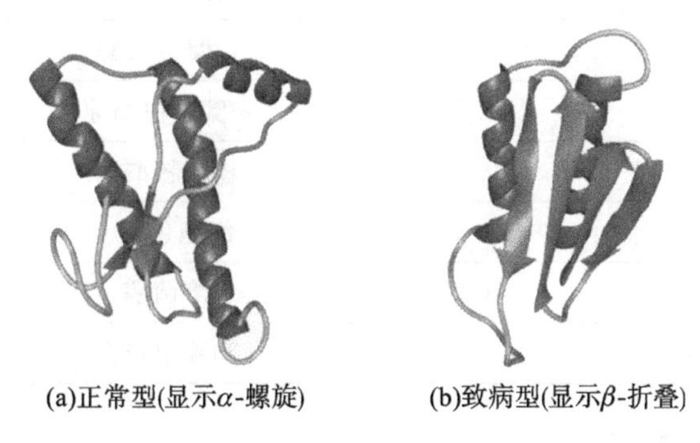

1-2-21 正常朊病毒蛋白和致病朊病毒蛋白空间结构的差异

五、蛋白质的性质

由于蛋白质是由氨基酸组成的，因此，蛋白质具有许多与氨基酸相似的化学性质。但由于蛋白质是高分子化合物，与氨基酸有着质的区别，所以它又有着自己独特的性质。

（一）蛋白质的两性解离与等电点

蛋白质是由氨基酸组成的，而氨基酸是两性电解质，虽然蛋白质多肽链中的氨基酸的 α-氨基和 α-羧基都已经形成肽键，但是 N 端和 C 端仍然具有游离的 α-氨基和 α-羧基。更为重要的是组成蛋白质的许多氨基酸具有可解离的侧链基团，如天冬氨酸、谷氨酸的侧链羧基，赖氨酸的侧链氨基，精氨酸侧链上的胍基，组氨酸侧链上的咪唑基，此外，有的还有酚羟基、巯基等。因此，蛋白质和氨基酸一样，也是两性电解质，既能和酸作用，也能和碱作用。当溶液在某一特定 pH 值环境中，蛋白质所带的正电荷与负电荷恰好相等，即总净电荷为零，在电场中，蛋白质分子既不向阳极移动，也不向阴极移动，此时溶液的 pH 值称为该蛋白质的等电点(pI)。

$$\underset{(pH<pI)}{Pr\begin{matrix}NH_3^+\\COOH\end{matrix}} \underset{H^+}{\overset{OH^-}{\rightleftharpoons}} \underset{(pH=pI)}{Pr\begin{matrix}NH_3^+\\COO^-\end{matrix}} \underset{H^+}{\overset{OH^-}{\rightleftharpoons}} \underset{(pH>pI)}{Pr\begin{matrix}NH_2\\COO^-\end{matrix}}$$

蛋白质的阳离子　蛋白质的兼性离子　蛋白质的阴离子

各种蛋白质具有特定的等电点，这是和它所含氨基酸的种类和数量有关的。例如：蛋白质分子中含碱性氨基酸较多，其等电点偏碱；蛋白质分子中含酸性氨基酸较多，则其等电点偏酸。几种蛋白质的等电点详见表 1-2-6。在等电点时，蛋白质因其静电荷为零，相互间的排斥力最小,极易借静电引力迅速结合成较大的聚集体而沉淀析出。同时,在等电点时蛋白质的黏度、渗透压、膨胀性及导电能力均为最小。蛋白质的两性性质和等电点,常用于分离、纯化和鉴定蛋白质。

表 1-2-6　几种蛋白质的等电点

蛋　白　质	等电点(pI)	蛋　白　质	等电点(pI)
胃蛋白酶	1.0	血红蛋白	6.7
卵清蛋白	4.6	α-糜蛋白酶	8.3
血清清蛋白	4.7	α-糜蛋白酶原	9.1
明胶	4.7～5.0	核糖核酸酶	9.5
β-乳球蛋白	5.2	细胞色素 c	10.7
胰岛素	5.3	溶菌酶	11.0
血清 γ_1-球蛋白(人)	5.8	胸腺组蛋白	10.8

(二) 蛋白质的溶胶性质

由于蛋白质是高分子化合物,相对分子质量较大,分散在水溶液中所形成的颗粒直径为 1～100 nm,极易形成胶体溶液,因此,它具有胶体溶液的特征,如扩散慢、不能通过半透膜、黏性大、流动性差等。利用蛋白质不能透过半透膜的性质,可用羊皮纸、火棉胶、玻璃纸等来分离纯化蛋白质,此方法称为透析法。

蛋白质能够形成稳定的胶体溶液,和它的化学组成和结构有关。其原因是:蛋白质分子颗粒较大,在溶液中具有较大的表面,而且表面分布有各种极性基团(亲水基团),因此,对许多物质具有吸附能力,如羧基、氨基、羰基、羟基等。当蛋白质与水分子相遇时,蛋白质颗粒表面众多的极性基团就会与水结合,在颗粒表面上形成一层密度较厚的水膜或水化层,每克蛋白质可吸水 0.4 g 左右,水膜的存在使蛋白质颗粒相互隔开不会碰撞积聚。此外,蛋白质分子表面存在许多可解离的基团,在碱性溶液中,蛋白质成为阴离子,在酸性溶液中,蛋白质成为阳离子。因此,在特定的 pH 溶液中,蛋白质分子表面均带有同性电荷,由于同性电荷的排斥作用,蛋白质离子就不会积聚而沉淀。水膜和表面电荷是蛋白质溶液稳定的主要因素。

蛋白质的亲水胶体性质具有重要生物学意义。生物体中最多的成分是水,蛋白质的生物学作用主要是在水中表现出来的。例如:构成生物细胞的原生质,是异常复杂的非均一性的胶体系统。各种细胞具有一定的形状、弹性、黏度等性质,都与蛋白质的胶体性质有关。

(三) 蛋白质的变性、沉淀与凝固

1. 变性

蛋白质在某些物理或化学因素的作用下,其空间结构受到破坏,从而改变其理化性质,并失去其生物活性的现象,称为变性。一般认为,蛋白质变性并不涉及一级结构的改变,若蛋白质变性较轻,则在去除变性因素后,仍可恢复原有的构象和功能,这称为可逆变

性。但若其空间构象遭到严重破坏，则去除变性因素后也不能恢复原来的生物活性，这称为不可逆变性。引起变性的因素有很多，如：物理因素有加热、高压、紫外线、超声波冲击等；化学因素有强酸、强碱、重金属盐、生物碱沉淀剂等。蛋白质变性后，因其空间结构受到破坏，其性质也受影响，如易沉淀、黏度增加、作为酶其催化活性丧失等。虽然变性后的蛋白质失去水化膜，其疏水侧链暴露，但只要其溶液 pH 值不等于蛋白质的等电点，蛋白质仍可不沉淀。故变性后，蛋白质溶解度减小却并不一定沉淀。

2. 沉淀

蛋白质在溶液中的稳定因素是水化膜及电荷。因而凡是能消除蛋白质表面的水化膜并中和电荷的试剂均可以引起蛋白质的沉淀。常用的沉淀试剂有中性盐、有机溶剂、某些生物碱试剂、大分子酸类及重金属盐类等。

(1) 盐析法　在蛋白质溶液中加入大量的中性盐以破坏蛋白质的胶体稳定性而使其析出，这种方法称为盐析。常用的中性盐有硫酸铵、硫酸钠、氯化钠等。盐析沉淀的蛋白质，经透析除盐，仍保证蛋白质的活性，这是制备酶、激素等蛋白质药物常用的方法。

(2) 有机溶剂沉淀法　有机溶剂沉淀的机理是降低水的介电常数，导致具有表面水层的生物大分子脱水，相互聚集，最后析出。但是，在常温下，有机溶剂沉淀蛋白质往往引起变性。例如，酒精消毒灭菌就是如此。因此，操作要在低温下进行。有机溶剂的选择首先是能和水混溶，使用较多的有机溶剂是乙醇、甲醇、丙酮，还有二甲基甲酰胺、二甲基亚砜、乙腈和 2-甲基-2,4-戊二醇等。

(3) 重金属盐沉淀法　许多有机物质包括蛋白质在内，在碱性溶液中带负电荷，能与金属离子形成沉淀。所以沉淀的条件以 pH 值稍大于等电点为宜。重金属沉淀的蛋白质常是变性的。临床上利用蛋白质能与重金属盐结合的这种性质，抢救误服重金属盐中毒的患者，给患者口服大量蛋白质，然后用催吐剂将结合的重金属盐呕吐出来解毒。

(4) 生物碱试剂和某些酸类沉淀法　蛋白质又可与生物碱试剂(如苦味酸、钨酸、鞣酸)以及某些酸(如三氯乙酸、过氯酸、硝酸)结合成不溶性的盐沉淀。沉淀的条件应当是 pH 值小于等电点，这样蛋白质带正电荷，易于与酸根负离子结合成盐。临床血液化学分析时常利用此原理除去血液中的蛋白质，此类沉淀反应也可用于检验尿中蛋白质。

3. 凝固

蛋白质经强酸、强碱作用发生变性后，仍能溶解于强碱或强酸溶液中。若将 pH 值调至等电点，则变性的蛋白质立即结成絮状的不溶解物，若再加热，则絮状物可变成较坚固的凝块，此凝块不易再溶于强酸与强碱中。这种现象称为蛋白质的凝固作用。实际上，凝固是蛋白质变性后进一步发展的不可逆的结果，如鸡蛋煮熟。

(四) 蛋白质的紫外吸收性质

酪氨酸、色氨酸和苯丙氨酸由于结构中含有共轭双键，因而在紫外光区具有光吸收特性。由于大多数蛋白质分子含有酪氨酸和色氨酸残基，而且这两种氨基酸残基的最大的紫外吸收峰均在 280 nm 波长附近，故通过对 280 nm 波长的吸光度的测量可对蛋白质溶液进行定量分析。

(五) 蛋白质的呈色反应

蛋白质分子中某些特殊的氨基酸，可以和多种试剂发生颜色反应，在生物化学中常利用这些颜色反应作为测定蛋白质的依据。

重要的颜色反应有以下五种。

1. 双缩脲反应

双缩脲是由两分子尿素缩合而成的化合物。将尿素加热至 180 ℃,则两分子尿素缩合成一分子双缩脲,并放出一分子氨。双缩脲在碱性溶液中能与硫酸铜反应产生红紫色配合物,此反应称为双缩脲反应。

蛋白质分子中含有许多和双缩脲结构相似的肽键,因此,也能起双缩脲反应,形成红紫色配合物。肽键越多,颜色越深。通常可用此反应来定性鉴定蛋白质,也可根据反应产生的颜色深浅在 540 nm 波长处比色,定量测定蛋白质。

2. Millon 反应

Millon 试剂为硝酸汞、亚硝酸汞、硝酸和亚硝酸的混合液。蛋白质分子中若含有酪氨酸,加入 Millon 试剂后即产生白色沉淀,加热后沉淀变成红色,这是因为酪氨酸含有酚基,故含有酪氨酸的蛋白质都有此反应。

3. 乙醛酸反应

在蛋白质溶液中加入乙醛酸,并沿试管壁慢慢注入浓硫酸,在两液层之间就会出现紫色环,凡含有色氨酸的蛋白质均有此反应。

4. 坂口反应

精氨酸分子中含有胍基,能与次氯酸钠(或次溴酸钠)及 α-萘酚在氢氧化钠溶液中产生红色物质。坂口(Sakaguchi)反应可以用来鉴定含有精氨酸的蛋白质,也可用来定量测定精氨酸含量。

5. Folin-酚反应

蛋白质分子一般都含有酪氨酸,而酪氨酸中的酚基能将 Folin-酚试剂中的磷钼酸及磷钨酸还原成蓝色化合物(即钼蓝和钨蓝的混合物)。这一反应常用来定量测定蛋白质含量。

总结与反馈

蛋白质存在于所有的生物细胞中,是构成生物体最基本的结构物质和功能物质。蛋白质是生命活动的物质基础,它参与了几乎所有的生命活动过程。

蛋白质是一类含氮的有机化合物,除含有碳、氢、氧外,还有氮和少量的硫。某些蛋白质还含有其他一些元素,主要是磷、铁、碘、锌和铜等。由于大多数蛋白质的含氮量接近于16%,所以可以根据生物样品中的含氮量来计算蛋白质的大概含量,最常用的方法是凯氏定氮法。

氨基酸是蛋白质水解的最终产物,是组成蛋白质的基本单位。从蛋白质水解物中分离出来的氨基酸有 20 种,除脯氨酸和羟脯氨酸外,均为 α-氨基酸。

蛋白质是由一条或多条多肽链以特殊方式结合而成的生物大分子。蛋白质的结构可分为一、二、三、四级。蛋白质一级结构的内容主要包括组成蛋白质的多肽链数目、多肽链的氨基酸顺序、多肽链内或链间二硫键的数目和位置,其中最重要的是多肽链的氨基酸顺序，它是蛋白质生物功能的基础。蛋白质的二级结构是指肽链的主链在空间的排列，或规则的几何走向、旋转及折叠，它只涉及肽链主链的构象。它主要有 α-螺旋、β-折叠、β-转角等。蛋白质的三级结构是指多肽链在二级结构的基础上进一步盘旋、折叠，从而形成特定的空间结构。蛋白质的四级结构是指亚基的种类、数量及各个亚基间的空间排布和亚基间的相互作用。二级以上的结构为空间结构。

蛋白质分子中氨基酸的组成及空间结构是蛋白质表现生物功能的基础。蛋白质的理化性质很多：两性解离和等电点、胶体性质、蛋白质沉淀（可逆沉淀、不可逆沉淀）、蛋白质变性、紫外吸收及颜色反应等。蛋白质的理化性质可用于蛋白质的分离、纯化及鉴定。

思考训练

1. 蛋白质的主要功能是什么？
2. 蛋白质一级结构测定的基本原则是什么？
3. 常用于蛋白质含量测定的方法有几种？基本原理是什么？
4. 根据蛋白质等电点，指出下列蛋白质在所指定的 pH 值条件下，电泳时的泳动方向：
   (1) 胃蛋白酶(pI 1.0)，在 pH 5.0；
   (2) 血清清蛋白(pI 4.7)，在 pH 6.0；
   (3) 脂蛋白(pI 5.8)，在 pH 5.0 和 pH 9.0。
5. 解释下列名词：N 端与 C 端、蛋白质二级结构和三级结构、肽与肽键、等电点、必需氨基酸。
6. 何谓蛋白质的变性？变性的蛋白质有何特征？
7. 使蛋白质胶体溶液稳定的因素有哪些？

任务四　核酸的功能、性质、结构及应用

知识目标

(1) 认识核酸，了解核酸的生物学功能；

(2) 掌握核酸的化学组成、结构及理化性质。

技能目标

根据核酸的结构能说出核酸的生物学特点。

素质目标

通过核酸的发现与发展，培养科研和创新的能力。

一、核酸的化学组成、一级结构及功能

核酸是生物体的基本组成物质，从高等动、植物到简单的病毒都含有核酸，它在生物的个体发育、生长、繁殖、遗传和变异等生命活动中起着极为重要的作用。恩格斯关于生命定义中所指的“蛋白体”，从现代生物学观点看来，就是蛋白质和核酸的复合体。蛋白质是实现生命现象和生理功能的桥梁，而主宰蛋白质结构和组成的则是核酸。核酸是重要的生物大分子，担负着生命信息的储存与传递使命，是基因工程操作的核心分子。

早在 1868 年，瑞士科学家 Miescher 从包裹伤口绷带上的脓细胞中分离出细胞核，用稀碱抽提，再加入酸，得到了一种含 N 和 P 特别丰富的沉淀物，当时称之为“核质”或“核素”(nuclein)。后来他在鲑鱼精子头部也发现了同样的酸性物质，并部分纯化了核酸。1944 年，Avery 通过肺炎球菌转化实验首次证明 DNA 是遗传的主要化学物质。1947 年，Chargaff 等人在测定了各种生物的 DNA 碱基组成后，发现 DNA 的碱基组成具有种属特异性，而没有组织特异性。DNA 分子中的碱基组成规律被称为“Chargaff 碱基规则”。1953 年，Watson 和 Crick 提出了 DNA 的双螺旋模型，由此揭开了分子生物学研究的序幕，为分子遗传学的创立奠定了基础。

(一) 核酸的元素组成

核酸分子中所含基本元素为 C、H、O、N、P 等。与蛋白质不同的是，核酸分子中 P 的含量相对较高，而且比较恒定，一般为 9%～10%。所以在核酸定量分析中，也常测定样品中 P 的含量以确定核酸的量。

(二) 核酸的分子组成

1. 核酸的水解与类别

核酸是以核苷酸为单体聚合而成的高分子化合物，核酸分子很大，一般由几十至几十万个核苷酸组成，故又称为多聚核苷酸。在一定条件下，将核酸水解可生成许多个核苷酸单体，核苷酸进一步水解生成核苷和磷酸，核苷再水解最后生成碱基(嘌呤碱和嘧啶碱)和戊糖。核酸的各种水解产物可用层析或电泳等方法分离鉴定。

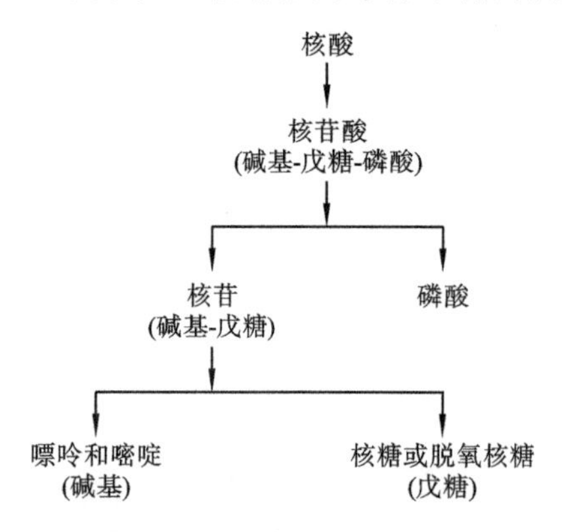

图 1-2-22　核酸的逐步水解过程

核酸的逐步水解过程如图 1-2-22 所示。

水解各种生物体内的核酸，得到的戊糖只有两类：D-核糖与 D-2-脱氧核糖。故根据戊糖的不同，可将核酸分成两大类：核糖核酸(简称 RNA)和脱氧核糖核酸(简称 DNA)。所有的细胞都含有 DNA 和 RNA，它们占细胞干重的 5%～15%。

在真核细胞中，绝大部分 DNA（约占细胞 DNA 总量的 98%）与蛋白质结合形成染色质而存在于细胞核中，其余的则分布在线粒体、叶绿体等细胞器中。DNA 是遗传信息的主要储存和携带者，是基因（遗传的功能单位）的基础化学物质。约 90%RNA 存在于细胞质中。各种生物细胞的 RNA 都有三种类型：核糖体 RNA（rRNA）、转运 RNA（tRNA）及信使 RNA（mRNA），它们在遗传信息的表达过程中发挥各自不同的作用。

2. 核酸的化学组分

（1）碱基　核酸分子中的碱基分为嘌呤碱和嘧啶碱两大类，它们均为含氮的杂环化合物。它们的结构如图 1-2-23 所示。

核酸中常见的嘌呤碱主要是腺嘌呤和鸟嘌呤。常见的嘧啶碱主要是胞嘧啶、尿嘧啶和胸腺嘧啶。除了以上几种主要碱基之外，核酸中还有一些含量甚少的碱基，称为稀有碱基，它们绝大多数是上述五种碱基的衍生物，如 5-羟甲基胞嘧啶、5-甲基胞嘧啶、7-甲基鸟嘌呤等。核酸中稀有碱基的含量一般不超过碱基总量的 5%，但是 tRNA 中稀有碱基含量可达 10%。目前，已知的稀有碱基和核苷达近百种。

（2）戊糖　核酸因含戊糖不同而分为 DNA 和 RNA 两大类，DNA 分子中的戊糖是 D-2-脱氧核糖，RNA 分子中的戊糖是 D-核糖，两者均为 β-D 型。它们的结构如图 1-2-24 所示。

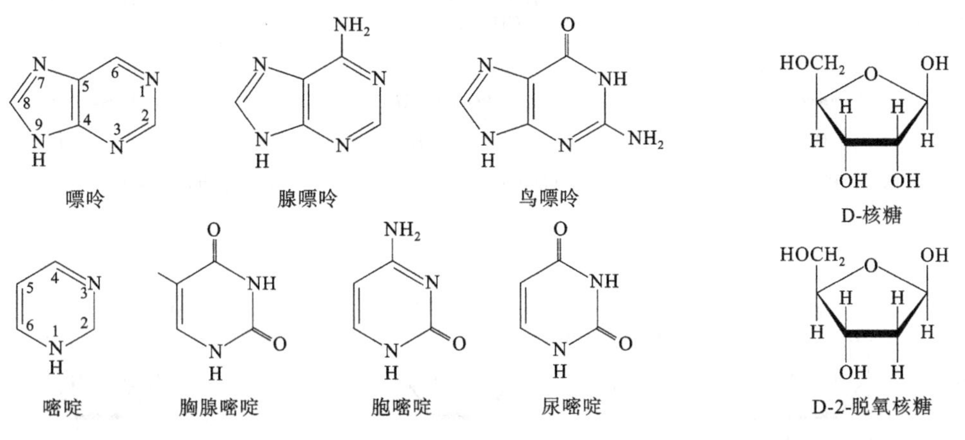

图 1-2-23　核酸中主要碱基的结构

图 1-2-24　核酸结构中的戊糖

（3）核苷　核苷是由戊糖和碱基缩合而成的糖苷类物质（见图 1-2-25）。连接戊糖与碱基的化学键为 *N*-糖苷键，即戊糖的第一位碳原子（C-1）与嘧啶的第一位氮原子（N-1）或嘌呤碱的第九位氮原子（N-9）相连接。核酸分子中的糖苷键均为 β-糖苷键。

根据核苷中所含戊糖不同，可将核苷分为核糖核苷和脱氧核糖核苷。RNA 分子中的核苷为核糖核苷，主要有腺苷（A）、鸟苷（G）、胞苷（C）和尿苷（U）；DNA 分子中的核苷为脱氧核糖核苷，主要有脱氧腺苷（dA）、脱氧鸟苷（dG）、脱氧胞苷（dC）和脱氧胸苷（dT）。“d”表示脱氧。应用 X 射线衍射法证明，核苷中的碱基与核糖环平面互相垂直。

（4）核苷酸　核苷与磷酸缩合生成的磷酸单酯称为核苷酸。核糖核苷的糖环上有三个游离的羟基（2′-、3′-、5′-），故磷酸酯化后分别生成 2′-、3′-和 5′-核苷酸。而脱氧核糖核苷的糖环上只有两个游离的羟基，只能生成 3′-和 5′-两种脱氧核苷酸。自然界存在的游

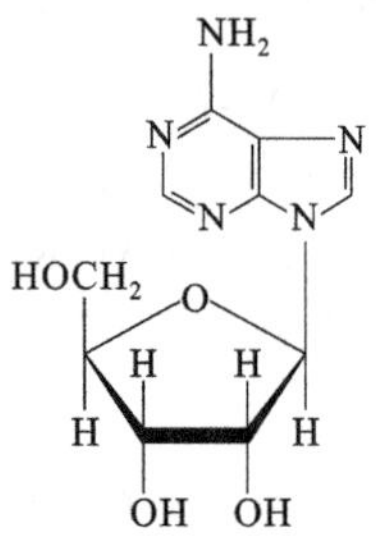

NH_2 N N N N $HOCH_2$ O H H H H OH OH

腺嘌呤核苷

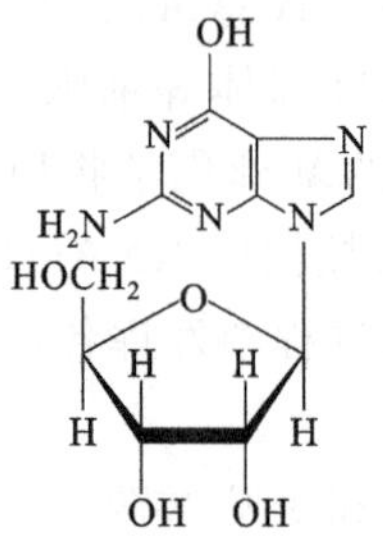

OH N N H_2N N N $HOCH_2$ O H H H H OH OH

鸟嘌呤核苷

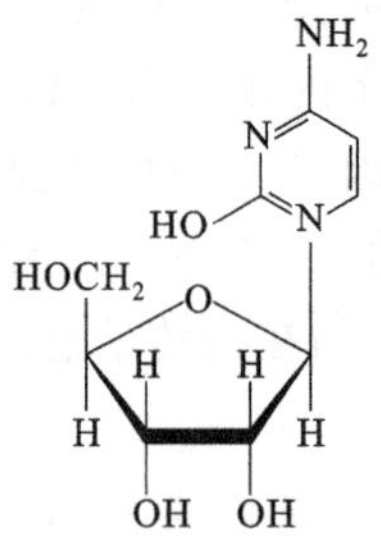

NH_2 N HO N $HOCH_2$ O H H H H OH OH

胞嘧啶核苷

OH N HO N $HOCH_2$ O H H H H OH OH

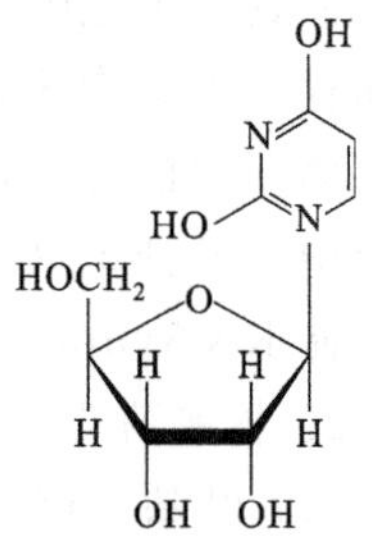

尿嘧啶核苷

图 1-2-25　核酸分子中几种核苷的结构

离核苷酸多为 5′-核苷酸。作为 DNA 或 RNA 结构单元的核苷酸分别是 5′-磷酸-脱氧核糖核苷和 5′-磷酸-核糖核苷。核苷酸的结构如图 1-2-26 所示。

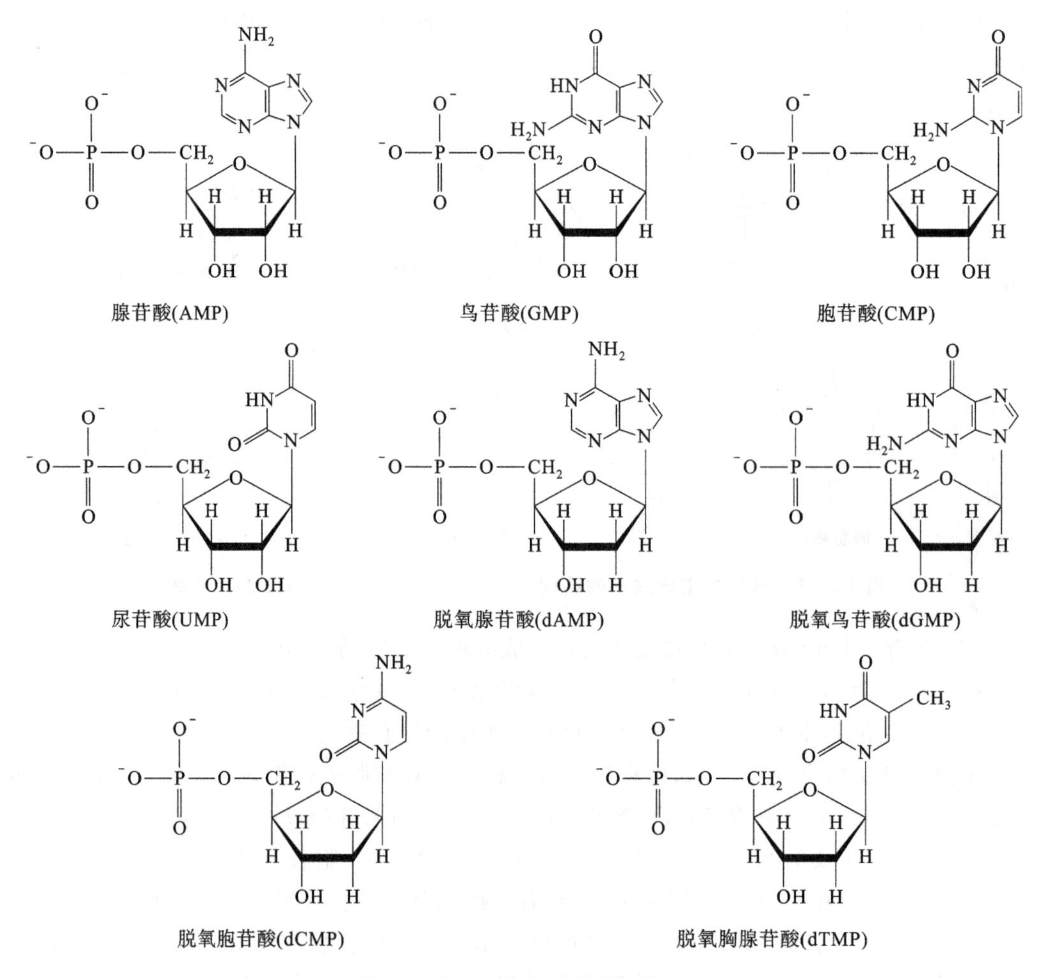

图 1-2-26　核酸中的主要核苷酸

单核苷酸可以在5′位上进一步磷酸化产生多磷酸核苷酸，如5′-二磷酸核苷和5′-三磷酸核苷。例如：腺苷酸在5′位上磷酸化可产生腺苷二磷酸（ADP）和腺苷三磷酸（ATP），如图1-2-27所示。这类化合物分子中磷酸之间的焦磷酸键具有很高的能量，称为高能键，属于高能化合物，它们是细胞能量代谢的重要物质。它们不仅参与核酸的合成，也是生物体某些重要辅酶的成分和能量载体。有些核苷三磷酸还参与特定的代谢过程，如尿苷三磷酸（UTP）参加糖的互相转化与合成，胞苷三磷酸（CTP）参加磷脂的合成，鸟苷三磷酸（GTP）参加蛋白质和嘌呤的合成等。

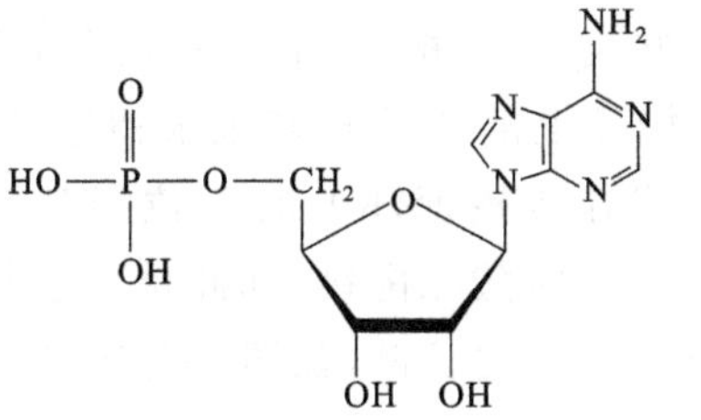

AMP

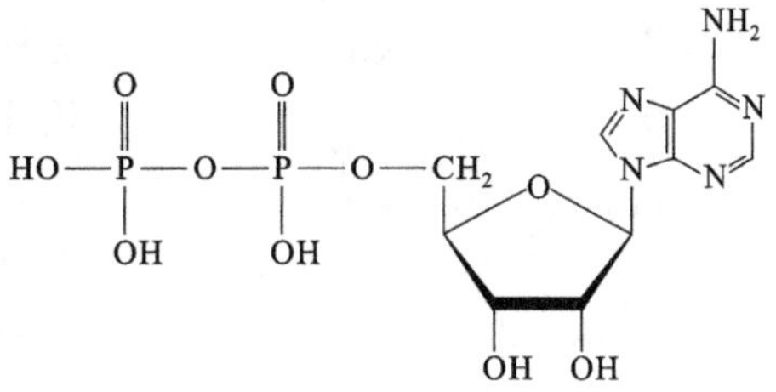

ADP

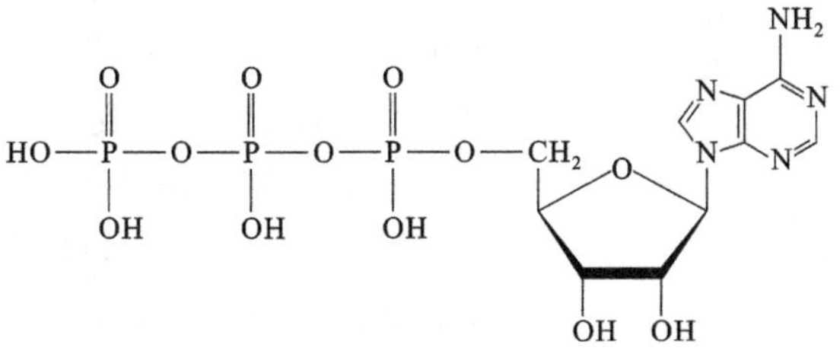

ATP

图1-2-27 多磷酸核苷酸

ATP在腺苷酸环化酶的作用下可以生成3′,5′-环状腺苷酸（cAMP），cAMP具有以下的结构式。

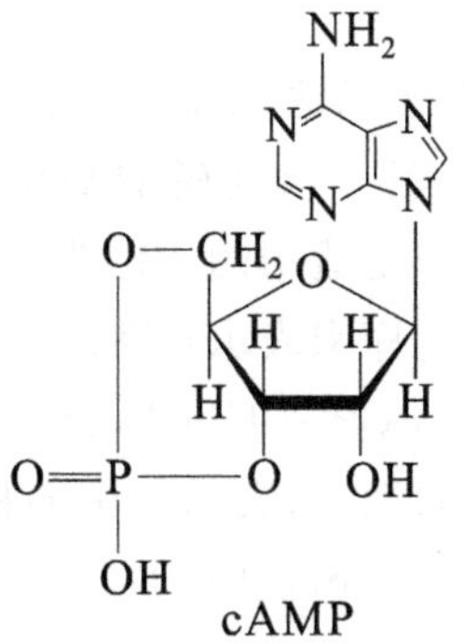

cAMP

同样，GTP在鸟苷酸环化酶的催化下可以生成3′,5′-环状鸟苷酸（cGMP）。

cAMP和cGMP是一些激素等信号分子发挥生理作用的媒介物，被称为第二信使。cGMP是cAMP的拮抗物，两者共同在细胞的生长发育中起着重要的调节作用。目前，cAMP及其衍生物已用于临床，对心绞痛、心肌梗死等冠心病发作症状有明显效果。

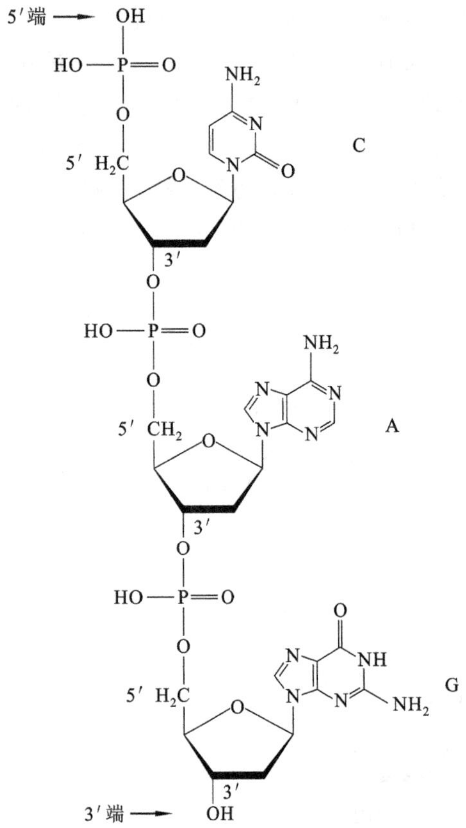

图 1-2-28　多核苷酸片段

(三) 核酸的一级结构

核酸的一级结构是指组成核酸的众核苷酸之间的连键性质及核苷酸的种类、数量、排列顺序。

1. 核苷酸的连接方式

大量实验表明,无论是 DNA 还是 RNA,其分子中核苷酸之间的连接皆是磷酸二酯键。在这种连接方式中,磷酸二酯键一方面与前一个核苷酸核糖环上的 3′位羟基脱水相连,同时又与后一个核苷酸核糖环上的 5′位羟基脱水相连,形成 3′,5′-磷酸二酯键,如此鱼贯进行即可形成一个多核苷酸长链,如图 1-2-28 所示。由于 DNA 分子中脱氧核糖环 C-2′上不含羟基,C-1′与碱基相连;RNA 分子中核糖环 C-2′上虽含有游离羟基,但它并不缩合磷酸基,所以 DNA 和 RNA 都是没有分支的多核苷酸长链。

核酸大分子或多核苷酸片段的一端为 3′端,另一端为 5′端。如果多核苷酸片段最后一个核苷酸上核糖环上 C-3′-羟基不再参与磷酸二酯键的构成,这一端就是 3′端;反之,如果核糖环上 C-5′-羟基不再参与磷酸二酯键的构成,这一端就是 5′端。核苷酸的末端可以是核苷(C-3′-、C-5′-羟基上不含磷酸基),也可以是核苷酸(C-3′-、C-5′-羟基上结合有磷酸基)。

2. 核酸一级结构表示法

核酸的一级结构常有一些简单表示法,如图 1-2-29 所示。竖线表示核糖的碳链,P 代表磷酸基,竖线的上端与碱基相连,另一端与磷酸基相连,P 和斜线代表 3′,5′-磷酸二酯键。这种表示法对 DNA 和 RNA 都是适用的。因为核糖和磷酸两种成分在核酸的主链上是不断重复的,所以也可用碱基顺序来表示核酸的一级结构。例如:5′PdAPdCPdGPdTOH 3′或 5′ACGTGCGT 3′;5′PAPCPGPUOH3′或 5′ACGUAUGU 3′。

由于 DNA 和 RNA 链都有方向性,当表示一个多核苷酸链时,必须注明它的方向是 5′→3′还是 3′→5′。习惯上书写多核苷酸链时,通常从 5′端到 3′端,即由左向右表示。

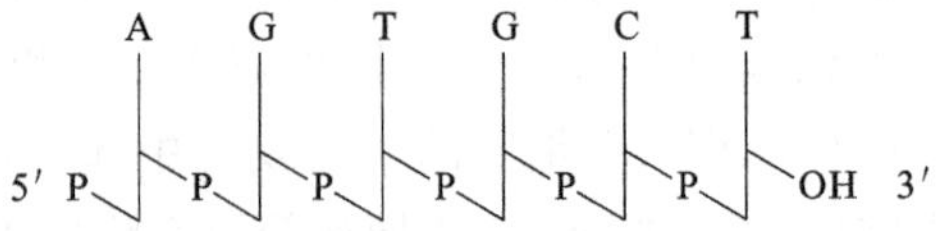

图 1-2-29　核酸一级结构简便表示示意图

（四）核苷酸的生物学作用

核苷酸类化合物具有重要的生物学功能，它们参与了生物体内几乎所有的生物化学反应过程。现概括为以下五个方面。

(1) 核苷酸是合成核酸（RNA、DNA）的单体，参与核酸合成的核苷酸均为相应的三磷酸核苷酸。

(2) 三磷酸腺苷（ATP）是能量代谢转化的中心。

(3) 有些核苷酸衍生物是活化的中间代谢物。例如：UTP 参与糖原合成作用以供给能量，并且 UDP 还有携带转运葡萄糖的作用；CDP 参与磷脂的合成。

(4) 腺苷酸还是几种重要辅酶，如辅酶Ⅰ（NAD^+）、辅酶Ⅱ（$NADP^+$）、黄素腺嘌呤二核苷酸（FAD）及辅酶 A（CoA）的成分。

(5) 环化的核苷酸对于许多基本的生物学过程有一定的调节作用。

二、核酸的空间结构及功能

（一）DNA 的空间结构与功能

1. DNA 的碱基组成

DNA 的碱基组成是指 DNA 分子中四种主要碱基（A、G、C、T）在分子中所占的摩尔分数。1947 年前后，Chargaff 等人应用纸层析和紫外分光光度法，对不同来源 DNA 碱基的组成进行了大量分析工作，发现同一物种的不同器官或组织中 DNA 的碱基组成基本相同，不同物种 DNA 的碱基组成差别较大，各种生物 DNA 的碱基比例虽然不同，但有一定规律性，具体如下：

(1) 所有 DNA 中嘌呤碱基与嘧啶碱基的总含量相等；

(2) 腺嘌呤与胸腺嘧啶的含量相等，即 A＝T；

(3) 鸟嘌呤与胞嘧啶的含量相等，即 G＝C。

这一规律称为 Chargaff 规则。它打破了“四核苷酸”假说的束缚，推进了人们对核酸结构的认识，是 Watson-Crick 提出 DNA 双螺旋模型的重要依据。不同生物来源的 DNA 碱基组成详见表 1-2-7。

表 1-2-7 不同生物来源 DNA 的碱基组成

DNA 的来源	腺嘌呤	鸟嘌呤	胞嘧啶	胸腺嘧啶	5-甲基胞嘧啶	(A+T)/(G+C+5-MC)
人	30.9	19.6	19.8	30.1	0.7	1.52
羊	29.3	21.1	20.9	28.7	1.0	1.35
牛	29.0	21.2	21.2	28.7	1.3	1.32
鼠	28.6	21.4	21.5	28.4	1.1	1.30
母鸡	28.8	20.4	21.6	29.2		1.38
龟	28.7	22.0	21.3	27.9		1.31
鳟鱼	29.7	22.2	20.5	27.5		1.34

续表

DNA的来源	腺嘌呤	鸟嘌呤	胞嘧啶	胸腺嘧啶	5-甲基胞嘧啶	(A+T)/(G+C+5-MC)
鲑鱼	28.9	22.4	21.6	27.1		1.27
蝗虫	29.3	20.5	20.7	29.3		1.42
海胆	28.4	19.5	19.3	32.8		1.58
胡萝卜	26.7	23.1	17.3	26.9	5.9	1.16
三叶草	29.9	21.0	15.6	28.6	4.8	1.41
果蝇	23.0	27.1	26.6	23.3		0.86
大肠杆菌	24.7	26.0	25.7	23.6		0.93
T_4噬菌体	32.3	17.6		33.4	16.7	1.91

DNA的碱基顺序本身就是遗传信息存储的分子形式。生物界物种的多样性即寓于DNA分子中四种核苷酸千变万化的不同排列组合之中。

2. DNA双螺旋结构的要点

(1) 脱氧核糖环和磷酸基相互间隔相连构成DNA的主链，两个主链在双螺旋的外侧，碱基处在内侧，由于核糖和磷酸基的化学性质，主链是亲水性的。两条主链围绕同一中心轴形成右手螺旋，螺旋的直径为2 nm。而且两条链的走向相反，即一条链的走向是5′→3′，另一条链则是从3′→5′，如图1-2-30所示。螺旋表面有一条大沟和小沟，如图1-2-31所示。

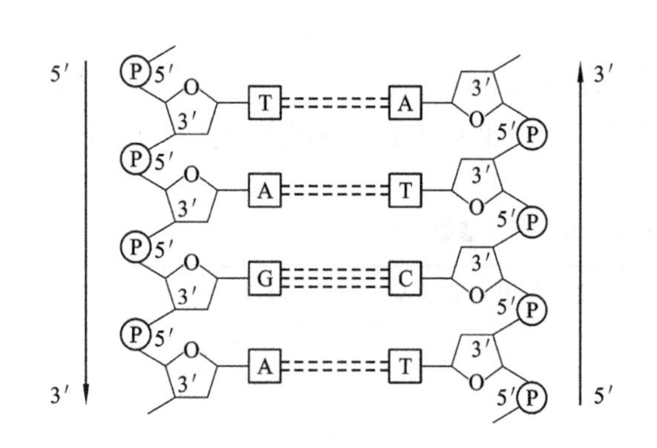

图1-2-30 DNA双螺旋的两条链方向相反

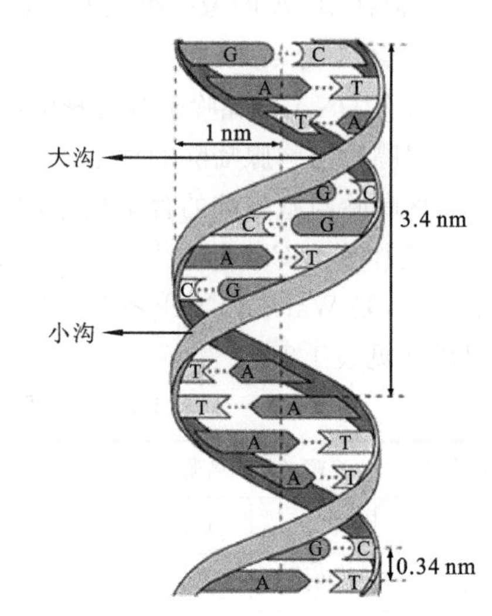

图1-2-31 DNA双螺旋结构中的大沟和小沟

(2) 处在双螺旋内侧的碱基可通过氢键相连。由于受双螺旋空间形状所限，在DNA分子中，配对的碱基只能是在A与T和G与C之间，A与T之间可形成两个氢键，G与C之间形成三个氢键，如图1-2-32所示，这种碱基配对方式称为碱基互补规则。

(3) 在双螺旋中，成对的碱基大致处于同一平面且垂直于螺旋中心轴，相邻两个碱基

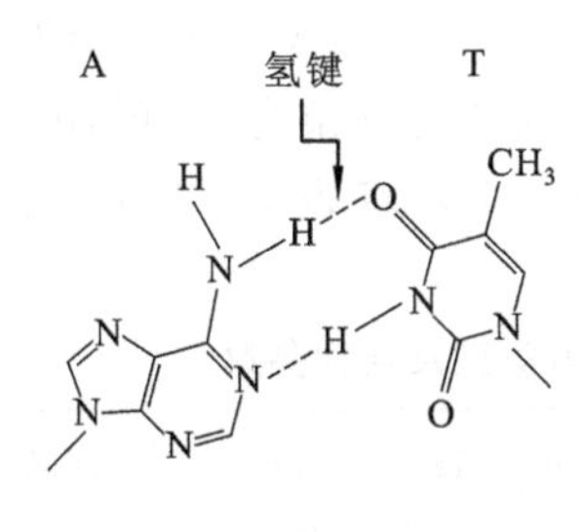

图 1-2-32 DNA 双螺旋分子中的碱基互补配对

上下距离为 0.34 nm,每十对碱基组成一个螺旋,故螺旋的螺距是 3.4 nm。DNA 分子的大小常用碱基对数(bp)表示,单链分子的大小则用碱基数(b)表示。

(4) 大多数天然 DNA 属双链结构 DNA(dsDNA),某些病毒(如 M_{13})的 DNA 是单链分子 DNA(ssDNA)。

3. DNA 双螺旋结构的稳定因素

DNA 双螺旋结构是稳定的,主要有三种力参与 DNA 双螺旋结构的维系。第一种是互补碱基对之间的氢键,它使四种碱基形成特异的配对,但它并不是 DNA 结构稳定的主要作用力。因为氢键的键能小,而且游离的碱基(或核苷)即使浓度很高也不会由于氢键而发生碱基配对。使 DNA 结构稳定的第二种作用力是碱基堆积力,也是主要作用力。DNA 分子中碱基层层堆积,在分子内部形成一个致密的疏水核心,使互补碱基之间形成氢键,依靠杂环碱基的 π 电子之间的相互作用而参与双螺旋结构的维系。第三种使 DNA 分子稳定的作用力是磷酸基的负电荷与介质中的阳离子之间形成的离子键。它可以减少 DNA 双链间的静电斥力,因而对 DNA 双螺旋结构也有一定的稳定作用。与 DNA 结合的阳离子,如 Na^+、K^+、Mg^{2+}、Mn^{2+} 在细胞内是大量存在的。

4. DNA 双螺旋构象类型

通过 X 射线研究发现,DNA 钠盐纤维因含水量不同,一般以 A 型、B 型和 Z 型三种不同类型的典型构象存在,如图 1-2-33 所示。B-DNA 和 A-DNA 都是右手螺旋结构,而 Z-DNA 是左手螺旋结构。与 Watson-Crick 模型相比,Z-DNA 螺距延长、直径变窄、分子长链中磷原子不是平滑延伸而是呈锯齿形排列。B-DNA 是相对湿度为 92%时 DNA 所处的状态,Watson-Crick 的右手双螺旋结构模型即是 B-DNA 分子。A-DNA 是相对湿度为 75%时获取的 DNA 钠盐纤维,不同的是,它的碱基不与中心轴相垂直,而成 20°倾角,螺旋的螺距为 2.8 nm,每圈螺旋含有 11 个碱基对。A-DNA与 RNA 分子中的双螺旋区及 DNA-

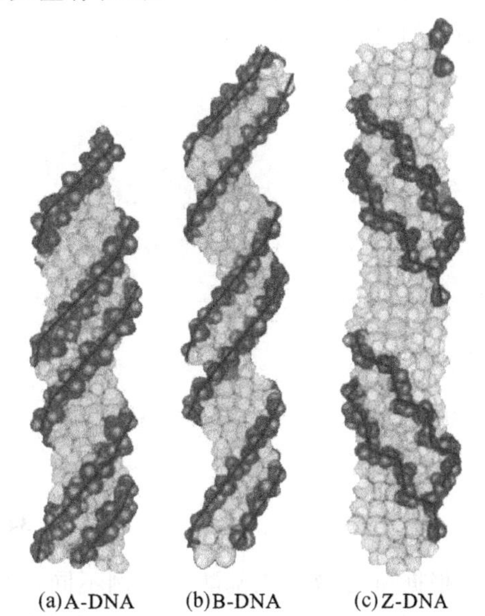

(a)A-DNA (b)B-DNA (c)Z-DNA

图 1-2-33 A-DNA、B-DNA 和 Z-DNA 示意图

RNA 杂交分子在溶液中的构象很接近，据推测在转录时 DNA 分子可能发生 B→A 转变。当 DNA 纤维中的水分再减少时，就出现 C 型，其碱基对倾角为 6°，螺距为 3.1 nm，每圈碱基对数目为 9.3。C 型 DNA 可能存在于染色体和某些病毒 DNA 中。各类典型双螺旋 DNA 的结构参数见表 1-2-8。

表 1-2-8　双螺旋 DNA 的典型类型及结构参数

类　型	旋转方向	螺旋直径/nm	螺距/nm	每圈碱基对数目	碱基对间垂直距离/nm	碱基对与水平面倾角
A-DNA	右	2.0	2.8	11	0.255	20°
B-DNA	右	2.3	3.4	10	0.34	0°
Z-DNA	左	1.8	4.5	12	0.27	7°

5. DNA 的三级结构

DNA 在二级结构的基础上，双螺旋进一步扭曲即构成三级结构。

(1) 超螺旋　双链 DNA 多数为线形分子，但某些病毒、细菌质粒、真核生物的线粒体和叶绿体以及某些细菌的染色体 DNA 为环状双螺旋，在生物体内，绝大多数可进一步扭曲成超螺旋。由于 DNA 双螺旋处于最低能量状态，如果使正常 DNA 双螺旋或多或少旋转几圈，那么双螺旋内的一些原子就会偏离正常位置，使得分子中存在张力。如果分子末端是开放的，此张力就会通过链的旋转而释放；如果末端被固定，由于张力无法释放，而只能在分子内重新分配，就导致原子或基团的重排，形成超螺旋。

(2) 核小体　DNA 的另一种形式见于真核细胞的基因组 DNA。染色质 DNA 结构复杂，由于与组蛋白结合，其两端不能自由转动。双螺旋 DNA 分子先盘绕组蛋白形成核粒(或称核小体)(见图 1-2-34)。许多核小体由 DNA 链连在一起构成念珠状结构。每个核小体的直径为 10～11 nm，由 DNA 分子在组蛋白核心外面缠绕约两次构成。

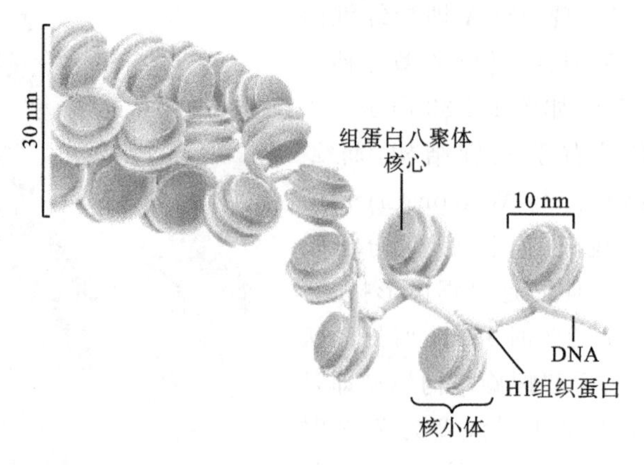

图 1-2-34　核小体示意图

根据所含碱性氨基酸的比例不同，组蛋白分为 H1、H2A、H2B、H3 和 H4 五类。核小体的核心含 H2A、H2B、H3 和 H4 各两分子。连接核小体的 DNA 片段结合一分子 H1。由核小体构成的念珠状结构进一步盘绕压缩成更高层次的结构。

（二）RNA 的空间结构与功能

※1. RNA 的类型

原核和真核生物中均含有多种 RNA，除了在某些病毒中以 RNA 直接作为遗传信息的载体外，在各种生物细胞中，根据其功能和性质的不同，都含有以下三种 RNA。

（1）rRNA　rRNA 约占活细胞 RNA 总量的 80%，是细胞质中核糖体的成分。核糖体由约 40%的蛋白质和约 60%的 rRNA 组成，它是蛋白质生物合成的场所，由大、小两个亚基构成。核糖体中所含的 rRNA 详见表 1-2-9。

表 1-2-9　核糖体中所含的 rRNA

分　类	原核生物			真核生物		
	核糖体	小亚基	大亚基	核糖体	小亚基	大亚基
S 值	70S	30S	50S	80S	40S	60S
rRNA 的 S 值		16S	5S、23S		18S	5S、5.8S、28S

目前，多种 rRNA 的一级结构和二级结构已经确定，其特定碱基序列所具有的功能也在不断被揭示。

（2）tRNA　tRNA 占细胞 RNA 总量的 10%～15%。tRNA 的分子大小很相似，链长一般在 70～93 个核苷酸之间，平均沉降系数为 4S。在蛋白质的生物合成中，tRNA 携带一定的氨基酸，把氨基酸转运到核糖体的 mRNA 上并起翻译的作用。tRNA 有多种，每一种氨基酸都有与其相对应的一种或几种 tRNA，tRNA 就是根据它所转移的氨基酸命名的。目前，已测出 400 多种 tRNA 的一级结构，不同的 tRNA 所含核苷酸数目有所不同，除个别外均具有三叶草形的二级结构。

（3）mRNA　mRNA 占细胞 RNA 总量的 5%左右，它是以 DNA 为模板，在 RNA 聚合酶的催化作用下合成的，它的碱基组成和 DNA 相对应。mRNA 的功用是将 DNA 的遗传信息传递到蛋白质的合成基地，新合成的多肽链氨基酸顺序即是由 mRNA 传递的信息决定的。施一公团队解析真核 mRNA 剪接体这一关键复合物的结构，从分子机理层面揭示其活性部位。原核生物 mRNA 在转录形成的同时就结合核糖体进行着翻译过程，指导合成多肽链。真核生物转录是在细胞核中进行的，首先形成分子大小不一的 RNA，称为核不均一 RNA(hnRNA)，它们随后被加工为成熟的 mRNA，进入细胞质参加蛋白质合成。每种蛋白质都有相应的 mRNA，故细胞中 mRNA 的种类很多，但寿命很短，更新速度极快。

（4）其他 RNA　除上述三种 RNA 外，细胞的不同部位还存在着另外一些小分子的 RNA，如核内小 RNA(snRNA)、反义 RNA(asRNA)。snRNA 主要存在于细胞核，它与蛋白质连在一起，以核糖核酸蛋白(RNP)的形式存在，长 100～300 个核苷酸，碱基序列高度保守，在 5′端含不寻常的三甲基鸟苷酸。此类中的一些 RNA 具有催化活性，参与 RNA 前体的加工成熟过程。asRNA 可通过互补序列与特定 mRNA 结合阻止翻译过程的进行，还可抑制 DNA 复制与转录过程。目前，已利用植物激素乙烯合成酶的 asRNA 延缓水果成熟腐烂，使其利于储藏。

近几年，在许多真核生物中又发现了一类内源性的长度约为 22 个核苷酸的小分子 RNA——微 RNA。研究发现，微 RNA 在生物体发育时的调控中发挥着重要作用。这一发现提示人们生命现象有待于进一步探讨。

2. RNA 的碱基组成

RNA 所含的基本碱基是:腺嘌呤、鸟嘌呤、胞嘧啶和尿嘧啶。此外,RNA 还含有少量稀有碱基。RNA 的碱基组成不像 DNA 具有严密的 A=T、G=C 的规律,其原因是 RNA 结构中只具有部分的双螺旋区域。tRNA 的碱基组成具有以下特点:一是含有较多的稀有碱基;二是碱基组成中腺嘌呤、鸟嘌呤的含量接近于尿嘧啶、胞嘧啶,这与 tRNA 结构中双螺旋区域比例较大有关。

3. RNA 的结构

RNA 的基本结构也是以 3′,5′-磷酸二酯键连接而成的多聚核苷酸链。生物体内多数 RNA 不具有双链螺旋而成单链,但由于分子内有互补区,根据A═U、G≡C的配对规律,通过单链的自身回折而形成双螺旋结构,不能配对的碱基区域形成突环被排斥在双螺旋结构之外(见图 1-2-35)。有 40%～70%的核苷酸参与了螺旋的形成,所以 RNA 分子是含短的、不完全的螺旋区的多核苷酸链(见图 1-2-36)。

4. tRNA 的结构

生物体内的 tRNA 结构上都具有共同特点:一是相对分子质量相近,沉降系数都在 4S 左右;二是碱基组成中含有较多的稀有碱基;三是二级结构均为三叶草形。tRNA 三叶草形结构的主要特征如下。

(1) 氨基酸臂　模型中的三叶草柄为氨基酸臂,由 3′末端和 5′末端的 7 对碱基配对而成,富含鸟嘌呤,3′末端是接受氨基酸的部位。

(2) 二氢尿嘧啶环(DHU 环)　DHU 环由 8～12 个核苷酸组成,以含 2 个二氢尿嘧啶核苷酸为特征。

(3) 反密码子环　三叶草柄的对面是反密码子环,由 7 个核苷酸组成。环的中间是反密码子,由 3 个碱基组成,次黄嘌呤核苷酸常出现于密码子中。

(4) 额外环　额外环由 3～21 个核苷酸组成,不同的 tRNA 此环的大小不同,是 tRNA分类的重要指标。

(5) TψC 环　TψC 环由 7 个核苷酸组成,以含假尿嘧啶核苷和胸腺嘧啶核苷为特征。

tRNA 都由四臂四环组成,如图 1-2-35 所示。

X 射线衍射分析表明,酵母苯丙氨酸 tRNA 的三级结构为倒 L 形。氨基酸臂与 TψC 臂形成一个连续的双螺旋区,构成字母“L”下面的“一横”,而二氢尿嘧啶环与反密码子环构成字母“L”的“一竖”,二氢尿嘧啶环和 TψC 环组成字母“L”的“拐角”(见图 1-2-36)。

三、核酸的性质及其应用

(一) 一般理化性质

1. 溶解性和性状

DNA 为白色纤维状固体,相对分子质量很大,长度可达几厘米而直径只有 2 nm,这种线状双螺旋使 DNA 具有很多物化特性,如具有很高的黏度、提取时易断裂、加热易变性且变性温度较高。RNA 为白色粉末状物质,其相对分子质量比 DNA 的小,只有部分双螺旋区,因此它的物化特性数值小于 DNA。

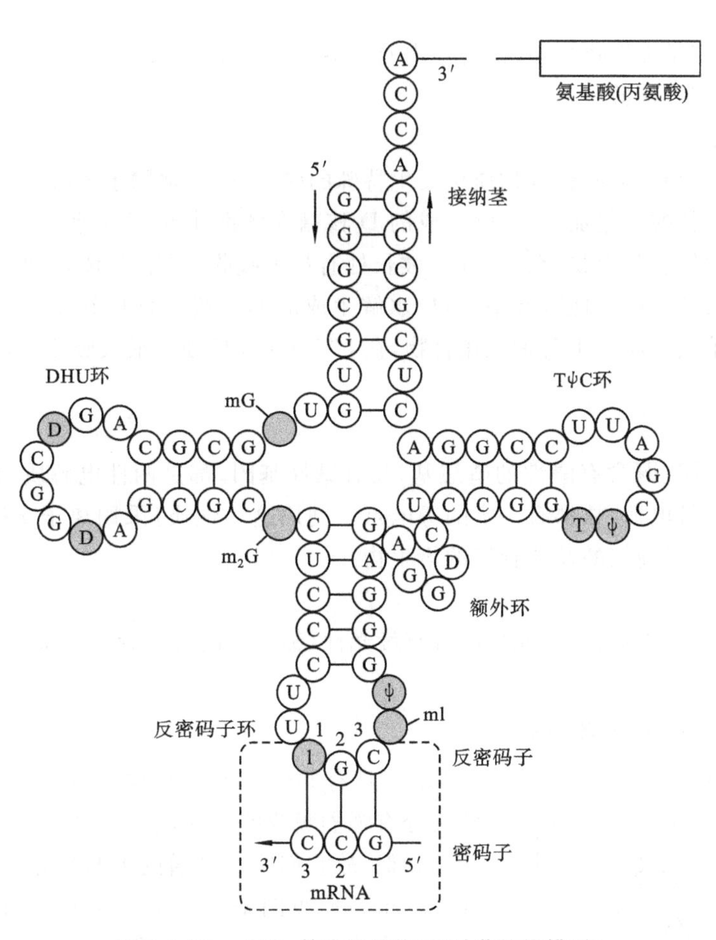

图 1-2-35　tRNA 的二级结构(三叶草结构模型)

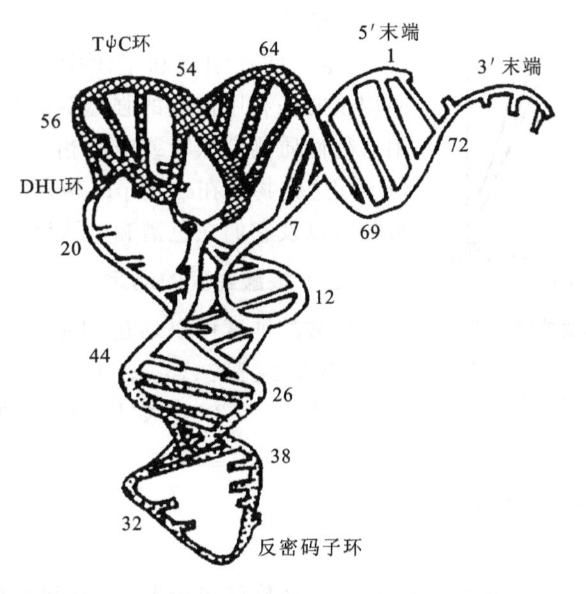

图 1-2-36　酵母苯丙氨酸 tRNA 三级结构示意图

两类核酸都是极性化合物,微溶于水而不溶于有机溶剂(如乙醇、乙醚等),因此常用乙醇从溶液中沉淀核酸。

2. 显色反应

核酸中的戊糖与某些化学物质可发生特殊的颜色反应,常用于核酸含量的测定。

RNA 与浓盐酸一起加热,水解生成的 D-核糖在浓酸中转变成糠醛,与苔黑酚(甲基间苯二酚)产生绿色化合物,在 670 nm 波长处有最大吸收,可用于 RNA 的定量测定。

DNA 与二苯胺在酸性溶液中加热,水解生成的 D-2-脱氧核糖转变为 ω-羟基-γ-酮基戊醛,再与二苯胺反应产生蓝紫色化合物,在 595 nm 波长处有最大吸收,可用于 DNA 的定量测定。

3. 酸碱性

核酸和核苷酸既含有酸性的磷酸基,又有碱性基团,都是两性电解质,在一定 pH 值条件下,解离而带电荷,故都有一定的等电点。利用这一性质,采用离子交换层析法或电泳等方法可分离提纯核酸及核苷酸的衍生物。

4. 旋光性

核酸分子高度不对称,因此核酸具有旋光性,旋光方向为右旋。这是核酸的一个重要特性。

(二) 核酸的紫外吸收性质

由于核酸中的嘌呤碱基和嘧啶碱基都具有共轭双键的结构,因此,在 260～290 nm 波段处有强烈吸收峰。又由于两类核酸分子中的碱基结构相似,故它们紫外光谱的形状很相似,最大吸收都在 260 nm 处(见图 1-2-37),最小吸收都在 230 nm 处。由于蛋白质在这一光区仅有很弱的吸收,因此,可以利用核酸的这一光学特性,鉴别核酸样品中的蛋白质杂质,测定核酸在细胞和组织中的分布。细胞的紫外光照相主要是利用核酸的强烈吸收紫外光作用。也可利用这种性质测定嘌呤或嘧啶衍生物在纯溶液中的含量(1 mol这种物质在一定 pH 值条件下的紫外吸收值为常数),以及它们在色谱和电泳谱上的位置。

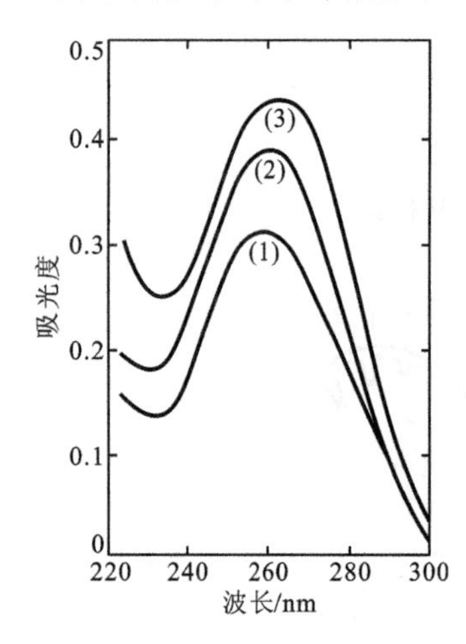

图 1-2-37 DNA 的紫外吸收光谱

注:(1)为天然 DNA;(2)为变性 DNA;(3)为核苷酸总吸收值

(三) 核酸纯度的测定

核酸的纯度可以通过测定 $A_{260\text{ nm}}/A_{280\text{ nm}}$ 的值来确定。DNA 纯品:$A_{260\text{ nm}}/A_{280\text{ nm}}=1.8$。RNA 纯品:$A_{260\text{ nm}}/A_{280\text{ nm}}=2.0$。如果 DNA 的 $A_{260\text{ nm}}/A_{280\text{ nm}}$ 小于 1.8,说明有蛋白质污染;如果 DNA 的 $A_{260\text{ nm}}/A_{280\text{ nm}}$ 大于 1.8,说明有 RNA 污染。

(四) 核酸的变性与复性

1. 变性

核酸的变性是指在一定条件下,核酸双螺旋区氢键断裂,空间结构破坏,形成单链无规则线团状态,但不涉及共价键的断裂,即空间结构破坏而相对分子质量不变的过程。

引起核酸变性的因素很多，如温度、pH 值、离子强度、变性剂等。当核酸变性或降解时，在 260 nm 波长处的紫外吸收值会明显增加，称为增色效应，反之称为减色效应。变性的核酸不仅紫外吸收特性改变，同时黏度下降，浮力密度升高，生物学功能部分或全部丧失，这些性质可用于判断核酸的变性程度。

由温度升高而引起的核酸变性称为热变性，这种热变性有一个狭窄的温度范围，随着 DNA 结构的变化，在 260 nm 波长处的吸光度骤然增加，通常将紫外吸收值的增加量达最大量一半时的温度称为熔解温度或解链温度，也称 DNA 的变性温度，用 T_m 表示（见图1-2-38）。一般 DNA 的 T_m 值在 70～85 ℃之间。DNA 的 T_m 值与分子中的 G 和 C 的含量有关，G 和 C 的含量高，T_m 值就高。因而测定 T_m 值，可反映 DNA 分子中 G 和 C 的含量，经验公式为：$(G+C)\% = (T_m - 69.3) \times 2.44$。$T_m$ 值还受介质中离子强度的影响，离子强度低，T_m 值就低；离子强度高，T_m 值就高。所以 DNA 制品不应保存在极稀的电解质溶液中。

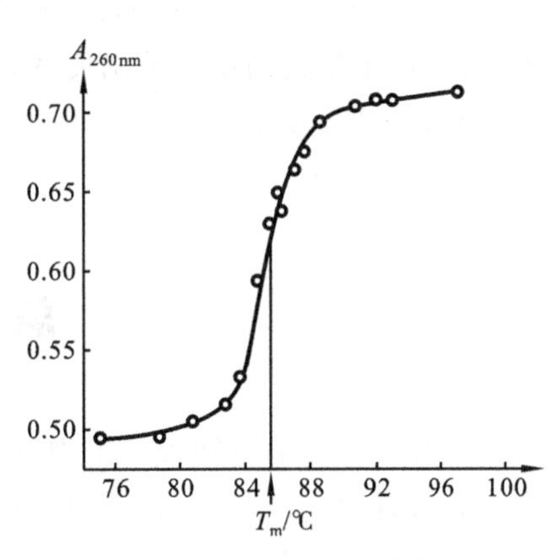

图 1-2-38 DNA 的解链温度（T_m 值）

2. 复性

在适当条件下，变性的 DNA 分开的两条互补链重新经由氢键连接形成双螺旋结构的过程称为复性。复性是个复杂的过程：分开的两条互补链在相互碰撞时，在某一个区域遇到正确的碱基配对就会形成一个双链核心，核心形成后，互补链上尚未配对的碱基迅速按碱基配对原则结合而完成复性过程。复性的快慢取决于 DNA 的结构和复性的条件。复性后，DNA 的一系列理化性质得到恢复，如紫外吸收值降低（减色效应）、黏度增大、生物活性部分恢复。将热变性的 DNA 骤然冷却至低温时，DNA 不可能复性。变性的 DNA 缓慢冷却时可复性，因此又称为“退火”。

核酸的变性和复性过程示意图如图 1-2-39 所示。

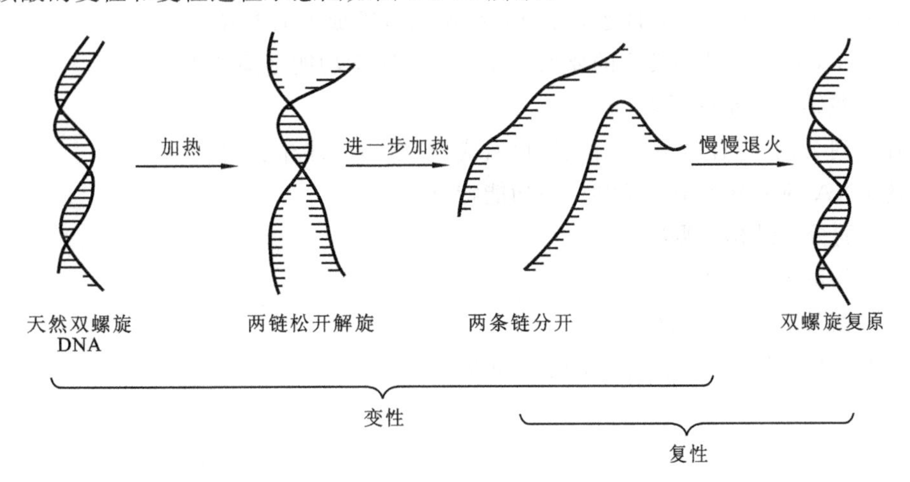

图 1-2-39 核酸的变性和复性过程示意图

(五)核酸的分子杂交

不同来源的DNA或RNA,若彼此含有互补的碱基序列,经变性和复性处理后,则不同来源的DNA之间(或DNA与RNA之间)便可形成氢键配对的双螺旋结构(即杂合双链或杂交DNA分子),这一过程称为分子杂交。分子杂交广泛用于测定基因拷贝数、基因定位、确定生物的遗传进化关系等。如果杂交的一条链是人工特定(已知核苷酸顺序)的DNA或RNA序列,并经放射性同位素标记即为"探针",利用"探针"就可寻找和鉴定特定的核酸序列。

总结与反馈

核酸是重要的生物大分子物质。组成核酸的主要元素有C、H、O、N、P等,其中P的含量较多且恒定,测定P的含量是核酸定量分析的方法之一。

核酸的基本化学组成:戊糖、碱基、磷酸。核苷酸是核酸合成的单体,连接各核苷酸单元的化学键是3′,5′-磷酸二酯键。

核酸按其组分中戊糖的不同,可分为DNA和RNA两大类。DNA具有严密的空间构型,其二级结构为双链的右手螺旋,DNA是生物遗传的物质基础。细胞中的RNA都有三种类型:rRNA、tRNA、mRNA。它们都参与蛋白质的生物合成,其功用各不相同。

核酸是两性化合物,具有等电点,能吸收紫外线,加热易变性,适当条件下可以复性。

思考训练

1. 列表说明DNA和RNA的化学组成并指出两者组成上的差异。
2. 简述DNA双螺旋结构模型的要点以及与其生物学功能之间的关系。
3. 简述核酸结构稳定的因素。
4. 解释下列名词:互补碱基、T_m值、增色效应、核酸的变性和复性。
5. 试述RNA的主要类型以及结构与功能特点。
6. tRNA的分子结构有哪些特点?
7. 什么是核酸的杂交?
8. 核酸的紫外吸收性质有何特点?
9. 比较DNA与RNA分子结构上的异同点。

任务五　酶的结构、性质及其功能

知识目标

(1) 掌握酶促反应的特点，了解酶促反应的机制；

(2) 掌握酶的分子组成和酶的活性中心，酶原的激活，影响酶促反应速率的因素的基本概念、原理；

(3) 理解酶的分类和命名、酶的活力单位。

技能目标

能够在生产实际中正确选择酶，充分发挥酶的生物学活性，利用其有利的一面，消除其不利的一面。

素质目标

能认真思考，真实体会酶的实质及在生物体内的作用，形成实事求是的作风。

酶(enzyme)是生物体新陈代谢反应的生物催化剂，参与了生命活动的全过程，是生物体内最重要的生物大分子之一。此外，酶还参与清除体内有害物质，起到自我保护的作用，参与信号转导、调节生理过程等。没有酶就没有生命。

一、认识酶

(一) 酶的研究历史

1833 年，法国化学家 Payen 和 Persoz 从麦芽中抽提出一种对热敏感的物质，这种物质能将淀粉水解成可溶性糖，被称为淀粉糖化酶(diastase)，意思是“分离”。所以后人命名酶时常加词尾“-ase”。由于他们用乙醇沉淀等方法提纯得到了无细胞的酶制剂，并发现了酶的催化特性和热不稳定性，所以一般认为他们首先发现了酶。

19 世纪西方对发酵现象的研究推动了对酶的进一步研究。巴斯德提出“酵素”(ferment)一词，认为只有活的酵母细胞才能进行发酵。现在日本还经常使用“酵素”一词。1878 年，德国人 Kuhne 提出“enzyme”一词，意为“在酵母中”。1896 年，德国人 Buchner 兄弟用石英砂磨碎酵母细胞，得到了能催化发酵的无细胞滤液，证明发酵是一种化学反应，与细胞的活力无关。这项发现涉及酶的本质，有人认为这是酶学研究的开始。

1913 年，德国化学家 Michaelis 和 Menten 利用物理化学方法提出了酶促反应(又叫酶催化反应)的动力学原理——米氏学说，使酶学可以定量研究。1926 年，美国人 J. B. Sumner 从刀豆中结晶出脲酶(第一个酶结晶)，并提出酶是蛋白质的观点。后来陆续得

到多种酶的结晶,证明了这种观点。Sumner 因而获得 1947 年诺贝尔奖。此后多种酶被发现、结晶、测定结构,并产生了酶工程等分支学科。

进入 20 世纪 80 年代后,核酶(ribozyme)、抗体酶、模拟酶等相继出现,酶的传统概念受到挑战。1982 年,美国化学家 T. Cech 等发现四膜虫 26S rRNA 前体具有自我剪接功能,并于 1986 年证明其内含子 L-19 IVS 具有多种催化功能。此后陆续发现多种具有催化功能的 RNA,底物也扩大到 DNA、糖类、氨基酸酯。1995 年,Cuenoud 等还发现有些 DNA 分子亦具有催化活性。Cuenoud 等在体外筛选到一些 DNA 序列,它们可以将自身 5′-羟基与寡聚脱氧核苷酸的活化的 3′-磷酸咪唑基团相连接。还有人在实验室中设计合成新的核酶,甚至有人发现博来霉素等肽类抗生素也有催化能力。这些新发现不仅增加了对酶的本质的研究,也有助于对生命起源等问题的探讨,使酶学研究进入新的阶段。

随着现代生物技术的迅速发展,酶学在与其他学科广泛联系、相互促进的基础上,在理论研究和实践应用两个方面齐步发展,正在从分子水平上揭示酶与生命的关系,进而设计酶、改造酶、调控酶。同时,通过酶工程技术将理论研究成果广泛地应用于工农业生产及医药卫生领域中。

(二)酶的化学本质

在 Cech 发现 RNA 具有催化活性以前,已发现的数千种酶几乎无一例外都是蛋白质。它们由氨基酸组成,具有高级空间结构;具有一般蛋白质的理化性质;相对分子质量大;能被多种理化因素作用而影响催化活性等。因此,酶被认为是具有催化作用的蛋白质。

20 世纪 80 年代,随着 Cech 等对 RNA 转录后加工作用的深入研究,RNA 催化作用被确认,使人们对酶的化学本质有了新的认识,催化剂不再只是蛋白质,还有核酸。因此酶是活细胞合成的具有高度专一性和催化作用的生物催化剂。目前,已知的 RNA 催化剂数量极少,绝大多数酶仍然是蛋白质,具有催化作用的蛋白质仍是酶的主体,但蛋白质的垄断局面已被打破。

(三)酶的分类与命名

1. 蛋白类酶的分类与命名

(1) 蛋白类酶的分类　主要根据催化反应的类型将蛋白类酶分成六大类。

① 氧化还原酶类(oxidoreductases)指催化底物进行氧化还原反应的酶类。例如:乳酸脱氢酶、琥珀酸脱氢酶、细胞色素氧化酶、过氧化氢酶等。

② 转移酶类(transferases)指催化底物之间进行某些基团的转移或交换的酶类。例如:转甲基酶、转氨酶、己糖激酶、磷酸化酶等。

③ 水解酶类(hydrolases)指催化底物发生水解反应的酶类。例如:淀粉酶、脂肪酶、磷酸酶等。

④ 裂解酶类(lyases)指催化一个底物分解为两个化合物,催化C—C、C—O、C—N的裂解或消去某一小的原子团形成双键,或者加入某原子团而消去双键的反应。例如:半乳糖醛酸裂解酶、天冬氨酸酶等。

⑤ 异构酶类(isomerases)指催化各种同分异构体之间相互转化的酶类。例如:磷酸丙糖异构酶、消旋酶等。

⑥ 连接酶类(ligases)指催化两分子底物合成为一分子化合物，同时还必须偶联有ATP的磷酸键断裂的酶类。例如：谷氨酰胺合成酶、氨基酸-tRNA连接酶等。

(2) 蛋白类酶的命名　有以下两种命名法。

① 习惯命名法　多年来普遍使用的酶的习惯名称是根据以下三种原则来命名的：一是根据酶作用的性质，如水解酶、氧化酶、转移酶等；二是根据作用的底物并兼顾作用的性质，如淀粉酶、脂肪酶和蛋白酶等；三是结合以上两种情况并根据酶的来源而命名，如胃蛋白酶、胰蛋白酶等。

习惯命名法一般采用底物加反应类型而命名，如蛋白水解酶、乳酸脱氢酶、磷酸己糖异构酶等。对于水解酶类，只要底物名称即可，如蔗糖酶、胆碱酯酶、蛋白酶等。有时在底物名称前冠以酶的来源，如血清谷氨酸-丙酮酸转氨酶、唾液淀粉酶等。习惯命名法简单，应用历史长，但缺乏系统性，有时出现“一酶数名”或“一名数酶”的现象。

② 系统命名法　鉴于新酶的不断发现和过去文献中对酶命名的混乱，国际酶学委员会规定了一套系统命名法，使一种酶只有一种名称。系统命名法以4个阿拉伯数字来代表一种酶。例如：α-淀粉酶(习惯命名)的系统命名为α-1,4-葡萄糖-4葡萄糖水解酶，标示为E.C.3.2.1.1。EC代表国际酶学委员会，其中的第一个数字分别代表酶的大类，以1、2、3、4、5、6来分别代表，如1为氧化还原酶类，3为水解酶类(见表1-2-10)。第二个数字为酶的亚类，酶的每一大类下有若干个亚类：在氧化还原酶中的亚类按供电子体的基团分类，如以CH—OH为电子供体标为1，醛基为电子供体标为2，以此类推；转移酶中以转移的基团为亚类；水解酶中以水解键连接的形式为亚类；裂解酶中以裂解键的形式为亚类；亚类一般较多，达数十个。标示中的第三个数字是酶的次亚类，是在亚类的基础上再细分的类型，该次亚类中，氧化还原酶按电子受体基团分类，如都以CH—OH为电子供体的反应，可以有不同的电子受体，如以NAD^+或$NADP^+$为受体标为1，以此类推；转移酶的次亚类也按接受基团分类，如以—OH接受转移基团，该次亚类标为1。总之，酶的系统名称中前三个数字表示酶作用的方式。第四个数字则表示对相同作用的酶的流水编号。

又如对催化下列反应酶的命名。

$$ATP + D\text{-葡萄糖} \longrightarrow ADP + D\text{-葡萄糖-6-磷酸}$$

该酶的习惯命名如下。ATP：葡萄糖磷酸转移酶，表示该酶催化从ATP中转移一个磷酸到葡萄糖分子上的反应。它的系统命名是E.C.2.7.1.1。第一个数字“2”代表酶的分类名称(转移酶类)，第二个数字“7”代表亚类(转移磷酸基)，第三个数字“1”代表次亚类(以羟基作为受体的磷酸转移酶类)，第四个数字“1”代表该酶在次亚类中的编号(D-葡萄糖作为磷酸基的受体)。

表1-2-10　EC分类的酶促反应类型

分类名称(编号)	反应类型	反应通式	实　例
氧化还原酶 (EC 1.)	电子的转移	$A^- + B \longrightarrow A + B^-$	醇脱氢酶 (EC 1.1.1.1)

续表

分类名称(编号)	反应类型	反应通式	实例
转移酶(EC 2.)	基团的转移	A—B+C ⟶ A+B—C	谷草转氨酶 (EC 2.3.2.7)
水解酶(EC 3.)	水解反应	A—B+H_2O ⟶ A—H+B—OH	胃蛋白酶 A (EC 3.4.23.1)
裂合酶(EC 4.)	键的断裂或生成	X—A—B—Y ⟶ A=B+X—Y	丙酮酸脱羧酶 (EC 4.1.1.1)
异构酶(EC 5.)	分子内的基团转移	X—A—B—Y ⟶ Y—A—B—X	葡萄糖(木糖)异构酶 (EC 5.3.1.5)
连接酶或 合成酶(EC 6.)	由两分子连接成一分子, 键的形成与 ATP 偶联	A+B ⟶ A—B	丙酮酸羧化酶 (EC 6.4.1.1)

2. 核酶的分类

自 1982 年以来,被发现的核酸类酶(R-酶)越来越多,对它的研究也越来越深入和广泛。但是由于历史不长,对于其分类和命名还没有统一的原则和规定。根据酶促反应的类型,R-酶可分为分子内催化 R-酶和分子间催化 R-酶。根据作用方式,将 R-酶分为 3 类:剪切酶、剪接酶和多功能酶。现将 R-酶的初步分类简介如下。

(1) 分子内催化 R-酶　分子内催化 R-酶是指催化本身 RNA 分子进行反应的一类核酸类酶。这类酶是最早发现的 R-酶。该大类酶均为 RNA 前体。由于这类酶是催化本身 RNA 分子反应,因此冠以“自我”(self)字样。

根据酶所催化的反应类型,可以将该大类酶分为自我剪切和自我剪接两个亚类。

① 自我剪切酶(self-cleavage ribozyme)是指催化本身 RNA 进行剪切反应的 R-酶。具有自我剪切功能的 R-酶是 RNA 的前体。它可以在一定条件下催化本身 RNA 进行剪切反应,使 RNA 前体生成成熟的 RNA 分子和另一个 RNA 片段。

② 自我剪接酶(self-splicing ribozyme)是在一定条件下催化本身 RNA 分子同时进行剪切和连接反应的 R-酶。

自我剪接酶都是 RNA 前体。它可以同时催化 RNA 前体本身的剪切和连接两种类型的反应。根据其结构特点和催化特性的不同,该亚类可分为两个小类,即含Ⅰ型间隔序列(intervening sequence,IVS)的 R-酶和含Ⅱ型间隔序列的 R-酶。

(2) 分子间催化 R-酶　分子间催化 R-酶是催化其他分子进行反应的核酸类酶。根据所作用的底物分子的不同,可以分为若干亚类。

① 作用于其他 RNA 分子的 R-酶　该亚类的酶可催化其他 RNA 分子进行反应。根据反应的类型不同,可以分为若干小类,如 RNA 剪切酶、多功能 R-酶等。

多功能 R-酶是指能够催化其他 RNA 分子进行多种反应的核酸类酶。例如,1986 年,Cech 等人发现四膜虫 26S RNA 前体通过自我剪接作用切下的 IVS 经过自身环化作用,最后得到一个在其 5′末端失去 19 个核苷酸的线状 RNA 分子,称为 L-19IVS。它是一种多功能 R-酶,能够催化其他 RNA 分子进行多种类型的反应。

② 作用于DNA的R-酶 该亚类的酶是催化DNA分子进行反应的R-酶。1990年，科学家发现，核酸类酶除了以RNA为底物外，有些R-酶还可以DNA为底物，在一定条件下催化DNA分子进行剪切反应。据目前所知的资料，该亚类R-酶只有DNA剪切酶一个小类。

③ 作用于多糖的R-酶 该亚类的酶是能够催化多糖分子进行反应的核酸类酶。兔肌1,4-D-葡聚糖分支酶(E. C. 2. 4. 1. 18)是一种催化直链葡聚糖转化为支链葡聚糖的糖链转移酶，分子中含有蛋白质和RNA。其RNA组分由31个核苷酸组成，单独具有分支酶的催化功能，即该RNA可以催化糖链的剪切和连接反应，属于多糖剪接酶。

④ 作用于氨基酸酯的R-酶 1992年，科学家发现了以催化氨基酸酯为底物的核酸类酶。该酶同时具有氨基酸酯的剪切作用、氨酰基-tRNA的连接作用和多肽的剪接作用等功能。

由于蛋白类酶和核酸类酶的组成和结构不同，命名和分类原则有所区别。为了便于区分两大类别的酶，虽然有时催化的反应相同，但在蛋白类酶和核酸类酶中的命名有所不同。例如：催化大分子水解生成较小分子的酶，在核酸类酶中称为剪切酶，在蛋白类酶中则称为水解酶；在核酸类酶中的剪接酶与蛋白类酶中的转移酶亦催化相似的反应等。

二、酶的组成与催化活性

(一) 酶的组成

根据酶的成分，将其分为单纯酶和结合酶两类。

(1) 单纯酶(simple enzyme) 仅由蛋白质组成。如淀粉酶、脂肪酶、蛋白酶等。

(2) 结合酶(conjugated enzyme) 除了蛋白质以外，还需要有其他非生物大分子成分。其中纯蛋白质部分称为酶蛋白(apoenzyme)，其他非生物大分子部分称为酶的辅助因子(cofactor)。这两部分对酶的催化活性都是必需的，两者单独存在时都没有活性，只有两者结合在一起形成全酶(holoenzyme)才能显示出生物学活性。

全酶＝酶蛋白＋辅助因子

辅助因子一般有两类：一类是无机辅助因子，如Mg^{2+}、Cu^{2+}(或Cu^{+})、Zn^{2+}和Fe^{2+}(或Fe^{3+})；另一类是有机辅助因子，其分子常含B族维生素。辅助因子按其与酶蛋白结合的紧密程度不同，分成辅酶和辅基两大类。辅酶(coenzyme)与酶蛋白结合疏松，可以用透析或超滤方法除去；辅基(prosthetic group)与酶蛋白结合紧密，不易用透析或超滤方法除去。辅酶与辅基的差别仅仅是它们与酶蛋白结合的牢固程度不同，而无严格的界限。

辅助因子与酶蛋白存在如下关系：①酶的催化作用有赖于全酶的完整性，酶蛋白与辅助因子单独存在时均无催化活性；②一种辅助因子可与多种酶蛋白组成多种催化功能不同的全酶，一种酶蛋白只能与一种辅助因子组成一种催化功能的全酶；③在酶促反应过程中，酶蛋白决定催化反应的特异性，辅助因子决定催化反应的类型。20世纪60年代，我国科学家邹承鲁先生就提出了酶蛋白必需基团的化学修饰和活性丧失的定量关系及确定必需基团数的方法，被称为“邹氏公式”和“邹氏作图法”。

1. 无机辅助因子

无机辅助因子主要是指各种金属离子，尤其是各种二价金属离子。

(1) 镁离子　镁离子是多种酶的辅助因子，在酶的催化中起重要作用。例如：各种激酶、柠檬酸裂合酶、异柠檬酸脱氢酶、碱性磷酸酶、酸性磷酸酶以及各种自我剪接的核酸类酶等都需要镁离子作为辅助因子。

(2) 锌离子　锌离子是各种金属蛋白酶(如木瓜蛋白酶、菠萝蛋白酶、中性蛋白酶等)的辅助因子，也是铜锌-超氧化物歧化酶(Cu,Zn-SOD)、碳酸酐酶、羧肽酶、醇脱氢酶、胶原酶等的辅助因子。

(3) 铁离子　铁离子与卟啉环结合成铁卟啉，是过氧化物酶、过氧化氢酶、色氨酸双加氧酶、细胞色素 b 等的辅助因子。铁离子也是铁-超氧化物歧化酶(Fe-SOD)、固氮酶、黄嘌呤氧化酶、琥珀酸脱氢酶、脯氨酸羧化酶的辅助因子。

(4) 铜离子　铜离子是铜锌-超氧化物歧化酶、抗坏血酸氧化酶、细胞色素氧化酶、赖氨酸氧化酶、酪氨酸酶等的辅助因子。

(5) 锰离子　锰离子是锰-超氧化物歧化酶(Mn-SOD)、丙酮酸羧化酶、精氨酸酶等的辅助因子。

(6) 钙离子　钙离子是 α-淀粉酶、脂肪酶、胰蛋白酶、胰凝乳蛋白酶等的辅助因子。

2. 有机辅助因子

有机辅助因子是指双成分酶中相对分子质量较小的有机化合物。它们在酶催化过程中起着传递电子、原子或基团的作用。

(1) 烟酰胺核苷酸(NAD^+ 和 $NADP^+$)　烟酰胺是 B 族维生素的一员，烟酰胺核苷酸是许多脱氢酶的辅助因子，如乳酸脱氢酶、醇脱氢酶、谷氨酸脱氢酶、异柠檬酸脱氢酶等。起辅助因子作用的烟酰胺核苷酸主要有烟酰胺腺嘌呤二核苷酸(NAD^+，辅酶Ⅰ)和烟酰胺腺嘌呤二核苷酸磷酸($NADP^+$，辅酶Ⅱ)。

NAD^+ 和 $NADP^+$ 在脱氢酶的催化过程中参与传递氢($2H^+ + 2e^-$)的作用。例如：醇脱氢酶催化伯醇脱氢生成醛，需要 NAD^+ 参与氢的传递。

$$R—CH_2CH_2OH + NAD^+ = R—CHO + NADH + H^+$$

NAD^+ 和 $NADP^+$ 属于氧化型，NADH 和 NADPH 属于还原型。其氧化还原作用体现在烟酰胺第 4 位碳原子上的加氢和脱氢。

(2) 黄素核苷酸(FMN 和 FAD)　黄素核苷酸为维生素 B_2(核黄素)的衍生物，是各种黄素酶(氨基酸氧化酶、琥珀酸脱氢酶等)的辅助因子，主要有黄素单核苷酸(FMN)和黄素腺嘌呤二核苷酸(FAD)。在酶的催化过程中，FMN 和 FAD 的主要作用是传递氢。其氧化还原体系主要体现在异咯嗪基团的第 1 位和第 10 位 N 原子的加氢和脱氧。

(3) 铁卟啉　铁卟啉是一些氧化酶，如过氧化氢酶、过氧化物酶等的辅助因子。它通过共价键与酶蛋白牢固结合。

(4) 硫辛酸　硫辛酸全称为 6,8-二硫辛酸。它在氧化还原酶的催化作用过程中，通过氧化型和还原型的互相转变，起传递氢的作用。此外，硫辛酸在酮酸的氧化脱羧反应中，也作为辅酶起酰基传递作用。

(5) 核苷三磷酸(NTP)　核苷三磷酸主要包括腺嘌呤核苷三磷酸(ATP)、鸟苷三磷酸(GTP)、胞苷三磷酸(CTP)、尿苷三磷酸(UTP)等。它们是磷酸转移酶的辅助因子。在酶的催化过程中，核苷三磷酸的磷酸基或焦磷酸被转移到底物分子上，同时生成核苷二磷酸(NDP)或核苷酸(NMP)。

(6) 鸟苷　鸟苷是含Ⅰ型 IVS 的自我剪接酶(R-酶)的辅助因子。

(7) 辅酶 Q　辅酶 Q 是一些氧化还原酶的辅助因子,于 1955 年被发现。辅酶 Q 是一系列苯醌衍生物。分子中含有的侧链由若干个异戊烯单位组成($n=6\sim10$),其中短侧链的辅酶 Q 主要存在于微生物中,而长侧链的辅酶 Q 则存在于哺乳动物中。

(8) 谷胱甘肽(G-SH)　谷胱甘肽是由 L-谷氨酸、半胱氨酸和甘氨酸组成的三肽,是 L-谷氨酰-L-半胱氨酰-甘氨酸的简称。它主要起递 H 作用。

(9) 辅酶 A　辅酶 A 是各种酰基化酶的辅酶,于 1948 年被发现。辅酶 A 由一分子腺苷二磷酸、一分子泛酸和一分子巯基乙胺组成。

(10) 生物素　生物素是 B 族维生素的一种,又称为维生素 H。生物素是羧化酶的辅助因子,在酶促反应中,起 CO_2 的掺入作用。

(11) 硫胺素焦磷酸　硫胺素又称为维生素 B_1,于 1931 年被发现。硫胺素焦磷酸(TPP)于 1937 年被发现,是酮酸脱羧酶的辅助因子。

(12) 磷酸吡哆醛和磷酸吡哆胺　磷酸吡哆醛和磷酸吡哆胺又称为维生素 B_6,于 1934 年被发现,是各种转氨酶的辅助因子。在酶催化氨基酸和酮酸的转氨过程中,维生素 B_6 通过磷酸吡哆醛和磷酸吡哆胺的互相转变,起氨基转移作用。

(二) 酶活性部位及酶原的激活

1. 酶活性部位

酶活性部位(active site)或活性中心(active center)是指酶分子上结合底物并催化底物发生化学反应的有限三维空间。对于单成分酶,活性部位是酶分子上在一级结构中可能相距很远,或者位于不同肽链的少数几个氨基酸残基或是这些残基上某些基团通过肽链的盘绕、折叠在空间结构上相互靠近,从而形成的特定空间结构;对于双成分酶来说,除具上述特点外,辅助因子或其上的部分结构也是活性部位的成分。一般认为,酶活性部位有两个功能部位:一是结合底物并决定酶的专一性的结合部位;二是催化底物发生化学反应,决定酶的催化能力的催化部位。

酶活性部位的特点可概括如下。

(1) 活性部位只占酶分子总体积的很小一部分,常位于酶分子表面的缝隙,为一"凹穴",具有三维空间结构。"穴内"基团多为非极性,形成一个疏水微环境,起催化作用的主要是少数几个极性基团。

(2) 酶和底物结合的专一性取决于活性部位中原子精致的排列。底物靠许多弱的键与酶结合。

(3) 活性部位不是刚性结构,具有柔性或可运动性,以利于酶与底物结合并催化反应进行。

那些经缺失、替换或化学修饰后能影响或破坏酶活性的氨基酸残基是酶催化作用的必需基团。这些必需基团是组成酶活性部位的氨基酸残基及酶活性部位以外的、对于稳定酶活性部位空间构象至关重要的某些氨基酸残基。稳定酶特定的空间构象是酶发挥催化功能的必要条件,只有酶活性部位的功能基团处于正确的空间位置,酶才具有活性。

例如:胰凝乳蛋白酶,它的 16 位异亮氨酸和 194 位天冬氨酸是维持酶空间构象所必需的两个氨基酸残基,它们不在酶活性部位中,而57位组氨酸、195位丝氨酸和102位天冬氨酸在酶的活性部位中组成催化三联体以催化底物反应,这5个氨基酸残基都是胰凝乳蛋白酶的必需基团。某些酶活性部位的氨基酸残基详见表1-2-11。

表1-2-11 某些酶活性部位的氨基酸残基

酶	氨基酸残基数	活性部位催化基团
牛胰核糖核酸酶A	124	His12、His119、Lys41
溶菌酶	129	Asp52、Glu35
牛胰凝乳蛋白酶	245	His57、Asp102、Ser195
牛胰蛋白酶	238	His46、Asp90、Ser183
木瓜蛋白酶	212	Cys25、His159
胃蛋白酶	348	Asp32、Asp215
弹性蛋白酶	240	His45、Asp93、Ser188
枯草杆菌蛋白酶	275	His64、Ser221
羧肽酶A	307	His69、Glu72、His196、Zn

不同的酶分子空间结构(构象)不同,活性中心各异,催化作用各不相同。具有相同或相近活性中心的酶,尽管其分子组成和理化性质不同,而催化作用可以相同或极为相似。一旦酶的活性中心被其他物质占据或某些理化因素破坏其空间结构(构象),则酶丧失其催化活性。

2. 酶原的激活

生物体内的有些酶以无活性的前体形式合成和分泌,然后输送到特定部位,当功能需要时,经专一性蛋白酶作用后转变成有活性的酶而发挥作用。消化系统中的各种酶和血液凝固系统中的许多酶均以无活性的前体形式合成和分泌,这些不具催化活性的酶前体称为酶原(zymogen)。例如:胰凝乳蛋白酶原(chymotrypsinogen)、胰蛋白酶原(trypsinogen)和胃蛋白酶原(pepsinogen)等。

酶原必须在特定条件下,经过适当物质的作用,被打断一个或几个特殊肽键,而使酶的构象发生一定变化才具有活性。这种使无活性的酶原转变成有活性的酶的过程称为酶原的激活。例如:胰腺分泌的胰蛋白酶原进入小肠后,可被肠液中的肠激酶激活或自身激活,自N端切下一个六肽后,肽链重新折叠而形成有活性的胰蛋白酶。

胰蛋白酶原被激活后,可作用于胰凝乳蛋白酶原、弹性蛋白酶原和羧肽酶原(procarboxypeptidase),使之转变为相应的酶。胃蛋白酶原由胃黏膜细胞分泌,在胃液中的酸或已有活性的胃蛋白酶作用下,自N端切下12个多肽碎片,其中最大的多肽碎片对胃蛋白酶有抑制作用,在pH值较高的条件下,它与胃蛋白酶非共价结合,而使胃蛋白酶原不具活性,在pH值为1～2时,它很容易从胃蛋白酶上解离下来。因此,胃蛋白酶原在酸性条件下才能转变成胃蛋白酶。

某些酶原的激活见表1-2-12。

表 1-2-12　某些酶原的激活

酶　　原	激活条件	水解除去的肽段	酶
胃蛋白酶原	H^+或胃蛋白酶	12个多肽片段	胃蛋白酶
胰蛋白酶原	肠激酶或胰蛋白酶	N端六肽	胰蛋白酶
胰凝乳蛋白酶原A	胰蛋白酶或胰凝乳蛋白酶	2个二肽	α-糜蛋白酶

特定肽键的断裂所导致的酶原激活在生物体中广泛存在，是生物体存在的调控酶活性的一种方式，具有一定的生理意义。哺乳动物消化腺分泌的一些蛋白酶均以酶原形式合成和分泌，它们必须进入消化道才被激活成有消化活性的酶发挥作用。这样可保护分泌酶原的组织不被自身水解而遭到破坏。如果酶原的激活过程发生异常，将导致一系列疾病的发生。例如：出血性胰腺炎的发生就是由于胰蛋白酶原在未进入小肠时就被激活，激活的胰蛋白酶水解自身腺细胞，导致胰腺出血、肿胀，患者腹部剧痛。

三、维生素与辅酶

（一）认识维生素

维生素（vitamin）是人和动物维持正常的生理功能所必需的一类有机化合物。维生素不参与机体内各种组织器官的组成，也不能为机体提供能量，它们主要以辅酶形式参与细胞的物质代谢和能量代谢过程，缺乏时会引起机体代谢紊乱，导致特定的缺乏症或综合征。例如：缺乏维生素A时易患夜盲症（night blindness）。vitamin曾音译为“维他命”，这就充分说明维生素对人和动物健康的重要性。

维生素除具有重要的生理作用外，有些维生素还可作为自由基的清除剂、风味物质的前体、还原剂及参与褐变反应，从而影响食品的某些属性。

人体所需的维生素大多数在体内不能合成，或者即使能合成但合成的速率很慢，不能满足需要，加之维生素本身也在不断地代谢，所以必须由食物供给。食物中的维生素含量较低，许多维生素稳定性差，在食品加工、储藏过程中常常损失较大。因此，要尽可能最大限度地保存食品中的维生素，避免其损失或与食品中其他组分间发生反应。

Wagner和Flokers于1964年将维生素的研究大致分为三个历史阶段。

第一阶段是用特定食物治疗某些疾病。例如：古希腊、罗马和阿拉伯人发现，在膳食中添加动物肝脏可治疗夜盲症；16世纪和18世纪，人们发现橘子和柠檬可治疗坏血病；1882年，日本的Takaki将军观察到许多船员发生的脚气病与摄食大米有关，当在膳食中添加肉、面包和蔬菜后，发病人数大大减少。

第二阶段是用动物诱发缺乏病。1987年，荷兰医生Eijikman观察到给小鸡饲喂精米会出现类似于人的脚气病的多发性神经炎；若补充糙米或米糠可预防这种疾病。Boas发现饲喂卵白的大鼠发生一种严重皮炎、脱毛和神经肌肉机能异常的综合征。1907年，Holst和Frohlich报道了实验诱发的豚鼠坏血病。

第三阶段是人和动物必需营养因子的发现。1881年，Lunin研究发现含有乳蛋白、碳水化合物、脂类、食盐和水分的高纯合饲粮不能满足动物需要，认为可能与某些未知成分有关。1912年，Hopkins报道人和动物需要某些必需营养因子才能维持正常的生命活动,若缺乏会导致疾病。同年,Funk 通过对因饲粮不同而诱发的疾病的研究,成功地分离出抗脚气病因子,命名为“vitamines”(即与生命有关的胺类),后来改为“vitamin”。1929年,Eijikman 和 Hopkins 因在维生素研究领域的重大贡献而获诺贝尔生理学与医学奖。Hodgkin 用 X 射线晶体学阐明了维生素 B_{12} 的化学结构而获 1964 年诺贝尔化学奖。

在维生素发现早期,因对它们了解甚少,一般按其先后顺序命名,如维生素 A、B、C、D、E 等。有些也根据其生理功能特征或化学结构特点等命名。例如:维生素 C 称为抗坏血病维生素;维生素 B_1 因分子结构中含有硫和氨基,称为硫胺素。后来人们根据维生素在脂类溶剂或水中溶解性特征将其分为两大类:水溶性维生素(water-soluble vitamins)和脂溶性维生素(fat-soluble vitamins)。前者包括 B 族维生素和维生素 C,后者包括维生素 A、D、E、K。

(二) 脂溶性维生素

维生素 A、D、E、K 等不溶于水,而溶于脂肪及脂溶剂(如苯、乙醚及氯仿等)中,故称为脂溶性维生素。在食物中,它们常和脂质共同存在。因此,在肠道吸收时也与脂质的吸收密切相关。当脂质吸收不良时,脂溶性维生素的吸收大为减少,甚至会引起缺乏症。吸收后的脂溶性维生素可以在体内,尤其是在肝内储存。

1. 维生素 A

维生素 A 又称视黄醇。视黄醇从动物饮食中吸收或由植物来源的 β-胡萝卜素合成,1 分子 β-胡萝卜素可被分裂为 2 分子的视黄醇,β-胡萝卜素是维生素 A 原。维生素 A 主要来自动物性食品,以肝脏、乳制品及蛋黄中含量最多;维生素 A 原主要来自植物性食品,以胡萝卜、绿叶蔬菜及玉米等含量较多。

在体内视黄醇可被氧化成视黄醛。视黄醛中最重要的为 9-及 11-顺视黄醛(见图 1-2-40)。

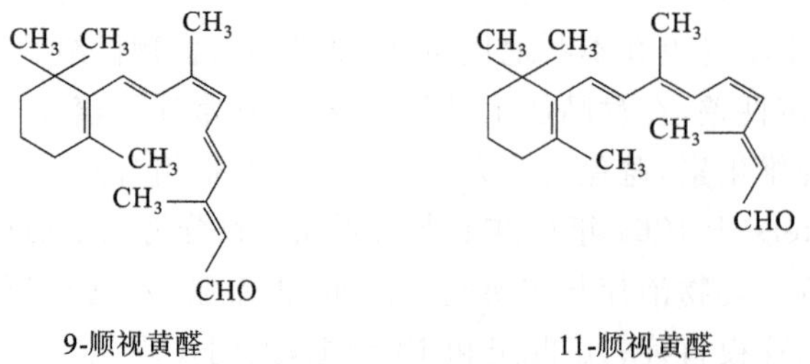

9-顺视黄醛　　11-顺视黄醛

图 1-2-40　9-顺视黄醛与 11-顺视黄醛

维生素 A 是构成视觉内感光物质的成分。眼球视网膜上有两类感觉细胞:圆锥细胞对强光及颜色敏感;杆细胞对弱光敏感,对颜色不敏感,与暗视觉有关。这是因为杆细胞内含有感光物质视紫红质(rhodopin)。视紫红质是由 9,11-顺视黄醛和视蛋白内赖氨酸的 ε-氨基通过形成 Schiff 碱缩合而成的一种结合蛋白质。而视黄醛是维生素 A 的氧化产物。眼睛对弱光的感光性取决于视紫红质的合成。

当维生素 A 缺乏时,11-顺视黄醛不足,视紫红质合成受阻,使视网膜不能很好地感受弱光,在暗处不能辨别物体,暗适应能力降低,严重时可出现夜盲症。维生素 A 除了视觉功能之外，在刺激组织生长及分化中起重要作用，维生素 A 也能刺激许多组织的 RNA 的合成，而且当缺乏维生素 A 时机体的免疫功能会降低。正常成人每日维生素 A 生理需要量为 2 600～3 300 国际单位(IU)；过多摄入维生素 A，如长期每日超过 500 000 IU 可以引起中毒病症，严重危害健康。

2. 维生素 D

维生素 D 为类甾醇衍生物，具有抗佝偻病作用，故称为抗佝偻病维生素。维生素 D 主要存在于肝、奶及蛋黄中，而以鱼肝油含量最为丰富。维生素 D 最重要的成员是麦角钙化(甾)醇(ergocalciferol，即维生素 D_2)及胆钙化(甾)醇(cholecalciferol，维生素 D_3)。胆钙化醇是经过动物的皮肤通过紫外光(如太阳光)作用，由前体分子 7-脱氢胆甾醇产生的。麦角钙化醇仅侧键结构与胆钙化醇不同，它是通过太阳光作用于植物甾醇——麦角甾醇而产生的(见图 1-2-41)。因为人类能通过太阳光作用于皮肤产生维生素 D，因此，维生素 D 严格地说不是一种维生素。维生素 D 在体内被一种混合功能氧化酶羟化生成 1，25-二羟维生素 D_3(即 1，25-二羟胆钙化醇)，即维生素 D 的活性形式。1，25-二羟维生素 D_3的主要生理功能是促进小肠黏膜细胞对钙和磷的吸收；促进钙盐的更新及新骨的生成；促进肾小管细胞对钙和磷的重吸收，减少从尿中排出的钙和磷。因此，1，25-二羟维生素 D_3总的生理效应是提高血钙和血磷的浓度，有利于新骨的生成和钙化。

维生素 D 可防治佝偻病、软骨病和手足抽搐症等，但在使用维生素 D 时应先补充钙。

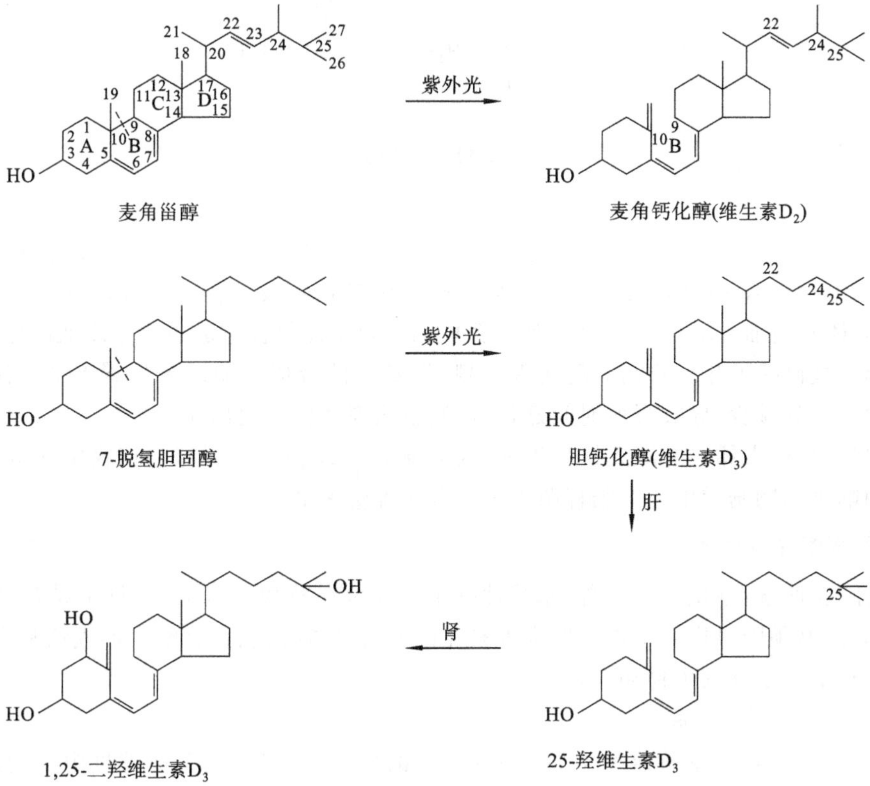

麦角甾醇 —紫外光→ 麦角钙化醇(维生素D_2)

7-脱氢胆固醇 —紫外光→ 胆钙化醇(维生素D_3) —肝→ 25-羟维生素D_3 —肾→ 1,25-二羟维生素D_3

图 1-2-41 维生素 D 和维生素 D 原

3. 维生素 E

维生素 E 与动物生育有关，故又称生育酚(tocopherol)(见图 1-2-42)。维生素 E 主要存在于植物油中，尤以麦胚油、大豆油、玉米油和葵花子油中的含量最丰富。豆类及蔬菜中的含量也较多。维生素 E 极易氧化而保护其他物质不被氧化，是动物和人体中最为有效的抗氧化剂。它能对抗生物膜磷脂中不饱和脂肪酸的过氧化反应，因而避免脂质中过氧化物产生，保护生物膜的结构和功能。维生素 E 还可与硒(Se)协同通过谷胱甘肽过氧化酶发挥抗氧化作用。维生素 E 能促进血红素合成。研究证明，当人体血浆维生素 E 水平低时，红细胞增加氧化性溶血，若提供维生素 E 可以延长红细胞的寿命。这是由于维生素 E 具有抗氧化剂的功能，避免红细胞中的不饱和脂肪酸被氧化破坏，因而防止了红细胞破裂而造成溶血。

维生素 E 与动物生殖功能有关。动物缺乏维生素 E 时，其生殖器官受损而不育。雄鼠缺乏时，睾丸萎缩，不产生精子；雌鼠缺乏时，胚胎及胎盘萎缩而被吸收，引起流产。临床上常用维生素 E 治疗先兆流产和习惯性流产。维生素 E 一般不易缺乏，正常血浆维生素 E 质量浓度为 0.009～0.016 mg/mL。若低于 0.005 mg/mL，则可出现缺乏症，其主要表现：红细胞数量减少，寿命缩短；体外实验见到红细胞脆性增加，常表现为贫血或血小板增多症。

图 1-2-42　生育酚

4. 维生素 K

维生素 K 因具有促进凝血的功能，故又称凝血维生素。天然的维生素 K 有两种：维生素 K_1 和维生素 K_2(见图 1-2-43)。维生素 K_1 在绿叶植物及动物肝中含量较丰富，维生素 K_2 是人体肠道细菌的代谢产物。维生素 K 的主要功能是促进肝脏合成凝血酶原(prothrombin)(凝血因子Ⅱ)，并调节凝血因子Ⅷ、Ⅸ及Ⅹ的合成。缺乏维生素 K 时，血中这几种凝血因子均减少，导致凝血时间延长，常发生肌肉及胃肠道出血。

一般情况下，人体不会缺乏维生素 K，因为维生素 K 在自然界绿色植物中含量丰富，另一方面哺乳动物肠道中的大肠杆菌也可以合成维生素 K。

(三) 水溶性维生素

除(氰)钴胺素(维生素 B_{12})外，水溶性维生素均可在植物中合成，并且不易在动物和人体内储存，必须随时摄入。水溶性维生素在体内通过磷酸化、核苷酸化形成辅基或辅酶参与酶的组成而发挥其生物功能。

1. 硫胺素和脱羧辅酶

硫胺素(thiamine)又称维生素 B_1，谷物种子的外皮中含量丰富，而酵母中含量最高。硫胺素的化学结构含有嘧啶环和噻唑环，在体内经硫胺素激酶催化，可与 ATP 作用转变成硫胺素焦磷酸(thiamine pyrophosphate，TPP)(见图 1-2-44)。TPP 是 α-酮酸脱羧酶、

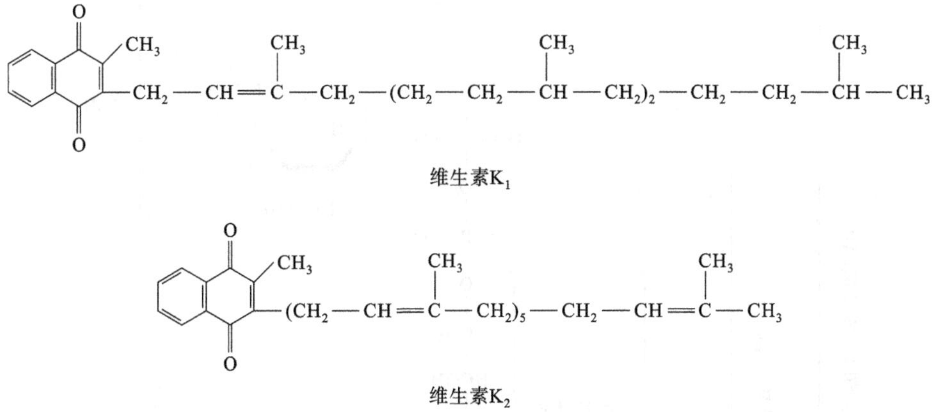

维生素K_1

维生素K_2

图 1-2-43 维生素 K_1 和维生素 K_2

转酮酶、磷酸酮醇酶(phosphoketolase)等酶类的辅酶。由于在催化丙酮酸和 α-酮戊二酸氧化脱羧过程中起辅酶作用,因此称 TPP 为脱羧辅酶。

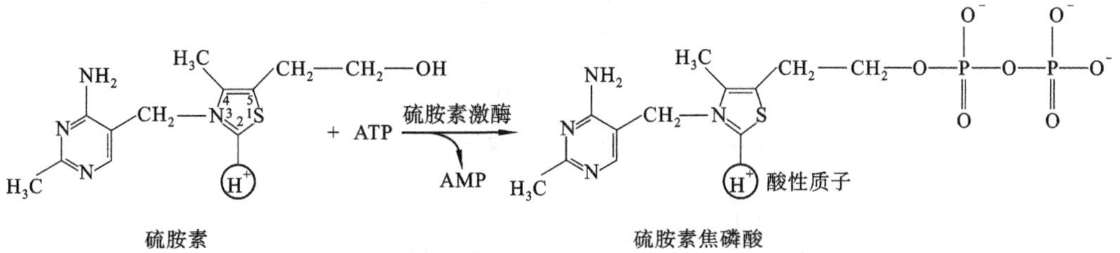

硫胺素 + ATP →(硫胺素激酶)→ 硫胺素焦磷酸 + AMP

酸性质子

图 1-2-44 维生素 B_1(硫胺素)的分子结构与主要存在形式

当缺乏硫胺素时,动物与人易患脚气病、消化功能障碍等。硫胺素在碱性条件下加热易被破坏,而在酸性条件下相当稳定。

2. 核黄素与黄素辅酶

核黄素(riboflavin)又称为维生素 B_2,在生物界分布很广,在酵母、黄豆、奶酪、肝脏、蔬菜中的含量丰富,是一种含有核糖醇基的黄色物质。其化学本质为核糖醇与 6,7-二甲基异咯嗪的缩合物。在生物体内,核黄素主要以黄素单核苷酸(flavin mononucleotide, FMN)和黄素腺嘌呤二核苷酸(flavin adenine dinucleotide, FAD)的形式存在(见图 1-2-45),它们是多种氧化还原酶类的辅基,通常与蛋白质结合紧密,不易分开。在生物氧化过程中,FMN 与 FAD 通过分子中异咯嗪环上 N-1 和 N-10 上的加氢与脱氢,把氢从底物传递给受体而参与氧化还原反应(见图 1-2-46),式中 R 表示 FMN 或 FAD 分子的其余部分。

缺乏核黄素时,动物和人易患唇炎、舌炎、口角炎、眼角膜炎等。维生素 B_2 耐热性强,干燥时较稳定,在碱性溶液中受光照射极易被破坏。

3. 泛酸与辅酶 A

泛酸(pantothenic acid)又称为维生素 B_3,也称遍多酸,广泛存在于动植物组织中。泛酸是由 α,γ-二羟-β,β-二甲基丁酸与 β-丙氨酸通过肽键缩合而成的酸性物质。作为一种

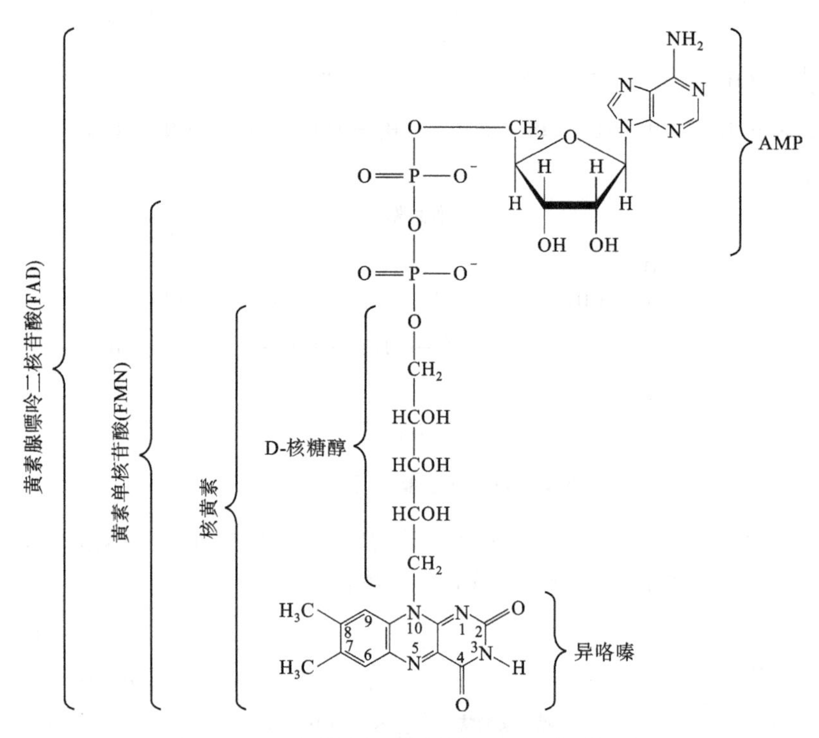

图 1-2-45　核黄素的分子结构与主要存在形式

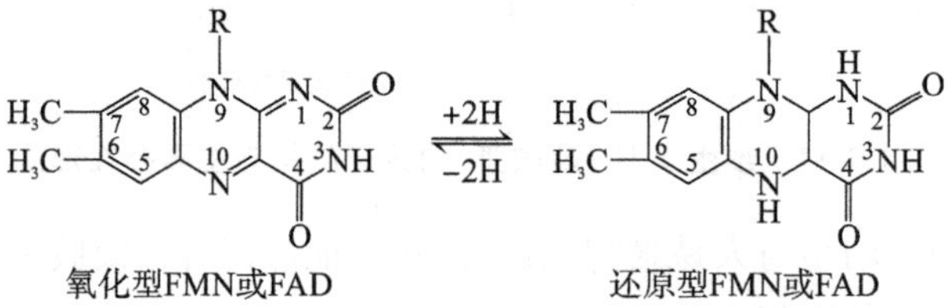

氧化型FMN或FAD　　还原型FMN或FAD

图 1-2-46　FMN 与 FAD 的氧化还原反应

组分,泛酸参与辅酶 A(coenzyme A,CoA 或 CoA-SH)的组成(见图 1-2-47)。CoA 在生物体内代谢过程中的作用主要是通过巯基(—SH)完成的,即 CoA 中的巯基可与酰基形成硫酯,在代谢过程中这种硫酯起着酰基载体的作用。所以 CoA 是许多酰基转移酶类的辅酶,如丙酮酸氧化脱羧中的二氢硫辛酸转乙酰基酶。由于泛酸广泛存在于各类食物中,且肠道细菌又能合成,因此极少出现泛酸缺乏症。

4. 烟酸、烟酰胺与脱氢辅酶

烟酸又称尼克酸(nicotinic acid 或 niacin),烟酰胺又称尼克酰胺(nicotinamide),统称为维生素 PP 或维生素 B_5。在生物体内,主要以烟酰胺的形式存在,烟酸是烟酰胺的前体。肉类、谷物、花生及酵母中的烟酰胺含量丰富,人体肝脏能将色氨酸转化为烟酰胺,但转化率极低。在体内以烟酰胺腺嘌呤二核苷酸(nicotinamide adenine dinucleotide,NAD)和烟酰胺腺嘌呤二核苷酸磷酸(nicotinamide adenine dinucleotide phosphate,NADP)的形式作为多种脱氢酶类的辅酶。在氧化还原反应中,烟酰胺吡啶环参与脱氢(电子)或加氢(电子)反应(见图 1-2-48)。它们与酶蛋白结合松弛,易脱离酶蛋白而单独存在。

动物和人类缺乏维生素 B_5 时易患癞皮病,主要表现为皮炎、腹泻及痴呆。由于玉米中缺少色氨酸和烟酸，故长期只食用玉米，有可能出现烟酸缺乏症。维生素 B_5 极稳定，受光、氧、热等作用不易破坏。

5. 维生素 B_6 与磷酸吡哆醛

维生素 B_6 包括三种物质：吡哆醇（pyridoxol）、吡哆醛（pyridoxal）和吡哆胺（pyridoxamine）。维生素 B_6 的分布很广，人和动物很少缺乏。维生素 B_6 的不同形式在体内经磷酸化作用能转变为相应的磷酸酯，并可相互转化。参与物质代谢过程的主要是磷酸吡哆醛（pyridoxal phosphate，PLP）和磷酸吡哆胺（pyridoxamine phosphate，PMP）（见图 1-2-49），它们在氨基酸代谢中起着重要作用，是氨基酸的转氨酶、脱羧酶和消旋酶的辅酶。在催化反应中，PLP 与 α-氨基酸脱水形成中间复合物醛亚胺（aldimine），是一种 Schiff 碱形式（—N═CH—）。醛亚胺依据不同酶蛋白的特性，再使氨基酸发生转氨、脱羧、消旋等作用。

长期服用抗结核病药物异烟肼，易引起维生素 B_6 缺乏。因为异烟肼能与吡哆醛结合成腙并随尿排出体外。维生素 B_6 对光敏感，在高温下迅速被破坏。

6. 生物素与羧化辅酶

生物素（biotin）又称维生素 H 或维生素 B_7，广泛存在于动植物中，可以由人体肠道细菌合成。生物素是由含戊酸侧链的噻吩与脲结合而成的双环化合物（见图 1-2-50），是许多羧化酶的辅酶。生物素通过戊酸羧基与羧化酶蛋白上赖氨酸残基的 ε-氨基结合形成酰胺键，即与专一性的酶蛋白结合。生物素通过氮原子携带羧基，参与催化体内 CO_2 的固定及羧化反应。

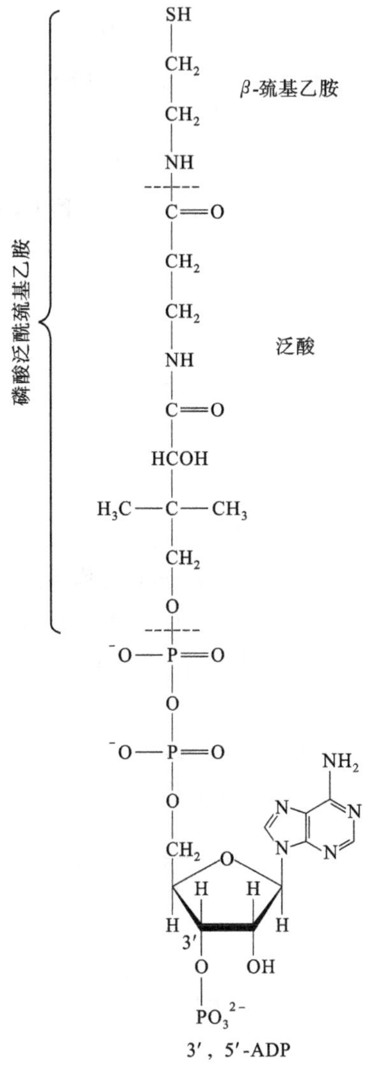

β-巯基乙胺

泛酸

磷酸泛酰巯基乙胺

3′，5′-ADP

图 1-2-47 泛酸的分子结构与主要存在形式

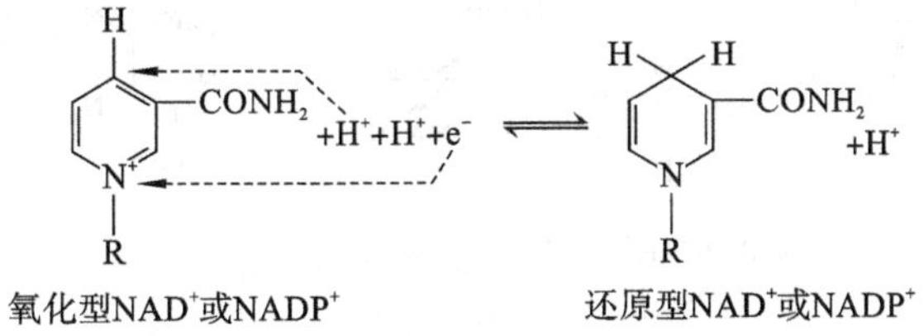

氧化型NAD^+或$NADP^+$ ⇌ 还原型NAD^+或$NADP^+$

图 1-2-48 NAD^+ 或 $NADP^+$ 与氧化-还原态

长期大量食用生鸡蛋清可引起生物素缺乏症，其表现为精神抑郁、严重皮炎等。因为蛋清中的抗生物素蛋白能与生物素结合成一种稳定且难吸收的化合物。生物素耐酸、不耐碱，高温和氧化剂可使其失活。

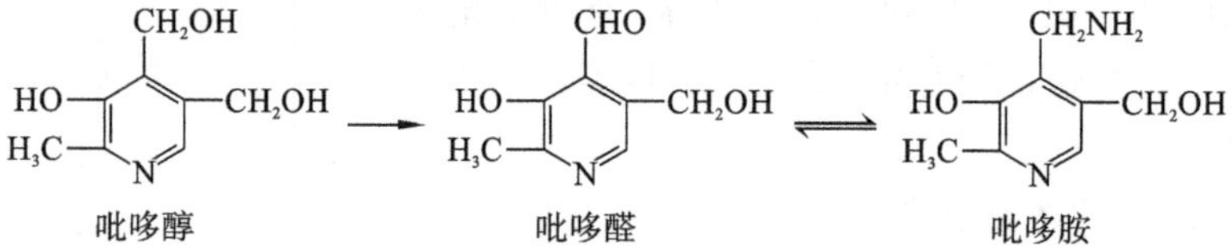

吡哆醇　吡哆醛　吡哆胺

图 1-2-49　维生素 B_6 的分子结构及存在形式

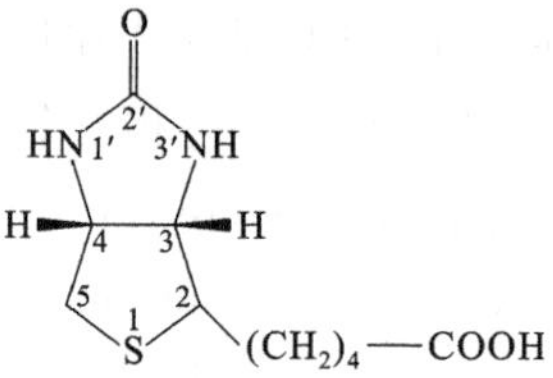

图 1-2-50　生物素

7. 叶酸与四氢叶酸

叶酸(folic acid)又称为维生素 B_{11},因绿叶中含量丰富而得名,普遍存在于肉类、鲜果和蔬菜中。人和动物肠道菌能合成叶酸,一般不易产生缺乏症。叶酸分子是由蝶呤、对氨基苯甲酸和 L-谷氨酸连接而成,作为辅酶的形式是四氢叶酸(THFA 或 FH_4)。叶酸在叶酸还原酶的催化下分两步形成四氢叶酸,还原剂为 NADPH 与 H^+(见图 1-2-51)。四氢叶酸的主要作用是转一碳单位酶类的辅酶。一碳单位包括甲基、亚甲基、次甲基、羟甲基、甲酰基、亚氨甲基等,它们在丝氨酸、甘氨酸、嘌呤、嘧啶等的生物合成中具有重要作用。

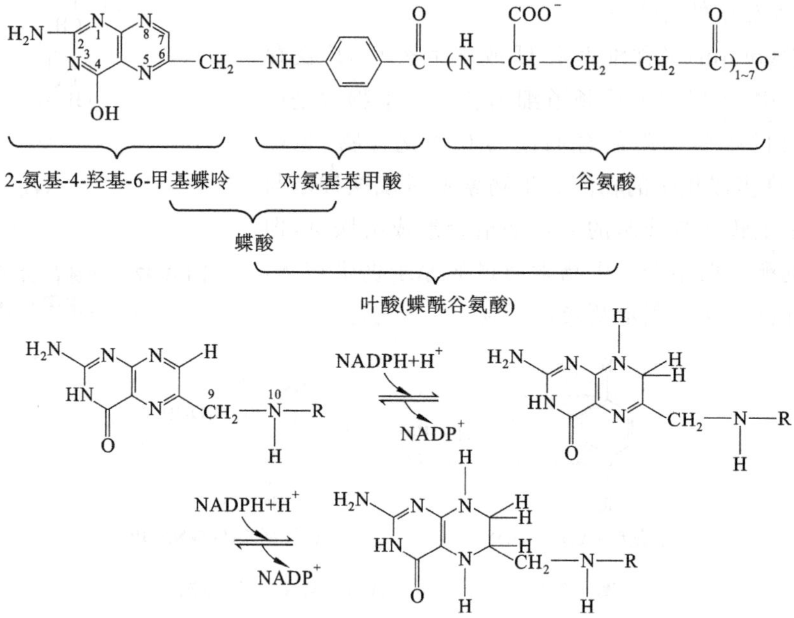

2-氨基-4-羟基-6-甲基蝶呤　对氨基苯甲酸　谷氨酸

蝶酸

叶酸(蝶酰谷氨酸)

图 1-2-51　叶酸的分子结构与四氢叶酸的形成

如果缺乏叶酸,动物生长就会停滞,细胞成熟受到影响,造成巨幼红细胞性贫血,同时白细胞数量也减少。

8. 维生素 B_{12} 与 B_{12} 辅酶

维生素 B_{12} 是一种含金属元素钴(Co)的维生素,其化学名称是氰钴胺素(cyanocobalamine),结构十分复杂,含有类似卟啉环的咕啉环(见图 1-2-52)。1948 年分离纯化,1973 年完成化学合成。由于在 Co 原子上可再结合不同的基团,因而可形成不同的维生素 B_{12}。其中 5′-脱氧腺苷钴胺素是维生素 B_{12} 在生物体内的主要存在形式,又称为 B_{12} 辅酶。B_{12} 辅酶在肉蛋类食品中含量丰富,人和动物肠道菌可以合成,但必须与特异的糖蛋白结合才能被吸收利用。B_{12} 辅酶是某些变位酶、甲基转移酶的辅酶并常与叶酸的作用相互关联。缺乏维生素 B_{12} 时,表现为急性贫血。高等植物中尚未发现维生素 B_{12}。

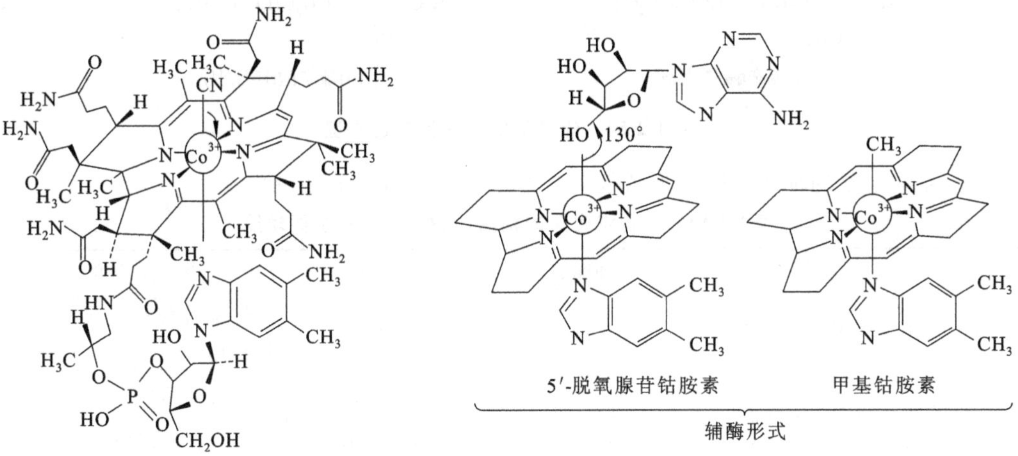

图 1-2-52 维生素 B_{12} 的分子结构

9. 维生素 C

维生素 C 因能防治坏血病,又称抗坏血酸(ascorbic acid),广泛存在于果蔬中,人体不能合成。它是一种己糖酸内酯,有 L 型与 D 型,但只有 L 型具生理作用。由于维生素 C 分子中的 C-2 与 C-3 的两个烯醇式羟基极易解离,释放出 H^+,而被氧化成为脱氢抗坏血酸。所以维生素 C 既有酸性,又有很强的还原性。在生物体内,维生素 C 能自成氧化还原体系(见图 1-2-53)。维生素 C 在体内主要以还原态形式发挥生物功能:参与体内氧化还原反应,保护巯基,使巯基酶的巯基处于还原态以保证巯基行使催化作用;使生物体内的 Fe^{3+} 还原为 Fe^{2+},利于铁的储存与动员;参与体内多种羟化作用,是脯氨酸羟化酶(prolyl hydroxylase)的辅酶,促进胶原蛋白的合成。此外,维生素 C 还有许多其他生理功能,如抑制胆固醇合成关键酶的活性等。

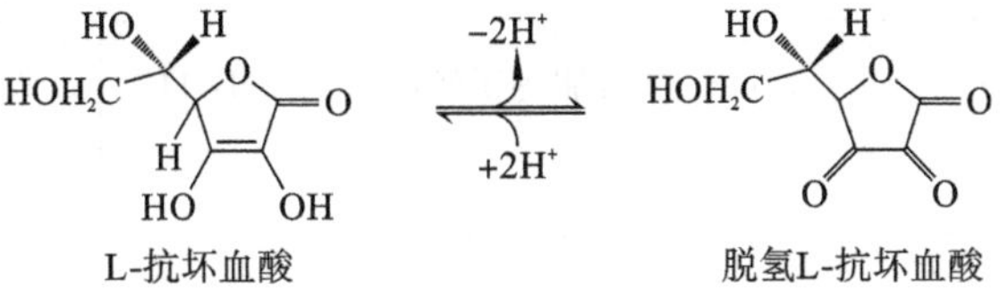

图 1-2-53 抗坏血酸及抗坏血酸的氧化还原体系

维生素 C 缺乏时,产生坏血病,其症状为患者伤口不易愈合,皮下、黏膜等出血,骨骼和牙齿易折断或脱落。服用过量维生素 C 易发生结石，故应合理摄入。维生素 C 水溶液不稳定，热、碱、氧化剂等均能使其破坏。

10. 硫辛酸

硫辛酸(lipoic acid)是酵母和微生物等的生长因子。硫辛酸的化学本质是一种含硫的脂肪酸，以氧化型与还原型两种形式存在(见图 1-2-54)。它是丙酮酸脱氢酶复合体和 α-酮戊二酸脱氢酶复合体的辅酶，在氧化脱羧过程中起着传递酰基和氢的作用。

(a) 硫辛酸(氧化型)　　(b) 硫辛酸(还原型)

图 1-2-54　硫辛酸的氧化型与还原型

各种维生素的辅酶(辅基)形式及主要功能详见表 1-2-13 所示。

表 1-2-13　各种维生素的辅酶(辅基)形式及主要功能

类　型		辅酶、辅基或其他活性形式	主要功能
水溶性维生素	维生素 B_1(硫胺素)	硫胺素焦磷酸(TPP)	酮基转移和 α-酮酸的脱羧作用
	维生素 B_2(核黄素)	黄素单核苷酸(FMN)	氧化还原反应
		黄素腺嘌呤二核苷酸(FAD)	氧化还原反应
	维生素 PP(烟酸和烟酰胺)	烟酰胺腺嘌呤二核苷酸(NAD)	氢原子(电子)转移
		烟酰胺腺嘌呤二核苷酸磷酸(NADP)	氢原子(电子)转移
	维生素 B_5(泛酸)	辅酶 A(CoA)	酰基转移作用
	维生素 B_6(吡哆醛(醇、胺))	磷酸吡哆醛、磷酸吡哆胺	氨基酸转氨基、脱羧作用
	维生素 B_7(生物素)	生物素	传递 CO_2
	维生素 B_{11}(叶酸)	四氢叶酸	传递一碳单位
	维生素 B_{12}(钴胺素)	脱氧腺苷钴胺素(辅酶 B_{12})、5-甲基钴胺素	氢原子 1,2 交换(重排作用)，甲基化
	硫辛酸	硫辛酸赖氨酸	酰基转移、氧化还原反应
	维生素 C(抗坏血酸)		羟基反应辅助因子
脂溶性维生素	维生素 A	11-顺视黄醇	视循环
	维生素 D	1,25-二羟胆钙甾醇(1,25-$(OH)_2D_3$)	调节钙、磷代谢
	维生素 E		保护膜脂质，抗氧化剂
	维生素 K		参与凝血作用

四、酶促反应的特点与机制

（一）酶促反应的特点

酶与一般催化剂相比，具有下列共性。①具有很高的催化效率，但酶本身在反应前后并无变化。酶与一般催化剂一样，用量少，催化效率高。②不改变化学反应的平衡常数。酶对一个正向反应和其逆向反应速率的影响是相同的，即反应的平衡常数在有酶和无酶的情况下是相同的，酶的作用仅是缩短反应达到平衡所需的时间。③降低反应的活化能。酶作为催化剂能降低反应所需的活化能，因为酶与底物结合形成复合物后改变了反应历程，而在新的反应历程中过渡态所需要的自由能低于非酶反应的能量，增加反应中活化分子数，促进了由底物到产物的转变，从而加快了反应速率。

酶作为生物催化剂，还具有以下不同于化学催化剂的特点。

1. 高效性

酶的催化效率极高，比非催化反应高 10^{8} ～10^{20} 倍，比一般催化剂高 10^{7} ～10^{13} 倍。如用脲酶水解尿素的速度比酸水解尿素高 10^{12} 倍，用过氧化氢酶水解过氧化氢的速度比用 Fe^{3+} 催化水解高 10^{10} 倍。

2. 专一性

酶与化学催化剂之间最大的区别就是酶具有专一性（specificity），即酶只能催化一种化学反应或一类相似的化学反应，酶对底物有严格的选择性。根据专一程度的不同可分为以下三种类型。

（1）相对专一性（relative specificity）　酶对底物化学结构的要求比较低。相对专一性又分为键专一性（bond specificity）和基团专一性（group specificity）。

① 键专一性：这种酶只要求底物分子上有合适的化学键就可以起催化作用，而对键两端的基团结构要求不严，如蔗糖酶既能水解蔗糖中的糖苷键，又能水解棉籽糖中的同一种糖苷键。

② 基团专一性：有些酶除了要求有合适的化学键外，对作用键两端的基团也有要求。例如：胰蛋白酶仅对精氨酸或赖氨酸的羧基形成的肽键起作用；胰凝乳蛋白酶仅对芳香族氨基酸的羧基形成的肽键起作用。

（2）绝对专一性（absolute specificity）　这类酶只能对一种底物起催化作用。例如：脲酶只能催化尿素水解成 NH_3 和 CO_2，而不能催化甲基尿素水解。又如琥珀酸脱氢酶只能催化琥珀酸脱氢生成延胡索酸，而不能催化丙二酸、戊二酸反应。

（3）立体异构专一性（stereochemical specificity）　具有这种专一性的酶对底物分子的立体构型要求严格，表现为光学专一性（optical specificity）和几何异构专一性（geometrical specificity）两种类型。

① 光学专一性：又称旋光异构专一性，酶对于具有旋光异构体的底物只作用于其中一种。例如：L-谷氨酸脱氢酶只能催化 L-谷氨酸脱氢，而对 D-谷氨酸无作用。又如用 L-氨基酸氧化酶与 dl-氨基酸作用时，只有一半的底物（L 型）被氧化，因此，可以此法来分离消旋化合物。

② 几何异构专一性:指酶对底物的几何构型有严格的要求,有些含双键的化合物有顺、反两种异构体,酶只作用于其中一种。例如:延胡索酸酶只催化反丁烯二酸加水生成苹果酸,对顺丁烯二酸无作用。

3. 敏感性

大多数酶的本质是蛋白质。凡能使蛋白质变性的理化因素都可使酶蛋白变性而失活,因此酶对作用环境的温度、pH 值等均较为敏感。酶的作用一般在温和的条件下,如中性、常温和常压下进行。强酸、强碱或高温等条件都能使酶的活性部分或全部丧失。如患者体温持续在 42℃以上,可使脑细胞内大多数酶活性降低,引起脑功能障碍而致昏迷甚至死亡。

4. 可调控性

酶作为生物催化剂,它的活性受到严格的调控。调控的方式有许多种,包括反馈抑制、变构调节(又叫别构调节)、共价修饰调节、激活剂和抑制剂的作用。

(二) 酶促反应的机制

酶作用的详细机制仍不太清楚,目前主要存在以下几种学说。

1. 过渡态和反应活化能

过渡态理论认为,在一个化学反应体系中,处于基态的反应物必须吸收能量,成为具有高能量的活化态分子,即过渡态分子,才能产生有效碰撞,发生化学反应,形成产物。分子由基态转变为活化态所需的能量称为活化能,即在化学反应能量曲线中,反应物(底物)到能量最高点所需要的能量。能量最高点即为反应的过渡态(见图 1-2-55)。活化能定义为在一定温度下,1 mol 反应物全部进入活化态(过渡态)所需的自由能,单位是 kJ/mol。通常可用加热或光照等方法使一部分反应物分子获得所需的活化能而成为活化分子。反应体系中活化分子数越多,反应速率越快。

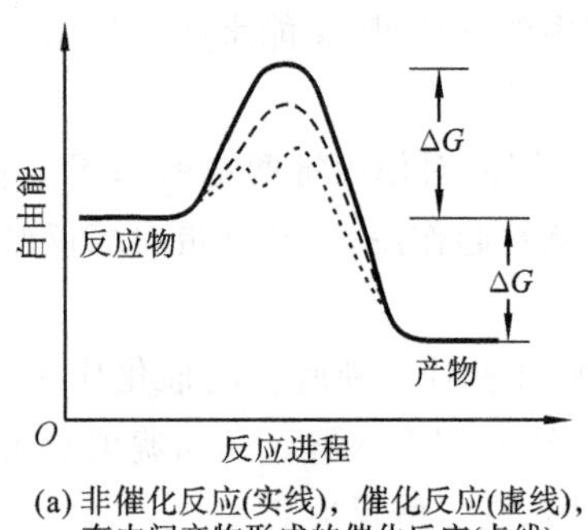

(a) 非催化反应(实线),催化反应(虚线),有中间产物形成的催化反应(点线)

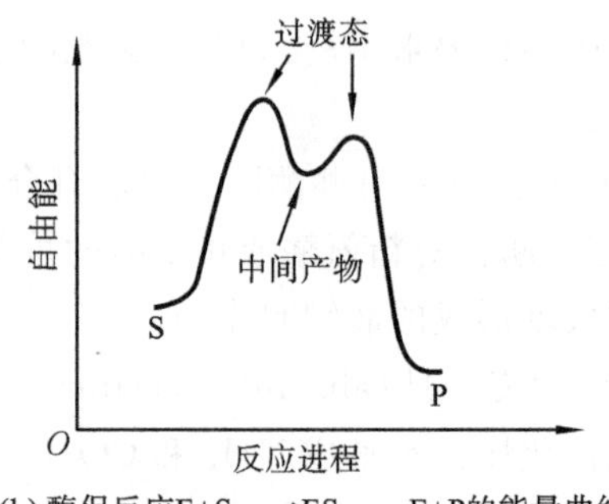

(b) 酶促反应E+S⇌ES⟶E+P的能量曲线

图 1-2-55　反应能量曲线

酶参与的催化反应比非催化反应及非酶催化反应催化效率高的原因之一,是酶能通过各种方式使底物分子以较低的能量形成过渡态分子,从而大大降低反应的活化能。有些学者认为,底物过渡态的稳定性是酶加速反应的基本因素。某些过渡态底物类似物的获得也有力地支持了这一观点。

2. 中间产物学说

中间产物是处于反应物与产物之间的一种亚稳态结构，如图 1-2-55(b)所示，化学反应体系中的中间产物与过渡态是两种不同的概念。中间产物相对于过渡态而言，半衰期长，甚至可以经分离纯化得到和定量测定，而过渡态严格地说目前还无法用实验检测。不稳定的中间产物的化学反应能量曲线与过渡态图谱非常相似。

中间产物学说认为，当酶催化某一化学反应时，由于酶分子活性部位与底物分子结构呈互补性，造成酶分子与底物分子有很强的亲和性，酶首先与底物结合形成短暂的酶-底物复合物(enzyme-substrate complex，ES)，然后生成产物(P)并释放酶。

$$E+S \rightleftharpoons ES \longrightarrow P+E$$

酶可以与基态底物结合，使底物转变成过渡态，酶也可以与过渡态底物结合，稳定底物过渡态。酶-底物复合物的形成大大降低了反应活化能。这样，只需很少的能量就能使底物进入过渡态。所以与非催化反应相比，酶参与的催化反应在较低能量水平就可进行化学反应，从而加速反应速率。如 H_2O_2 分解反应，当没有催化剂时，需活化能 71.1 kJ/mol，用 HBr 作催化剂时，只需活化能 50.2 kJ/mol，而当有过氧化氢酶催化时，活化能下降到 8.4 kJ/mol。

酶和底物形成中间复合物已得到许多实验证明，如乙酰化胰凝乳蛋白酶的获得、大肠杆菌色氨酸合成酶反应前后的光谱变化等实验都直接证明有中间复合物的存在。

3. 酶作用专一性的机理

(1) 锁钥学说　1890 年德国化学家 Fischer E. 提出“锁钥”(lock and key)学说来解释酶作用的专一性。他认为底物分子或底物分子的一部分能专一地插入酶的活性部位，使底物分子的反应部位与酶分子上起催化功能的必需基团之间在结构上紧密互补，就像钥匙与锁的关系(见图 1-2-56)。锁钥学说认为整个酶分子的天然构象具有一定的刚性结构，酶表面具有特定的形状。酶与底物的结合如同一把钥匙对一把锁一样。

(2) 诱导契合学说　1958 年美国生物化学家 D. E. Koshland 提出了“诱导契合”(induced fit)学说。他认为酶活性部位的空间构象不是刚性结构，当酶分子与底物分子接近时，两者并不契合，酶分子受底物分子诱导，其构象发生有利于与底物结合的变化，使酶的活性部位形成或暴露出来，酶与底物在此基础上互补契合形成复合物进入过渡态(见图 1-2-56)。酶分子活性部位的一些基团也可以使底物分子的敏感键变形，处于反应活性高的状态。诱导契合学说比较广泛地解释了酶作用专一性现象以及酶活性可调节的某些机制，同时也得到了许多实验结果的支持，因此得到了普遍承认。

(3)“三点结合”的催化理论　1948 年，英国学者 Lexander Ogston 认为酶结构上至少有三个与底物分子立体异构对应的特异结合部位，而且只有一种情况是完全结合的形式，只有在这种情况下，不对称催化作用才能实现，如图 1-2-57 所示。乳酸脱氢酶分子的 A 位点与 L-乳酸的—CH_3 结合，B 位点和 C 位点正好分别与 L-乳酸的—COOH 和—OH 结合，而 D-乳酸的—COOH 无法与 C 位点契合，—OH 也不能与 B 位点契合，故不能发生反应。

※4. 酶作用高效性的机理

酶促反应的高效性受多方面因素的影响。

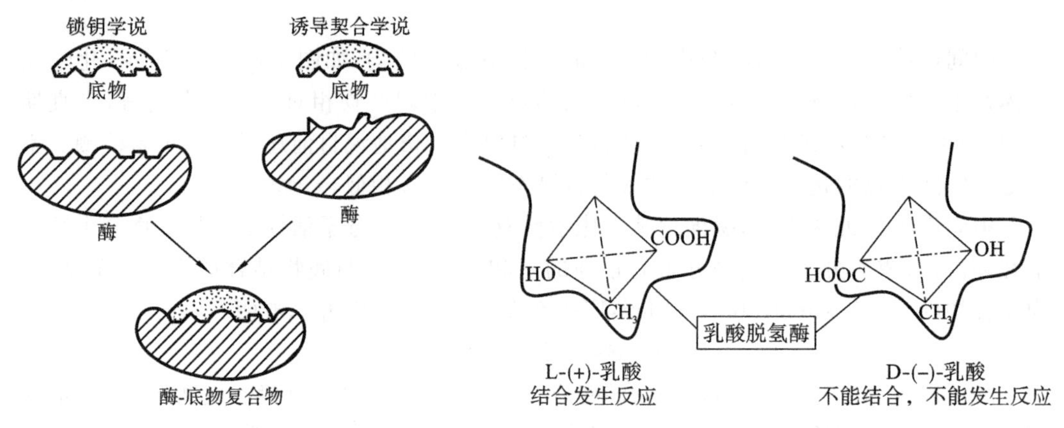

图 1-2-56　锁钥学说与诱导契合学说

图 1-2-57　“三点结合”的催化理论

(1) 邻近效应和定向效应　邻近效应(proximity effect)是指当酶催化反应时，酶和底物分子之间的亲和性使底物分子有向酶的活性部位靠近的趋势，同时也使底物分子之间的反应基团相互靠近。这种靠近增加了活性部位所在区域底物的有效浓度，使反应速率加快。

定向效应(orientation effect)：根据诱导契合学说，当专一性底物向酶分子活性部位靠近时，诱导酶分子构象发生改变，使酶活性部位的催化基团与底物的反应基团正确定向排列，同时也使反应基团之间的分子轨道以正确方位相互交叠，这样反应物分子才被作用，使催化效率提高。

(2) 变形与扭曲效应　当酶与底物结合时，酶分子的构象受底物诱导作用发生变化的同时，底物分子也受酶作用发生空间构象变化。酶-底物复合物的形成使底物分子内敏感键中的某些基团受酶中的某些基团或离子的影响，而导致电子云密度增高或降低，产生键的变形、扭曲，使底物由基态形成过渡态构象，结果使反应活化能降低，反应速率加快。

(3) 共价催化　共价催化(covalent catalysis)分为亲核催化与亲电催化两类。酶分子活性部位中的催化基团通过给出电子或夺得电子与底物分子敏感键结合形成一个反应活性很高的共价中间产物，这个中间产物很易变成过渡态，因而反应活化能大大降低，底物可以越过较低的“能阈”而形成产物。例如，糜蛋白酶与底物乙酸对硝基苯酯可形成乙酰-糜蛋白酶中间物，这种共价中间产物，极易水解释放出乙酸和糜蛋白酶。

(4) 广义酸碱催化　按照 Brönsted 的理论，广义酸碱是指能提供质子(H^+)与接受质子的物质。物体内的酶促反应绝大多数是在近中性的环境下进行，而酶活性中心存在多种能进行广义酸碱催化(general acid-base catalysis)的基团，如氨基、羧基、巯基、咪唑基、酚羟基等，其质子结合态为酸(HA)，可以给出 H^+ 与底物结合，实现酸催化；处理碱态(B^-)时，可以接受 H^+，实现碱催化。在广义酸碱催化基团中，组氨酸的咪唑基特别重要，因为在中性条件下，咪唑基有一半以质子供体(广义酸)形式存在，另一半以质子受体(广义碱)形式存在，在酶催化中扮演双重角色，加上质子授受极为迅速，且两者几乎相等，所以它是酶催化中最活泼、最有效的功能基团，在许多酶促反应中起作用。

(5) 微环境效应　酶活性部位的研究资料表明：酶的活性部位位于酶分子的穴内，而穴内大多数氨基酸侧链基团相对呈非极性，构成了一个疏水的微环境，或者是一个低介电常数区，酶与底物带电基团之间的静电作用比在极性环境中明显提高，酶活性部位起催化作用的极性基团与底物极性基团的作用也明显提高，这对于酶促反应的进行相当有利。

以上因素都能影响酶的催化效率，不同酶起作用的因素各不相同，可分别受一种或几种因素影响。

五、影响酶促反应速率的因素

（一）底物浓度对酶促反应速率的影响

对于底物浓度与酶促反应速率之间关系的研究发现，在一定的 pH 值、温度及酶浓度条件下，当底物浓度较低时，反应速率与底物浓度成正比，表现为一级反应；随着底物浓度的增加，反应速率不再按比例升高，表现为混合级反应；如果再继续加大底物浓度，反应速率趋于极限，表现为零级反应。底物浓度的变化对酶促反应速率的影响呈双曲线关系（见图 1-2-58）。

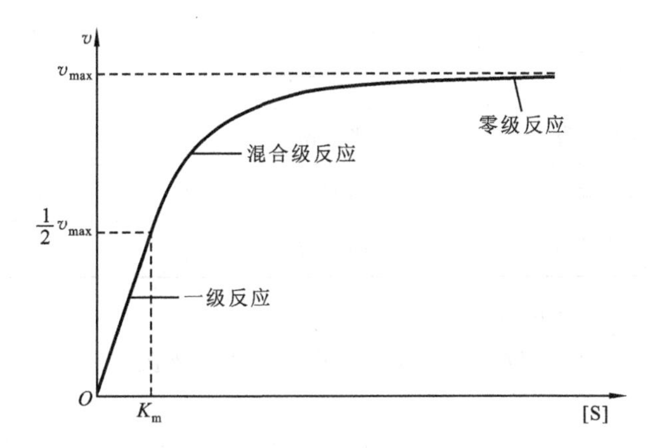

图 1-2-58　底物浓度与酶促反应速率之间的关系

[S]—底物浓度；v—反应速率；v_{max}—最大反应速率；K_m—米氏常数

按照中间产物学说，反应速率取决于 ES 浓度。在酶浓度恒定的条件下，底物浓度较低时，底物只能与部分酶形成中间复合物 ES；随着底物浓度增加，单位时间内生成 ES 的量也增加，故反应速率也随之升高。但当底物浓度很大时，酶被底物全部饱和形成 ES。因此，再增加底物浓度，反应速率也不会升高而趋向于一个极限值。

1. 米氏方程

1913 年，Michaelis 和 Menten 总结前人的工作，根据平衡态理论，对单底物单产物的酶促反应归纳出一个数学公式，提出了酶促动力学原理即米氏方程。

$$v = \frac{v_{max}[S]}{K_m + [S]}$$

式中：v_{max}——该酶促反应的最大速率；

[S]——底物浓度；

K_m——米氏常数；

v——在某一底物浓度时相应的反应速率。

从米氏方程可知：当底物浓度很低时，$[S] \ll K_m$，则 $v \approx v_{max}[S]/K_m$，反应速率与底物浓度成正比；当底物浓度很高时，$[S] \gg K_m$，此时 $v \approx v_{max}$，反应速率达最大速率，底物浓度再增加也不影响反应速率。

2. 米氏常数的意义

(1) 物理意义：K_m 值等于酶反应速率为最大速率一半时的底物浓度。

(2) K_m 值愈大，酶与底物的亲和力愈小；K_m 值愈小，酶与底物的亲和力愈大。酶与底物亲和力大，表示不需要很高的底物浓度，便可容易地达到最大反应速率。

(3) K_m 值是酶的特征性常数，只与酶的性质、酶所催化的底物和酶促反应条件（如温度、pH 值、有无抑制剂等）有关，与酶的浓度无关。酶的种类不同，K_m 值不同，同一种酶与不同底物作用时，K_m 值也不同。酶的 K_m 值范围很广，大多数酶的 K_m 值在 $10^{-6} \sim 10^{-1}$ mol/L。

表 1-2-14 列举了一些酶的 K_m 值。

表 1-2-14　一些酶的 K_m 值

酶	底　　物	K_m/(mol/L)
溶菌酶	6-*N*-乙酰葡糖胺	6×10^{-6}
β-半乳糖苷酶	半乳糖	5×10^{-3}
碳酸酐酶	CO_2	8×10^{-3}
丙酮酸脱羧酶	丙酮酸	4×10^{-4}

3. 米氏常数和最大反应速率的测定

通过作图法测定米氏常数和最大反应速率可以克服米氏方程 v-[S]曲线不易准确求出 K_m 和 v_{max} 值的困难。

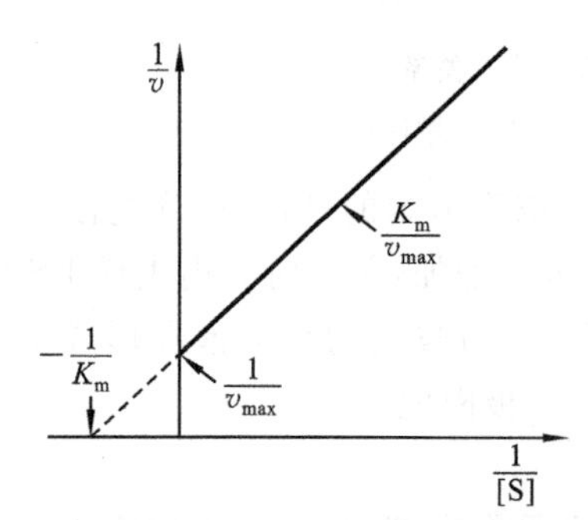

图 1-2-59　Lineweaver-Burk **作图法**

(1) 双倒数(Lineweaver-Burk)作图法　双倒数作图法是最常用的方法，Lineweaver 和 Burk 将米氏方程转为双倒数形式：

$$\frac{1}{v} = \frac{K_m}{v_{max}} \frac{1}{[S]} + \frac{1}{v_{max}}$$

以 $1/v$ 对 $1/[S]$ 作图得一直线，外推至与横轴相交，横轴截距即为 $-1/K_m$，纵轴截距即为 $1/v_{max}$，斜率为 K_m/v_{max}（见图 1-2-59）。测定时，所选底物浓度在 K_m 附近才能获得准确结果。同时，还应考虑所选底物浓度的倒数值是否为常数增量，可避免作图时取点过于集中而影响所作直线的准确性。

(2) 其他作图法　除双倒数作图法之外，还有 Hanes-Woolf 作图法（见图 1-2-60）、Eadie-Hofstee 作图法（见图 1-2-61）等。各方法都有各自的优点，但双倒数作图法应用较为广泛。

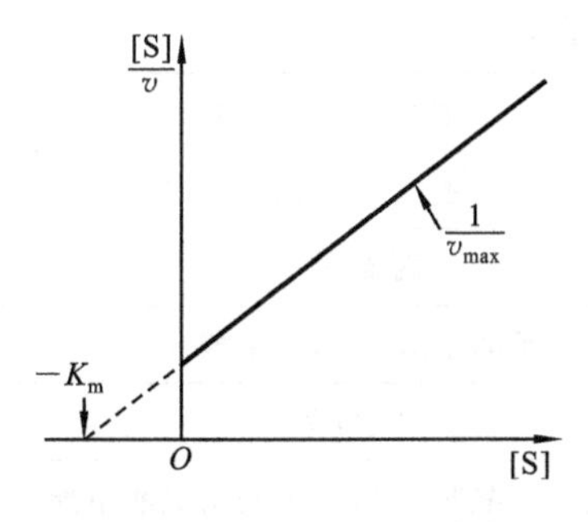

图 1-2-60 Hanes-Woolf 作图法

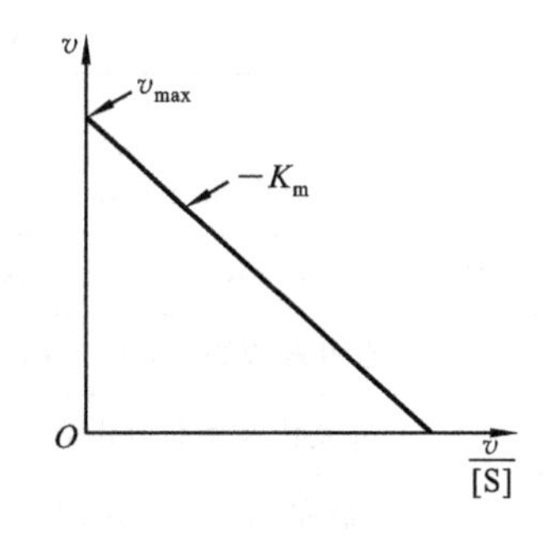

图 1-2-61 Eadie-Hofstee 作图法

（二）酶浓度对酶促反应速率的影响

在酶促反应中，当底物浓度足够大时，$[S] \gg K_m, v = v_{max} = k_2[E]$。此时，反应速率与酶浓度成正比，酶浓度增加，反应速率加快(见图 1-2-62)。

（三）pH 值对酶促反应速率的影响

作为生物催化剂，酶只在一定的 pH 值范围内具有稳定性，不适宜的酸碱条件会使酶分子空间构象发生变化而影响催化活性，甚至使酶变性丧失催化功能。同时，若底物是蛋白质、核酸等生物大分子，不适的 pH 值环境也会使它们的空间结构发生变化或变性，丧失与酶结合的功能，使反应不能进行。

研究发现，酶分子活性部位的催化基团处于何种解离状态，对酶的催化反应至关重要。例如:溶菌酶的活性部位的催化基团是 35-Glu 和 52-Asp，只有 Glu 取—COOH 形式，而 Asp 取 COO^- 解离状态时，酶才具有活性。同时，pH 值也对酶和底物两者所带电荷是否处于最佳结合状态有着十分重要的影响，从而引起反应速率变化。

综上两种因素，在某一 pH 值条件下，酶促反应可以达到最大速率，此 pH 值即为酶的最适 pH。pH 值与反应速率的关系曲线呈钟罩形(见图 1-2-63)。

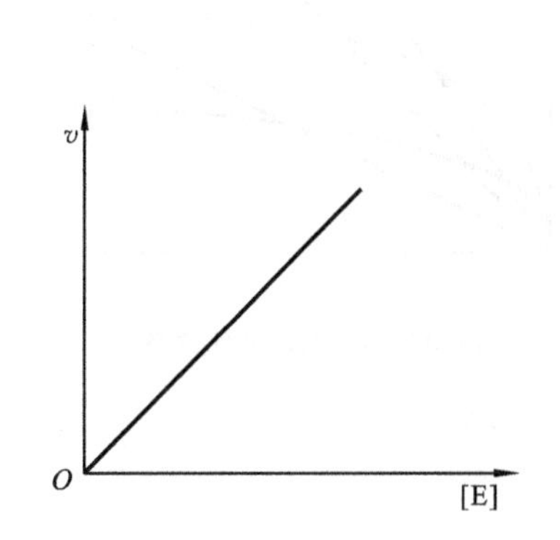

图 1-2-62 酶浓度与反应速率的关系

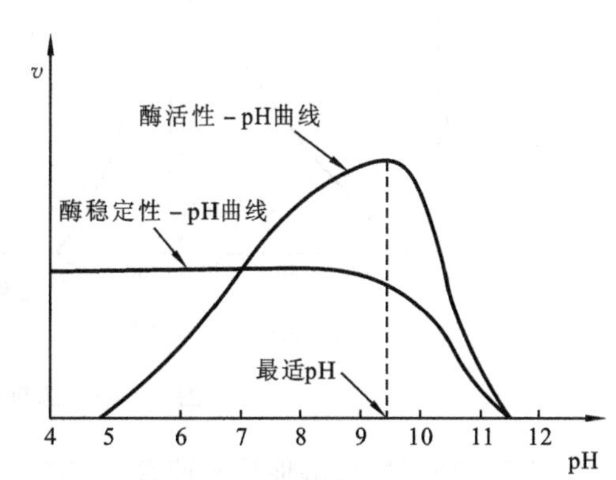

图 1-2-63 pH 值对酶反应速率的影响

最适 pH 不是酶的特征常数，它与底物种类、环境介质组成、温度及作用时间有关。植物、微生物酶的最适 pH 通常在 4.5～6.5，动物酶的最适 pH 通常在 6.5～8.0。但也有例外，如胃蛋白酶最适 pH 为 1.5，精氨酸酶最适 pH 为 9.7 等(见表 1-2-15)。

表 1-2-15　几种酶的最适 pH

酶	底物及最适 pH
胃蛋白酶(pepsin)	鸡蛋清蛋白 1.5，血红蛋白 2.2
丙酮酸羧化酶(pyruvate carboxylase)	丙酮酸 4.8
延胡索酸酶(fumarase)	延胡索酸 6.5，苹果酸 8.0
过氧化氢酶(catalase)	H_2O_2 7.6
胰蛋白酶(trypsin)	苯甲酰精氨酰胺 7.7，苯甲酰精氨酸甲酯 7.0
碱性磷酸酶(alkaline phosphatase)	3-磷酸甘油 9.5
精氨酸酶(arginase)	精氨酸 9.7

(四) 温度对酶促反应速率的影响

温度对酶促反应速率的影响主要表现在以下两个方面。一方面，温度升高，反应速率加快，温度每升高 10 ℃，反应速率提高 1 倍左右。另一方面，温度升高，酶稳定性下降。因为随着温度的升高，酶分子热变性加剧。达到最大反应速率的最适温度(optimum temperature)是反应速率随温度升高而加快与随温度的升高也加速了酶的变性失活两种效应的综合结果。因此，温度对反应速率的影响表现出钟罩形曲线，如图 1-2-64(a)所示。最适温度不是酶的特征常数，它与酶反应时间关系密切，随着反应时间的延长，酶分子的最适温度降低，如图 1-2-64(b)所示。

大多数酶的热稳定温度在 30～40 ℃，也有的酶耐高温，如 α-淀粉酶在 70 ℃条件下仍有很大活性。

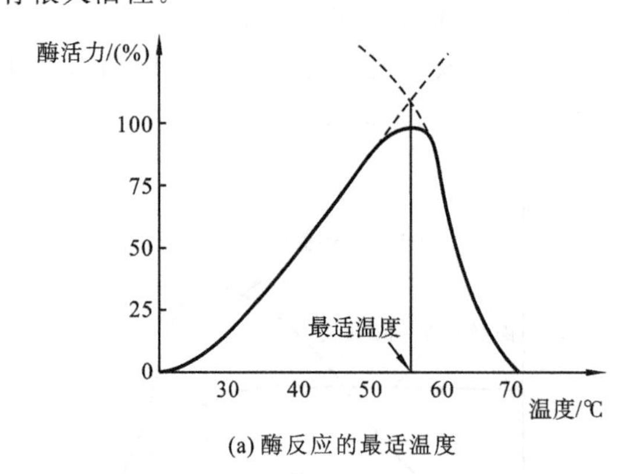

(a) 酶反应的最适温度

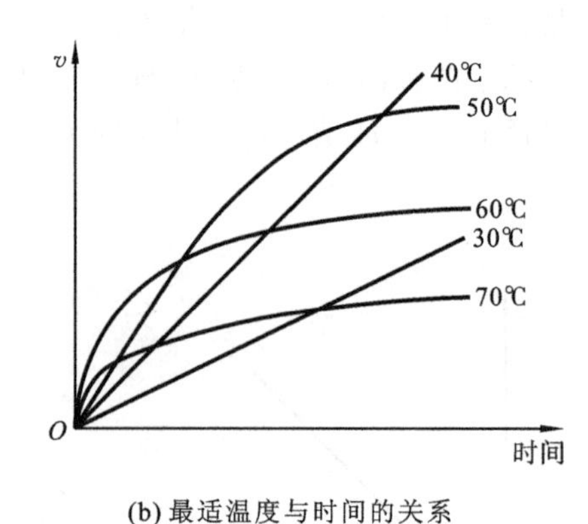

(b) 最适温度与时间的关系

图 1-2-64　温度对酶反应速率的影响

(五) 抑制剂对酶促反应速率的影响

抑制剂(inhibitor)是指那些能与酶分子专一结合，特别是与酶活性部位结合，引起酶活性部位空间结构或催化基团变化，而使酶分子活性下降甚至丧失的物质。由抑制剂引起酶活性下降或丧失而酶蛋白不变性的作用称为抑制作用。这一作用不同于使酶蛋白变性而引起酶活性丧失的失活作用。抑制作用与失活作用不同，抑制剂对酶分子具有选择性，变性剂对酶分子无选择性。抑制剂对酶活性的抑制作用有不可逆抑制作用和可逆抑制作用两大类。

1. 不可逆抑制作用

能引起不可逆抑制作用的抑制剂通常是以共价键与酶活性部位上的必需基团结合而使酶失活。不能用透析、超滤等方法除去抑制剂，有时通过化学反应可能解除抑制作用，让酶分子恢复活性或恢复部分活性。根据抑制剂选择性不同，抑制剂又分为以下两种。

（1）非专一性不可逆抑制剂　这类抑制剂能与酶分子上的不同基团发生修饰反应，或者与相同基团的不同酶反应。例如：敌敌畏、敌百虫等有机磷试剂，它们与酶分子活性部位的丝氨酸羟基共价结合；氰化物、硫化物、一氧化碳等金属离子配合物，使含金属酶分子失活；高浓度重金属盐使酶蛋白变性；与酶分子上的氨基、巯基、羧基、硫醚基、咪唑基作用的烷基化试剂，如正碘乙酸、2,4-二硝基氟苯（DNFB）等；可使酶蛋白羟基、巯基、氨基、酚基等发生酰化反应的酰化剂（酸酐、磺酰氯等）；抑制巯基酶的有机汞、有机砷化合物等。

有些不可逆抑制作用导致的中毒现象可被药物防护和解毒。例如：解磷定可解除有机磷化合物对羟基酶的抑制作用；二巯丙醇（BAL，又叫二巯基丙醇）可以解除有机砷化合物引起的巯基酶中毒（见图 1-2-65）。

$$E(S)_2As—CH=CHCl + CH_2SH—CHSH—CH_2OH \longrightarrow E(SH)_2 + CH_2S—CHS—As—CH=CHCl\ (CH_2OH)$$

失活的酶　　BAL　　巯基酶　　BAL与砷剂结合物

图 1-2-65　二巯丙醇对巯基酶的解毒作用

（2）专一性不可逆抑制剂　这类抑制剂分为 K_s 型和 K_{cat} 型。K_s 型又称为亲和标记试剂，它与底物结构类似，但带有一个活泼基团，可与酶分子的必需基团结合而抑制酶活性。例如：对甲苯磺酰-L-赖氨酰氯甲酮（TLCK）是胰蛋白酶底物（对甲苯磺酰-L-赖氨酸甲酯）类似物，可以进入酶分子活性部位，能与57-His共价结合而引起酶不可逆失活（见图1-2-66）。

$$CH_3—C_6H_4—SO_2—NH—CH[(CH_2)_4NH_2]—C(=O)—OCH_3$$

(a)对甲苯磺酰-L-赖氨酰甲酯(TLME)

$$CH_3—C_6H_4—SO_2—NH—CH[(CH_2)_4NH_2]—C(=O)—CH_2Cl$$

(b)对甲苯磺酰-L-赖氨酰氯甲酮(TLCK)

图 1-2-66　对甲苯磺酰-L-赖氨酰甲酯和对甲苯磺酰-L-赖氨酰氯甲酮的化学结构

K_{cat}型抑制剂又称“自杀性”底物，它被酶催化反应后，潜在的活性基团被激发而与酶分子的必需基团作用，抑制酶活性，使酶不再继续发挥作用。由于“自杀性”底物与酶的天然底物相似，对人体无毒或毒性极小，因此，在药物设计和临床治疗实践中具有重要的意义和应用价值。

2. 可逆抑制作用

以非共价键与酶或酶-底物复合物可逆地结合而使酶活性降低的抑制作用称为可逆抑制作用。采用透析、超滤等方法可除去抑制剂而使酶复活。可逆抑制作用主要分三种类型(见图 1-2-67)。

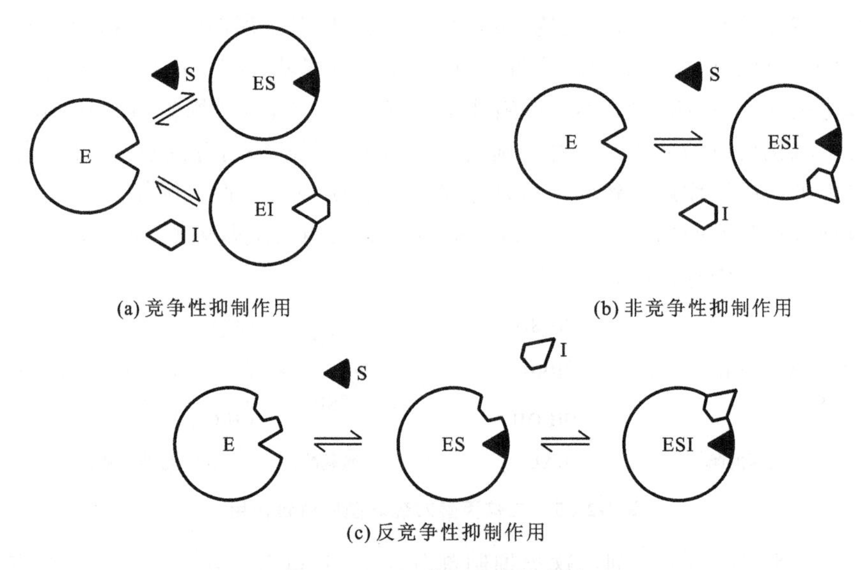

图 1-2-67　可逆抑制作用类型

(1) 竞争性抑制作用　竞争性抑制剂具有与底物相似的化学结构，可以与底物竞争酶的活性部位，影响底物与酶的正常结合，从而使酶活性下降，这种现象称为竞争性抑制作用，如图 1-2-67(a)所示。

由于竞争性抑制剂的结构与天然底物十分相似，因此它们常被作为代谢拮抗物，用于消炎药物或抗癌药物的开发。例如：对氨基苯磺酰胺作为抗菌药物，其结构与叶酸合成前体对氨基苯甲酸十分相近，可以与对氨基苯甲酸竞争二氢叶酸合成酶的活性部位，进而抑制二氢叶酸合成酶的活性，以达到抑制二氢叶酸合成进而抑制细菌生长繁殖的目的。基态底物类似物和过渡态底物类似物都属于竞争性抑制剂，由于过渡态底物类似物的结构类似于过渡态底物，它与酶的亲和力比底物大，对酶产生的抑制效率高。过渡态底物类似物常被用于研制高效特异的新药。

(2) 非竞争性抑制作用　非竞争性抑制剂的结构与底物不同，不与酶的活性部位结合，而是可逆地结合在酶活性部位以外的部位，这种结合不影响酶与底物的结合，即酶与抑制剂结合后可与底物结合，或酶与底物结合后又可与抑制剂结合，形成的酶-底物-抑制剂复合物(ESI)不能进一步释放出产物，从而达到抑制酶活性的作用，因而称为非竞争性抑制作用(noncompetition inhibition)，如图 1-2-67(b)所示。非竞争性抑制作用的强弱取决于抑制剂的绝对浓度，而不能用增大底物浓度来消除。

(3) 反竞争性抑制作用　反竞争性抑制剂不与游离酶单独结合，只能与酶-底物复合物结合，形成 ESI，酶不能催化底物形成产物而使酶活性下降，称为反竞争性抑制作用，如图 1-2-67(c)所示。这类抑制作用比较少见。

(六) 激活剂对酶促反应速率的影响

所谓激活剂(activator)，是指能提高酶活性进而提高酶促反应速率的物质，主要是一些无机离子或简单有机化合物。无机离子主要有 K^{+}、Na^{+}、Mg^{2+}、Zn^{2+}、Fe^{2+} 等金属阳离子和 Cl^{-}、Br^{-} 等阴离子。金属阳离子的激活作用较阴离子强并且普遍。金属阳离子主要与酶和底物形成三元配合物，协助酶催化底物反应或保持酶分子催化的活性构象等。简单有机分子的激活作用主要有两种情况：一种是作为巯基酶的还原剂，使酶的巯基保持还原态而提高酶的活性，如还原型谷胱甘肽、半胱氨酸、抗坏血酸等；另一种是金属的螯合剂，如 EDTA(乙二胺四乙酸)，可解除重金属离子对酶的抑制作用，而保持或恢复酶活性。

激活剂对酶的作用具有一定的选择性。一种激活剂对某种酶起激活作用，对另一种酶可能起抑制作用；激活剂的浓度对酶活性也有影响，如果浓度太高，就有可能从激活作用转为抑制作用；激活剂之间还有拮抗现象。

总结与反馈

酶是生物体新陈代谢反应的生物催化剂，参与了生命活动的全过程，是生物体内最重要的生物大分子之一。此外，酶还参与了清除体内有害物质，起到自我保护的作用，参与信号转导、调节生理过程等。没有酶就没有生命。1878 年，Kuhne 首先将酶称为“enzyme”。

从酶的组成来看，有些酶仅由蛋白质或核糖核酸组成，这种酶称为单成分酶。而有些酶除了蛋白质或核糖核酸以外，还需要有其他非生物大分子成分，这种酶称为双成分酶。蛋白类酶中的纯蛋白质部分称为酶蛋白。核酸类酶中的核糖核酸部分称为酶 RNA。其他非生物大分子部分称为酶的辅助因子。双成分酶需要有辅助因子存在才具有催化功能。单纯的酶蛋白或酶 RNA 不呈现酶活力，单纯的辅助因子也不呈现酶活力，只有两者结合在一起形成全酶(holoenzyme)才能显示出酶活力。

辅助因子可以是无机金属离子，也可以是小分子有机化合物。无机辅助因子主要是指各种金属离子，尤其是各种二价金属离子。有机辅助因子是指双成分酶中相对分子质量较小的有机化合物。它们在酶催化过程中起着传递电子、原子或基团的作用。

酶的命名有习惯命名法和系统命名法。习惯命名法一般采用底物加反应类型而命名，如蛋白水解酶、乳酸脱氢酶、磷酸己糖异构酶等。系统命名法是国际酶学委员会规定的一套系统的命名法，使一种酶只有一种名称，以 4 个阿拉伯数字来代表一种酶。

维生素是人和动物维持正常的生理功能所必需的一类有机化合物。维生素不参与机体内各种组织器官的组成，也不能为机体提供能量，它们主要以辅酶的形式参与细胞的物

质代谢和能量代谢过程,缺乏时会引起机体代谢紊乱,导致特定的缺乏症或综合征。

酶与化学催化剂之间最大的区别就是酶具有专一性,即酶只能催化一种化学反应或一类相似的化学反应,酶对底物有严格的选择性。大多数酶的本质是蛋白质,由蛋白质的性质所决定,酶的作用一般应在温和的条件下,如中性、常温和常压下进行,强酸、强碱或高温等条件都能使酶的活性部分或全部丧失。酶作为生物催化剂,它的活性受到严格的调控,调控的方式有许多种,包括反馈抑制、变构调节、共价修饰调节、激活剂和抑制剂的作用。酶促反应速率受酶浓度和底物浓度的影响,也受温度、pH 值、激活剂和抑制剂的影响。当底物分子浓度足够时,酶分子越多,底物转化的速度越快。但事实上,当酶浓度很高时,并不保持这种关系,这可能是高浓度的底物夹带许多抑制剂所致。在生化反应中,若酶的浓度为定值,底物的起始浓度较低时,酶促反应速率与底物浓度成正比,即随底物浓度的增加而增加。当所有的酶与底物结合生成中间产物后,即使再增加底物浓度,中间产物浓度也不会增加,酶促反应速率也不增加。各种酶在最适温度范围内,酶活性最强,酶促反应速率最大。在适宜的温度范围内,温度每升高 10 ℃,酶促反应速率可以相应提高 2 倍左右。不同生物体内酶的最适温度不同。酶在最适 pH 范围内表现出活性,大于或小于最适 pH,酶活性都会降低。

能激活酶的物质称为酶的激活剂。许多酶只有当某一种适当的激活剂存在时,才表现出催化活性或强化其催化活性,这称为对酶的激活作用,而有些酶被合成后呈现无活性状态,这种酶称为酶原,它必须经过适当的激活剂激活后才具有活性。能减弱、抑制甚至破坏酶活性的物质称为酶的抑制剂,它可降低酶促反应速率。

思考训练

1. 什么是酶?
2. 简述酶和一般催化剂的共性及特性。
3. 酶分哪几大类? 说明酶的国际系统命名法与酶编号的原则。
4. 酶原及酶原激活的生物学意义是什么?
5. 解释酶的活性部位、必需基团及两者关系。
6. 影响酶促反应速率的因素有哪些?
7. 试写出米氏方程并加以讨论。

项目三

能量及物质代谢

任务一　能量代谢

知识目标

（1）掌握生物氧化、线粒体氧化体系中电子传递链、高能化合物的概念；

（2）能说出生物氧化的特点、生物氧化中二氧化碳的生成方式、ATP 的生成方式及生成部位、线粒体外产生的 NADH 进入线粒体的方式；

（3）能列出两条电子传递链的组成及排列顺序、高能化合物的种类、影响氧化磷酸化的因素；

（4）能理解氧化磷酸化的偶联机制、氢和电子在电子传递链上的传递过程。

技能目标

能解释生物体能量的来源及机体在病理情况下发烧的原因。

素质目标

能认真思考，真实体会生物体的能量的来源和去路，形成实事求是的作风。

一、认识能量代谢

“人事有代谢，往来成古今”，这也是生物体新陈代谢的体现。

（一）生物氧化的特点与方式

糖类、脂肪、蛋白质等有机物质在细胞中进行氧化分解生成 CO_2 和 H_2O 并释放出能量的过程称为生物氧化（biological oxidation），又称细胞呼吸或组织呼吸。其实质是细胞在代谢过程中所进行的一系列氧化还原反应。

生物氧化和有机物在体外氧化(燃烧)的实质相同,产物相同,所释放的能量也相同,但两者进行的方式和历程不同。

1. 生物氧化的特点

(1) 能量:能量是逐步释放的。氧化过程中一部分能量由一些高能化合物(如 ATP)截获,再供给机体所需。在此过程中,既不会因氧化过程中能量骤然释放而伤害机体,又能使释放的能量尽可能得到有效的利用。另一部分能量以热的方式散发,以维持体温。

(2) 条件:条件温和,有酶参与。在活的细胞中,体温条件和 pH 值接近 7 的环境下进行。

(3) 速率:速率快,并可由细胞自动调节和控制。

(4) 产物:终产物是 CO_2 和 H_2O。CO_2 是有机酸脱羧而来,H_2O 是由底物脱下的氢经电子传递链传递后与氧结合而形成的。

(5) 过程:分步进行,碳的氧化和氢的氧化是非同步进行的。有机物的氧化在一系列酶参与下进行,其途径迂回曲折,有条不紊。

2. 生物氧化的方式

(1) 脱氢:脱氢反应是从作用物分子中脱下一对质子和一对电子。催化脱氢反应的是各种类型的脱氢酶,如乳酸脱氢酶。

$$CH_3-\underset{}{\overset{OH}{\overset{|}{C}}}H-COOH \underset{NAD^+ \curvearrowright NADH+H^+}{\xrightleftharpoons{\text{乳酸脱氢酶}}} CH_3-\overset{O}{\overset{\|}{C}}-COOH$$

(2) 加水脱氢:加水脱氢反应是向作用物分子中加入水分子,同时脱去一对质子和一对电子。例如:

$$\begin{matrix} CH-COOH \\ \| \\ HOOC-CH \end{matrix} + H_2O \xrightleftharpoons{\text{延胡索酸酶}} \begin{matrix} COOH \\ | \\ CHOH \\ | \\ CH_2 \\ | \\ COOH \end{matrix} \underset{NAD^+ \curvearrowright NADH+H^+}{\xrightleftharpoons{\text{苹果酸脱氢酶}}} \begin{matrix} COOH \\ | \\ C=O \\ | \\ CH_2 \\ | \\ COOH \end{matrix}$$

(3) 得失电子:得失电子是从作用物分子中得到或脱下一个电子。例如:

$$Fe^{2+} \longrightarrow Fe^{3+} + e^-, \quad Cu^+ \longrightarrow Cu^{2+} + e^-$$

(4) 直接加氧:直接加氧是往底物分子中直接加入氧分子或氧原子。例如:

$$CH_4 + NADH + O_2 \longrightarrow CH_3-OH + NAD^+ + H_2O$$

(二) 生物氧化的一般过程

生物氧化的三个阶段(见图 1-3-1)如下:

(1) 大分子降解成基本结构单位;

(2) 小分子化合物分解成共同的中间产物(如丙酮酸、乙酰 CoA 等)、CO_2 和少量能量;

(3) 共同的中间产物进入三羧酸循环,脱羧生成 CO_2,氧化脱下的氢由电子传递链传递生成 H_2O,释放出大量能量,其中一部分通过磷酸化储存在 ATP 中。

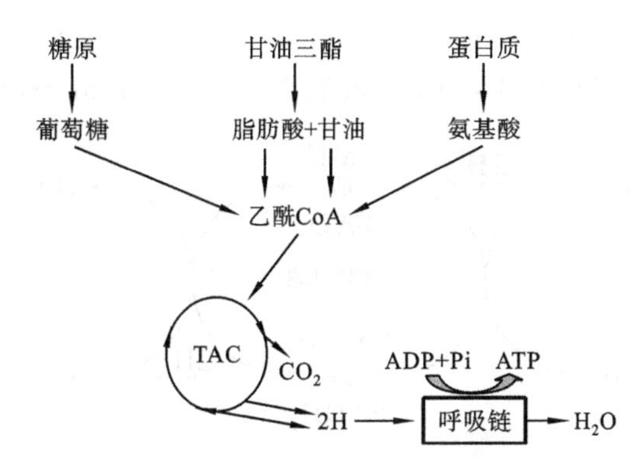

图 1-3-1 生物氧化的三个阶段

(三) 生物氧化的酶类

体内催化氧化反应的酶有许多种,按照其催化氧化反应方式的不同可分为三大类:脱氢酶类、加氧酶类、氧化酶类。

1. 脱氢酶类

脱氢酶(dehydrogenase)的作用是使代谢物的氢活化、脱落,并将氢传递给其他受氢体或中间传递体。依据受氢体的不同,脱氢酶分为不需氧脱氢酶和需氧脱氢酶两种。

(1) 不需氧脱氢酶　这是生物体内主要的脱氢酶类,其直接受氢体不是氧,而是某些辅因子。它们接受氢后,又将氢传递至线粒体电子传递链,最后将电子传给氧并生成水,并伴有 ATP 的生成。根据受氢体的不同,这类酶又分为以烟酰胺核苷酸为辅酶的脱氢酶和以黄素核苷酸为辅基的脱氢酶。

① 烟酰胺脱氢酶类(nicotinamine dehydrogenases):以 NAD^+ 或 $NADP^+$ 为氢直接受体。

$$\underset{NAD^+}{\text{(CONH}_2\text{, N-R)}} \xrightleftharpoons{2H^+ + 2e^-} \underset{NADH}{\text{(CONH}_2\text{, N-R)}} + H^+$$

$$SH_2 + NAD^+(\text{或 } NADP^+) = S + NADH(\text{或 } NADPH) + H^+$$

② 黄素脱氢酶类(flavin dehydrogenases):以 FAD 或 FMN 为氢直接受体。

$$\underset{FAD(\text{或 } FMN)}{\text{(异咯嗪环, N-R)}} + 2H \rightleftharpoons \underset{FADH_2(\text{或 } FMNH_2)}{\text{(还原型, N-R)}}$$

$$SH_2 + FAD(\text{或 } FMN) = S + FADH_2(\text{或 } FMNH_2)$$

(2) 需氧脱氢酶　需氧脱氢酶(aerobic dehydrogenase)是以 FAD 或 FMN 为辅基，以氧为直接受氢体，产物为 H_2O_2，如氨基酸氧化酶(amino acid oxidase)。

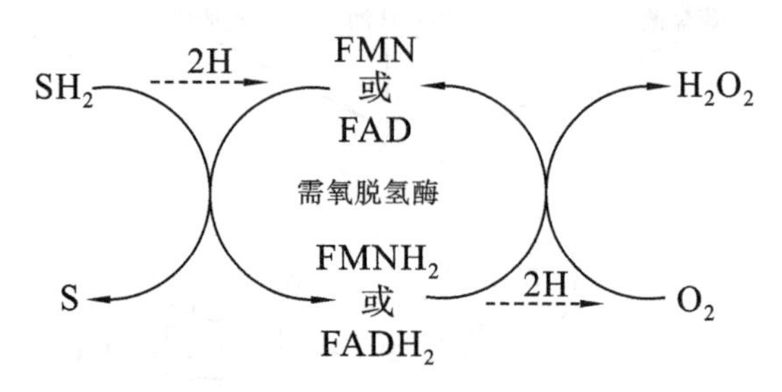

2. 加氧酶类

加氧酶(oxygenase)根据向底物分子中加入氧原子的数目，可分为单加氧酶(monooxygenase)和双加氧酶(dioxygenase)。此类酶存在于微粒体或过氧化物中的氧化系统、高等植物中的一些氧化系统。

(1) 单加氧酶　单加氧酶又称为多功能氧化酶(multifunctional oxidase)、混合功能氧化酶(mixed-function oxidase)、羟化酶(hydroxylase)。单加氧酶催化的反应如下。

$$RH+NADPH+H^{+}+O_2 \xrightleftharpoons{\text{单加氧酶}} ROH+NADP^{+}+H_2O$$

(2) 双加氧酶　双加氧酶催化氧气分子中的两个氧原子分别加到底物分子中构成双键的两个碳原子上，如色氨酸吡咯酶(tryptophan oxygenase)。

$$\text{(吲哚环)}-CH_2CH(NH_2)COOH \xrightarrow[O_2]{\text{色氨酸吡咯酶}} \text{(苯环)}\begin{cases}-C(=O)CH_2CH(NH_2)COOH \\ -NHCHO\end{cases}$$

3. 氧化酶类

氧化酶(oxidase)直接作用于底物，以氧作为受氢体或受电子体，产物是水。辅基常含有 Cu^{2+}，如细胞色素氧化酶、酚氧化酶、抗坏血酸氧化酶等。

(四) 生物氧化中 CO_2 的生成

生物体内 CO_2 的生成来源于有机物的脱羧作用(decarboxylation)。脱羧的方式有直接脱羧和氧化脱羧。

1. 直接脱羧

直接脱羧(simple decarboxylation)是指代谢过程中产生的有机羧酸，在脱羧酶的作用下，直接从分子中脱去羧基。

(1) α-直接脱羧：脱羧在 α-C 上，如丙酮酸脱羧酶、氨基酸脱羧酶催化的反应。例如：

$$\begin{matrix}COOH\\ |\\ C{=}O\\ |\\ CH_3\end{matrix} \xrightarrow{\text{丙酮酸脱羧酶}} \begin{matrix}CHO\\ |\\ CH_3\end{matrix} + CO_2$$

(2) β-直接脱羧：脱羧在 β-C 上，如丙酮酸羧化酶催化草酰乙酸脱羧生成丙酮酸。

$$\begin{array}{c}COOH\\ |\\ C{=}O\\ |\\ CH_2\\ |\\ COOH\end{array}\xrightarrow[\text{生物素}]{\text{丙酮酸羧化酶}}\begin{array}{c}COOH\\ |\\ C{=}O\\ |\\ CH_3\end{array}+CO_2$$

2. 氧化脱羧作用

氧化代谢中产生的有机羧酸(主要是酮酸)在氧化脱羧酶系的催化下,在脱羧的同时,也发生氧化(脱氢)作用,如丙酮酸的氧化脱羧。

(1) α-氧化脱羧:脱羧在 α-C 上,伴随脱氢,丙酮酸脱氢酶系、α-酮戊二酸脱氢酶系等催化的反应属于此类。例如:

$$\begin{array}{c}COOH\\ |\\ C{=}O\\ |\\ CH_3\end{array}\xrightarrow[NAD^+\ \curvearrowright\ NADH+H^+]{\text{丙酮酸脱氢酶系}}\begin{array}{c}O\\ \|\\ C{-}SCoA\\ |\\ CH_3\end{array}+CO_2$$

(2) β-氧化脱羧:脱羧在 β-C 上,伴随脱氢,苹果酸酶、异柠檬酸脱氢酶催化的反应属于此类。例如:

$$\begin{array}{c}COOH\\ |\\ CHOH\\ |\\ CH_2\\ |\\ COOH\end{array}+NADP^+\xrightarrow{\text{苹果酸酶}}\begin{array}{c}COOH\\ |\\ C{=}O\\ |\\ CH_3\end{array}+CO_2+NADPH+H^+$$

3. 加水脱羧

这种脱羧方式在核苷酸的分解代谢中出现。例如:

$$\beta\text{-脲基丙酸}+\text{水}\longrightarrow\beta\text{-丙氨酸}+\text{氨}+CO_2$$

二、线粒体电子传递体系和水的生成

(一) 线粒体电子传递链的概念

在生物氧化过程中,从代谢产物上脱下的氢经过一系列的按一定顺序排列的氢传递体和电子传递体的传递,最后传递给 O_2 并生成 H_2O。这种氢和电子的传递体系称为电子传递链,又称氧化呼吸链。

$$\begin{array}{ccccccccc}SH_2&\longrightarrow&2H&\longrightarrow&\text{电子传递链}&\longrightarrow&1/2O_2&\longrightarrow&H_2O\\ \downarrow&&&&\downarrow&&&&\\ S&&&&ATP&&&&\end{array}$$

(二) 电子传递链的成分

构成电子传递链的递氢体和递电子体主要分为以下五类。

1. 烟酰胺脱氢酶类

这类酶是以 NAD^+ 或 $NADP^+$ 为辅酶的不需氧脱氢酶,存在于线粒体、基质或胞液

中，主要功能是接受从底物上脱下的氢，然后传递给另一传递体黄素蛋白。若以 $NADP^+$ 为辅酶，$NADP^+$ 接受氢后，须经吡啶核苷酸转氢酶作用将氢转移给 NAD^+，然后再继续传递。$NADPH+H^+$ 一般是在合成代谢中作为供氢体。

传递氢机理： $NAD(P)^+ + 2H^+ + 2e^- \longrightarrow NAD(P)H + H^+$

2. 黄素蛋白酶类

这类酶是以 FAD 或 FMN 为辅基的不需氧脱氢酶。以 FMN 为辅基的只有一种，即 NADH 脱氢酶，是电子传递链组分之一，介于 NADH 与其他递电子体之间；以 FAD 为辅基的有琥珀酸脱氢酶、线粒体内的甘油磷酸脱氢酶、脂酰 CoA 脱氢酶、二氢硫辛酸脱氢酶，它们可以直接从作用物转移氢到电子传递链。其中我国科学家王应睐对琥珀酸脱氢酶进行了深入的研究，发现酶朊与 FAD 是以共价键结合的，并受底物与磷酸盐等物激活。这是第一种被发现以共价键相结合的异咯嗪蛋白质。这项工作处于当时酶学研究的世界领先水平 。

递氢机理： $FAD(FMN) + 2H \longrightarrow FADH_2(FMNH_2)$

3. 铁-硫蛋白

铁-硫蛋白类(iron-sulfur proteins，Fe-S)又称铁-硫中心，其特点是含有 Fe 和对酸不稳定的 S 原子，Fe 和 S 常以相等的物质的量存在。铁-硫蛋白是存在于线粒体内膜上的一种与传递电子有关的蛋白质。铁与无机硫原子或蛋白质肽链上的半胱氨酸残基的硫相结合。铁-硫蛋白 2Fe-2S 和 4Fe-4S 结构见图 1-3-2。

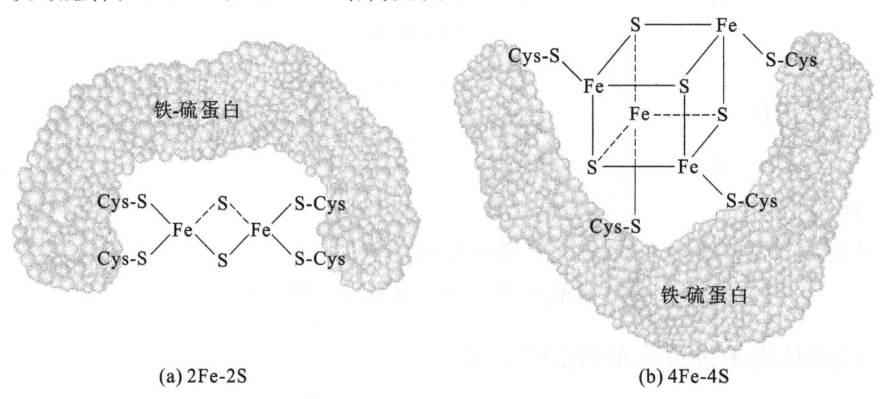

图 1-3-2 2Fe-2S 和 4Fe-4S 结构

4. 泛醌

泛醌(ubiquinone)又称辅酶 Q(coenzyme Q，CoQ)，为脂溶性醌类化合物，是电子传递链中唯一的非蛋白电子载体。泛醌带有一条很长的侧链，是由多个异戊二烯(isoprene)单位构成的，位于膜双脂层中，能在膜脂中自由泳动，分布很广。

CoQ 的结构和递氢原理如下。

$$\text{CoQ(氧化型)} \underset{-2H^+}{\overset{+2H^+}{\rightleftharpoons}} \text{CoQH}_2\text{(还原型)}$$

侧链：$(CH_2CH{=}\overset{\displaystyle CH_3}{\overset{|}{C}}CH_2)_nCH_3$

CoQ(氧化型)　　　　CoQH$_2$(还原型)

5. 细胞色素类

1926 年，Keilin 首次使用分光镜观察昆虫飞翔肌振动时，发现有特殊吸光谱，并将细胞内的吸光物质定名为细胞色素（cytochrome，Cyt）。细胞色素是一类以铁卟啉（ferriporphyrin）为辅基的色蛋白，属于递电子体，根据所含的辅基的差异而将细胞色素分类，已发现的有 30 多种。线粒体内膜细胞色素有 Cyt b、Cyt c、Cyt c_1、Cyt aa_3，而存在于微粒体的细胞色素有 Cyt P-450 和 Cyt b_5。

细胞色素 aa_3（Cyt aa_3）又称为细胞色素氧化酶（cytochrome oxidase），是一种含铜离子的细胞色素。Cyt aa_3 直接以 O_2 为电子受体，通过 $Cu^+ \rightleftharpoons Cu^{2+} + e^-$ 的互变传递电子，而其他细胞色素则是通过 $Fe^{2+} \rightleftharpoons Fe^{3+} + e^-$ 的互变传递电子的。目前，不能将 a 与 a_3 分离，合称 aa_3 复合体。

细胞色素 c（Cyt c）为外周蛋白，位于线粒体内膜的外侧，是唯一可溶性细胞色素。Cyt c 比较容易分离纯化，其结构已清楚，相对分子质量约为 13 000。哺乳动物的 Cyt c 由 104 个氨基酸残基组成，Cyt c 的辅基血红素（亚铁原卟啉）通过共价键（硫醚键）与酶蛋白相连（见图 1-3-3），其余各种细胞色素中的辅基与酶蛋白通过非共价键结合。

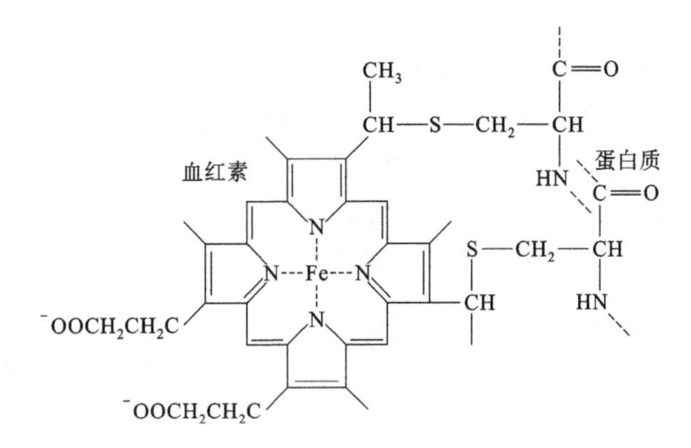

图 1-3-3 Cyt c 的辅基血红素

（三）电子传递链的组成及电子传递过程

1. 电子传递链的组成

在真核细胞中，递氢体或递电子体以复合物的形式存在于线粒体内膜上。整个电子传递链主要由四个蛋白质复合体依次传递电子来生成水和释放能量（见图 1-3-4）。

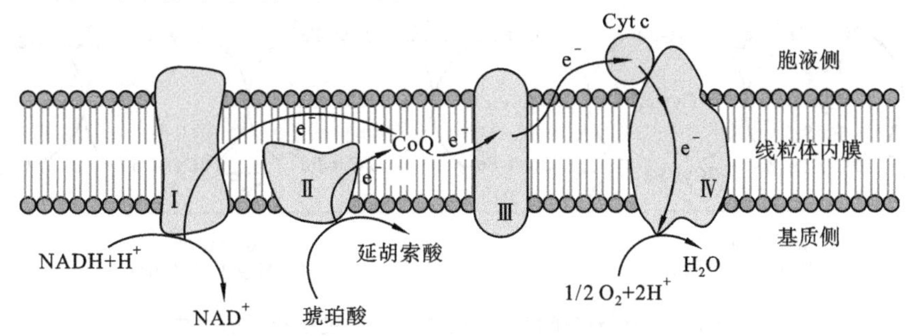

图 1-3-4 电子传递链各复合体的位置

(1) 复合物Ⅰ(NADH-CoQ 还原酶)由 1 分子 NADH 还原酶(FMN)、2 分子铁-硫蛋白(Fe-S)和 1 分子 CoQ 组成,其作用是将($NADH+H^+$)传递给 CoQ,催化 NADH 的氧化及 CoQ 的还原。电子传递方式:NADH→FMN→Fe-S→CoQ。

(2) 复合物Ⅱ(琥珀酸-CoQ 还原酶)由 1 分子琥珀酸脱氢酶(FAD)、2 分子铁-硫蛋白(Fe-S)和 2 分子 Cyt b_{560}组成,其作用是将电子从琥珀酸传递给 CoQ,催化 CoQ 的还原。电子传递方式:琥珀酸→FAD→Fe-S→Cyt b_{560}→CoQ。

(3) 复合物Ⅲ(CoQ-细胞色素 c 还原酶)由 2 分子 Cyt b、1 分子 Cyt c_1和 1 分子铁-硫蛋白(Fe-S)组成,其作用是将电子从 CoQ 传递给 Cyt c,催化 Cyt c 的还原。电子传递方式:CoQ→Cyt b→Fe-S→Cyt c_1→Cyt c。

(4) 复合物Ⅳ(细胞色素 c 氧化酶)由 1 分子 Cyt a 和 1 分子 Cyt a_3组成,含有两个铜离子,可直接将电子传递给氧而生成水,催化还原型 Cyt c 氧化。电子传递方式:Cyt c→Cyt a→Cu^{2+}→Cyt a_3→O_2。

2. 电子传递过程及水的生成

根据最初受氢体的不同,电子传递链分为 NADH 电子传递链和 $FADH_2$电子传递链(又称琥珀酸电子传递链)。

(1) NADH 电子传递链　人体内大多数脱氢酶都以 NAD^+为辅酶,在脱氢酶催化下底物(SH_2)脱下的氢交给 NAD^+生成 $NADH+H^+$,再在 NADH 脱氢酶作用下,$NADH+H^+$将两个氢原子传递给 FMN,生成 $FMNH_2$,之后将氢传递给 CoQ,生成 $CoQH_2$。此时,两个氢原子解离成 $2H^+ +2e^-$,$2H^+$游离于介质中,$2e^-$经 Cyt b、Cyt c_1、Cyt c、Cyt aa_3传递,最后将 $2e^-$传递给 $1/2O_2$,并与介质中游离的 $2H^+$结合成水(见图 1-3-5)。

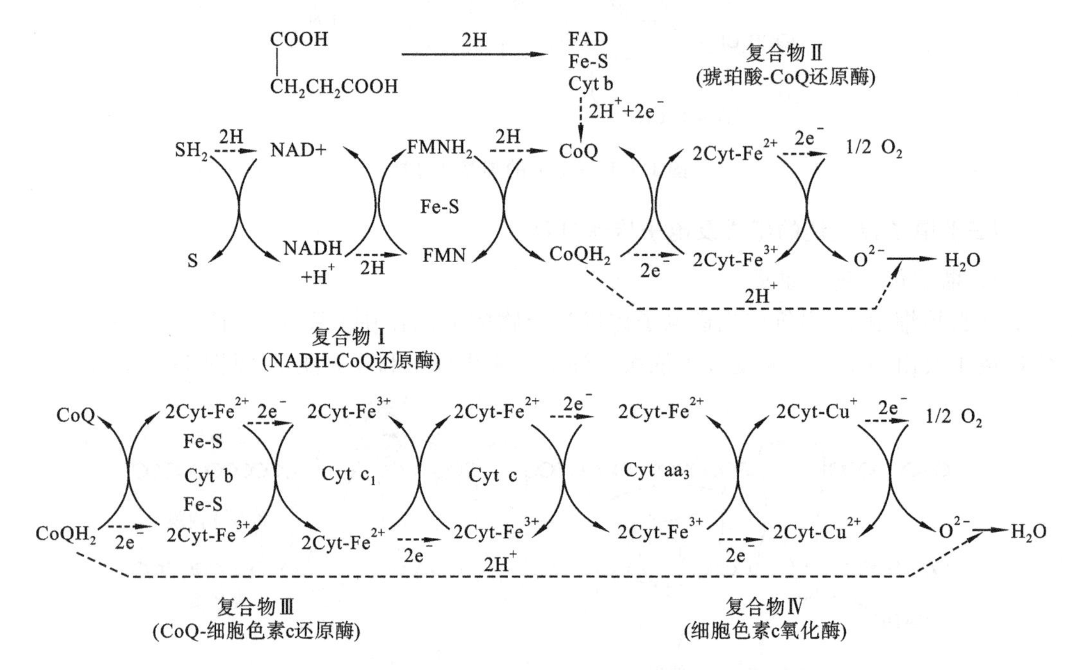

图 1-3-5　两条电子传递链的电子传递过程和水的生成

(2) $FADH_2$电子传递链　琥珀酸在琥珀酸脱氢酶作用下，脱氢生成延胡索酸，脱下的氢交给 FAD 生成 $FADH_2$，然后再将氢传递给 CoQ，生成 $CoQH_2$，此后的传递与 NADH 电子传递链相同(见图 1-3-5)。

三、能量的储存与释放

(一) 高能键与高能化合物

某些化合物在生化反应中释放的能量等于或大于水解 ATP 成 ADP 所释放的能量，称为高能化合物。例如：$ATP \longrightarrow ADP + Pi, \Delta G^{\ominus} = 30.5\ kJ/mol$。若某一化学键断裂时，所释放的能量等于或大于 30.5 kJ/mol，则这种键称为高能键，用"～"表示。

(二) 高能化合物的类型

生物体内的高能化合物很多，可将其分为以下四类。

(1) 磷氧键型高能化合物：包括 1,3-二磷酸甘油酸、磷酸烯醇式丙酮酸、NTP、dNTP、NDP、dNDP(N 表示核糖核苷，dN 表示脱氧核糖核苷)等。其中 ATP 分布广，是生物界普遍使用的供能物质，有"通用货币"之称。

(2) 氮磷键型高能化合物：如磷酸肌酸、磷酸精氨酸。

(3) 硫脂键型高能化合物：如脂酰～SCoA。

(4) 甲硫键型高能化合物：如 S-腺苷蛋氨酸(SAM)。

(三) ATP 循环

ATP 水解为 ADP 并供出能量之后，又可通过磷酸化重新合成，从而形成 ATP 循环，又称细胞能量循环(cell energy cycle)(见图 1-3-6)。

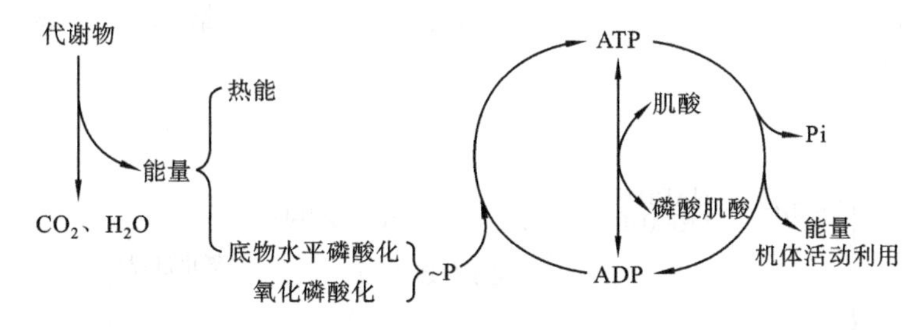

图 1-3-6　ATP 循环

(四) 多磷酸核苷间的能量转移

在生物体内，除了可直接使用 ATP 供能外，还可使用其他形式的高能磷酸键供能，如 UTP 用于糖原的合成，CTP 用于磷脂的合成，GTP 用于蛋白质的合成等，但这些高能化合物分子中的高能磷酸键又均来自 ATP。

$$NMP + ATP \xrightleftharpoons{\text{核苷单磷酸激酶}} NDP + ADP$$

$$NDP + ATP \xrightleftharpoons{\text{核苷二磷酸激酶}} NTP + ADP$$

四、生物氧化能量的产生

生物氧化不仅消耗氧，产生 CO_2 和 H_2O，更重要的是在这个过程中有能量释放，释放出来的能量在细胞内以 ATP 的形式储存起来，以供细胞代谢活动的需要。

(一) 生物体内 ATP 的生成方式

ATP 是由 ADP 磷酸化而来，其磷酸化的过程有两种方式：一是底物水平磷酸化(substrate level phosphorylation)；二是电子传递磷酸化(electron transfer system phosphorylation)，即氧化磷酸化(oxidative phosphorylation)。

1. 底物水平磷酸化

在代谢物的氧化分解过程中，有少数反应步骤由于脱氢或脱水而引起分子内部能量重新分布，形成了某些高能键，它可直接转移给 ADP 形成 ATP。这一磷酸化的过程在胞液和线粒体中进行。

底物水平磷酸化仅见于下列三个反应。

$$1,3\text{-二磷酸甘油酸}+\text{ADP}\xrightleftharpoons{\text{3-磷酸甘油酸激酶}}\text{3-磷酸甘油酸}+\text{ATP}$$

$$\text{磷酸烯醇式丙酮酸}+\text{ADP}\xrightarrow{\text{丙酮酸激酶}}\text{烯醇式丙酮酸}+\text{ATP}$$

$$\text{琥珀酰 CoA}+H_3PO_4+\text{GDP}\xrightarrow{\text{琥珀酰硫激酶}}\text{琥珀酸}+\text{CoA-SH}+\text{GTP}$$

2. 氧化磷酸化

代谢物脱下的 2H(NADH 或 $FADH_2$)经电子传递链传递给氧生成水时，释放出大量的能量(NADH 的 $\Delta G^{\ominus}$ 为 -221.5 kJ/mol，$FADH_2$ 的 $\Delta G^{\ominus}$ 为 -171.4 kJ/mol)，这部分能量可推动 ADP 与 Pi 合成 ATP。两者相偶联的过程称为氧化磷酸化。氧化是放能反应，ATP 的生成是吸能反应。这是体内将代谢物蕴藏的能量转移给 ADP 生成 ATP 的重要方式，约占生物体生成总能量的 80%(见图 1-3-7)。

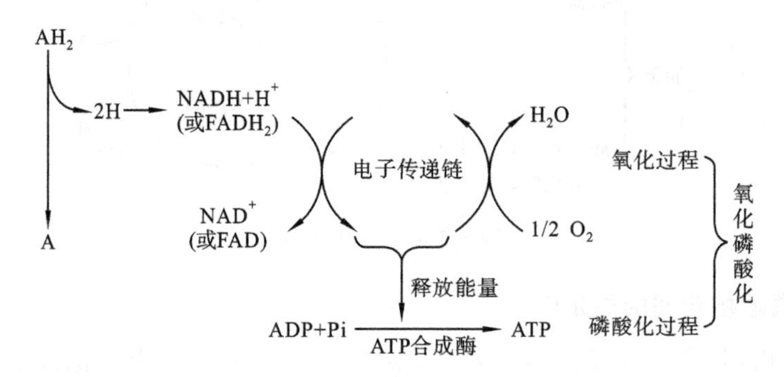

图 1-3-7　氧化磷酸化

(二) 氧化磷酸化的偶联作用

1. 氧化磷酸化的偶联部位

在电子传递链中，通过氧化磷酸化产生能量的有三个部位。在这三个部位中，自由能降低足以满足由 ADP 和无机磷酸合成 ATP 所需要的能量(见图 1-3-8)。

不过从 NADH 来的一对电子传递到氧上，经过这三个偶联部位，而从 $FADH_2$ 来的

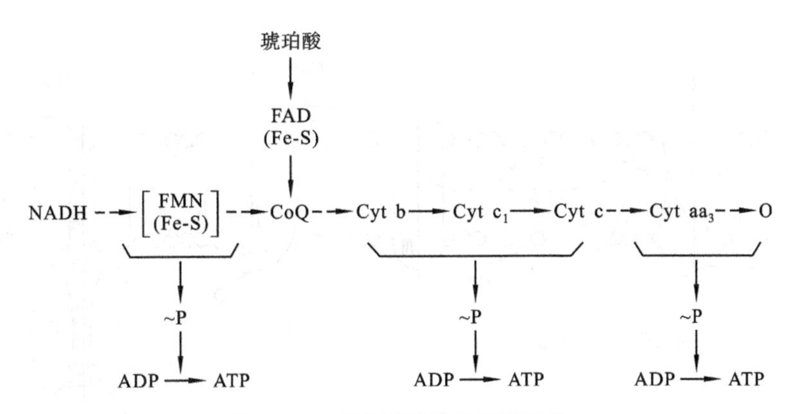

图 1-3-8　氧化磷酸化的偶联部位

一对电子传递到氧上，只经过两个偶联部位。

2. 生成 ATP 数量的计算

氧化磷酸化偶联过程中生成 ATP 数量，可以通过 P/O 值估算。P/O 值是指消耗 1 mol氧所消耗无机磷酸的物质的量。根据所消耗的无机磷酸的物质的量，可间接测出 ATP 生成量。

脱下的 2 个 H，经 NADH 在电子传递链上传递，理论上 P/O 值为 3，可生成 3 分子 ATP。脱下的 2 个 H，经 $FADH_2$ 在电子传递链上传递，理论上 P/O 值为 2，可生成 2 分子 ATP。P. Hinkle 经实验测定的比值如表 1-3-1 所示，但目前尚存争议。

表 1-3-1　不同底物体外实验的 P/O 值

作　用　物	电子传递链组成	P/O 值	ATP 数
β-羧基丁酸	NADH ⟶ 1/2 O_2	2.8	2.5
琥珀酸	$FADH_2$ ⟶ 1/2 O_2	1.7	1.5
Cyt c	Cyt aa_3 ⟶ 1/2 O_2	0.61～0.68	0.5

※（三）氧化磷酸化的偶联机制

在 NADH 和 $FADH_2$ 电子传递链的电子传递过程中，氧化磷酸化偶联机制有化学偶联假说（chemical-coupling hypothesis）、构象偶联假说（conformational-coupling hypothesis）与化学渗透假说（chemiosmotic hypothesis）。目前被大家接受的主要是化学渗透假说。

化学渗透假说是 1961 年由英国生物化学家 Mitchell 提出的。他认为，电子传递释放出的自由能和 ATP 合成是与一种跨线粒体内膜的质子梯度相偶联的（见图 1-3-9）。

化学渗透假说的要点如下。

（1）线粒体内膜的电子传递链是一个质子泵。

（2）在电子传递链中，电子由高能状态传递到低能状态时释放出来的能量，用于驱动膜内侧的 H^+ 迁移到膜外侧（膜对 H^+ 是不通透的）。这样，在膜的内侧与外侧就产生了跨

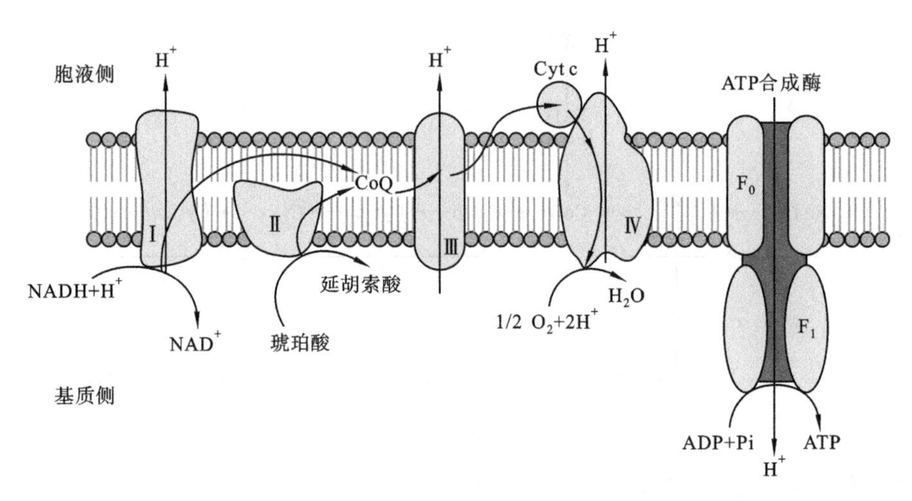

图 1-3-9 化学渗透假说示意图

膜质子梯度和电位梯度。

(3) 在膜内外势能差的驱动下，膜外高能质子沿着一个特殊通道(ATP 合成酶的组成部分)，跨膜回到膜内侧。质子跨膜过程中释放的能量，直接驱动 ADP 和磷酸合成 ATP。

(四) 氧化磷酸化的影响因素

1. ADP/ATP 对氧化磷酸化的影响

当 ADP/ATP 值较高时，表明 ADP 多，ATP 少，消耗 ATP 较多，从而促进氧化作用加强，氧化磷酸化作用加速；当 ADP/ATP 值较低时，说明 ATP 在细胞内储存量大，从而氧化磷酸化减缓。

2. 甲状腺激素的调节

甲状腺激素可间接影响氧化磷酸化的速度。其原因是甲状腺激素可以激活细胞膜上的 Na^+-K^+-ATP 酶，使 ATP 水解增加，使 ATP/ADP 值下降，氧化磷酸化速度加快，ATP 的生成量增加。ATP 周转加快，代谢氧化增加，导致机体耗氧量和产热量均增大。故甲状腺功能亢进的患者常出现基础代谢增高、怕热、易出汗等症状。

3. 抑制剂的作用

抑制剂根据其作用部位不同，可分为三类：电子传递抑制剂、氧化磷酸化抑制剂、解偶联剂。

(1) 电子传递抑制剂　选择性地阻断电子传递链上某一环节的电子传递。如米帕林、粉蝶霉素 A、异戊巴比妥、鱼藤酮、抗霉素 A、CO、CN^-(氰化物)、N_3^-(叠氮化物)等均因能抑制电子传递链而抑制氧化磷酸化。不同的抑制剂作用于电子传递链不同部位，如图 1-3-10 所示。抑制剂阻断了电子传递链中的电子传递，导致细胞内呼吸减弱甚至停止，引起死亡。桃仁、白果等含有一定量的氰化物，食入过量时可引起中毒死亡。

(2) 氧化磷酸化抑制剂　可同时抑制电子传递和 ADP 磷酸化。如寡霉素可阻断质子通道回流，抑制 ATP 合酶活性，从而抑制 ATP 生成；H^+ 在线粒体内膜外积累，影响电子传递链质子泵的功能，从而抑制电子传递。

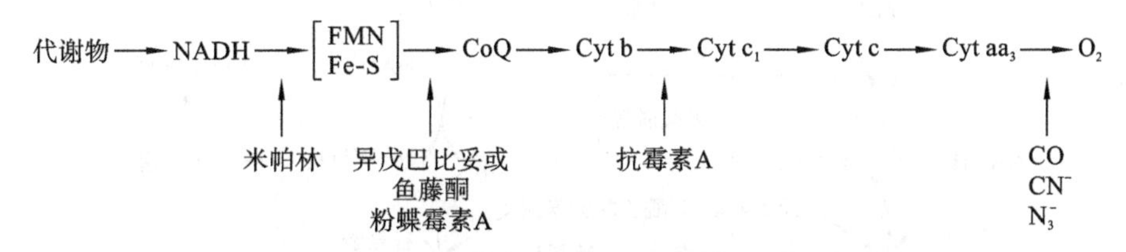

图 1-3-10 各种抑制剂对电子传递链的抑制部位

(3) 解偶联剂 解偶联剂(uncoupler)使氧化与磷酸化解偶联,氧化过程产生的能量不能生成 ATP,而是以热能形式散发,如 2,4-二硝基苯酚、双香豆素等。解偶联剂并不抑制电子传递过程,但氧化产生的能量不能被 ADP 捕获,以热能的形成散发,使机体的体温升高而发烧,临床上常见发热的患者精神萎靡。

五、细胞质中 NADH 的氧化

胞液中的 3-磷酸甘油醛或乳酸等脱氢,均可产生 NADH。这些 NADH 可经穿梭系统进入线粒体氧化,产生 H_2O 和 ATP。

(一) α-磷酸甘油穿梭系统

细胞质中代谢产生的 NADH,可由 α-磷酸甘油穿梭系统将 2H 带入线粒体中进行氧化。过程如图 1-3-11 所示。

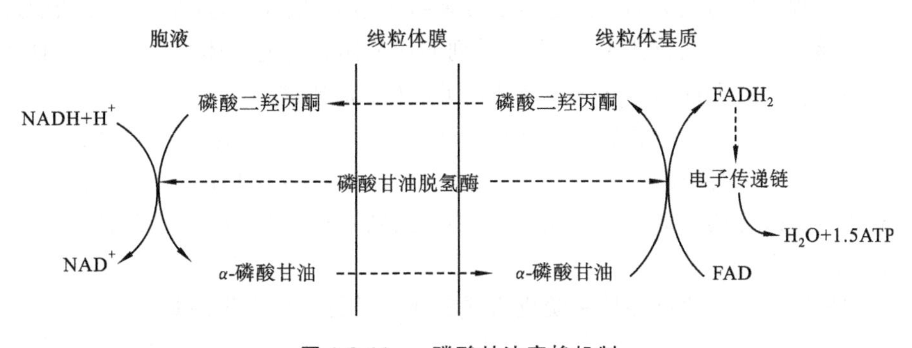

图 1-3-11 α-磷酸甘油穿梭机制

当细胞质中生成的 1 mol NADH 由 α-磷酸甘油穿梭系统带入线粒体中进行氧化时,产生 1.5 mol ATP。

(二) 苹果酸穿梭系统

细胞质中代谢产生的 NADH,可由苹果酸穿梭系统将 2H 带入线粒体中进行氧化。过程如图 1-3-12 所示。

当细胞质中生成的 1 mol NADH 由苹果酸穿梭系统带入线粒体中进行氧化时,产生 2.5 mol ATP。

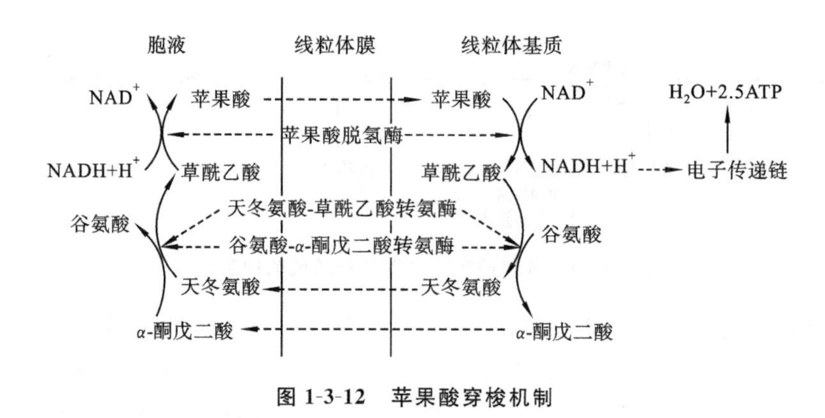

图 1-3-12　苹果酸穿梭机制

总结与反馈

机体要生长、发育、活动，每时每刻都离不开能量。机体的直接能量来源主要是ATP，ATP的生成跟生物氧化偶联在一起。生物氧化是生物体内的有机物在体温环境下，由酶催化完成的，能量是逐步释放的，并大部分储存在ATP中。

生物氧化过程中 CO_2 和 H_2O 的生成不是同步的，CO_2 的生成是脱羧作用，而 H_2O 的生成是代谢过程中底物脱下的氢经过电子传递链传给 O_2 生成的，这是一个复杂的过程。

电子传递链存在于线粒体中，是由一系列的递氢体和递电子体组成，机体有两条重要的电子传递链，即NADH电子传递链和 $FADH_2$ 电子传递链。

机体生成ATP的方式主要有底物水平磷酸化和氧化磷酸化，其中氧化磷酸化是主要的生成方式。氧化与磷酸化相偶联，即产能过程与储能过程相偶联。在电子传递链上有三个氧化与磷酸化偶联部位。因此，化合物或药物对电子传递或磷酸化过程有抑制作用，从而抑制ATP的生成。

胞液中底物脱氢要通过穿梭系统进入线粒体中进行氧化产生能量。

思考训练

1. 名词解释：生物氧化、电子传递链、氧化磷酸化、底物水平磷酸化、高能化合物、P/O值、解偶联剂。
2. 试比较生物氧化与体外氧化的异同点。
3. 写出两条电子传递链的简单组成及排列顺序，说明磷酸化的偶联部位。
4. 简述化学渗透假说。
5. 常见的电子传递链的抑制剂有哪些？分别作用在哪个部位？
6. 氰化物为什么能引起细胞窒息死亡？其解救机理是什么？

7. 给小鼠注射 2,4-二硝基苯酚,小鼠体温升高,为什么?
8. 胞液中 NADH 通过什么方式进入线粒体?通过氧化作用可产生多少 ATP?

任务二 糖代谢

知识目标

(1) 掌握糖的无氧分解、有氧分解、糖异生作用的概念;
(2) 能说出淀粉水解所需的各种酶、糖原分解及合成的过程、血糖的来源与去路;
(3) 能写出糖酵解途径、三羧酸循环、磷酸戊糖途径、糖异生作用的关键酶及主要中间产物;
(4) 能计算出糖酵解途径、三羧酸循环产生的 ATP 数;
(5) 能说明糖酵解途径、三羧酸循环、磷酸戊糖途径、糖异生作用的生理意义。

技能目标

能解释运动时生物体能量来源的几个途径。

素质目标

积极探索,科学地宣传使用糖类物质。

一、认识糖代谢

糖类是自然界最丰富的物质之一,也是细胞中非常重要的一类有机化合物,其化学本质是多羟基醛、多羟基酮或其缩合产物。

(一) 多糖及低聚糖的降解

1. 淀粉的降解

人食物中的糖主要有植物淀粉、二糖、单糖。淀粉和二糖都不能被人体直接吸收,必须先进行分解,转变成单糖,才能被吸收,进入血液参与代谢活动。

(1) 淀粉水解主要的酶详见表 1-3-2。

表 1-3-2 淀粉水解主要的酶

名称	作用方式	产物	分布
α-淀粉酶	α-1,4-糖苷键(内切酶)	糊精、麦芽糖(少)	动植物、微生物
β-淀粉酶	非还原端开始 α-1,4-糖苷键(外切酶)	麦芽糖、糊精(少)	高等植物、微生物

续表

名　　称	作用方式	产　　物	分　　布
γ-淀粉酶	非还原端开始 α-1,4、α-1,6-糖苷键	葡萄糖	动物、微生物
淀粉-1,6-糖苷酶(糖化酶)	α-1,6-糖苷键	直链糊精	植物、微生物

注:γ-淀粉酶又称葡萄糖淀粉酶或糖化酶,可从淀粉分子的非还原性末端依次切断 α-1,4-糖苷键,逐个生成葡萄糖,也能水解支链淀粉中分支点的 α-1,6-糖苷键,但水解速度较慢。这种酶主要由根霉、黑曲霉等真菌产生。

(2) 淀粉水解主要的酶的作用如图 1-3-13 所示。

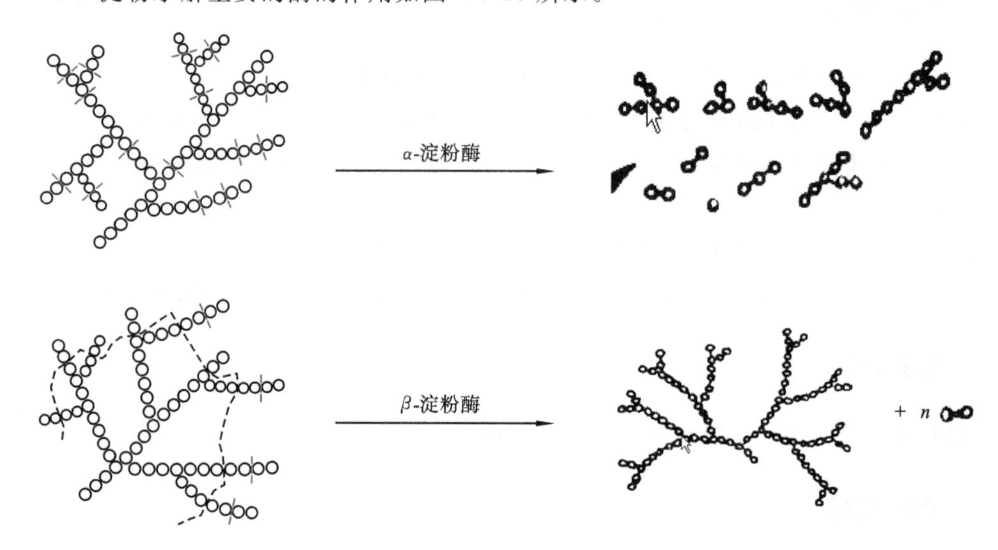

图 1-3-13　α-淀粉酶与 β-淀粉酶的作用

(3) 淀粉水解的工业应用如下。工业生产中,常将不同种类的淀粉酶配合使用,可以加速淀粉的水解,使淀粉得以充分利用。例如,用双酶法(α-淀粉酶和 γ-淀粉酶)水解淀粉生产葡萄糖。这是利用 α-淀粉酶在短时间内迅速将淀粉水解成相对分子质量较小的糊精,再经灭酶和冷却后,用 γ-淀粉酶水解成葡萄糖,水解液葡萄糖纯度(DE)值达 98 以上。这种方法具有水解专一性,水解完全,没有副反应,提高了收率,而且大大节省了酸、碱、气,也减少了对设备的腐蚀,因而得到了广泛的应用。

2. 糖原的降解

糖原(glycogen)是动物体内糖的储存形式,肝脏和肌肉是储存糖原的主要组织器官。肌糖原主要供肌肉收缩时能量的需要,肝糖原则是血糖的重要来源。糖原在降解后才能被利用。

糖原的降解过程是三种酶的协同作用,如图 1-3-14 和图 1-3-15 所示。

磷酸化酶从糖原(G_n)非还原末端催化 α-1,4-糖苷键断裂,产物为 G-1-P 和少一个葡萄糖的糖原(G_{n-1})。

转移酶催化寡聚葡萄糖片段转移。

脱支酶(α-1,6-糖苷酶)催化 α-1,6-糖苷键水解断裂,切下糖原分支。

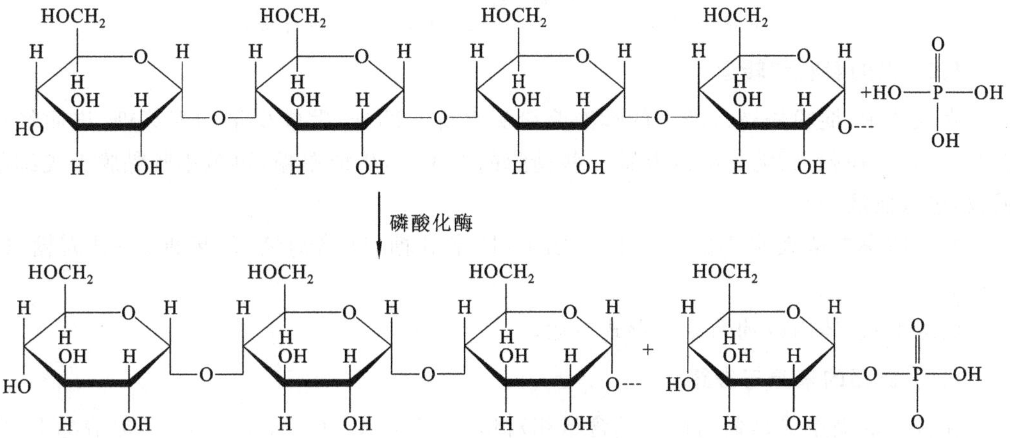

图 1-3-14　糖原的磷酸解

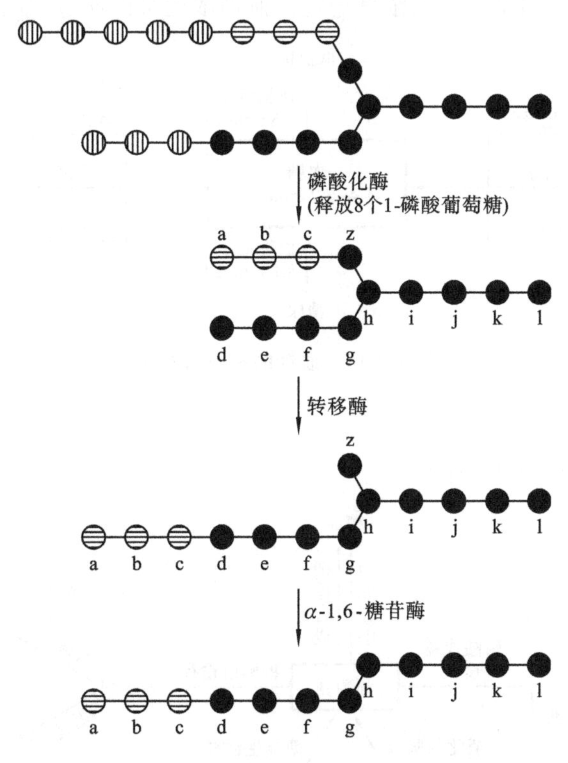

图 1-3-15　糖原降解过程中酶的作用

3. 糊精和二糖的酶促降解

糊精和二糖降解及促降解酶反应式如下。

$$\text{糊精}+H_2O \xrightarrow{\text{糊精酶}} \alpha\text{-葡萄糖}$$

$$\text{蔗糖}+H_2O \xrightarrow{\text{蔗糖酶}} \alpha\text{-葡萄糖}+\beta\text{-果糖}$$

$$\text{麦芽糖}+H_2O \xrightarrow{\text{麦芽糖酶}} 2\alpha\text{-葡萄糖}$$

$$乳糖+H_2O \xrightarrow{\beta\text{-半乳糖苷酶}} \alpha\text{-葡萄糖}+\beta\text{-半乳糖}$$

(二)糖的吸收和转运

在人体中,淀粉先被口腔中的唾液淀粉酶水解一部分,生成少量的麦芽糖,进而经过胃进入肠道,在胰、肠淀粉酶及其他一些糖酶的作用下,生成单糖,再被小肠黏膜上皮细胞吸收,进入血液。

吸收速率按从大到小的顺序排列如下:D-半乳糖、D-葡萄糖、D-果糖、D-甘露糖、D-戊糖。

转运形式:体内以葡萄糖的形式转运。

(三)血糖的来源与去路

血液中的糖主要是葡萄糖。其含量相对恒定,为 4.4～6.7 mmol/L,正常情况下,机体可以自动调节血糖浓度,维持血糖浓度的稳定(见图 1-3-16)。血糖的浓度过高或过低都对机体不利,因此必须维持血糖浓度稳定。血糖浓度可以通过"福林吴宪法"进行测定。

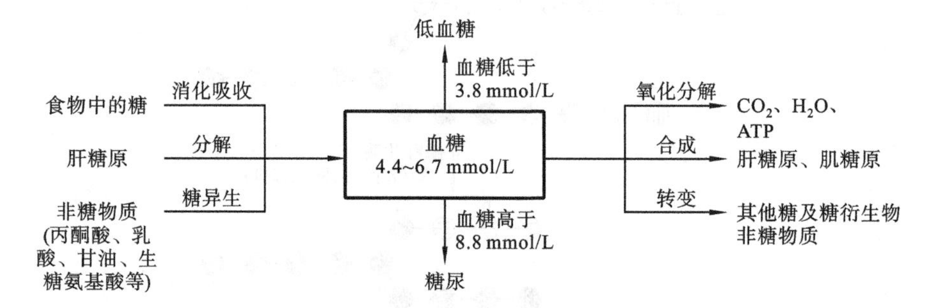

图 1-3-16　血糖的来源与去路

(四)糖代谢概况

糖代谢概况如图 1-3-17 所示。

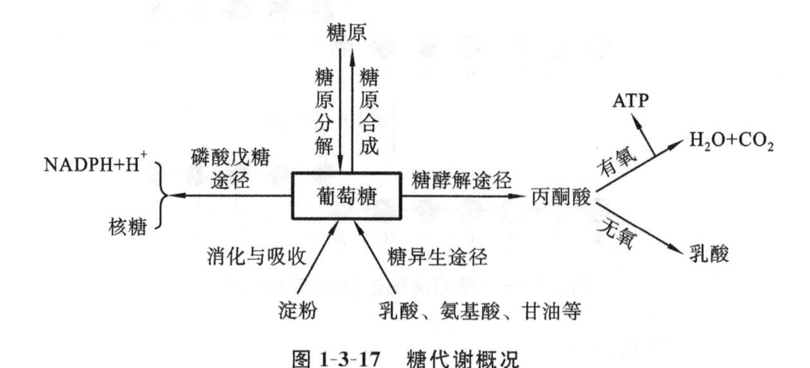

图 1-3-17　糖代谢概况

二、葡萄糖的分解代谢

消化吸收后,进入人体细胞中的单糖主要是葡萄糖,还有少量的半乳糖、果糖,它们被吸收后几乎全部转变成葡萄糖,所以糖代谢的中心是葡萄糖的代谢。

葡萄糖在不同的组织细胞内和有氧或无氧的条件下，可以进行不同的分解代谢。主要有三条途径：无氧分解（anaerobic oxidation）或称糖酵解（glycolysis）、有氧分解（aerobic oxidation）、磷酸戊糖途径（pentose phosphate pathway）。

（一）糖酵解

1. 糖酵解的研究历史

1897 年，Buchner 兄弟用细砂研磨酵母细胞压取汁液，再加入蔗糖获得乙醇。

1915 年，A. Harder 将酵母加入葡萄糖，发酵仍然进行；加入无机磷酸盐，发酵作用增强。从发酵液中提取到二磷酸果糖，同时发现发酵作用必需的两类物质，即“酿酶”和“辅酶”。

1940 年，G. Embden、O. Meyerhof 和 J. Parnas 发现了糖酵解途径（EMP 途径）。

葡萄糖经酶促作用降解成丙酮酸，并伴随生成 ATP 的过程称为糖酵解途径。此过程在细胞液中进行，是动物、植物和微生物细胞中葡萄糖分解的共同代谢途径。在动物体内，如果氧气供应不足（如剧烈运动时），丙酮酸被还原成乳酸，称之为酵解（zymolysis）；在有些微生物（如酵母、乳酸杆菌）中，丙酮酸会被还原成乙醇或乳酸，称之为发酵（fermentation）。

2. 糖酵解途径的反应过程及其关键酶

葡萄糖分解成丙酮酸的酵解途径如下。

（1）活化阶段：葡萄糖⟶1,6-二磷酸果糖，耗能 2ATP。

① 葡萄糖磷酸化形成 6-磷酸葡萄糖（glucose-6-phosphate）。

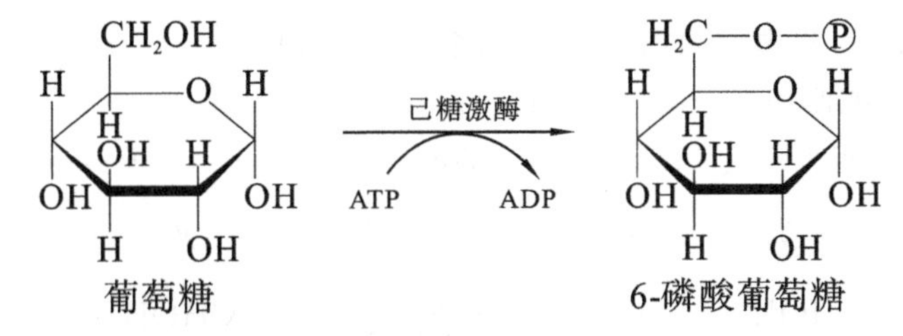

② 6-磷酸葡萄糖异构化成 6-磷酸果糖（fructose-6-phosphate）。

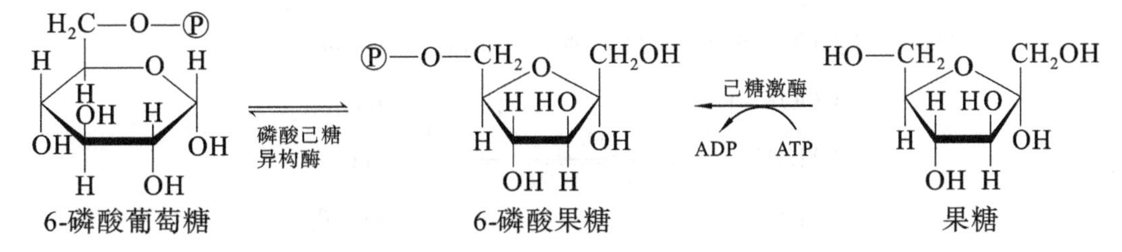

③ 6-磷酸果糖磷酸化形成 1,6-二磷酸果糖（fructose-1,6-biphosphate）。

磷酸果糖激酶

ATP ADP

6-磷酸果糖 1,6-二磷酸果糖

(2) 裂解阶段:1,6-二磷酸果糖$\longrightarrow$二磷酸丙糖。

具体过程如下。

① 1,6-二磷酸果糖裂解成磷酸二羟丙酮(dihydroxyacetone phosphate)和3-磷酸甘油醛(glyceraldehyde-3-phosphate)。

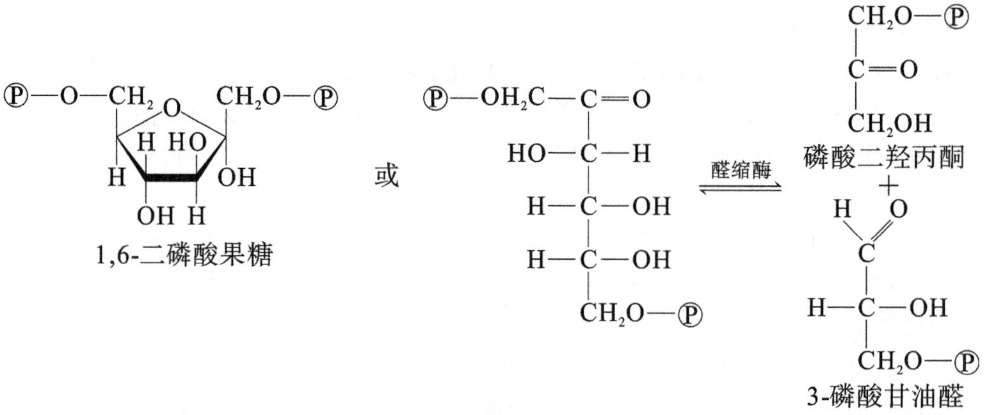

Ⓟ—O—CH_2 O CH_2O—Ⓟ
H HO
H OH
OH H
1,6-二磷酸果糖

或

Ⓟ—OH_2C—C═O
HO—C—H
H—C—OH
H—C—OH
CH_2O—Ⓟ

$\xrightleftharpoons{\text{醛缩酶}}$

CH_2O—Ⓟ
C═O
CH_2OH
磷酸二羟丙酮
+
H O
C
H—C—OH
CH_2O—Ⓟ
3-磷酸甘油醛

② 磷酸丙糖异构化。磷酸二羟丙酮不能进入糖酵解,而是异构成3-磷酸甘油醛继续进行反应。

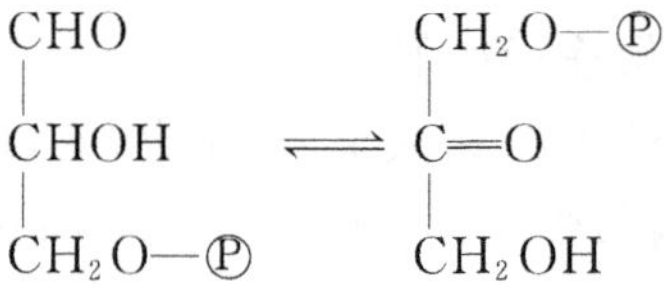

CHO
CHOH
CH_2O—Ⓟ
$\rightleftharpoons$
CH_2O—Ⓟ
C═O
CH_2OH

(3) 氧化产能阶段:磷酸丙糖$\longrightarrow$丙酮酸,产能4ATP。

关键酶为丙酮酸激酶(pyruvate kinase)。具体过程如下。

① 3-磷酸甘油醛氧化成1,3-二磷酸甘油酸(1,3-biphosphoglycerate)。

CHO
CHOH
CH_2O—Ⓟ
NAD^+ ⟶ $NADH+H^+$;Pi
磷酸甘油醛脱氢酶
COO—Ⓟ
CHOH
CH_2O—Ⓟ

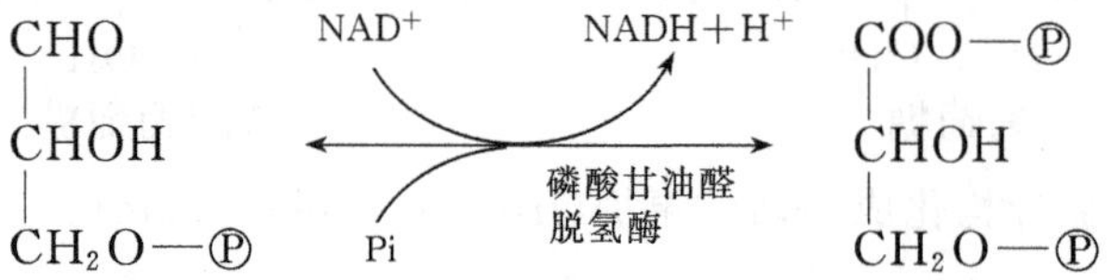

② 1,3-二磷酸甘油酸转变为3-磷酸甘油酸(3-phosphoglycerate)。

COO—Ⓟ
CHOH
CH_2O—Ⓟ
ADP ⟶ ATP
Mg^{2+}
磷酸甘油酸激酶
COOH
CHOH
CH_2O—Ⓟ

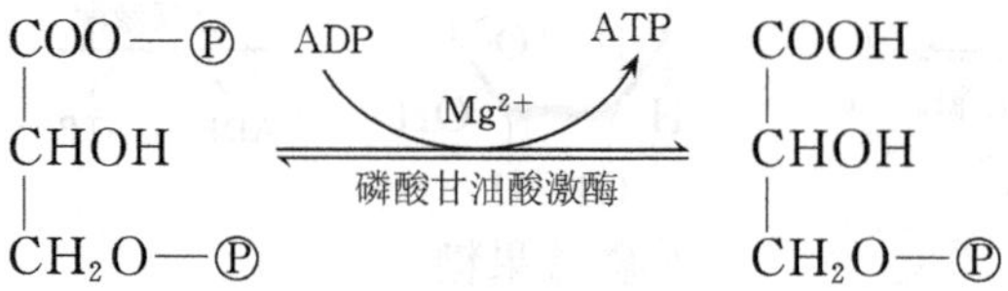

③ 3-磷酸甘油酸异构为2-磷酸甘油酸(2-phosphoglycerate)。

COOH
CHOH
CH_2O—Ⓟ
$\xrightleftharpoons{\text{磷酸甘油变位酶}}$
COOH
CHO—Ⓟ
CH_2OH

④ 2-磷酸甘油酸转变为磷酸烯醇式丙酮酸(phosphoenolpyruvate)。

$$\begin{array}{l} COOH \\ | \\ CHO—Ⓟ \\ | \\ CH_2OH \end{array} \underset{Mg^{2+}或Mn^{2+}}{\overset{烯醇化酶}{\rightleftharpoons}} \begin{array}{l} COOH \\ | \\ CO—Ⓟ \\ \| \\ CH_2 \end{array} + H_2O$$

⑤ 磷酸烯醇式丙酮酸变成丙酮酸(pyruvate)。

$$\begin{array}{l} COOH \\ | \\ CO—Ⓟ \\ \| \\ CH_2 \end{array} \xrightarrow[丙酮酸激酶]{ADP \quad Mg^{2+} \quad ATP} \begin{array}{l} COOH \\ | \\ COH \\ \| \\ CH_2 \end{array} \rightleftharpoons \begin{array}{l} COOH \\ | \\ C=O \\ | \\ CH_3 \end{array}$$

3．糖酵解途径小结

糖酵解过程如图 1-3-18 所示。

(1) 进行部位在细胞质,不需氧。

(2) 三步不可逆:葡萄糖磷酸化形成 6-磷酸葡萄糖;6-磷酸果糖磷酸化形成 1,6-二磷酸果糖;磷酸烯醇式丙酮酸变成丙酮酸。三个关键酶为己糖激酶、磷酸果糖激酶和丙酮酸激酶。

(3) 总反应式:

$$C_6H_{12}O_6+2NAD^+ +2ADP+2Pi \longrightarrow$$
$$2C_3H_4O_3+2NADH+2H^+ +2ATP+2H_2O$$

(4) 能量计算:氧化 1 分子葡萄糖,净生成 2 分子 ATP 和 2 个 $NADH+H^+$。

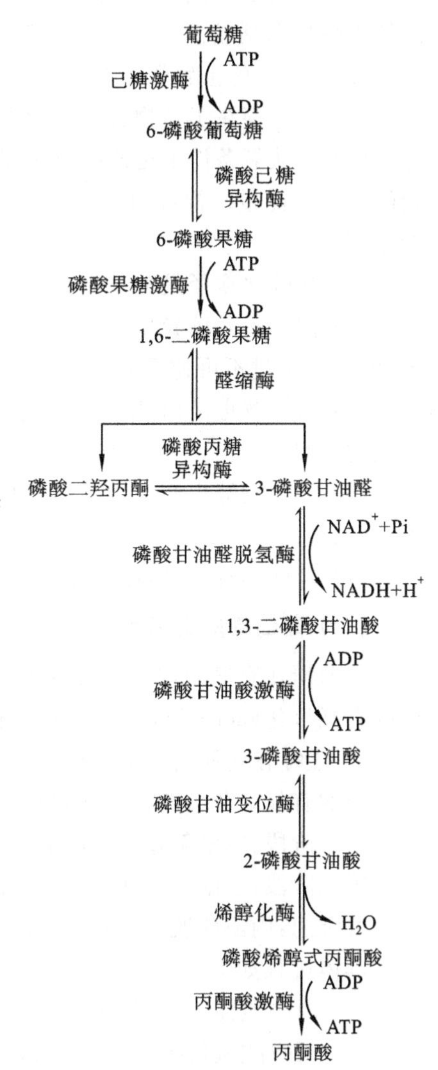

图 1-3-18　糖酵解途径

4．乳酸发酵与乙醇发酵

在无氧的条件下,丙酮酸反应生成乳酸(lactic acid)或乙醇(alcohol),称为乳酸发酵(lactic fermentation)或乙醇发酵(alcohol fermentation)。

(1) 生成乳酸　丙酮酸还原成乳酸所需要的 $NADH+H^+$ 来源于 3-磷酸甘油醛脱氢反应生成的 $NADH+H^+$。在缺氧的条件下,这对氢将丙酮酸还原成乳酸,而不能进入线粒体氧化,使得 $NADH+H^+$ 转化为 NAD^+,使糖酵解过程能继续进行。

$$\begin{array}{l} CH_3 \\ | \\ C=O \\ | \\ COOH \end{array} +NADH+H^+ \overset{乳酸脱氢酶}{\rightleftharpoons} \begin{array}{l} CH_3 \\ | \\ CHOH \\ | \\ COOH \end{array} +NAD^+$$

日常生活中,有许多现象与该原理有关。例如:动物缺氧时间过长,将会积累大量乳酸,使肌肉酸痛,影响代谢,严重时会引起死亡;剧烈运动时,无氧氧化加快,乳酸积累,引起肌肉酸痛;乳品业中酸奶的制备就是利用乳酸杆菌将奶中的糖变成乳酸,使奶的 pH 值下降,从而使蛋白质达到等电点而沉淀,形成凝乳;腌制的酸菜不易变坏,就是发酵后产生的乳酸抑制了其他细菌的繁殖。

(2) 生成乙醇　在酵母和某些细菌中,丙酮酸脱羧生成乙醛,再消耗 1 个 $NADH+H^+$ 还原成乙醇。

$$CH_3\overset{O}{\overset{\|}{C}}COOH \xrightarrow{\text{丙酮酸脱羟酶}} CH_3CHO+CO_2$$

$$CH_3CHO+NADH+H^+ \xrightleftharpoons{\text{乙醇脱氢酶}} CH_3CH_2OH+NAD^+$$

工业上生产乙醇,就是利用微生物将糖发酵生成的。在日常生活中,也常见乙醇发酵。例如:潮湿的谷物种子堆在一起,过一段时间会散发出酒味;淹水的植物根系可用发酵暂维持生命活动。

5. 糖酵解的生物学意义

(1) 普遍存在于动物、植物、微生物中。

(2) 在缺氧条件下迅速提供少量的能量以应急。成熟红细胞没有线粒体,完全依赖糖酵解供应能量。神经、白细胞、骨髓等代谢极为活跃,即使不缺氧也常由糖酵解供应能量。

(3) 糖酵解途径是葡萄糖在生物体内进行有氧分解的必经途径。

(4) 糖酵解是糖异生作用大部分逆过程。非糖物质可以逆着糖酵解的途径异生成糖,但必须绕过不可逆反应。

(5) 糖酵解也是糖、脂肪和氨基酸代谢相联系的途径。其中间产物是许多重要物质合成的原料。

(6) 乙醇发酵生产工业酒精、白酒、啤酒、曲酒、面包等,乳酸发酵生产酸奶、奶酪、泡菜、酱菜等。

(7) 若糖酵解过度,可因乳酸生成过多而导致乳酸中毒。

(二) 葡萄糖的有氧氧化

葡萄糖在有氧条件下彻底氧化分解生成 CO_2 和 H_2O,并释放出大量能量的过程称为糖的有氧氧化(aerobic oxidation)。有氧氧化是葡萄糖分解的主要方式。

1. 糖的有氧氧化的反应过程

糖的有氧氧化分为三个阶段进行,如图 1-3-19 所示。

第一阶段:糖酵解途径(在细胞质中完成)。

第二阶段:乙酰 CoA 的生成(在线粒体中进行)。

关键酶:丙酮酸脱氢酶系(pyruvate dehydrogenase complex)。

具体过程如下。

(1) 丙酮酸穿梭　丙酮酸穿过线粒体膜进入线粒体。

(2) 丙酮酸氧化生成乙酰 CoA　丙酮酸在线粒体中,氧化脱羧生成乙酰 CoA(acetyl CoA)(含高能硫酯键)。此反应在丙酮酸脱氢酶系的催化下进行。

丙酮酸脱氢酶系包括三种酶和六种辅助因子,具体如下。

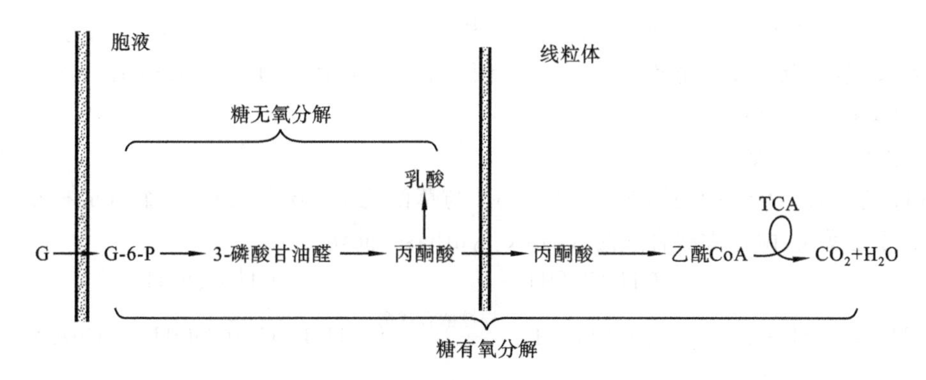

图 1-3-19 糖的有氧氧化过程

三种酶：丙酮酸脱羧酶、二氢硫辛酸乙酰转移酶、二氢硫辛酸脱氢酶。

六种辅助因子：TPP、Mg^{2+}、硫辛酸、辅酶 A、FAD、NAD^+。

反应机制如图 1-3-20 所示。

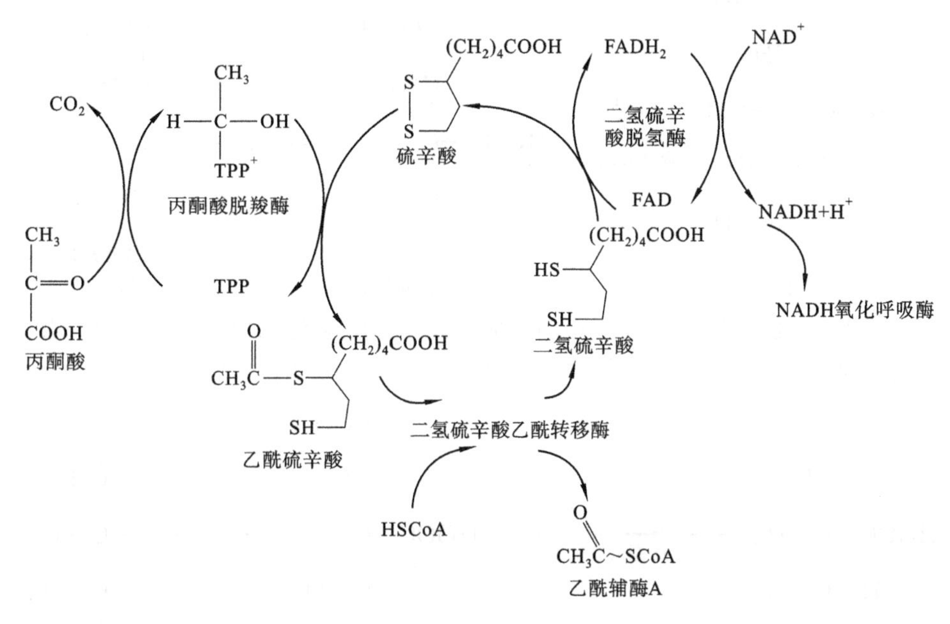

图 1-3-20 丙酮酸氧化生成乙酰 CoA

丙酮酸氧化脱羧的总反应式如下。

$$\begin{matrix} CH_3 \\ | \\ C{=}O \\ | \\ COO^- \end{matrix} + HS{-}CoA \xrightarrow{NAD^+ \quad NADH+H^+} \begin{matrix} CH_3 \\ | \\ CO{-}SCoA \end{matrix} + CO_2$$

第三阶段：三羧酸循环（在线粒体中进行）。

关键酶：柠檬酸合成酶、异柠檬酸脱氢酶、α-酮戊二酸脱氢酶系。

三羧酸循环（tricarboxylic acid cycle，TCA）又称柠檬酸循环（citric acid cycle）。由于

在循环的一系列反应中,关键的化合物是柠檬酸,因此,称为柠檬酸循环;又因为柠檬酸有三个羧基,亦称为三羧酸循环。这个循环是德国生物化学家 H. A. Krebs 在 1937 年提出的,所以又称 Krebs 循环。

具体反应过程如下。

(1) 柠檬酸(citrate)的形成　乙酰 CoA 与草酰乙酸(oxaloacetate)缩合成柠檬酸,为单向不可逆反应,由柠檬酸合成酶(citrate synthase)催化。

$$\underset{\text{乙酰 CoA}}{CH_3CO\sim SCoA} + \underset{\text{草酰乙酸}}{O{=}C(CH_2COOH)\text{—}COOH} \xrightarrow{\text{柠檬酸合成酶}} \underset{\text{柠檬酸}}{HO\text{—}C(CH_2COOH)_2\text{—}COOH} + CoA\text{-}SH$$

(2) 异柠檬酸(isocitrate)的形成　柠檬酸与异柠檬酸互变,由顺乌头酸酶(*cis*-aconitase)催化。

$$\underset{\text{柠檬酸}}{HOOC\text{—}CH_2\text{—}C(OH)(COOH)\text{—}CH_2\text{—}COOH} \underset{\text{顺乌头酸酶}}{\overset{-H_2O}{\rightleftharpoons}} \underset{\text{顺乌头酸}}{HOOC\text{—}CH_2\text{—}C(COOH){=}CH\text{—}COOH} \overset{+H_2O}{\rightleftharpoons} \underset{\text{异柠檬酸}}{HOOC\text{—}CH_2\text{—}CH(COOH)\text{—}CH(OH)\text{—}COOH}$$

(3) α-酮戊二酸(α-ketoglutarate)的生成　异柠檬酸氧化脱羧生成 α-酮戊二酸,为单向不可逆反应,反应由异柠檬酸脱氢酶(isocitrate dehydrogenase)催化。

$$\underset{\text{异柠檬酸}}{HOOC\text{—}CH_2\text{—}CH(COOH)\text{—}CH(OH)\text{—}COOH} \xrightarrow[\text{异柠檬酸脱氢酶}]{NAD^+ \to NADH+H^+} \underset{\text{草酰琥珀酸}}{HOOC\text{—}CH_2\text{—}CH(COOH)\text{—}C(=O)\text{—}COOH} \xrightarrow{-CO_2} \underset{\alpha\text{-酮戊二酸}}{HOOC\text{—}CH_2\text{—}CH_2\text{—}C(=O)\text{—}COOH}$$

(4) 琥珀酰 CoA(succinyl CoA)的生成　α-酮戊二酸氧化脱羧生成琥珀酰 CoA。反应由 α-酮戊二酸脱氢酶系(α-ketoglutarate dehydrogenase complex)催化,为单向不可逆反应,反应过程与丙酮酸脱氢酶系类似。

$$\underset{\alpha\text{-酮戊二酸}}{\begin{matrix}H_2C\text{—}CO\text{—}COOH\\ |\\ H_2C\text{—}COOH\end{matrix}} \xrightarrow[CoA\text{-SH},\ NAD^+ \to NADH+H^+]{\alpha\text{-酮戊二酸脱氢酶系}} \underset{\text{琥珀酰 CoA}}{\begin{matrix}H_2C\text{—}CO\sim SCoA\\ |\\ H_2C\text{—}COOH\end{matrix}} + CO_2$$

(5) 琥珀酸(succinate)和 GTP 的生成　这是底物水平磷酸化反应。琥珀酰 CoA 高能硫酯键水解生成 GTP 和琥珀酸。反应由琥珀酰 CoA 硫激酶(succinyl thiokinase)催化。

$$\begin{array}{l} H_2C—CO\sim SCoA \\ \quad | \\ H_2C—COOH \end{array} + Pi \xrightleftharpoons[Mg^{2+};\ GDP \to GTP;\ \to CoA\text{-}SH]{\text{琥珀酰CoA硫激酶}} \begin{array}{l} H_2C—COOH \\ \quad | \\ H_2C—COOH \end{array}$$

琥珀酰 CoA　　　　　　　　　　　　琥珀酸

(6) 延胡索酸(fumarate)的生成　琥珀酸脱氢生成延胡索酸。反应由琥珀酸脱氢酶(succinate dehydrogenase)催化。在这个反应中,丙二酸、戊二酸都可以与琥珀酸脱氢酶结合而形成竞争性抑制。

$$\begin{array}{l} H_2C—COOH \\ \quad | \\ H_2C—COOH \end{array} \xrightleftharpoons[FAD \to FADH_2]{\text{琥珀酸脱氢酶}} \begin{array}{l} \quad\ HC—COOH \\ \qquad \| \\ HOOC—CH \end{array}$$

琥珀酸　　　　　　　　　　　　延胡索酸

(7) 苹果酸(malate)的生成　延胡索酸加水生成苹果酸,反应由延胡索酸酶(fumarase)催化。

$$\begin{array}{l} \quad\ HC—COOH \\ \qquad \| \\ HOOC—CH \end{array} + H_2O \xrightleftharpoons{\text{延胡索酸酶}} \begin{array}{l} \qquad CH_2COOH \\ \qquad | \\ HO—CH—COOH \end{array}$$

延胡索酸　　　　　　　　　　　　苹果酸

(8) 草酰乙酸的再生　苹果酸脱氢生成草酰乙酸,由苹果酸脱氢酶(malate dehydrogenase)催化。

$$\begin{array}{l} \qquad CH_2COOH \\ \qquad | \\ HO—CH—COOH \end{array} \xrightleftharpoons[NAD^+ \to NADH+H^+]{\text{苹果酸脱氢酶}} \begin{array}{l} \quad CH_2COOH \\ \quad | \\ O=C—COOH \end{array}$$

苹果酸　　　　　　　　　　　　草酰乙酸

2. 三羧酸循环的小结

(1) 三羧酸循环必须在有氧条件下进行。当氧供给充足时,丙酮酸氧化脱羧生成乙酰 CoA,进入三羧酸循环彻底氧化。

(2) 总反应式:

$$CH_3CO\sim SCoA + 3NAD^+ + FAD + GDP + Pi + 2H_2O$$
$$\longrightarrow 2CO_2 + CoA\text{-}SH + 3NADH + 3H^+ + FADH_2 + GTP$$

(3) 三羧酸循环的能量计算。

能量"现金":1GTP=1ATP。

能量"支票":3NADH=7.5ATP;1$FADH_2$=1.5ATP。

总计:10ATP。

(4) 三羧酸循环是单向反应体系,循环中的柠檬酸合成酶、异柠檬酸脱氢酶、α-酮戊二酸脱氢酶系是该代谢途径的关键酶。三羧酸循环总图如图 1-3-21 所示。

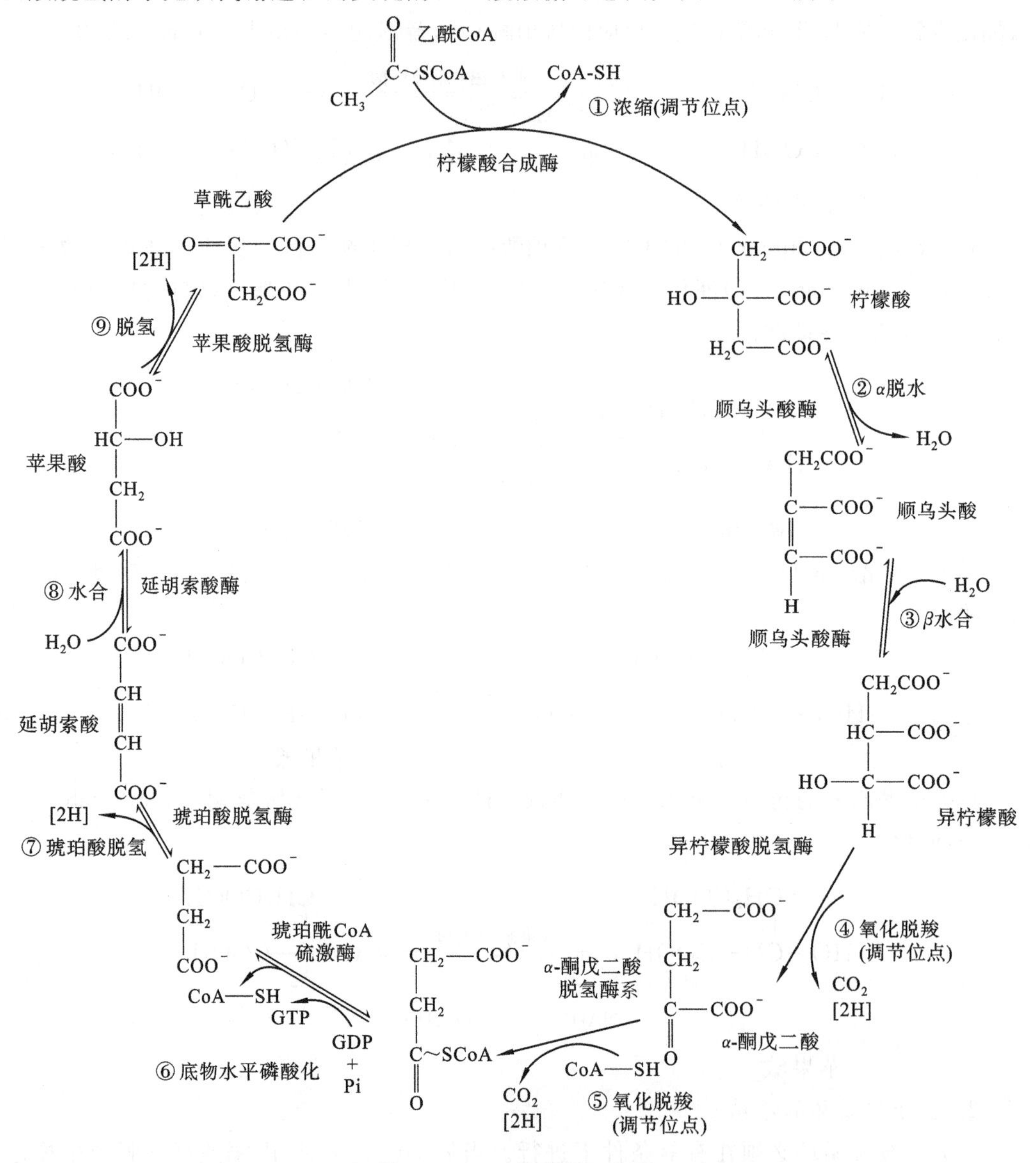

图 1-3-21 三羧酸循环总图

3. 有氧氧化及无氧分解生成的 ATP 的比较

有氧氧化及无氧分解生成的 ATP 的比较详见表 1-3-3 和表 1-3-4 所示。

表 1-3-3 葡萄糖无氧分解的 ATP 生成量(按 1 mol 葡萄糖计)

反应步骤	产能反应	产生或消耗的 ATP 量/mol
(1)	葡萄糖⟶6-磷酸葡萄糖	−1
(3)	6-磷酸果糖⟶1,6-二磷酸果糖	−1
(7)	2(1,3-二磷酸甘油酸)⟶2(3-磷酸甘油酸)	+2
(10)	2 磷酸烯醇式丙酮酸⟶2 丙酮酸	+2
	净生成	2

表 1-3-4 葡萄糖有氧分解的 ATP 生成量(按 1 mol 葡萄糖计)

代谢阶段	反应步骤	产能反应	产生或消耗的 ATP 量/mol
无氧分解阶段	(1)	葡萄糖──→6-磷酸葡萄糖	−1
	(3)	6-磷酸果糖──→1,6-二磷酸果糖	−1
	(5)、(6)	2(3-磷酸甘油醛)──→2(1,3-二磷酸甘油酸)	+5 或+3①
	(7)	2(1,3-二磷酸甘油酸)──→2(3-磷酸甘油酸)	+2
	(10)	2 磷酸烯醇式丙酮酸──→2 丙酮酸	+2
		2 丙酮酸──→2 乙酰 CoA	+5
三羧酸循环	(3)	2 异柠檬酸──→2(α-酮戊二酸)	+5
	(4)	2(α-酮戊二酸)──→2 琥珀酰 CoA	+5
	(5)	2 琥珀酰 CoA──→2 琥珀酸	+2
	(6)	2 琥珀酸──→2 延胡索酸	+3②
	(8)	2 苹果酸──→2 草酰乙酸	+5
		净生成	约 32 或 30

注:① 1 mol 葡萄糖产生 2 mol 磷酸丙糖,脱氢产生 2 mol $NADH+H^+$,根据穿梭进入线粒体的方式不同,1 mol $NADH+H^+$既可以产生 2.5 mol ATP,也可以产生 1.5 mol ATP。

② 此处氢的受体是 FAD,1 mol $FADH_2$可以产生 1.5 mol ATP。

从表 1-3-3 和表 1-3-4 中可以看出,有氧氧化比无氧分解提供更多能量,其产能约是无氧分解的 16 倍。

4. 有氧氧化的生物学意义

(1) 有氧氧化广泛存在于生物界。

(2) 有氧氧化是有机体获得生命活动所需能量的主要途径。

(3) 有氧氧化是糖、脂肪、蛋白质等物质代谢和转化的中心枢纽。糖、脂肪、蛋白质在体内进行生物氧化,以各自不同的方式进入三羧酸循环。如脂肪可以分解为乙酰 CoA,蛋白质可以分解生成其碳架(草酰乙酸、丙酮酸、α-酮戊二酸等)进入。

(4) 有氧氧化形成多种重要的中间产物(如乙酰 CoA、丙酮酸、α-酮戊二酸、草酰乙酸等),为合成代谢提供原料。

(5) 有氧氧化是物质被氧化的最终途径,1 分子葡萄糖彻底氧化分解产生 6 分子 CO_2。动物家畜的有氧呼吸作用产生的 CO_2 是温室气体的来源,但大量增加的化石燃料燃烧排放的 CO_2,改变了全球碳循环,导致温室效应异常和全球气候变化。

※(三) 磷酸戊糖途径

磷酸戊糖途径(pentose phosphate pathway,HMP)是由 6-磷酸葡萄糖开始,在 6-磷酸葡萄糖脱氢酶(glucose-6-phosphate dehydrogenase)催化下形成 6-磷酸葡萄糖酸,进而生成 5-磷酸核糖和 NADPH。此反应主要发生在肝、脂肪组织、哺乳期乳腺、肾上腺皮质、性腺、骨髓和红细胞等细胞的胞液中。

1. 磷酸戊糖途径的反应过程

磷酸戊糖途径分为两个阶段进行，由六步反应来完成。

第一阶段：氧化反应，生成 NADPH、5-磷酸核酮糖(ribulose-5-phosphate)、CO_2。

关键酶：6-磷酸葡萄糖脱氢酶。

具体过程如下。

(1) 第一次脱氢、水合，生成 6-磷酸葡萄糖酸。

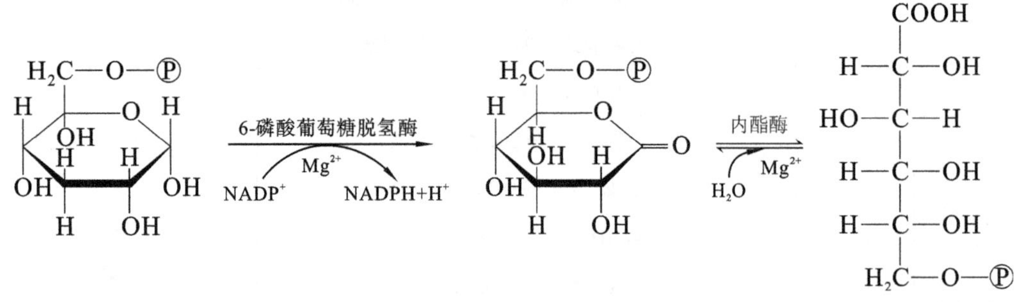

6-磷酸葡萄糖　　6-磷酸葡萄糖内酯　　6-磷酸葡萄糖酸

(2) 第二次脱氢、脱羧，生成 NADPH、5-磷酸核酮糖。

COOH
H—C—OH
HO—C—H
H—C—OH
H—C—OH
CH_2O—Ⓟ

6-磷酸葡萄糖酸

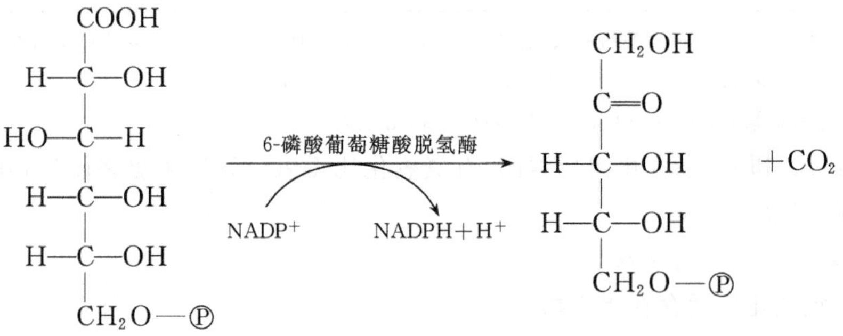

—6-磷酸葡萄糖酸脱氢酶 ($NADP^+$ → $NADPH+H^+$)→

CH_2OH
C=O
H—C—OH
H—C—OH
CH_2O—Ⓟ　　$+CO_2$

5-磷酸核酮糖

第二阶段：非氧化反应，包括一系列基团转移反应，生成 3-磷酸甘油醛和 6-磷酸果糖。具体过程如下。

(1) 三种五碳糖的互换。

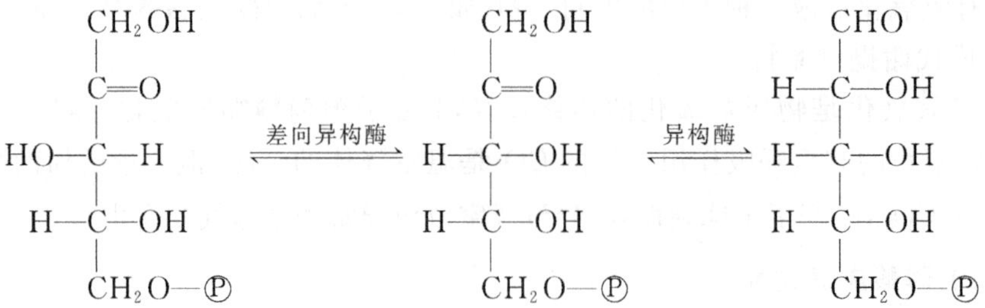

CH_2OH
C=O
HO—C—H
H—C—OH
CH_2O—Ⓟ

5-磷酸木酮糖

⇌ 差向异构酶

CH_2OH
C=O
H—C—OH
H—C—OH
CH_2O—Ⓟ

5-磷酸核酮糖

⇌ 异构酶

CHO
H—C—OH
H—C—OH
H—C—OH
CH_2O—Ⓟ

5-磷酸核糖

(2) 两分子五碳糖的基团转移反应。

```
                                                              CH2OH
                                                               |
   CH2OH          CHO                                         C=O
    |              |                                           |
   C=O        H—C—OH                       CHO           HO—C—H
    |              |          转酮醇酶            |               |
HO—C—H     + H—C—OH    ⇌     H—C—OH      +   H—C—OH
    |              |           TPP             |               |
 H—C—OH      H—C—OH                     CH2O—Ⓟ          H—C—OH
    |              |                                           |
   CH2O—Ⓟ        CH2O—Ⓟ                                       H—C—OH
                                                               |
                                                              CH2O—Ⓟ
```

5-磷酸木酮糖　5-磷酸核糖　3-磷酸甘油醛　7-磷酸景天庚酮糖

(3) 七碳糖与三碳糖的基团转移反应。

```
                 CH2OH                     CH2OH
                  |                         |
                 C=O                       C=O
                  |                         |
   CHO        HO—C—H                   HO—C—H           CHO
    |             |                         |                |
H—C—OH   +  H—C—OH     转醛醇酶     H—C—OH    +   H—C—OH
    |             |          ⇌              |                |
   CH2O—Ⓟ     H—C—OH                  H—C—OH           H—C—OH
                  |                         |                |
              H—C—OH                      CH2O—Ⓟ           CH2O—Ⓟ
                  |
                 CH2O—Ⓟ
```

3-磷酸甘油醛　7-磷酸景天庚酮糖　6-磷酸果糖　4-磷酸赤藓糖

(4) 四碳糖与五碳糖的基团转移反应。

```
                                          CH2OH
                                           |
                  CH2OH                   C=O
   CHO             |                       |
    |             C=O                 HO—C—H             CHO
H—C—OH            |        转酮醇酶          |                 |
    |       + HO—C—H        ⇌         H—C—OH     +   H—C—OH
H—C—OH            |          TPP            |                 |
    |          H—C—OH                  H—C—OH            CH2O—Ⓟ
   CH2O—Ⓟ          |                        |
                 CH2O—Ⓟ                   CH2O—Ⓟ
```

4-磷酸赤藓糖　5-磷酸木酮糖　6-磷酸果糖　3-磷酸甘油醛

2. 磷酸戊糖途径小结

(1) 磷酸戊糖途径如图 1-3-22 所示。磷酸戊糖途径反应式如下。

两个阶段反应式：

$$\text{6-磷酸葡萄糖}+2NADP^{+}\longrightarrow\text{5-磷酸核糖}+2(NADPH+H^{+})+CO_2$$

$$3\times\text{5-磷酸核糖}\longrightarrow2\times\text{6-磷酸果糖}+\text{3-磷酸甘油醛}$$

总反应式：

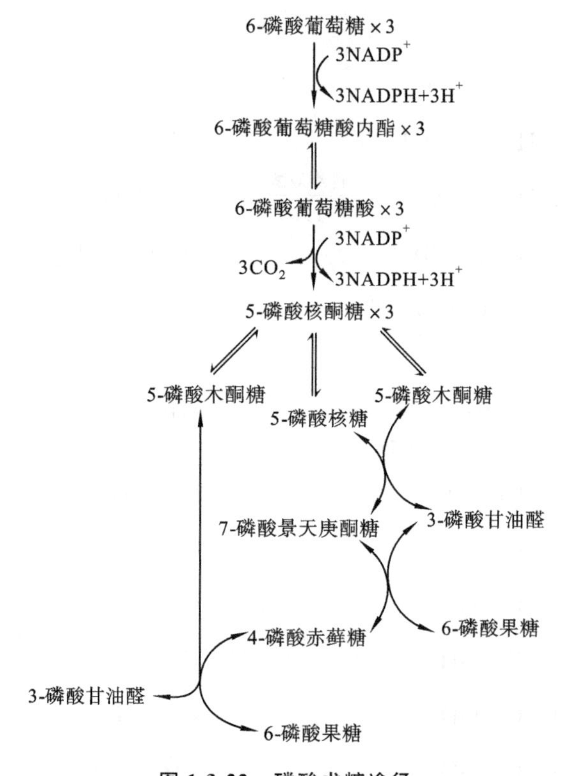

图 1-3-22　磷酸戊糖途径

$$3\times 6\text{-磷酸葡萄糖}+6NADP^{+}$$
$$\longrightarrow 2\times 6\text{-磷酸果糖}+3\text{-磷酸甘油醛}+6(NADPH+H^{+})+3CO_2$$

(2) 反应部位:胞液。

(3) 反应底物:6-磷酸葡萄糖。

(4) 重要中间代谢产物:NADPH、5-磷酸核糖。

(5) 返回的代谢产物:3-磷酸甘油醛、6-磷酸果糖。

(6) 限速酶:6-磷酸葡萄糖脱氢酶。

3. 磷酸戊糖途径的生理意义

(1) 磷酸戊糖途径是糖类普遍存在的一种代谢方式。

(2) 磷酸戊糖途径产生大量的 NADPH,为细胞的各种合成反应提供还原剂。

(3) 该途径的反应起始物为 6-磷酸葡萄糖,不需要 ATP 参与起始反应。因此,磷酸戊糖途径可在低 ATP 浓度下进行。

(4) 此途径中产生的 5-磷酸核酮糖是辅酶及核苷酸生物合成的必需原料。

(5) 当无氧分解和有氧分解同时受阻时,磷酸戊糖途径在有氧的条件下,也可以产生大量能量,供应各种代谢活动。

三、糖的合成代谢

糖作为生物体的重要成分之一,一方面不断进行氧化分解,释放能量,同时为其他物质代谢提供原料;另一方面,生物体内也不断进行糖的合成。

（一）糖原的合成代谢

糖原是由若干葡萄糖单位组成的具有多分支结构的大分子化合物，是动物体内葡萄糖的储存形式，主要储存在肌肉组织和肝组织中，有肌糖原和肝糖原之分。肌糖原主要用于供应肌肉收缩时所需能量，而肝糖原则分解为血糖。由葡萄糖合成糖原的过程称为糖原合成（glycogenesis）。

1. 糖原合成的反应过程

糖原合成过程是一个耗能的过程。该过程与支链淀粉合成过程相似，但参与合成的引物、酶、糖基供体等是不相同的。具体反应过程如下。

（1）葡萄糖生成6-磷酸葡萄糖（G-6-P）。此反应是由己糖激酶（葡萄糖激酶）催化的不可逆反应，由ATP供应能量。

$$\text{葡萄糖}+\text{ATP}\xrightarrow{\text{己糖激酶}}\text{6-磷酸葡萄糖}+\text{ADP}+\text{Pi}$$

（2）6-磷酸葡萄糖转变为1-磷酸葡萄糖（G-1-P）。此为可逆反应。

$$\text{6-磷酸葡萄糖}\xrightleftharpoons{\text{变位酶}}\text{1-磷酸葡萄糖}$$

（3）尿苷二磷酸葡萄糖（UDPG）的生成。在UDPG焦磷酸化酶（UDP-glucose pytophosphory-lase）作用下，1-磷酸葡萄糖与UTP作用，生成UDPG。

$$\text{UTP}+\text{G-1-P}\xrightarrow{\text{UDPG 焦磷酸化酶}}\text{UDPG}+\text{PPi}$$

（4）UDPG合成糖原。UDPG中葡萄糖单位在糖原合成酶（glycogen synthase）作用下，在糖原引物上增加一个葡萄糖单位，形成α-1,4-糖苷键。

$$\text{UDPG}+\text{G}_n\xrightarrow{\text{糖原合成酶}}\text{UDP}+\text{G}_{n+1}$$

（5）当糖链长度达到12～18个葡萄糖基时，糖原分支酶（glycogen branching enzyme）将一段6～7个葡萄糖基的糖链转移到邻近的糖链上，以α-1,6-糖苷键相接，从而形成分支。

2. 糖原合成与糖原分解的比较

两者的比较如图1-3-23所示。

3. 糖原合成与分解的生理意义

（1）当机体糖供应丰富及细胞中能量充足时，即合成糖原将能量进行储存。

（2）当糖的供应不足或能量需求增加时，储存的糖原即分解为葡萄糖，维持血糖浓度稳定。

（二）糖异生作用

体内储存的糖原仅能够利用12 h左右，如果没有补充，消耗完后，血糖浓度会大大下降，事实上，机体即便禁食24 h，血糖仍能维持在正常范围内，只有在长期饥饿时才会略有下降，这说明动物体内还有一条提供血糖的途径，这就是糖异生作用（gluconeogenesis）。

1. 糖异生作用、原料及部位

（1）糖异生作用：非糖物质转变为葡萄糖或糖原的过程。

（2）主要原料：甘油、有机酸（乳酸、丙酮酸及三羧酸循环中的各种羧酸）和生糖氨基

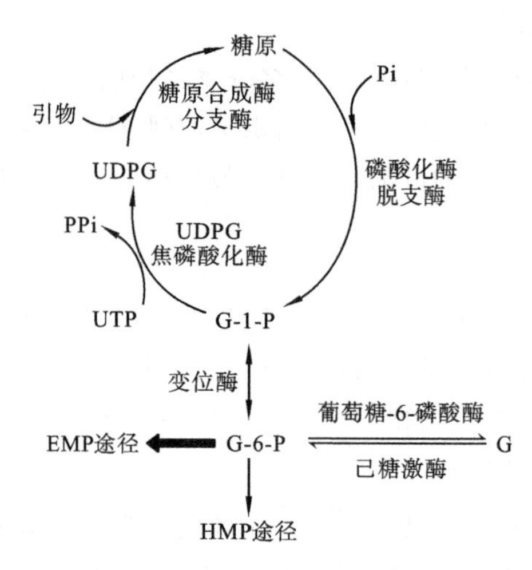

图 1-3-23 糖原合成与糖原分解的比较

酸等。

(3) 部位:主要是肝;长期饥饿或酸中毒时,肾的糖异生作用可大大加强。

2. 糖异生的途径

糖异生的途径基本上是糖酵解途径的逆过程。糖酵解途径中由己糖激酶、磷酸果糖激酶-1 及丙酮酸激酶催化的单向反应,构成所谓"能障"。实现糖异生必须绕过这三个"能障"。

(1) 由葡萄糖-6-磷酸酶催化 6-磷酸葡萄糖水解,生成葡萄糖。葡萄糖-6-磷酸酶存在于肝、肾细胞,肌肉组织中不含此酶。

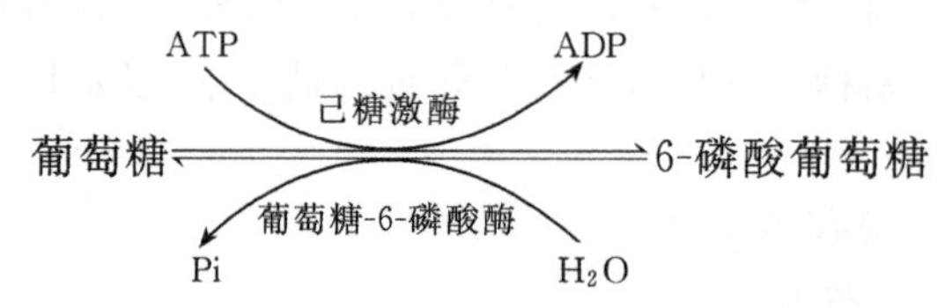

(2) 1,6-二磷酸果糖磷酸酶催化 1,6-二磷酸果糖水解,脱去 C-1 位上的磷酸,生成 6-磷酸果糖,完成磷酸果糖激酶催化反应的逆过程。

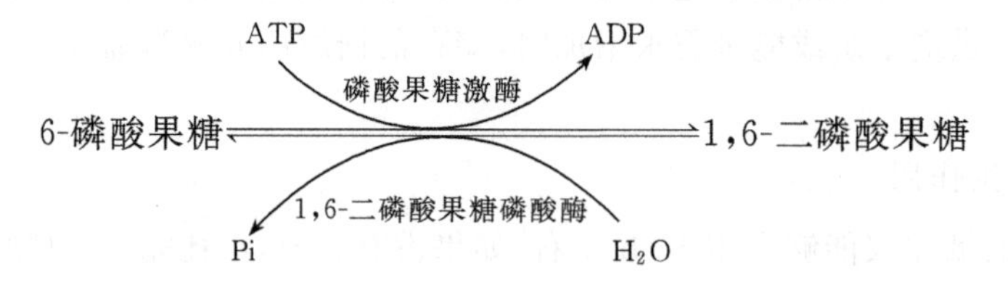

(3) 由丙酮酸激酶催化的逆反应是由丙酮酸羧化酶和磷酸烯醇式丙酮酸羧激酶催化的两步反应来完成的。它们催化丙酮酸逆向转变为磷酸烯醇式丙酮酸,此过程称为丙酮酸羧化支路。

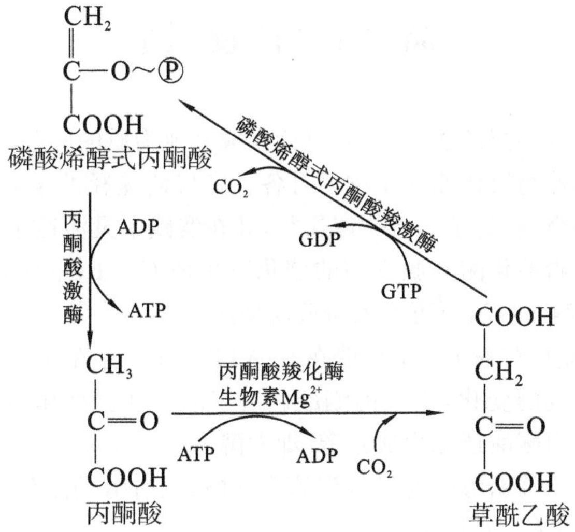

CH_2
$\|$
$C—O\sim$Ⓟ
$|$
COOH
磷酸烯醇式丙酮酸

磷酸烯醇式丙酮酸羧激酶
CO_2
GDP
GTP

丙酮酸激酶
ADP
ATP

CH_3
$|$
$C=O$
$|$
COOH
丙酮酸

丙酮酸羧化酶
生物素Mg^{2+}
ATP
ADP
CO_2

COOH
$|$
CH_2
$|$
$C=O$
$|$
COOH
草酰乙酸

3. 糖异生的生理意义

(1) 维持血糖浓度。在体内糖来源不足的情况下，利用糖异生维持血糖浓度。这对于保证脑细胞的葡萄糖供应是十分必要的。

(2) 有利于乳酸的再利用。葡萄糖在肌肉组织中经糖的无氧酵解产生的乳酸，可经血液循环转运至肝脏，再经糖异生作用生成自由葡萄糖后转运至肌肉组织加以利用。

(3) 调节酸碱平衡。长期禁食后，脂肪代谢旺盛，产生的酸性物质含量升高，糖异生作用促使 α-酮戊二酸转变成糖，从而使谷氨酸脱氨基作用增强，生成的 NH_3 可以中和酸，防止酸中毒。

四、利用糖代谢途径生产发酵产品

(一) 自然发酵

利用微生物在特定条件下的固有的代谢规律，自然积累某种产品的发酵，称为自然发酵，如利用糖代谢途径生产的乙醇、乳酸等。许多自然发酵的产品都是微生物自身不能再利用的代谢产物，容易积累。

(二) 代谢调节发酵

细胞正常代谢途径受调控系统的精确调控，中间产物一般不会超常积累。若采取有针对性的措施，改变微生物固有的代谢平衡，积累某中间产物(产品)，这种在代谢途径调节控制理论指导下建立的发酵技术称为代谢调节发酵，如甘油发酵、柠檬酸发酵。

代谢调节发酵必须做到以下几点：

(1) 选育出有关代谢旺盛的菌种；

(2) 设法阻断代谢途径，使所要求的中间产物不能进一步反应，实现积累；

(3) 代谢途径被阻断部位之后的产物，必须有适当的补充机制，满足代谢活动的最低需求，维持细胞生长。

总结与反馈

糖是生命活动的主要能源物质,也是机体合成其他物质的碳源。

糖代谢是三大营养物质代谢的基础。对各种糖代谢途径的学习,有助于对其他物质代谢和能量代谢的研究,有助于熟悉代谢途径,并在实践中灵活运用。

糖原的分解是在磷酸化酶和脱支酶的催化下生成 G-1-P,继而在变位酶的催化下生成 G-6-P,可进入糖酵解途径,也可进入磷酸戊糖途径。

糖的无氧分解(即糖酵解)是葡萄糖在有 ATP、Mg^{2+} 存在下,由己糖激酶催化生成 G-6-P,进而经过一系列的变化,生成丙酮酸。对于动物和乳酸菌,丙酮酸还原生成乳酸(即酵解),对酵母菌,丙酮酸还原生成乙醇(即发酵)。

糖的有氧氧化是葡萄糖酵解途径得到的丙酮酸,在有氧的条件下,进入线粒体,氧化脱羧生成乙酰 CoA,进入三羧酸循环。

三羧酸循环是细胞内糖等有机物后期分解的必经过程,它在线粒体中进行,其过程是乙酰 CoA 与草酰乙酸缩合生成柠檬酸,再经异柠檬酸、α-酮戊二酸、琥珀酸、苹果酸等中间产物,重新生成草酰乙酸。周而复始,循环不已。1 分子乙酰 CoA 经过三羧酸循环,再经电子传递链,共产生 10 分子 ATP。

磷酸戊糖途径是 G-6-P 在 6-磷酸葡萄糖脱氢酶的催化下开始的一系列反应,其主要产物是 NADPH 和 5-磷酸核糖,NADPH 可作为生物合成中的还原剂,5-磷酸核糖为核酸的生物合成提供了原料。

糖原的合成是以葡萄糖为原料,首先生成 G-6-P,再活化成 UDPG,在糖原引物存在下,经糖原合成酶和分支酶催化生成糖原,它需要 Mg^{2+} 参与,并要消耗能量。

糖异生作用是将非糖物质如甘油、乳酸、丙酮酸及生糖氨基酸经过一系列反应转化成葡萄糖的过程。它在肝、肾中进行。糖异生作用基本上是糖酵解途径的逆过程,糖酵解途径中由己糖激酶、磷酸果糖激酶-1 及丙酮酸激酶催化的单向反应,构成所谓“能障”。实现糖异生必须绕过这三个“能障”。

思考训练

1. 糖异生与糖酵解途径有哪些差异?
2. 患脚气病的人血液中,丙酮酸和 α-酮戊二酸的水平很高,特别是吃完富含葡萄糖的食物后更是如此。为什么会导致这两种酮酸水平的升高?
3. 先天性缺乏 1,6-二磷酸果糖磷酸酶的患者,血浆中乳酸的水平反常地高,为什么?
4. 如果 TCA 循环和氧化磷酸化完全被抑制,从丙酮酸合成葡萄糖是否可能?为什么?
5. 为什么说 6-磷酸葡萄糖是各个糖代谢途径的交叉点?
6. 绘制糖代谢各途径的相互联系图。

任务三　脂类代谢

知识目标

(1) 掌握脂肪动员、激素敏感性脂肪酶的概念;

(2) 能理解脂酸 β-氧化及甘油的代谢过程;

(3) 能说明酮体生成、利用及其意义;

(4) 能说明脂酸、甘油三酯的合成过程;

(5) 能列出磷脂的种类、功能及组成特点;

(6) 能解释胆固醇的合成(部位、原料、酶、重要的反应步骤及调节),胆固醇在体内的转化。

技能目标

学会正确书写脂肪分解代谢的反应式。理解脂肪合成代谢的反应过程。学会正确书写脂肪合成代谢的反应式。

素质目标

(1) 能理解脂类代谢过程的变化与疾病的关系;

(2) 通过课程内容的总结,培养观察分析、归纳总结、探索思维的能力。

一、脂肪的分解代谢

(一) 脂肪动员

在病理或饥饿条件下,储存在脂肪细胞中的脂肪,被脂肪酶逐步水解为游离脂酸及甘油并释放入血以供其他组织氧化利用,该过程称为脂肪动员。其水解过程如下。

$$\begin{array}{c} CH_2-\overset{\overset{O}{\|}}{C}-R_1 \\ | \\ R_2-\overset{\overset{O}{\|}}{C}-O-CH \\ | \\ CH_2-\overset{\overset{O}{\|}}{C}-R_3 \end{array} \xrightarrow[H_2O\ \curvearrowright\ R_3COOH]{\text{甘油三酯脂肪酶}} \begin{array}{c} CH_2-\overset{\overset{O}{\|}}{C}-R_1 \\ | \\ R_2-\overset{\overset{O}{\|}}{C}-O-CH \\ | \\ CH_2OH \end{array}$$

$$\xrightarrow[H_2O\ \curvearrowright\ R_1COOH]{\text{甘油二酯脂肪酶}} \begin{array}{c} CH_2OH \\ | \\ R_2-\overset{\overset{O}{\|}}{C}-O-CH \\ | \\ CH_2OH \end{array} \xrightarrow[H_2O\ \curvearrowright\ R_2COOH]{\text{甘油单酯脂肪酶}} \begin{array}{c} CH_2OH \\ | \\ CHOH \\ | \\ CH_2OH \end{array}$$

参与脂肪动员的三种脂肪酶广泛存在于动物、植物和微生物中。这三种酶是甘油三酯脂肪酶、甘油二酯脂肪酶、甘油单酯脂肪酶。甘油三酯脂肪酶(hormone-sensitive triglyceride lipase,HSL)活性最低,因此为脂肪动员的限速酶,其活性受多种激素的调控,因此又称为激素敏感性脂肪酶。肾上腺素、高血糖素、肾上腺皮质激素等可提高它的活性,促进脂肪水解作用,胰岛素作用与之相反,可降低它的活性,抑制脂肪水解作用。

(二) 甘油的氧化分解与转化

甘油先与 ATP 作用,在甘油激酶催化下生成 3-磷酸甘油,然后被氧化形成糖酵解中间产物——磷酸二羟丙酮。反应如下。

$$\begin{matrix} CH_2OH \\ | \\ CHOH \\ | \\ CH_2OH \end{matrix} + ATP \xrightleftharpoons{\text{甘油激酶}} \begin{matrix} CH_2OH \\ | \\ CHOH \\ | \\ CH_2OPO_3 \end{matrix} + ADP$$

甘油　　　　3-磷酸甘油

$$\begin{matrix} CH_2OH \\ | \\ CHOH \\ | \\ CH_2OPO_3 \end{matrix} \xrightleftharpoons[NAD^+ \curvearrowright NADH+H^+]{\text{磷酸甘油脱氢酶}} \begin{matrix} CH_2OH \\ | \\ C{=}O \\ | \\ CH_2OPO_3 \end{matrix} \begin{matrix} \dashrightarrow \text{葡萄糖} \dashrightarrow \text{糖原} \\ \dashrightarrow CO_2 + H_2O + ATP \end{matrix}$$

3-磷酸甘油　　　　磷酸二羟丙酮

生成的磷酸二羟丙酮可经糖酵解途径继续分解氧化生成丙酮酸,进入三羧酸循环途径彻底氧化,也可经糖异生途径最后生成葡萄糖,亦可重新转变为 3-磷酸甘油,作为体内脂肪和磷脂等的合成原料。

(三) 脂肪酸的 β-氧化

脂肪酸的 β-氧化过程是在线粒体中进行的,现在已经能够分离纯化出脂肪酸 β-氧化所必需的五种酶,并了解参加酶促反应的辅因子。脂肪酸在酶和辅因子的作用下通过五步反应,生成比原来少 2 个碳原子的脂肪酰 CoA 和 1 分子乙酰 CoA。β-氧化作用并不是一步完成的,而是要经过活化、转运,然后再进入氧化过程。

1. 脂肪酸的活化

脂肪酸在进行 β-氧化前,首先在细胞质中在酶的作用下被活化,然后再进入线粒体内氧化。活化过程实际上就是把脂肪酸转变为脂酰 CoA。

2. 脂酰 CoA 向线粒体基质转移

脂肪酸的 β-氧化酶系都存在于线粒体中。在线粒体外合成的脂酰 CoA,中、短碳链的可以直接穿过线粒体膜进入线粒体基质中,而长碳链的不能穿过线粒体膜,所以需要一个转运系统将其转运到线粒体的基质中。肉碱(肉毒碱,carnitine)是一种载体,可将脂肪酸以脂酰基形式从线粒体膜外转运到膜内。

3. 脂肪酸 β-氧化过程

脂酰 CoA 进入线粒体基质后,在线粒体基质中进行 β-氧化作用。β-氧化作用是脂肪酸在一系列酶的作用下,在 α-碳原子和 β-碳原子之间断裂,β-碳原子氧化成羧基,生成含 2

个碳原子的乙酰 CoA 和较原来少 2 个碳原子的脂酰 CoA。β-氧化作用包括以下四个步骤。

(1) 脱氢　脂酰 CoA 在脂酰 CoA 脱氢酶(FAD 为辅基)的催化下，在 α-碳原子和 β-碳原子之间脱氢形成一个双键，生成反式双键的脂酰 CoA，即 α,β-反式烯脂酰 CoA(Δ^2 反式烯脂酰 CoA)。脱下的 2 个 H 由脱氢酶的辅基 FAD 接受生成 $FADH_2$。

$$\underset{\text{脂酰 CoA}}{R{-}CH_2{-}CH_2{-}CH_2{-}\overset{O}{\overset{\|}{C}}{-}SCoA} \xrightleftharpoons[\text{脂酰 CoA 脱氢酶}]{FAD \to FADH_2} \underset{\alpha,\beta\text{-反式烯脂酰 CoA}}{R{-}CH_2{-}\underset{H}{\underset{|}{C}}{=}\overset{H}{\overset{|}{C}}{-}\overset{O}{\overset{\|}{C}}{-}SCoA}$$

(2) 水化　在烯脂酰 CoA 水化酶(enoyl-CoA hydratase)的催化下，反式烯脂酰 CoA 的双键上加 1 分子水形成 L(+)-β-羟脂酰 CoA。

$$\underset{\alpha,\beta\text{-反式烯脂酰 CoA}}{R{-}\underset{H}{\underset{|}{C}}{=}\overset{H}{\overset{|}{C}}{-}\overset{O}{\overset{\|}{C}}{-}SCoA} \xrightleftharpoons[-H_2O]{+H_2O} \underset{\text{L(+)-}\beta\text{-羟脂酰 CoA}}{R{-}\underset{H}{\underset{|}{\overset{OH}{\overset{|}{C}}}}{-}\underset{H}{\underset{|}{\overset{H}{\overset{|}{C}}}}{-}\overset{O}{\overset{\|}{C}}{-}SCoA}$$

(3) 再脱氢　在 L(+)-β-羟脂酰 CoA 脱氢酶催化下，L(+)-β-羟脂酰 CoA 的 C-3 的羟基上脱氢氧化成 β-酮脂酰 CoA 和 NADH+H^+。此酶以 NAD^+ 为辅酶。脱下的 2 个 H 由 NAD^+ 接受生成 NADH+H^+。该酶具有高度立体异构专一性，只催化 L 型羟脂酰 CoA 的脱氢反应，不能催化 D-β-羟脂酰 CoA 反应。

$$\underset{\text{L(+)-}\beta\text{-羟脂酰 CoA}}{R{-}\underset{H}{\underset{|}{\overset{HO}{\overset{|}{C}}}}{-}\underset{H}{\underset{|}{\overset{H}{\overset{|}{C}}}}{-}\overset{O}{\overset{\|}{C}}{-}SCoA} \xrightleftharpoons[\text{L(+)-}\beta\text{-羟脂酰 CoA 脱氢酶}]{NAD^+ \to NADH+H^+} \underset{\beta\text{-酮脂酰 CoA}}{R{-}\overset{O}{\overset{\|}{C}}{-}CH_2{-}\overset{O}{\overset{\|}{C}}{-}SCoA}$$

(4) 硫解　在硫解酶(thiolase)即酮脂酰硫解酶(β-ketoacyl-CoA thiolase)催化下，β-酮脂酰 CoA 被第二个 CoA 分子硫解，产生乙酰 CoA 和比原来少 2 个碳原子的脂酰 CoA。

缩短了 2 个 C 的脂酰 CoA 再重复上述反应(1)～(4)，直到整个脂酰 CoA 都转化成乙酰 CoA。

$$\underset{\beta\text{-酮脂酰 CoA}}{R{-}\overset{O}{\overset{\|}{C}}{-}CH_2{-}\underset{O}{\underset{\|}{C}}{-}SCoA} + HSCoA \xrightleftharpoons{\text{硫解酶}} RH_2C{-}\overset{O}{\overset{\|}{C}}{-}SCoA + \underset{\text{乙酰 CoA}}{H_3C{-}\overset{O}{\overset{\|}{C}}{-}SCoA}$$

虽然，β-氧化作用中四个步骤都是可逆反应，但因为硫解酶催化的硫解反应是高度放能反应($\Delta G^{\ominus}=-28.03$ kJ/mol)，整个反应平衡点偏向于裂解方向，难以进行逆向反应，所以脂肪酸氧化得以继续进行。少 2 个碳原子的脂酰 CoA 继续重复反应直至全部氧化成乙酰 CoA。这些乙酰 CoA 一部分在线粒体中缩合生成酮体，通过血液运送到其他组织氧化利用。

综上所述，脂肪酸的 β-氧化作用有四个要点：①脂肪酸仅需一次活化，其代价是消耗 1 个 ATP 分子的两个高能键，相当于消耗 2 分子 ATP，其活化酶在线粒体外；②在线粒体外活化的长链脂酰 CoA 需经肉碱携带，以脂酰肉碱形式从胞液进入线粒体基质被氧化；③所有脂肪酸 β-氧化的酶都是线粒体酶；④β-氧化过程包括脱氢、水化、再脱氢、硫解四个重复步骤。最终 1 分子脂肪酸变成许多分子乙酰 CoA(见图 1-3-24)。生成的乙酰 CoA 可以进入三羧酸循环，氧化成 CO_2 及 H_2O，也可以参加其他合成代谢。

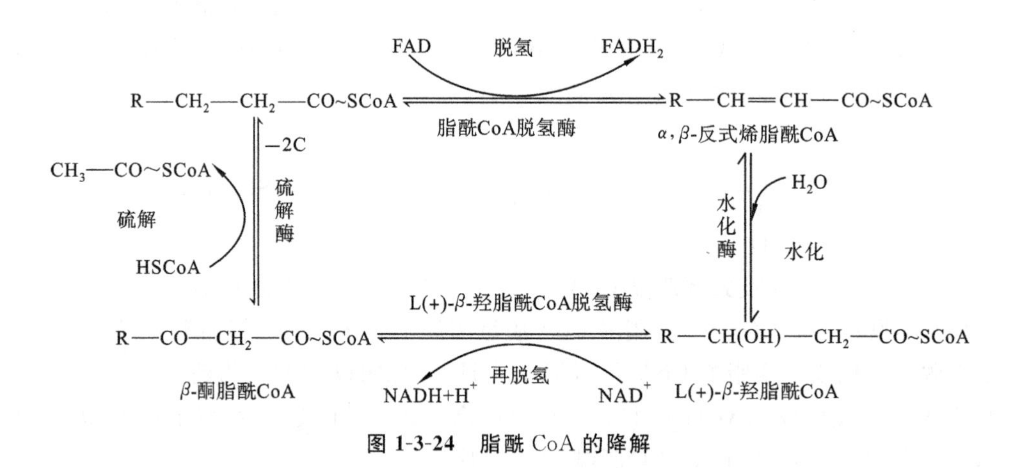

图 1-3-24　脂酰 CoA 的降解

4. 脂肪酸 β-氧化过程中的能量转变

脂肪酸分子每次自脂酰 CoA 脱氢时，每形成 1 分子乙酰 CoA，就使 1 分子 FAD 还原为 $FADH_2$，并使 1 分子 NAD^+ 还原为 $NADH+H^+$。$FADH_2$ 进入电子传递链生成 1.5 分子 ATP；$NADH+H^+$ 进入电子传递链生成 2.5 分子 ATP。现以软脂酰 CoA 为例，说明其产生 ATP 的过程：

$$\text{软脂酰 CoA}+\text{HSCoA}+\text{FAD}+\text{NAD}^+ +\text{H}_2\text{O}$$
$$\longrightarrow \text{豆蔻脂酰 CoA}+\text{乙酰 CoA}+\text{FADH}_2+\text{NADH}+\text{H}^+$$

经过 7 次上述的 β-氧化循环，即可将软脂酰 CoA 转变为 8 分子乙酰 CoA，即

$$\text{软脂酰 CoA}+7\text{HSCoA}+7\text{FAD}+7\text{NAD}^+ +7\text{H}_2\text{O}$$
$$\longrightarrow 8\ \text{乙酰 CoA}+7\text{FADH}_2+7\text{NADH}+7\text{H}^+$$

每分子乙酰 CoA 进入三羧酸循环彻底氧化共形成 10 分子 ATP，因此，8 分子乙酰 CoA 彻底氧化共形成 80 分子 ATP。而 7 分子 $FADH_2$ 和 7 分子 NADH 进入电子传递链共产生 28 分子(1.5×7+2.5×7)ATP。软脂酸彻底氧化为 CO_2 和 H_2O 生成 108 分子 ATP，由于软脂酸活化为软脂酰 CoA 消耗 1 分子 ATP 中的 2 个高能磷酸键的能量，因此净生成 106 个 ATP 高能磷酸键，详见表 1-3-5。

表 1-3-5 软脂酸 β-氧化过程产能水平

1 分子软脂酸彻底氧化	生成 ATP 的分子数
1 次活化作用	−2
7 次 β-氧化作用	4×7=28
8 分子乙酰 CoA 的氧化	10×8=80
总计	106

当软脂酸氧化时，自由能的变化是−9 790.56 kJ/mol。ATP 水解为 ADP 和 Pi 时，自由能的变化为−30.54 kJ/mol。软脂酸生物氧化净生成 106 个 ATP，可产生 3 237.24 kJ 的能量。因此，在软脂酸氧化时，近 33%的能量转换成磷酸键能储存于 ATP 中。

(四) 脂肪酸的其他氧化方式

1. 脂肪酸的 α-氧化

1956 年，P. K. Stumpf 发现植物线粒体中除有 β-氧化作用外，还有一种特殊的氧化途径，称为 α-氧化作用。这种氧化途径后来也在动物的脑和肝细胞中发现。这个氧化过程是首先使 α-碳原子氧化成羟基，再氧化成酮基，最后脱羧成为少一个碳原子的脂肪酸。在这个氧化系统中，长链脂肪酸在一定条件下可直接羟化，产生 α-羟脂肪酸，再经氧化脱羧作用生成 CO_2 和少一个碳原子的脂肪酸。尽管 β-氧化是脂肪酸分解代谢的重要途径，但某些脂肪酸的 α-氧化也是必不可少的。例如：哺乳动物组织将绿色蔬菜的叶绿醇氧化为植烷酸后，即通过 α-氧化系统将植烷酸氧化为降植烷酸和 CO_2。在正常情况下，由于组织能十分迅速地降解植烷酸，因此血清中很难找到它，但一种少见的遗传病 Refsum 病患者，因缺少 α-氧化酶系，植烷酸不被氧化。

2. 脂肪酸的 ω-氧化

脂肪酸的 ω-氧化是指将脂肪末端的 ω-碳原子氧化，使之变成二羧酸的反应。生成的二羧酸再从两端进行 β-氧化，两端的羧基都可以与 CoA 结合，并可同时进行 β-氧化，从而加速了脂肪酸降解的过程。

$$CH_3—CH_2—\overset{\overset{\displaystyle O}{\|}}{C}—O^- \xrightarrow{\omega\text{-氧化}} O^-—\overset{\overset{\displaystyle O}{\|}}{C}—CH_2—\overset{\overset{\displaystyle O}{\|}}{C}—O^-$$

在发现这一反应的初期，人们并未重视。目前，ω-氧化酶系无论是从理论上还是实际上已日益受到重视，其原因是可利用它来清除海水表面的大量石油。反应过程是经浮油细菌的 ω-氧化，把烃转变为脂肪酸，然后再进行脂肪酸两端的 β-氧化降解。据估计，其氧化作用速率可高达 0.5 g/L，这对清除海面石油污染无疑会起重要作用。现已从油浸土壤中分离出许多具有 ω-氧化酶系统的细菌，可用它们来清除海水表面的大量浮油。

(五) 酮体的生成和利用

酮体是乙酰乙酸、β-羟丁酸和丙酮三种物质的总称。由脂肪酸的 β-氧化及其他代谢所产生的乙酰 CoA，在一般的细胞中可进入三羧酸循环进行氧化分解。但在动物的肝脏细胞中，乙酰 CoA 还有另一条去路，可生成乙酰乙酸、β-羟丁酸和丙酮。酮体是脂肪酸在肝分解氧化时特有的中间代谢物，这是因为肝具有活性较强的合成酮体的酶系，而又缺乏利用酮体的酶系。

1. 酮体的生成

在肝细胞线粒体中，脂肪酸氧化分解产生的乙酰 CoA 和脂肪酸在线粒体中经 β-氧化生成的大量乙酰 CoA 是合成酮体的原料。合成过程在线粒体内酶的催化下，分四步进行。

(1) 乙酰乙酰 CoA 的生成　2 分子乙酰 CoA 在肝线粒体乙酰乙酰 CoA 硫解酶的作用下，缩合成乙酰乙酰 CoA，并释出 1 分子 CoASH。

$$2CH_3COCoA \xrightarrow{\text{硫解酶}} CH_3COCH_2COCoA + CoASH$$

(2) 羟甲基戊二酸单酰 CoA 的生成　乙酰乙酰 CoA 在羟甲基戊二酸单酰 CoA(3-hydroxy-3-methyl glutaryl CoA，HMG CoA)合成酶的催化下，再与 1 分子乙酰 CoA 缩合生成羟甲基戊二酸单酰 CoA，并释出 1 分子 CoASH。

$$CH_3COCH_2COCoA + CH_3COCoA \xrightarrow{\text{HMGCoA 合成酶}} HO-\underset{\substack{|\\CH_2\\|\\COCoA}}{\overset{\substack{COOH\\|\\CH_2\\|}}{C}}-CH_3 + CoASH$$

(3) 羟甲基戊二酸单酰 CoA 生成乙酰乙酸和乙酰 CoA　羟甲基戊二酸单酰 CoA 在 HMG CoA 裂解酶的作用下，裂解生成乙酰乙酸和乙酰 CoA。

$$HO-\underset{\substack{|\\CH_2\\|\\COCoA}}{\overset{\substack{COOH\\|\\CH_2\\|}}{C}}-CH_3 \xrightarrow{\text{HMGCoA 裂解酶}} CH_3COCH_2COOH + CH_3COCoA$$

(4) β-羟丁酸的生成　乙酰乙酸在线粒体内膜 β-羟丁酸脱氢酶的催化下，被还原成 β-羟丁酸，所需的氢由 NADH 提供，还原的速度由 NADH 与 NAD^+ 的比值决定。部分乙酰乙酸可在酶催化下脱羧而成丙酮。

$$CH_3COCH_2COOH \xrightarrow[\text{D-}\beta\text{-羟丁酸脱氢酶}]{NADH+H^+ \curvearrowright NAD^+} CH_3\overset{\substack{OH\\|}}{C}HCH_2COOH$$

肝线粒体内含有各种合成酮体的酶类，尤其是 HMG CoA 合成酶。因此，生成酮体是肝特有的功能。但是肝氧化酮体的酶活性很低，故肝不能氧化酮体。肝产生的酮体，透过细胞膜进入血液运输到肝外组织进一步分解氧化。

2. 酮体的利用

肝外许多组织具有活性很强的利用酮体的酶。肝脏有生成酮体的酶，但缺乏利用酮体的酶。肝脏生成的酮体需经血液运输到肝外组织进一步氧化分解。肝外组织不能生成酮体，却具有很强氧化和利用酮体的能力。心肌、肾上腺皮质、脑组织等在供糖不足时，都可以利用酮体作为主要能源，在肝外组织细胞的线粒体内，β-羟丁酸和乙酰乙酸可被氧化生成乙酰 CoA，乙酰 CoA 进入三羧酸循环被彻底氧化。所以肝是生成酮体的器官，但不能利用酮体；肝外组织不能生成酮体，却可以利用酮体。

3. 酮体生成的生理意义

酮体是脂酸在肝内正常的中间代谢产物，是肝输出能源的一种形式。酮体溶于水，分子小，能通过血脑屏障及肌肉毛细血管壁，是肌肉尤其是脑组织的重要能源。脑组织不能氧化脂酸，却能利用酮体。长期饥饿、糖供应不足时，酮体可以代替葡萄糖成为脑组织及肌肉的主要能源。

二、脂肪的生物合成

生物体内的脂质可分为储脂和体脂两大类，其中储脂主要是脂肪。脂肪生物合成所需要的甘油和脂肪酸主要由葡萄糖代谢来提供，人和动物即使完全不摄取脂肪，也可由糖大量合成脂肪。另一方面，由食物摄取的脂肪经消化吸收后，以乳糜微粒形式进入血液循环，运输到肝或脂肪组织内，也可用于脂肪的生物合成。脂肪的合成主要在肝、脂肪组织及小肠的细胞液中进行，其中以肝的合成能力最强。

（一）磷酸甘油的合成

3-磷酸甘油是合成脂肪的前体之一，它有以下两个来源。

一是由糖酵解中间产物——磷酸二羟丙酮在 α-磷酸甘油脱氢酶（glycerol phosphate dehydrogenase）催化下，以 NADH 为辅酶还原形成。

$$\begin{array}{c} CH_2OH \\ | \\ C=O \\ | \\ CH_2OPO_3 \end{array} \xrightleftharpoons[\alpha\text{-磷酸甘油脱氢酶}]{NADH+H^+ \quad NAD^+} \begin{array}{c} CH_2OH \\ | \\ CHOH \\ | \\ CH_2OPO_3 \end{array}$$

磷酸二羟丙酮　　　　3-磷酸甘油

二是由脂肪水解产生的甘油，在 ATP 参与下经甘油激酶（glycerol kinase）催化而形成。

$$\begin{array}{c} CH_2OH \\ | \\ CHOH \\ | \\ CH_2OH \end{array} + ATP \xrightleftharpoons[\text{甘油激酶}]{Mg^{2+}} \begin{array}{c} CH_2OH \\ | \\ CHOH \\ | \\ CH_2OPO_3 \end{array} + ADP$$

甘油　　　　3-磷酸甘油

由于脂肪组织缺乏有活性的甘油激酶，因此这种组织中甘油三酯合成所需的 α-磷酸甘油来自糖代谢。

（二）脂肪酸的合成

脂肪酸的合成过程比较复杂，它包括饱和脂肪酸的从头合成、脂肪酸链延长、不饱和脂肪酸的合成等途径。脂肪酸的生物合成并不是其氧化降解的逆过程。首先，脂肪酸合

成是在胞液中进行的,需要CO_2和柠檬酸参加,而脂肪酸氧化是在线粒体中进行的;其次,脂肪酸合成酶系、酰基载体、供氢体等与脂肪酸氧化各不相同。

1. 饱和脂肪酸的从头合成

(1) 乙酰 CoA 的转运　脂肪酸合成的原料是乙酰 CoA,它主要来自葡萄糖的有氧分解和脂肪酸的 β-氧化。实验证明,无论是丙酮酸脱羧、氨基酸氧化,还是脂肪酸 β-氧化产生的乙酰 CoA 都是在线粒体基质中,它们不能任意穿过线粒体内膜到胞液中去,但可以通过柠檬酸-丙酮酸循环完成。在此循环中,乙酰 CoA 首先在线粒体内与草酰乙酸缩合生成柠檬酸,通过线粒体内膜上的载体转运即可进入胞液;胞液中 ATP 柠檬酸裂解酶使柠檬酸裂解释出乙酰 CoA 及草酰乙酸。草酰乙酸又被 NADH 还原成苹果酸再经氧化脱羧产生CO_2、NADPH 和丙酮酸,丙酮酸进入线粒体,在羧化酶催化下形成草酰乙酸,又可参加乙酰 CoA 转运循环(见图 1-3-25)。

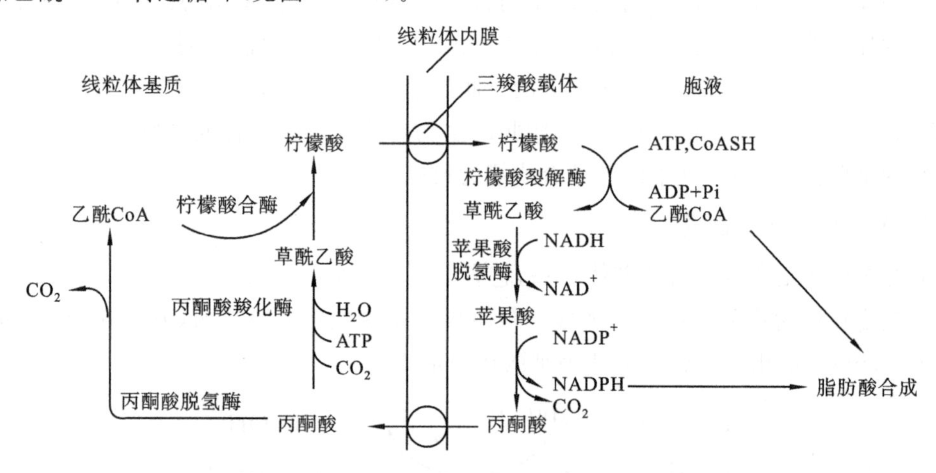

图 1-3-25　乙酰 CoA 从线粒体内至胞液的转运

(2) 丙二酸单酰 CoA 的形成　在脂肪酸从头合成过程中,用于合成脂肪酸链的二碳单位的直接供体并不是乙酰 CoA,而是乙酰 CoA 的羧化产物丙二酸单酰 CoA(malonyl CoA)。Salih Wakil 发现用细胞提取液进行脂肪酸生物合成时需要 HCO_3^-,后来才知道乙酰 CoA 是合成脂肪酸的引物,以软脂酸为例,所需的 8 个乙酰 CoA 单位中,只有 1 个以乙酰 CoA 的形式参与合成,其余 7 个皆以丙二酸单酰 CoA 的形式参与合成,脂肪酸合成中,每次延长都需要丙二酸单酰 CoA 参加。丙二酸单酰 CoA 是由乙酰 CoA 和 HCO_3^- 羧化形成的。

$$CH_3-\overset{\overset{\displaystyle O}{\|}}{C}-S-CoA + ATP + HCO_3^- \longrightarrow O^--\overset{\overset{\displaystyle O}{\|}}{C}-CH_2-\overset{\overset{\displaystyle O}{\|}}{C}-S-CoA + ADP + Pi + H^+$$

乙酰 CoA　　　　　　　　丙二酸单酰 CoA

此反应由乙酰 CoA 羧化酶(acetyl CoA carboxylase)所催化。该酶是一种别(变)构酶,是脂肪酸合成的限速调节酶。该酶的辅基为生物素(biotin)。

(3) 丙二酸单酰 CoA 和乙酰 CoA 形成软脂酸　这是一个重复加成的过程,每次延长 2 个碳原子,共需经过连续 7 次重复加成反应。此过程由脂肪酸合成酶复合体催化完成,如图 1-3-26 所示。

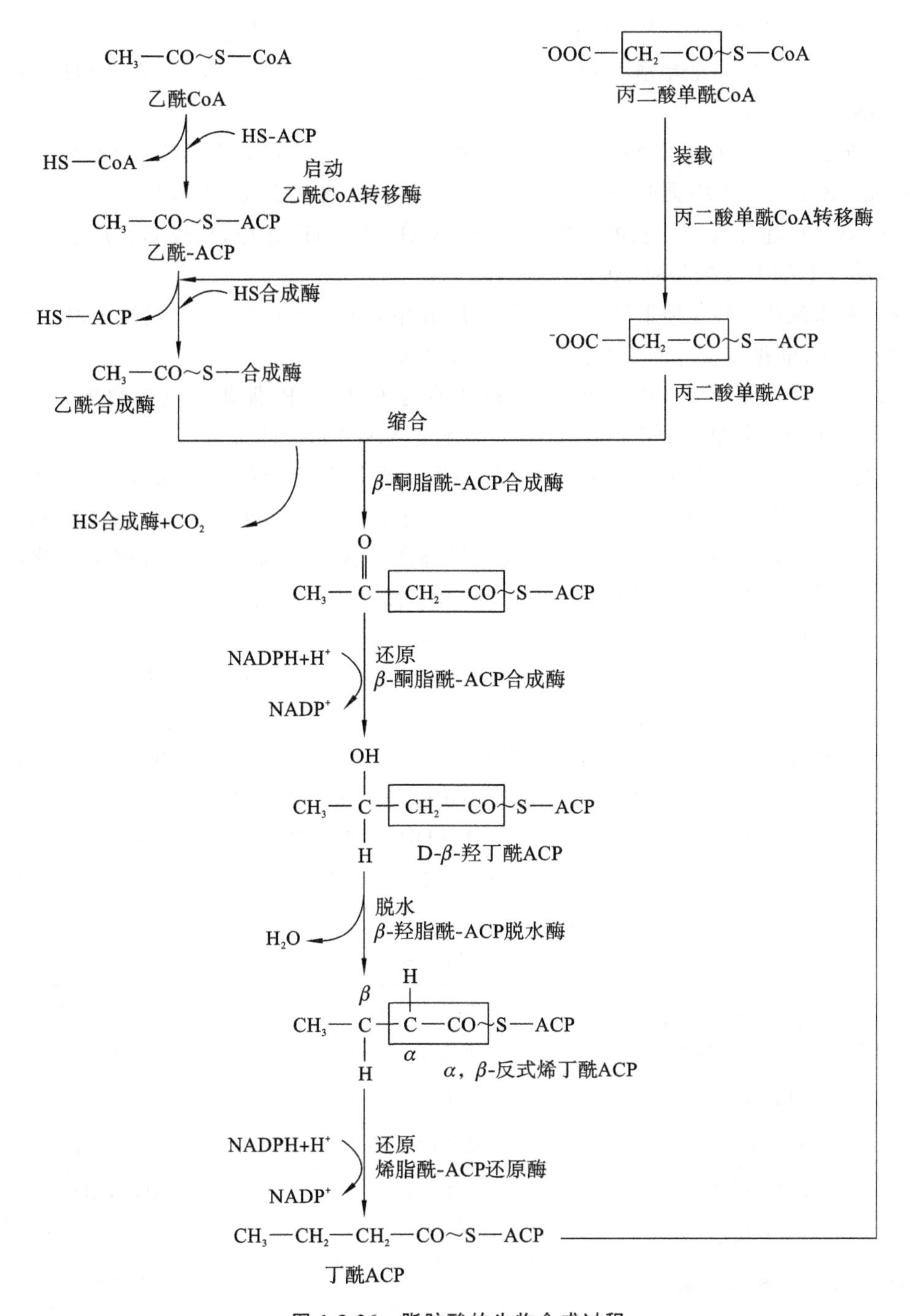

图 1-3-26　脂肪酸的生物合成过程

① 软脂酸合成酶多酶复合体是由一种辅助蛋白和六种酶组成。辅助蛋白和酶分别为酰基载体蛋白、乙酰 CoA 转移酶、丙二酸单酰 CoA 转移酶、β-酮脂酰-ACP 合成酶、β-酮脂酰-ACP 还原酶、β-羟脂酰-ACP 脱水酶、烯脂酰-ACP 还原酶。

② 脂肪酸的生物合成程序(大肠杆菌中)如下。

A. 启动　乙酰 CoA 转移酶催化乙酰 CoA 与 ACP 的—SH 作用，形成乙酰-ACP。

B. 装载　在丙二酸单酰 CoA 转移酶催化下，丙二酸单酰 CoA 与 ACP-SH 作用，形成丙二酸单酰-ACP。

C. 缩合反应　在 β-酮脂酰-ACP 合成酶催化下，丙二酸单酰-ACP 和乙酰-ACP 作用，形成乙酰乙酰-ACP，同时使丙二酸单酰基上的自由羧基脱羧产生 CO_2。

D. 第一次还原反应　乙酰乙酰-ACP 由 NADPH＋H^+ 还原，形成 D-β-羟丁酰-ACP。催化该反应的酶为 β-酮脂酰-ACP 还原酶。

E. 脱水反应　D-β-羟丁酰-ACP 脱水，形成相应的 α,β-(或 Δ^2)反式烯丁酰 ACP，即巴豆酰-ACP，催化该反应的酶是 β-羟脂酰-ACP 脱水酶。

F. 第二次还原反应　巴豆酰-ACP 被还原为丁酰-ACP，催化该反应的酶为烯脂酰-ACP 还原酶(enoyl-ACP reductase)，电子供体是 NADPH＋H^+。

丁酰-ACP 的形成完成了合成软脂酰-ACP 7 次循环反应的第一次循环。丁酰基由 ACP 转移到 β-酮脂酰-ACP 合成酶分子的—SH 上，ACP 又可再接受丙二酸单酰基，第二次循环即可进行。经过 7 次循环后，合成的最终产物软脂酰基-ACP 经硫酯酶催化，形成游离的软脂酸，或者由 ACP 转到 CoA 上，或者直接形成磷脂酸。

多数生物脂肪酸从头合成只能形成软脂酸，而不能形成比它多两个碳原子的硬脂酸。原因是 β-酮脂酰-ACP 合成酶对链长有专一性，它接受 14 碳酰基的能力很强，但不能接受 16 碳酰基。酶与饱和脂酰基的结合位点可能只适合于一定的链长范围。

脂肪酸生物合成的反应过程如图 1-3-26 所示。由乙酰 CoA 合成软脂酸的总反应如下。

$$8\text{乙酰 CoA}+14NADPH+14H^++7ATP \longrightarrow \text{软脂酸}+8CoASH+14NADP^++7ADP+7Pi+7H_2O$$

软脂酸的分解与合成途径概括起来有八点区别，详见表 1-3-6。这些不同点使得软脂酸的合成和氧化分解过程可以同时在细胞内独立进行。

表 1-3-6　软脂酸分解与合成代谢的区别

区　别　点	脂肪酸从头合成	脂肪酸 β-氧化
酶系统在细胞内的分布	细胞质	线粒体
酰基载体	ACP	CoA
二碳片段转移形式	丙二酸单酰 CoA	乙酰 CoA
电子供体或受体	NADPH	FAD、NAD^+
β-羟脂酰基构型	D 型	L 型
对 HCO_3^- 和柠檬酸的需求	要求	不要求
酶系	7 种酶、蛋白组成复合体	4 种酶
能量变化	消耗 7 个 ATP 及 14 个 NADPH	产生 106 个 ATP

2. 脂肪酸的碳链延伸

脂肪酸合成酶催化合成的脂肪酸是软脂酸。更长碳链的脂肪酸则是对软脂酸的加工，使其碳链延长。线粒体酶系、内质网酶系与微粒体酶系都能使短链饱和脂肪酸的碳链延长，每次延长 2 个碳原子。

（1）线粒体脂肪酸延长酶系　该酶系催化已合成脂肪酸的延伸，它与脂肪酸合成酶的不同之处有以下两点：

① 以乙酰 CoA 而不以丙二酰 CoA 作为延伸碳链；

② 反应过程中的各酰基载体为 CoASH，而不是 ACP-SH，即反应过程中各种形式的酰基都是以酰基-CoA 的形式参与反应，而不是以酰基-ACP 的形式参与反应。

线粒体内脂肪酸碳链延长反应如图 1-3-27 所示。

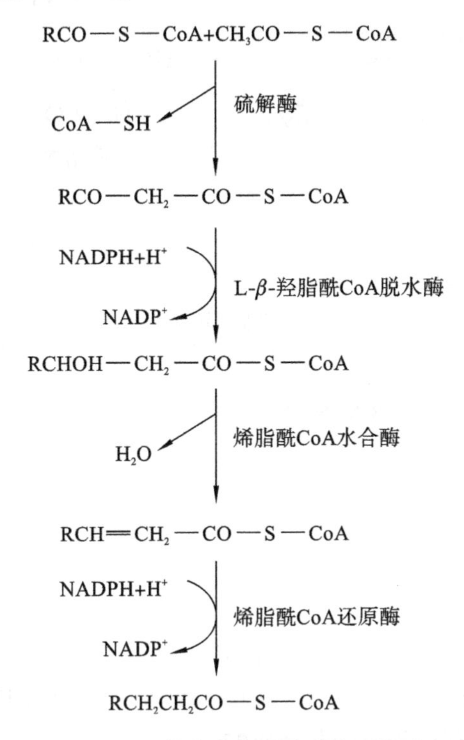

图 1-3-27　线粒体内脂肪酸碳链延长反应

（2）内质网脂肪酸延长系统　软脂酸碳链延长主要以丙二酰 CoA 为二碳单位的供给体，由 NADPH＋H^+ 供氢，通过缩合、加氢、脱水及再加氢等反应，每一轮可增加两个碳原子，反复进行可使碳链逐步延长，如图 1-3-28 所示。

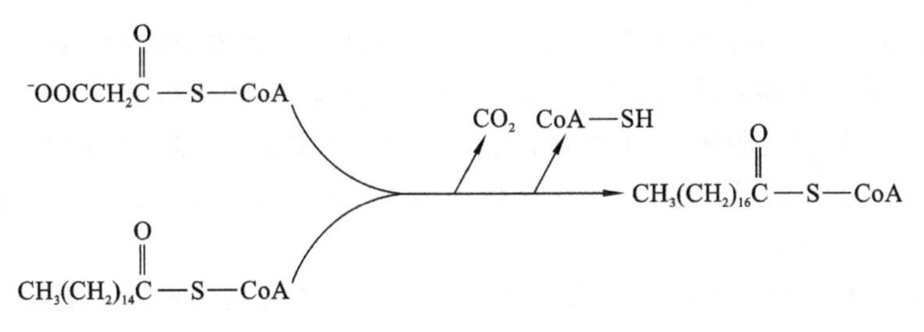

图 1-3-28　内质网中脂肪酸碳链延长反应

(三)脂肪的合成

人体以肝、脂肪组织和小肠为合成的主要场所。以3-磷酸甘油为原料，在细胞内质网中的脂酰转移酶的催化下，加上2分子脂酰CoA合成磷脂酸，后者脱磷酸生成甘油二酯，再与1分子脂酰CoA合成甘油三酯。

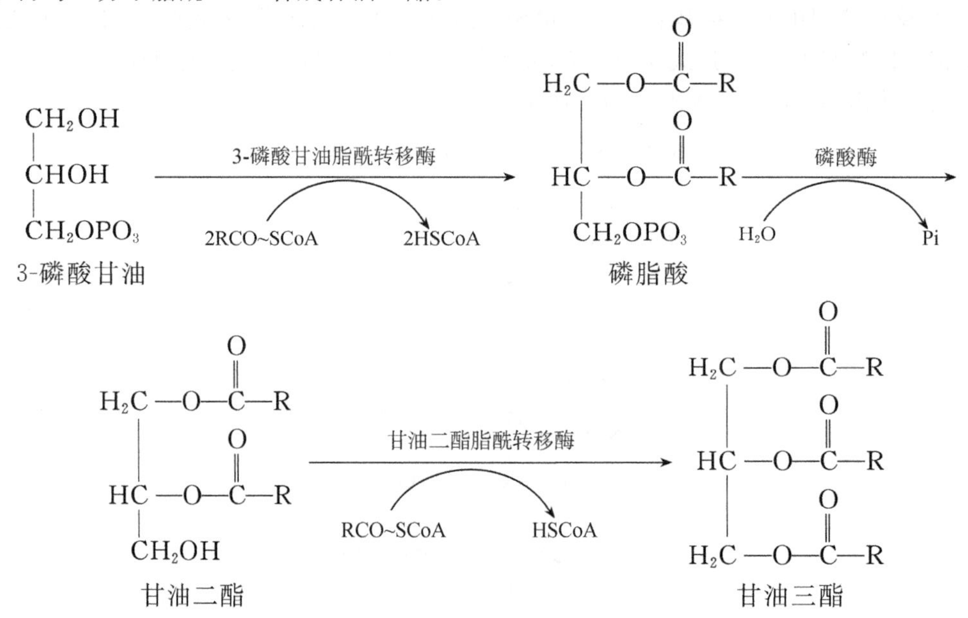

三、类脂的代谢

(一)磷脂的代谢

含磷酸的脂类称为磷脂。由甘油构成的磷脂统称为甘油磷脂，由鞘氨醇构成的磷脂称为鞘磷脂。甘油磷脂种类繁多，体内周转更新快，它们的共同特点是都具有亲水性和疏水性的兼性分子，水解后都产生磷酸和脂肪酸。

1. 甘油磷脂的降解

甘油磷脂能被不同的磷脂酶所分解，生物体内主要的磷脂酶有磷脂酶A_1、磷脂酶A_2、磷脂酶B_1、磷脂酶B_2、磷脂酶C、磷脂酶D，它们是按磷脂中分解的键来分类的。各种磷脂酶的作用点见图1-3-29。

(1) 磷脂酶A_1　磷脂酶A_1广泛分布于动物细胞的细胞器、微粒体中，可专一地水解C-1位脂肪酸，水解产物是溶血磷脂酸(或称溶血甘油磷脂)和脂肪酸。

(2) 磷脂酶A_2　磷脂酶A_2主要存在于蛇毒、蝎毒、蜂毒中，也常以酶原形式存在于动物的胰腺内。胰蛋白酶A_2以酶原形式存在，可防止细胞内甘油磷脂遭受降解；胰腺的磷脂酶A_2催化反应需Ca^{2+}参加。

(3) 磷脂酶B_1、磷脂酶B_2　两者广泛存在于动植物及真菌中，分别催化磷脂酶A_1、磷脂酶A_2的水解产物。

(4) 磷脂酶C　磷脂酶C主要存在于动物脑、蛇毒和微生物如韦氏梭菌(*Clostridium welchii*)、蜡状芽孢杆菌(*Bacillus cereus*)中，主要作用于磷脂键，产物为甘油二酯和磷酸胆碱。

(5) 磷脂酶 D　磷脂酶 D 主要存在于高等植物组织中，水解产物是磷脂酸和胆碱，反应时需要 Ca^{2+}。

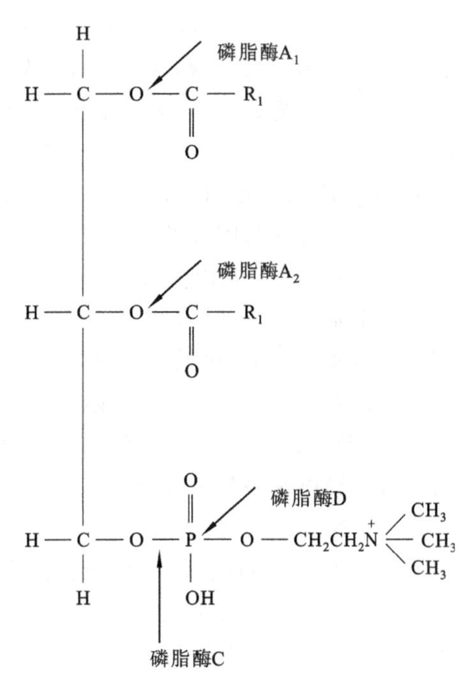

图 1-3-29　磷脂酶的作用点

甘油磷脂的水解产物甘油和磷酸可参加糖代谢，脂肪酸可进入 β-氧化或被再利用合成脂肪，含氮化合物则分别进入各自的代谢途径或合成新的磷脂。

2. 甘油磷脂的合成

甘油磷脂的合成是在内质网膜外侧进行的，磷脂酸是甘油磷脂合成的关键物质。由磷脂酸合成磷脂有两条途径：一条在高等动植物组织中占优势；另一条则主要存在于某些细菌中。而这两条途径都需要胞嘧啶核苷酸作为载体。在前一条途径中，胞嘧啶核苷酸是醇基的载体；后一条途径中，胞嘧啶核苷酸是磷脂酸的载体。各类甘油磷脂合成的基本过程归纳如下。

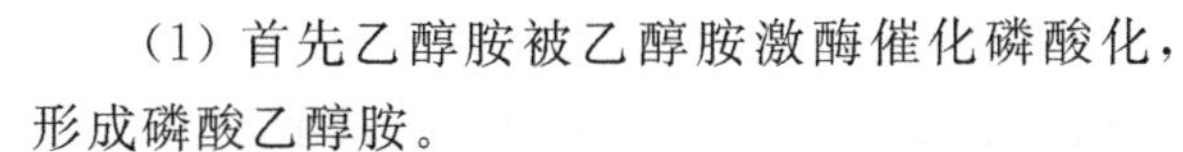

(1) 首先乙醇胺被乙醇胺激酶催化磷酸化，形成磷酸乙醇胺。

(2) 磷酸乙醇胺在磷酸乙醇胺胞嘧啶核苷酸转移酶催化下与 CTP 反应，形成胞嘧啶核苷二磷酸乙醇胺，即 CDP-乙醇胺。

(3) 在磷酸乙醇胺转移酶的催化下，CDP-乙醇胺上的 CMP 脱下，磷酸乙醇胺转移到甘油二酯上，形成磷脂酰乙醇胺。

这一步是合成甘油磷脂的关键性步骤。催化该反应的磷酸乙醇胺转移酶牢固地结合在内质网膜上。结合在线粒体和内质网上的磷脂酸磷酸酶能催化水相分散的磷脂酸水解，形成的甘油二酯可用于磷脂的合成。但是肝或肠黏膜细胞中的可溶性磷脂酸磷酸酶只能水解膜上的磷脂酸，形成的甘油二酯参加甘油三酯的合成。

(二) 胆固醇的代谢

胆固醇存在于所有的动物及一些植物组织中，所有动物都能吸收这种固醇类化合物，也能在体内合成这类化合物，其中肝脏能合成 80% 的胆固醇。但外源胆固醇摄入量增高时，可抑制肝内胆固醇的合成。所以在正常情况下，体内的胆固醇量维持动态平衡。各种因素引起胆固醇代谢紊乱都可以使血液中的胆固醇水平增高，从而引起动脉粥样硬化。大部分的胆固醇都与脂肪以同一途径进入乳糜微粒，经胸导管，再进入血液循环，转变成多种物质，主要是转变为胆汁酸及固醇激素，还有一部分不经分解最后随粪便排出。

1. 胆固醇的生物合成

合成胆固醇的酶系存在于细胞液和滑面内质网膜上，同位素示踪实验证明：内源胆固醇的所有碳原子都来自乙酰 CoA。胆固醇合成酶系有些与内质网结合，有些则存在于细胞液中，并且需要细胞液中的辅助因子如 NADPH、ATP 等参加，细胞内所有胆固醇的合成过程概括为四大步骤，现简要介绍如下。

(1) 由乙酰 CoA 形成二羟甲基戊酸(mevalonic acid，MVA)(6C)　一分子乙酰乙酰 CoA 与另一分子乙酰 CoA 进一步缩合成 β-羟-β-甲基戊二酰 CoA，后者经 β-羟甲基戊二酰 CoA 还原酶催化，利用 2 分子 $NADPH+H^+$，被转变成二羟甲基戊酸。此阶段中的后一步反应是合成胆固醇的限速反应。

(2) 由二羟甲基戊酸形成异戊烯醇焦磷酸酯(isopentenyl pyrophosphate，IPP)(5C)　二羟甲基戊酸在甲羟戊酸激酶催化下，由 ATP 提供能量，生成 3-磷酸-5-焦磷酸-MVA，后者不稳定，在脱羧酶催化下迅速脱羧脱磷酸，形成异戊烯醇焦磷酸酯。

(3) 鲨烯(squalene)的合成(30C)　异戊烯醇焦磷酸酯异构成 3,3-二甲基丙烯焦磷酸酯，后者与另一分子异戊烯醇焦磷酸酯进行头尾缩合，生成牻牛儿焦磷酸酯，产物再与另一分子异戊烯醇焦磷酸酯头尾缩合，形成法呢焦磷酸酯。然后 2 分子法呢焦磷酸酯缩合成前鲨烯焦磷酸，后者被 $NADPH+H^+$ 还原并脱去焦磷酸而生成鲨烯。

(4) 鲨烯形成胆固醇　鲨烯转换为胆固醇的过程很复杂，一个中间产物是羊毛固醇。涉及加氧、环化，形成由四个环组成的胆固醇核的反应。而由羊毛固醇到胆固醇还要经过甲基的转移、氧化、脱羧等 20 步反应。胆固醇合成的前体、中间产物和产物都结合在内质网上。

2. 胆固醇的转化

胆固醇的母核——环戊烷多氢菲在体内不能被降解，但它的侧链可被氧化、还原或降解转变为其他具有环戊烷多氢菲的母核的生理活性化合物，参与调节代谢或被排出体外。

(1) 转变为胆汁酸　人体中的胆汁酸主要有胆酸、脱氧胆酸、鹅胆酸等，以及它们与牛磺酸或甘氨酸结合形成的牛磺胆酸盐和甘氨酸胆酸盐。胆固醇在肝中转化成胆汁酸(bile acid)是胆固醇在体内代谢的主要去路。

(2) 转化为类固醇激素　胆固醇是肾上腺皮质、睾丸、卵巢等内分泌腺合成及分泌类固醇激素的原料。肾上腺皮质细胞中储存大量胆固醇酯，其含量可达 2%～5%，90%来自血液，10%由自身合成。肾上腺皮质球状带、束状带及网状带细胞可以胆固醇为原料分别合成醛固酮、皮质醇及雄激素。睾丸间质细胞合成睾酮，卵巢的卵泡内膜细胞及黄体可合成及分泌雌二醇及孕酮，三者均是以胆固醇为原料合成的。

(3) 转化为维生素 D　胆固醇在 7-脱氢酶作用下，先形成 7-脱氢胆固醇，在紫外线照射皮肤后，转化成维生素 D_3。后者是无活性的，但在肝中可发生羟基化成为 25-羟基维生素 D_3。这个活性维生素 D_3 进入肾，可以再转化为 1,25-二羟维生素 D_3，如图 1-3-30 所示。

胆固醇上的 3 位羟基还可与脂肪酸结合成为胆固醇脂。在许多组织中脂肪酸经活化成为脂酰 CoA，在脂酰 CoA 胆固醇脂酰转移酶(acyl CoA cholesterol acyl transferase，ACAT)作用下将脂酰基转移到游离胆固醇上而形成胆固醇脂。

四、脂质代谢的应用

脂质代谢在临床医药方面以及日常生活中有很重要的应用，主要表现如下。

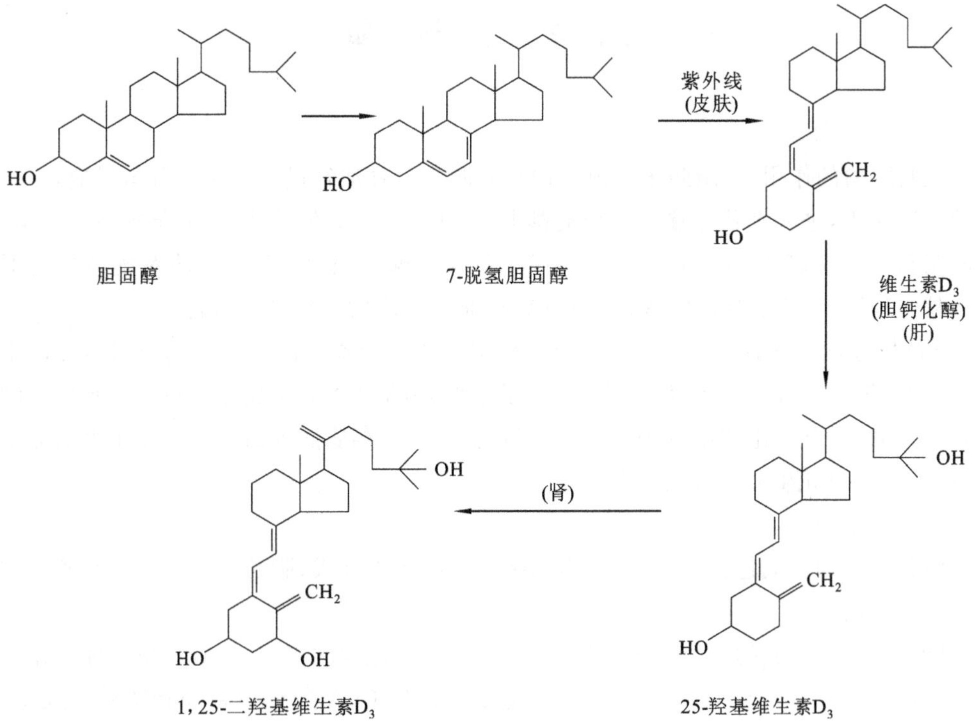

HO 胆固醇 → HO 7-脱氢胆固醇 紫外线 (皮肤) → CH_2 HO 维生素D_3 (胆钙化醇) (肝) → OH CH_2 HO 25-羟基维生素D_3 (肾) → OH CH_2 HO OH 1,25-二羟基维生素D_3

图 1-3-30　由胆固醇转化为活性维生素 D_3

(1) 脂与胆固醇在细胞内与蛋白质结合成脂蛋白，构成细胞膜、核膜及线粒体膜和内质网。其主要功能是维持细胞膜的通透性和细胞的正常代谢及细胞形态的稳定。

(2) 磷脂、脑苷脂及胆固醇还构成神经细胞及神经髓鞘，与兴奋及传导有关。

(3) 磷脂是一种生物溶剂，有助于脂质乳化，促进脂质的消化吸收，防止脂质在肝脏的沉积。人们在正常状态下，脂肪仅占肝湿重的 5%。脂肪肝时，脂肪可占肝湿重的20%～25%。

(4) 胆固醇除参与组成细胞外，还具有下列功能：①合成胆汁酸(胆酸、脱氧胆酸)，使食物脂质乳化，激活胰酶，促进游离高级脂肪酸的吸收；②制造维生素 D_3；③合成皮质激素及性激素。但是，当胆固醇代谢失常时，可形成黄色瘤及动脉粥样硬化，早年发生冠心病，并可患胆石症。

(5) 甘油三酯与非酯化脂肪酸的主要功能是供给与储存能量，脂肪组织还可缓冲机械性冲击，固定和保护内脏，以及维持体温并使形体丰满。

(6) 脂质为脂溶性维生素的吸收及运转所必需。

(7) 必需脂肪酸有维生素一样的作用，能合成前列腺素，促进体内胆固醇的转变及排泄，降低血浆胆固醇的浓度。必需脂肪酸缺乏时可患皮肤病，如婴儿湿疹；动物缺乏必需脂肪酸时，会发生尾巴糜烂、脱毛，还可能使血浆胆固醇含量增多，促使动脉粥样硬化。另外，心需脂肪酸含多个不饱和碳键，易氧化成致动脉粥样硬化的有害物质。

(8) 阿司匹林通过与环氧化酶中的 COX-1 活性部位多肽链 530 位丝氨酸残基的羟基发生不可逆的乙酰化，导致 COX 失活，继而阻断 AA 转化为血栓烷 A2(TXA2)的途径，抑制 PLT 聚集。

总结与反馈

1. 脂肪的降解

在脂肪酶的作用下，脂肪水解成甘油和脂肪酸。甘油经过磷酸化及脱氢反应，转变成磷酸二羟丙酮，进入糖代谢途径。脂肪酸与 ATP 和 CoA 在脂酰 CoA 合成酶的作用下，生成脂酰 CoA。脂酰 CoA 在线粒体内膜上的肉毒碱-脂酰 CoA 转移酶系统的帮助下进入线粒体基质，经 β-氧化降解成乙酰 CoA，再通过三羧酸循环彻底氧化。

β-氧化过程包括脱氢、水合、再脱氢和硫解这四个步骤，每进行一次 β-氧化，可以生成 1 分子 $FADH_2$、1 分子 $NADH+H^+$、1 分子乙酰 CoA 和 1 分子比原先少 2 个碳原子的脂酰 CoA。此外，某些组织细胞中还存在 α-氧化，生成 α-羟脂肪酸或 CO_2 和少 1 个碳原子的脂肪酸；经 ω-氧化生成相应的二羧酸。

2. 脂肪的生物合成

脂肪的生物合成包括三个方面：饱和脂肪酸的从头合成、脂肪酸碳链的延长和不饱和脂肪酸的生成。

脂肪酸从头合成的场所是细胞液，需要 CO_2 和柠檬酸的参与，二碳单位供体是糖代谢产生的乙酰 CoA。反应有两个酶系参与，分别是乙酰 CoA 羧化酶系和脂肪酸合成酶系。首先，丙二酸单酰 CoA 在乙酰 CoA 羧化酶催化下生成，然后在脂肪酸合成酶系的催化下，以 ACP 作酰基载体，乙酰 CoA 为二碳单位受体，丙二酸单酰 CoA 为二碳单位供体，经过缩合、还原、脱水、再还原几个反应步骤，先生成含 4 个碳原子的丁酰 ACP，每次延伸循环消耗 1 分子丙二酸单酰 CoA、2 分子 NADPH，直至生成软脂酰 ACP。产物再活化成软脂酰 CoA，参与脂肪合成或在微粒体系统或线粒体系统延长成 18 碳、20 碳和少量碳链更长的脂肪酸。高等动物不能合成亚油酸、亚麻酸、花生四烯酸，必须依赖食物供给。

3-磷酸甘油与两分子脂酰 CoA 在 3-磷酸甘油脂酰转移酶作用下生成磷脂酸，再经磷酸酶催化变成甘油二酯，最后经甘油二酯脂酰转移酶催化生成甘油三酯。

3. 类脂的代谢

磷脂酸是最简单的磷脂，也是其他甘油磷脂的前体。磷脂酸与 CTP 反应生成 CDP-甘油二酯，再分别与肌醇、丝氨酸、磷酸甘油反应，生成相应的磷脂。磷脂酸水解成甘油二酯，再与 CDP-乙醇胺反应，分别生成磷脂酰胆碱和磷脂酰乙醇胺。

磷脂分解代谢是指磷脂酶 A_1、A_2、B_1、B_2、C、D 分别作用于甘油磷脂分子中不同的酯键，生成多种产物。

胆固醇在体内的合成部位是细胞液和内质网，肝脏是合成胆固醇的主要场所，成年动物脑组织及成熟红细胞不能合成。合成原料为乙酰 CoA、NADPH、ATP 等，主要来源于糖。基本过程是乙酰 CoA 缩合为 HMG CoA 后，经 HMG CoA 还原酶作用生成二羟甲基戊酸(MVA)，然后经多步反应生成鲨烯后转化为胆固醇。

胆固醇在体内的转化去路有三种：①胆固醇转变为胆汁酸，肝脏将胆固醇转化为胆汁酸，是胆固醇代谢的主要去路；②转变为类固醇激素；③转变为 1,25-二羟维生素 D_3，参与钙磷代谢的调节。

思考训练

1. 1分子脂肪酸一次β-氧化和氧化的产物彻底氧化分解产生多少ATP？1分子脂肪酰CoA一次β-氧化和氧化的产物彻底氧化分解产生多少ATP？
2. 试述糖吃多了人体会发胖的原因，写出主要反应过程。
3. 简述脂肪酰CoA合成酶、乙酰CoA羧化酶、HMG CoA合成酶、HMG CoA还原酶所催化的反应。
4. 试述酮体的组成、生成部位、氧化部位、关键酶、生成及利用的过程及意义。
5. 试述胆固醇、酮体、脂肪酸的原料分别来自什么代谢的产物。
6. 试述CTP在磷脂合成中的作用，磷脂酶A_1、A_2的水解产物的特点。
7. 试述胆固醇的主要转变形式在脂类消化吸收中的作用。

任务四 蛋白质降解与氨基酸代谢

知识目标

(1) 认识蛋白质的营养价值和必需氨基酸的作用；
(2) 了解蛋白质的消化和吸收过程，掌握蛋白质水解酶的种类和作用特点；
(3) 理解氨基酸的两条共同代谢途径：脱氨基作用和脱羧基作用；
(4) 掌握氨基酸的各代谢产物特别是氨的代谢转变。

技能目标

(1) 能解释血氨浓度升高引起机体中毒的机理；
(2) 能理解血清转氨酶升高与肝功能的关系。

素质目标

能根据蛋白质的营养价值合理科学地安排膳食，养成健康饮食习惯。

一、蛋白质的消化、吸收及营养价值

蛋白质是细胞的基本结构成分，是生命现象的物质基础。在生物体新陈代谢过程中，

蛋白质总是不断地进行分解代谢和合成代谢,彼此总处于动态平衡之中。蛋白质代谢对于维持机体正常的生命活动具有重要的作用。

(一) 蛋白质水解酶

蛋白质在体内的降解过程是在酶的催化下进行水解,其肽键断裂成为氨基酸。能催化蛋白质中肽键断裂的酶统称为蛋白质水解酶,简称蛋白酶。蛋白酶的种类很多,广泛存在于动物的内脏、植物的茎叶和果实及微生物中,如动物和人体胃中的胃蛋白酶、胰腺分泌的胰蛋白酶,木瓜中的木瓜蛋白酶、菠萝中的菠萝蛋白酶等。根据蛋白酶的作用方式,一般可将其分为肽链内切酶、肽链外切酶和二肽酶三类。

肽链内切酶能水解肽链内部的肽键,如胃蛋白酶、胰蛋白酶、弹性蛋白酶等。肽链内切酶催化肽链断裂时对氨基酸基团和肽键具有严格的选择性。例如:胰蛋白酶特异水解精氨酸、赖氨酸的羧基端所形成的肽键;胰凝乳蛋白酶水解芳香族氨基酸(如苯丙氨酸、酪氨酸及色氨酸)的羧基端所形成的肽键;弹性蛋白酶主要水解脂肪族氨基酸羧基端所形成的肽键。

肽链外切酶能水解肽链两端氨基酸所形成的肽键,如从羧基端水解的羧肽酶、从氨基端水解的氨肽酶。羧肽酶有 A、B 两种,羧肽酶 A 主要水解由各种中性氨基酸为 C 端构成的肽键,羧肽酶 B 主要水解由赖氨酸、精氨酸等碱性氨基酸为 C 端构成的肽键。氨肽酶则水解 N 端的肽键,如图 1-3-31 所示。

二肽酶是能催化二肽水解的酶。二肽酶催化二肽水解时对两端的氨基酸没有特异性。

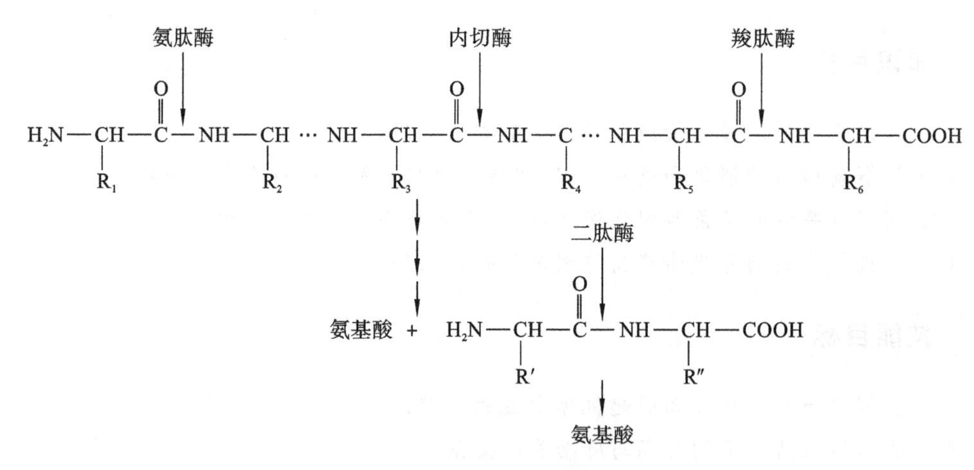

图 1-3-31 蛋白质水解酶的作用

(二) 蛋白质的消化

食物蛋白质进入体内,总是先经过水解作用变为小分子的氨基酸,然后才能被吸收和利用。食物蛋白质在胃、小肠及小肠黏膜细胞中经一系列酶促水解反应生成氨基酸的过程称为蛋白质的消化。蛋白质的消化过程为:蛋白质→蛋白胨→肽→氨基酸。

口腔中不含蛋白酶,食物蛋白质的消化从胃中开始。食物进入胃后,促进胃分泌胃泌素,后者刺激胃中的壁细胞分泌盐酸。胃中的主细胞分泌胃蛋白酶原。胃蛋白酶原经胃酸激活可转变为有活性的胃蛋白酶，同时胃蛋白酶本身也能激活胃蛋白酶原转变成胃蛋白酶，这称为自身激活作用。胃蛋白酶的最适 pH 为 1.5～2.5，pH 值为 6 时失活。它能催化具有苯丙氨酸、酪氨酸、色氨酸、亮氨酸、谷氨酸、谷氨酰胺等肽键的断裂，使大分子的蛋白质变为较小分子的多肽。

小肠是蛋白质消化的主要场所。蛋白质在胃中消化后，连同胃液进入小肠。在胃液的酸性刺激下，小肠分泌肠促胰液素，后者刺激胰腺分泌碳酸氢盐进入小肠中和胃酸，使 pH 值达 7.0 左右。食物中的氨基酸刺激十二指肠分泌多种蛋白酶，如胰蛋白酶、胰凝乳蛋白酶、羧肽酶、氨肽酶等，这些酶也以酶原形式分泌，随后被激活而发挥作用。蛋白质在这些酶的催化下，最终产物为氨基酸和一些寡肽。小肠黏膜细胞的刷状缘及细胞质中存在一些寡肽酶，氨肽酶从肽链的氨基末端逐个水解出氨基酸，最后生成二肽，二肽再经二肽酶水解，最终生成氨基酸。

（三）氨基酸的吸收

蛋白质水解为氨基酸后，氨基酸的吸收主要是在小肠中进行。一般认为，氨基酸的吸收主要有需要载体的主动转运和 γ-谷氨酰基循环两种方式。两者都是一个耗能的主动运输过程。

1. 需要载体的主动转运

研究表明，肠黏膜上具有转运氨基酸的载体蛋白，能将氨基酸及钠转运入细胞，钠则利用钠-钾泵排出细胞，并消耗 ATP。此过程与葡萄糖的吸收载体系统类似。已发现人体内至少有 4 种不同类型的载体分别参与不同氨基酸的吸收，运载不同侧链种类的氨基酸。它们是中性氨基酸载体、碱性氨基酸载体、酸性氨基酸载体、亚氨基酸与甘氨酸载体。

2. γ-谷氨酰基循环

γ-谷氨酰基循环需要谷胱甘肽的参与，其转运过程为：在肠黏膜细胞膜上有 γ-谷氨酰基转移酶，该酶催化氨基酸与谷胱甘肽反应生成 γ-谷氨酰氨基酸和半胱氨酰甘氨酸，后者在肽酶作用下降解为甘氨酸和胱氨酸；然后 γ-谷氨酰氨基酸在 γ-谷氨酸环化转移酶作用下脱去氨基酸，自身环化生成 5-氧脯氨酸，5-氧脯氨酸在 5-氧脯氨酸酶作用下水解 ATP 生成谷氨酸；最后谷氨酸与半胱氨酸在 γ-谷氨酰半胱氨酸合成酶催化下消耗 ATP 生成 γ-谷氨酰半胱氨酸，后者与甘氨酸在谷胱甘肽合成酶催化下消耗 ATP 重新生成谷胱甘肽，此过程为一个循环。通过 γ-谷氨酰基循环途径每转运 1 个氨基酸需消耗 3 个 ATP，而通过载体转运只需 1/3 个，因此该方式一般为备用的旁路。

（四）蛋白质的需要量和营养价值

蛋白质是重要的营养素，人和动物摄食蛋白质用以维持细胞、组织的生长、更新和修补，产生酶、激素、抗体和神经递质等多种重要的生理活性物质，这是糖和脂类不可替代的。同时，机体摄入的蛋白质（以氨基酸形式）在体内也可以分解供能（1 g 蛋白质提供的能量约为 16.7 kJ），或者转变为糖和脂肪等。

1. 氮平衡

为了了解机体摄入的蛋白质是否满足需要，常用测定氮平衡的方法，即测定机体在一定时间内摄入的氮量和同期内排出的氮量，并将两者进行比较的方法。测定氮平衡能够

了解机体蛋白质代谢的概况，这是因为一般蛋白质的含氮量均在16%左右，而食物中的含氮物质绝大部分是蛋白质。蛋白质在体内分解代谢所产生的含氮物质主要由尿、粪排出。尿中排氮量代表着体内蛋白质的分解量，粪中排氮量则代表着未被吸收的蛋白质的量。测定氮平衡的结果可以有以下三种情况。

(1) 氮的总平衡　总平衡即摄入的氮量与排出的氮量相等。这意味着机体蛋白质的分解与合成处于平衡状态。健康的成年人应处于这种状态，甚至富余5%为宜。

(2) 氮的正平衡　正平衡即摄入的氮量多于排出的氮量。这意味着机体内蛋白质含量的增加，称为蛋白质(或氮)在体内积累。处于生长发育阶段的儿童和怀孕时的妇女应处于这种状态，疾病恢复期的患者也应如此。

(3) 氮的负平衡　负平衡即排出的氮量多于摄入的氮量。这意味着机体内的蛋白质被消耗，个体将逐渐消瘦。除疾病情况外，负平衡说明机体摄入的蛋白质不足。

2. 蛋白质需要量

对于机体来说，在糖和脂肪充分供应的情况下，为了维持氮的总平衡，至少必须摄入的蛋白质的量称为蛋白质的最低需要量。氮平衡实验结果表明，正常成年人在食用不含蛋白质的食物时，每日排氮量约为3.18 g，即相当于分解了约20 g蛋白质。由于食物蛋白质与人体蛋白质组成的差异，经消化、吸收的氨基酸不可能全部被利用，故成人每日蛋白质最低需要量为30～50 g，才能保持人体总氮平衡。2012年中国营养学会推荐成人每日蛋白质的安全摄入量约为80 g，正在生长发育的儿童、青少年及孕妇等，蛋白质的需要量必须相应增加。

3. 蛋白质的生理价值

食用来源不同的蛋白质时，其最低需要量可有很大的差异。这是因为不同蛋白质的生理价值不同。所谓蛋白质的生理价值，是指食物蛋白质消化吸收后在体内被利用的程度，即

$$蛋白质的生理价值=\frac{氮的保留量}{氮的吸收量}\times 100$$

例如，机体吸收了(不是摄入了)100 g某种蛋白质，合成了90 g体内蛋白质，此蛋白质对该个体的生理价值为90。很明显，摄入生理价值较高的蛋白质时，其最低需要量便小；反之亦然。

为什么不同蛋白质的生理价值不同？这是因为不同蛋白质所含氨基酸的组成有所不同，其中主要是由于所含必需氨基酸的种类和比例不同。

(1) 必需氨基酸　必需氨基酸是指体内需要而又不能自身合成，必须由食物供应的氨基酸。人体内有8种必需氨基酸：异亮氨酸、甲硫氨酸、缬氨酸、亮氨酸、色氨酸、苯丙氨酸、苏氨酸、赖氨酸。其余12种氨基酸在体内可以合成，不一定需要由食物供应，所以称为非必需氨基酸。需要指出的是，必需与非必需是指是否需要由食物供给，而并非指机体只需要某些氨基酸，而不需要另外一些氨基酸。

由于蛋白质的生理价值在于它被机体用于合成机体蛋白质的比例，因而很明显，食物蛋白质的氨基酸组成与机体的蛋白质组成越相近，则其生理价值越高。与机体蛋白质完全相同的食物蛋白质，其生理价值最高(为100)。然而由于非必需氨基酸能在体内合成，

所以这些氨基酸在食物蛋白质中的含量,不影响该蛋白质的生理价值。而必需氨基酸则不同,它们在体内不能合成,所以它们在食物蛋白质中的含量真正决定着蛋白质的生理价值。

(2) 氨基酸互补作用　在日常生活中,为提高蛋白质的生理价值,可采用互补法来摄取蛋白质。这是因为在不同种类的蛋白质中,所含必需氨基酸的量有很大差异。例如:谷类蛋白质含赖氨酸较少而含色氨酸较多,豆类蛋白质含赖氨酸较多而色氨酸含量又较少,两者混合食用即可提高其生理价值。

二、氨基酸分解代谢的共同途径

组成蛋白质的氨基酸有 20 种,20 种氨基酸的化学结构不同,其代谢途径也有差异。但它们都含有 α-氨基(脯氨酸除外)和 α-羧基,因而在代谢上有共同之处。氨基酸分解代谢的共同途径有脱氨基作用和脱羧基作用。

(一) 氨基酸代谢概况

机体内氨基酸的来源有三个:一是由消化道吸收的,称为外源性氨基酸;二是由体内蛋白质经组织蛋白酶催化分解产生的;三是由其他物质在体内合成的。后两者称为内源性氨基酸。内源性氨基酸和外源性氨基酸共同组成氨基酸代谢库,一起进行代谢。它们只是来源不同,在代谢上没有区别。

氨基酸随血液运输至全身各种组织的细胞中进行代谢,其去路如下。

(1) 合成蛋白质,这是最主要的。

(2) 转变成各种重要的含氮活性物质。

(3) 未被用于上述两种途径的氨基酸分解供能。

在大多数情况下,氨基酸的分解是首先脱去氨基生成氨和 α-酮酸。生成的氨小部分用于合成某些含氮物质(包括氨基酸),大部分则转变为代谢废物或直接排出体外。生成的 α-酮酸或是彻底氧化分解为 CO_2 和 H_2O 并释放出能量,或是转变为糖或脂肪作为能量的储备,有些还可再氨基化为氨基酸。少量氨基酸也可进行脱羧基作用生成相应的伯胺。体内氨基酸的代谢概况总结如图 1-3-32 所示。

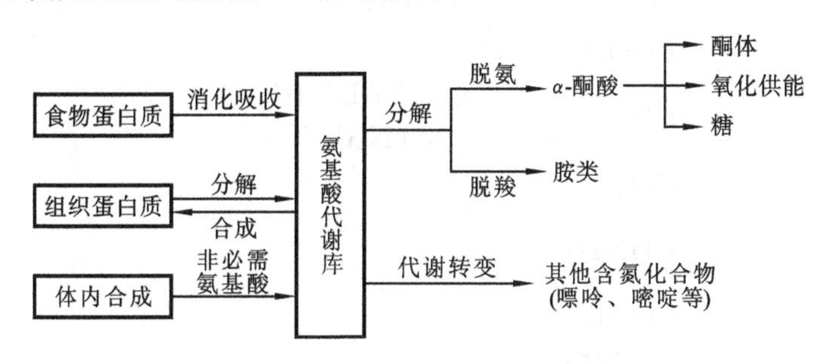

图 1-3-32　氨基酸代谢概况

(二) 氨基酸的脱氨基作用

在酶的催化下,氨基酸脱掉氨基的过程称为脱氨基作用,这是氨基酸的主要代谢途径。脱氨基作用主要在肝和肾中进行,其方式有氧化脱氨基作用、转氨基作用和联合脱氨基作用。

1. 氧化脱氨基作用

氨基酸在酶的作用下，先脱去两个氢原子形成亚氨基酸，亚氨基酸自动与水反应生成α-酮酸和氨的过程，称为氨基酸的氧化脱氨基作用。其反应过程如下。

$$\underset{\text{氨基酸}}{R-CH(NH_2)-COOH} \xrightarrow[\text{酶}]{-2H} \underset{\text{亚氨基酸}}{R-C(=NH)-COOH} \xrightarrow{+H_2O} \underset{\alpha\text{-酮酸}}{R-C(=O)-COOH} + NH_3$$

已知体内催化氨基酸氧化脱氨基作用的酶有三种：L-氨基酸氧化酶、D-氨基酸氧化酶和L-谷氨酸脱氢酶。

L-氨基酸氧化酶以FMN为辅酶，它催化许多L-氨基酸的氧化脱氨基作用。但在体外它的最适pH为10，故在体内情况下它的活性可能不强，并且它在体内分布不广。一般认为L-氨基酸氧化酶的作用不大，不是大多数氨基酸脱氨基的主要方式。

D-氨基酸氧化酶以FAD为辅基，催化D-氨基酸的氧化脱氨基作用。已知它在体内分布很广，活性也很强，但是由于体内绝大多数氨基酸都是L型，故这个酶的作用也不大。

L-谷氨酸脱氢酶催化L-谷氨酸发生氧化脱氨基作用，其辅酶是NAD^+或$NADP^+$，此酶在体内分布很广，活性很强，它催化L-谷氨酸脱去氨基生成α-酮戊二酸和氨，其反应如下。

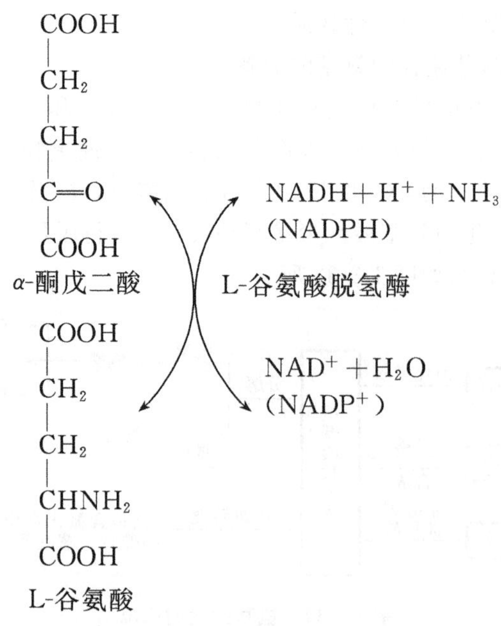

以上反应是一个可逆反应，在有NH_3、α-酮戊二酸和NADH或NADPH时，此酶可催化合成L-谷氨酸。但此酶的专一性很强，只催化L-谷氨酸的氧化脱氨基作用，对其他氨基酸无作用。故单靠此酶也不能使体内大多数氨基酸发生脱氨基作用。

2. 转氨基作用

在酶的催化下，一个氨基酸分子上的α-氨基转移到一个α-酮酸分子上，使原来的氨基

酸变成 α-酮酸，而原来的 α-酮酸则变成相应的氨基酸，这个过程称为转氨基作用，或者称为氨基移换作用。

$$\begin{array}{c} R_1 \\ | \\ CH{-}NH_2 \\ | \\ COOH \end{array} + \begin{array}{c} R_2 \\ | \\ C{=}O \\ | \\ COOH \end{array} \xrightleftharpoons{\text{转氨酶}} \begin{array}{c} R_1 \\ | \\ C{=}O \\ | \\ COOH \end{array} + \begin{array}{c} R_2 \\ | \\ CH{-}NH_2 \\ | \\ COOH \end{array}$$

催化此种反应的酶称为转氨酶（或氨基移换酶）。它催化的反应是可逆的，反应的平衡常数接近 1.0。转氨酶是催化氨基酸与酮酸之间氨基转移的一类酶，普遍存在于动物、植物组织和微生物中，心肌、脑、肝、肾等动物组织及绿豆芽中含量较高。转氨酶的种类也很多，体内除赖氨酸、苏氨酸外，其余 α-氨基酸都可参加转氨基作用并各有其特异的转氨酶。大多数转氨酶以 α-酮戊二酸为氨基的受体，其中比较重要的转氨酶有谷丙转氨酶(GPT)（或称丙氨酸转氨酶(ALT)）和谷草转氨酶(GOT)（或称天冬氨酸转氨酶(AST)）。前者催化谷氨酸与丙酮酸之间的转氨基反应，后者催化谷氨酸与草酰乙酸之间的转氨基反应，其反应式可表示如下。

$$\underset{\text{谷氨酸}}{\begin{array}{c} COO^- \\ | \\ CH_2 \\ | \\ CH_2 \\ | \\ CH\overset{+}{N}H_3 \\ | \\ COO^- \end{array}} + \begin{array}{c} CH_3 \\ | \\ C{=}O \\ | \\ COO^- \end{array} \xrightleftharpoons{\text{转氨酶}} \underset{\alpha\text{-酮戊二酸}}{\begin{array}{c} COO^- \\ | \\ CH_2 \\ | \\ CH_2 \\ | \\ C{=}O \\ | \\ COO^- \end{array}} + \underset{\text{丙氨酸}}{\begin{array}{c} CH_3 \\ | \\ CH\overset{+}{N}H_3 \\ | \\ COO^- \end{array}}$$

$$\underset{\text{天冬氨酸}}{\begin{array}{c} COO^- \\ | \\ CH_2 \\ | \\ CH\overset{+}{N}H_3 \\ | \\ COO^- \end{array}} + \underset{\alpha\text{-酮戊二酸}}{\begin{array}{c} COO^- \\ | \\ CH_2 \\ | \\ CH_2 \\ | \\ C{=}O \\ | \\ COO^- \end{array}} \xrightleftharpoons{\text{转氨酶}} \underset{\text{草酰乙酸}}{\begin{array}{c} COO^- \\ | \\ CH_2 \\ | \\ C{=}O \\ | \\ COO^- \end{array}} + \underset{\text{谷氨酸}}{\begin{array}{c} COO^- \\ | \\ CH_2 \\ | \\ CH_2 \\ | \\ CH\overset{+}{N}H_3 \\ | \\ COO^- \end{array}}$$

转氨酶只分布在细胞内，正常血清中含量很少，而在不同的组织中，这两种转氨酶的活力也不相同。谷丙转氨酶以肝脏中的活力最大，谷草转氨酶以心脏中的活力最大，其次为肝脏；当肝脏细胞损伤时，谷丙转氨酶释放到血液内，于是血液内酶活力明显地增加。在临床上测定血液中转氨酶活力可作为诊断的指标。例如：测定 GPT 活力可诊断肝功能的正常与否，急性肝炎患者血清中 GPT 活力可明显地高于正常人；而测定 GOT 活力则有助于对心脏病变的诊断，心肌梗死时血清中 GOT 活性显著上升。表 1-3-7 所示为人正常组织的 GOT 及 GPT 活力。

转氨酶的种类虽多，但其辅酶只有一种，即磷酸吡哆醛(PLP)，它是维生素 B_6 的磷酸酯。在转氨基作用时，磷酸吡哆醛从氨基酸接受氨基变成磷酸吡哆胺，氨基酸则变成相应

的 α-酮酸。磷酸吡哆胺以相同的方式将氨基转移给另一个 α-酮酸生成另一种氨基酸。可见磷酸吡哆醛在转氨基反应中起氨基传递体的作用。其作用机制如图 1-3-33 所示。

表 1-3-7　人正常组织的 GOT 及 GPT 活力　　单位:U/g(湿组织)

组　织	GOT	GPT	组　织	GOT	GPT
心	156 000	7 100	胰腺	28 000	2 000
肝	142 000	44 000	脾	14 000	1 200
骨骼肌	99 000	4 800	肺	10 000	700
肾	91 000	19 000	血清	20	16

资料来源:刘新光《生物化学》,2007。

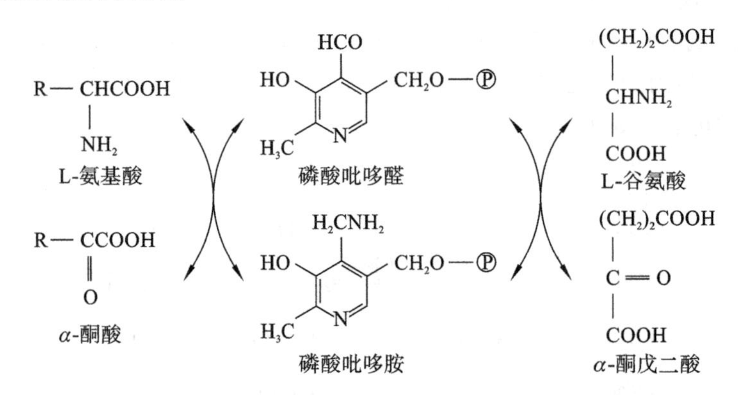

图 1-3-33　转氨基作用机制

3. 联合脱氨基作用

转氨基作用虽然在体内普遍进行,但只是进行氨基的转移,并没有彻底除去。氧化脱氨基作用虽然能把氨基酸的氨基真正移去,但体内只有 L-谷氨酸脱氢酶活性较强,它只能使谷氨酸脱去氨基,而其他氨基酸仍然无法脱去氨基。因此,一般认为,L-氨基酸在体内往往不是直接氧化脱去氨基,而是先与 α-酮戊二酸经转氨基作用变为相应的酮酸及谷氨酸,谷氨酸经 L-谷氨酸脱氢酶作用重新变成 α-酮戊二酸,同时释放出氨,这种转氨基作用和氧化脱氨基作用相偶联进行的反应称为联合脱氨基作用。其反应式如图 1-3-34 所示。

研究发现,此类联合脱氨基作用主要在肝、肾等组织中进行,而在肌肉组织(如骨骼肌、心肌)中的 L-谷氨酸脱氢酶活性很低,难以进行上述联合脱氨基反应。在肌肉组织中存在另一种联合脱氨基反应,即转氨基作用与嘌呤核苷酸循环的联合。其反应过程如图 1-3-35 所示。

氨基酸通过转氨基作用生成谷氨酸后,在谷草转氨酶(GOT)的催化下再次将氨基转移给草酰乙酸,生成天冬氨酸,天冬氨酸经腺苷酸代琥珀酸酶作用与次黄嘌呤核苷酸(IMP)反应生成腺苷酸代琥珀酸,后者经裂解酶作用生成腺苷一磷酸(AMP)和延胡索酸,AMP 经腺苷酸脱氨酶水解释放出氨,自身又转变为 IMP,延胡索酸经代谢转变重新生成草酰乙酸,又可进行下一轮脱氨基反应循环。

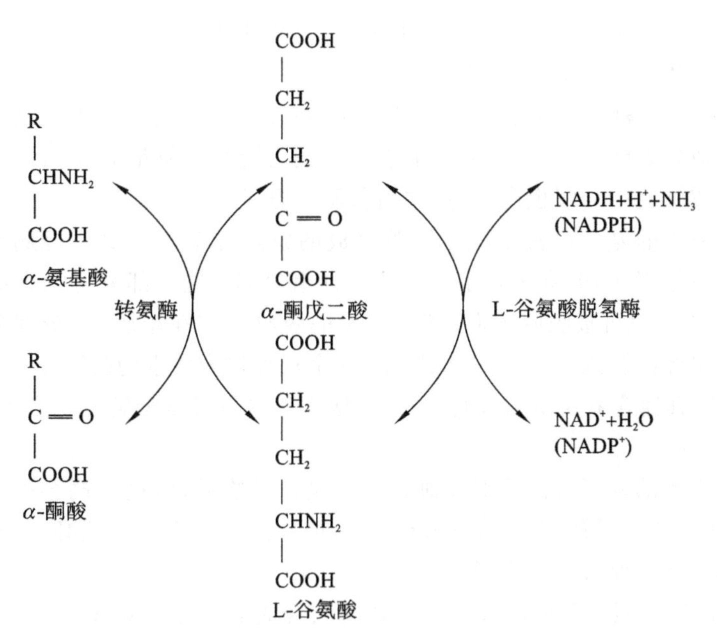

图 1-3-34 转氨基作用与谷氨酸氧化脱氨基作用的联合脱氨基作用

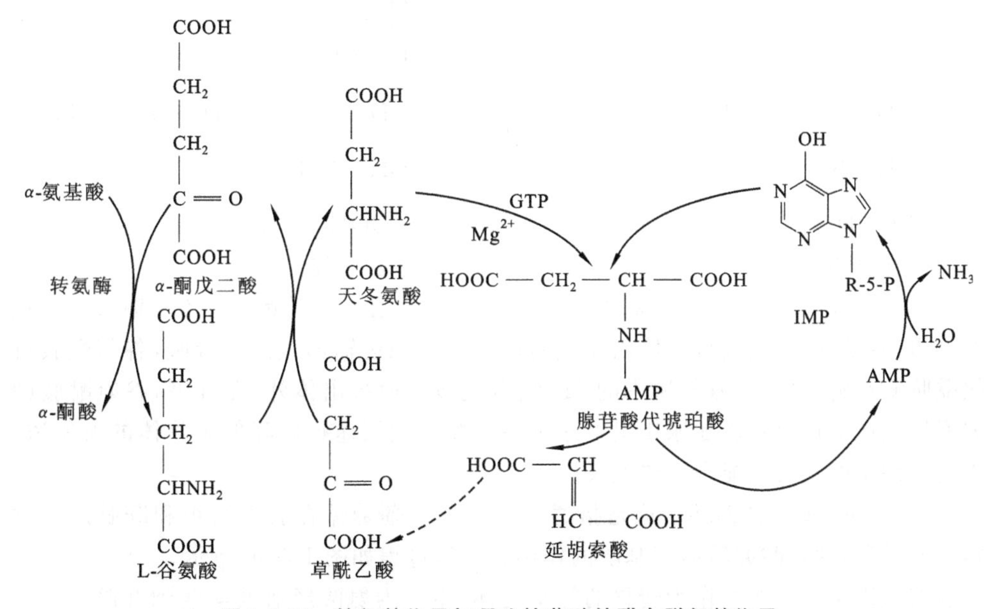

图 1-3-35 转氨基作用与嘌呤核苷酸的联合脱氨基作用

三、氨的代谢转变

※(一) 体内氨的来源与转运

1. 氨的来源

(1) 组织中氨基酸分解生成的氨　组织中的氨基酸经联合脱氨基作用脱氨或其他方式脱氨,这是组织中氨的主要来源。组织中氨基酸经脱羧基作用生成胺,胺再经单胺氧化

酶或二胺氧化酶作用生成游离氨和相应的醛,这是组织中氨的次要来源。组织中氨基酸分解生成的氨是体内氨的主要来源。

(2) 肾脏来源的氨　血液中的谷氨酰胺流经肾脏时,可被肾小管上皮细胞中的谷氨酰胺酶分解生成谷氨酸和 NH_3。这一部分 NH_3 约占肾脏产氨量的 60%。其他各种氨基酸在肾小管上皮细胞中分解也产生氨,约占肾脏产氨量的 40%。

(3) 肠道来源的氨　正常情况下肝脏合成的尿素有 15%～40%经肠黏膜分泌入肠腔。肠道细菌有尿素酶,可将尿素水解成为 CO_2 和 NH_3,这一部分氨约占肠道产氨总量的 90%。肠道中的氨可被吸收入血,其中 3/4 的吸收部位在结肠,其余部分在空肠和回肠。氨入血后可经门脉入肝,重新合成尿素,这个过程称为尿素的肠肝循环。

(4) 药物或其他含氮物质的分解　嘌呤、嘧啶等含氮碱基分解也可产生氨。

2. 氨的转运

机体各种来源的氨汇入血液形成血氨。氨是毒性物质,浓度过高会引起中毒。在兔体内,当血液中氨的含量达到 0.05 mg/mL 时,可导致兔死亡。血氨必须安全运输,解除毒性。血氨的转运主要有两条途径。

(1) 谷氨酰胺运氨　谷氨酰胺是由谷氨酰胺合成酶催化谷氨酸与 NH_3 合成的,反应如下。

$$\underset{\text{谷氨酸}}{\begin{array}{l}COOH\\ |\\ (CH_2)_2\\ |\\ CH—NH_2\\ |\\ COOH\end{array}} + NH_3 + ATP \underset{\text{谷氨酰胺酶}}{\overset{\text{谷氨酰胺合成酶}}{\rightleftharpoons}} \underset{\text{谷氨酰胺}}{\begin{array}{l}O\\ \|\\ C—NH_2\\ |\\ (CH_2)_2\\ |\\ CH—NH_2\\ |\\ COOH\end{array}} + ADP + H_2O + Pi$$

这是一个耗能解毒反应,主要从脑、肌肉等组织向肝和肾转运氨。谷氨酰胺是中性无毒的物质,容易通过细胞膜,是体内血氨的储存形式和运输形式。在肾脏,谷氨酰胺可被谷氨酰胺酶水解释放氨,氨与尿中的 H^+ 结合成铵盐而排出体外;在肝脏,谷氨酰胺则合成尿素后经血液运至肾脏随尿排出。通过谷氨酰胺运氨途径以降低生物体的血氨浓度,对维持脑细胞的正常功能有重要意义。

(2) 丙氨酸-葡萄糖循环　这是指通过丙氨酸和葡萄糖在肌肉组织和肝脏之间进行氨转运的过程,丙氨酸起转运氨基酸的作用。转运过程如图 1-3-36 所示。

肌肉组织中以丙酮酸作为转移的氨基受体,生成丙氨酸经血液运输到肝脏。在肝脏中,经转氨基作用生成丙酮酸,丙酮酸可经糖异生作用生成葡萄糖,葡萄糖由血液运输到肌肉组织中,分解代谢再产生丙酮酸,后者再接受氨基生成丙氨酸。通过此途径,肌肉中氨基酸的氨基运输到肝脏以氨或天冬氨酸合成尿素。饥饿时,此循环将肌肉组织中氨基酸分解生成的氨及葡萄糖的不完全分解产物丙酮酸,以无毒性的丙氨酸形式转运到肝脏作为糖异生的原料。在肝脏中异生成的葡萄糖可被肌肉或其他外周组织利用。

3. 氨的排泄

氨的排泄是生物体维持正常生命活动所必需的,在不同生物体内氨的排泄方式各不

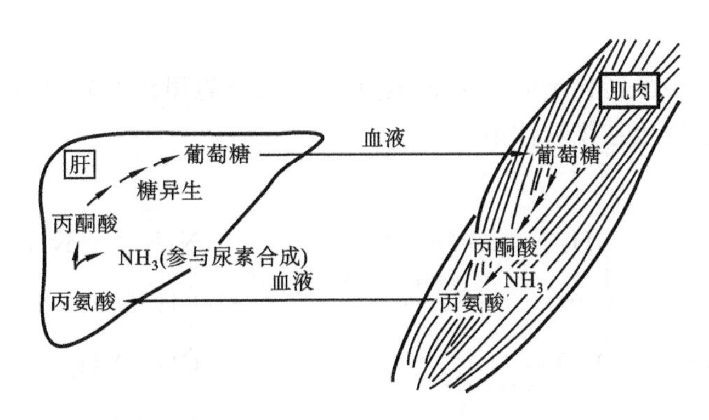

图 1-3-36　丙氨酸-葡萄糖循环

相同。氨的排泄方式主要有以下三类。

(1) 直接排氨　NH_3是小分子，易透过细胞膜，也易溶于水。水生动物没有缺水问题，其代谢产生的NH_3可直接透过体表而溶于外界水中，也可用水稀释NH_3，减弱NH_3的毒性，然后从排泄系统排出。所以水生动物尿中的含氮废物主要是NH_3。

(2) 转变成尿素排出　人和其他陆生哺乳类及陆生两栖类(如蛙)等的排泄废物主要是尿素。尿素易溶于水，排泄尿素虽然需要水，但尿素毒性小，可在动物体内停留较长时间而无害，因而可以在体内积累到较高浓度时才被排出，耗水不多。

(3) 转变为尿酸排出　鸟类和陆生爬行动物主要是将氨转变为溶解度较小的尿酸排出体外。

除氨、尿素、尿酸外，动物还排泄多种其他含氮化合物。蜘蛛的主要含氮排泄物是鸟嘌呤；很多种鱼排泄含 3 个甲基的氧化胺，即氧化三甲基胺。总之，动物排泄的含氮废物种类多，不同类别的动物可排泄不同的含氮废物。这种情况似乎表明，动物的含氮废物本来是多样的，只是在进化过程中，动物适应于所在环境。水生动物大多发展了排泄氨的功能；进入陆地后，卵生动物发展了排泄尿酸的功能；胎生动物发展了排泄尿素的功能。

(二) 尿素的合成

哺乳动物体内合成尿素是氨的主要代谢转变。尿素无毒性，溶解度也高，有利于氨的解毒。肝脏是合成尿素的主要场所，其次在肾和脑等组织也能合成少量的尿素；尿素的排出主要是通过肾脏，其次是汗腺分泌。

尿素的生成是通过一个循环反应进行的。这个循环中是以鸟氨酸开始到鸟氨酸结束，所以称为鸟氨酸循环，也称尿素循环。该循环在细胞中的定位包括细胞质和线粒体。它主要包括以下四个反应步骤。

1. 氨甲酰磷酸的合成

这个反应发生在线粒体内。以氨基酸脱下的NH_3和CO_2为原料，在氨甲酰磷酸合成酶Ⅰ的催化下，消耗 2 分子 ATP 合成氨甲酰磷酸。Mg^{2+}为该酶的激活剂。其反应如下。

$$CO_2 + NH_3 + 2ATP + H_2O \xrightarrow[\text{氨甲酰磷酸合成酶 I}]{Mg^{2+}} \underset{\text{氨甲酰磷酸}}{H_2N{-}\overset{\overset{\displaystyle O}{\|}}{C}{-}O{-}PO_3^{2-}} + 2ADP + Pi$$

2. 瓜氨酸的生成

在鸟氨酸氨基甲酰转移酶的催化下,氨甲酰磷酸将氨甲酰基转移到鸟氨酸上合成瓜氨酸。这步反应也发生在线粒体中。

$$\underset{\text{鸟氨酸}}{\begin{array}{l}NH_2\\|\\(CH_2)_3\\|\\CH-NH_2\\|\\COOH\end{array}} + \underset{\text{氨甲酰磷酸}}{\begin{array}{l}NH_2\\|\\C=O\\|\\O-PO_3^{2-}\end{array}} \xrightarrow{\text{鸟氨酸氨基甲酰转移酶}} \underset{\text{瓜氨酸}}{\begin{array}{l}\quad\quad\ O\\\quad\quad\ \|\\NH-C-NH_2\\|\\(CH_2)_3\\|\\CH-NH_2\\|\\COOH\end{array}} + H_3PO_4$$

3. 精氨酸的合成

该反应分为两步进行。第一步:瓜氨酸合成后从线粒体被转运到细胞质,在精氨酸代琥珀酸合成酶的催化下,与天冬氨酸反应生成精氨酸代琥珀酸,此反应需 ATP 供能。第二步:精氨酸代琥珀酸经精氨酸代琥珀酸裂解酶催化裂解为精氨酸和延胡索酸。

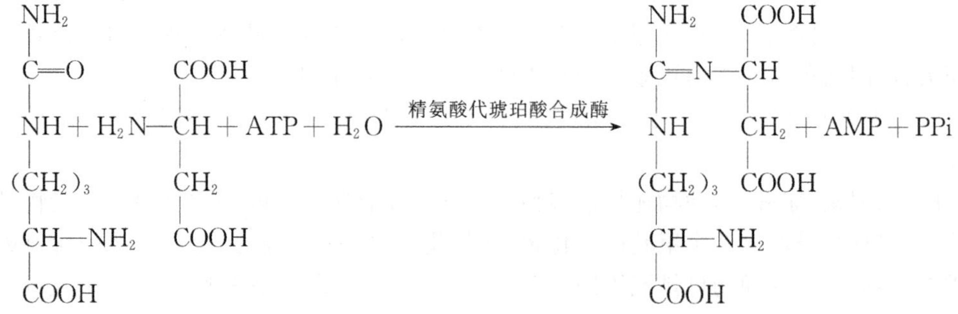

$$\underset{\text{瓜氨酸}}{\begin{array}{l}NH_2\\|\\C=O\\|\\NH\\|\\(CH_2)_3\\|\\CH-NH_2\\|\\COOH\end{array}} + \underset{\text{天冬氨酸}}{\begin{array}{l}\quad\quad\ COOH\\\quad\quad\ |\\H_2N-CH\\\quad\quad\ |\\\quad\quad\ CH_2\\\quad\quad\ |\\\quad\quad\ COOH\end{array}} + ATP + H_2O \xrightarrow{\text{精氨酸代琥珀酸合成酶}} \underset{\text{精氨酸代琥珀酸}}{\begin{array}{l}NH_2\quad\ \ COOH\\|\quad\quad\quad |\\C=N-CH\\|\quad\quad\quad |\\NH\quad\quad CH_2\\|\quad\quad\quad |\\(CH_2)_3\ \ COOH\\|\\CH-NH_2\\|\\COOH\end{array}} + AMP + PPi$$

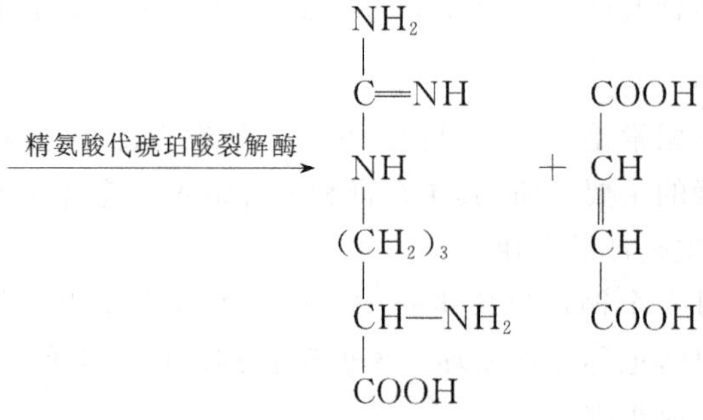

$$\xrightarrow{\text{精氨酸代琥珀酸裂解酶}} \underset{\text{精氨酸}}{\begin{array}{l}NH_2\\|\\C=NH\\|\\NH\\|\\(CH_2)_3\\|\\CH-NH_2\\|\\COOH\end{array}} + \underset{\text{延胡索酸}}{\begin{array}{l}COOH\\|\\CH\\\|\\CH\\|\\COOH\end{array}}$$

在上述反应中,天冬氨酸提供尿素分子中的另一个氨基。延胡索酸经糖代谢可以转变为草酰乙酸,草酰乙酸与谷氨酸经转氨基作用又可生成天冬氨酸,而谷氨酸的氨基可来自体内其他氨基酸的脱氨基作用。可见许多氨基酸的氨基可通过天冬氨酸的形式参与尿素合成。

4. 尿素的生成

精氨酸在精氨酸酶的作用下,水解生成尿素和鸟氨酸。鸟氨酸经线粒体内膜上的载体转运至线粒体，可再次参与尿素的合成。

$$\begin{array}{l} NH_2 \\ | \\ C{=}NH \\ | \\ NH \\ | \\ (CH_2)_3 \\ | \\ CH{-}NH_2 \\ | \\ COOH \end{array} + H_2O \xrightarrow{\text{精氨酸酶}} H_2N{-}\overset{\overset{\displaystyle O}{\|}}{C}{-}NH_2 + \begin{array}{l} NH_2 \\ | \\ (CH_2)_3 \\ | \\ CH{-}NH_2 \\ | \\ COOH \end{array}$$

精氨酸　　　　　　　　　　尿素　　　　鸟氨酸

综上所述，每经过一个循环，可利用 2 分子 NH_3 和 1 分子 CO_2 缩合成 1 分子尿素，需消耗 4 分子高能磷酸键，其过程为“京口瓜州一水间”，总反应式如下：

$$2NH_3 + CO_2 + 3H_2O \longrightarrow H_2N{-}\overset{\overset{\displaystyle O}{\|}}{C}{-}NH_2 + 2ADP + AMP + 4H_3PO_4$$

参与尿素合成的酶系中各种酶的活性相差很大，其中精氨酸代琥珀酸合成酶的活性相对最低，是尿素合成的限速酶，可调节尿素合成的速度。鸟氨酸循环的过程和细胞中的定位如图 1-3-37 所示。

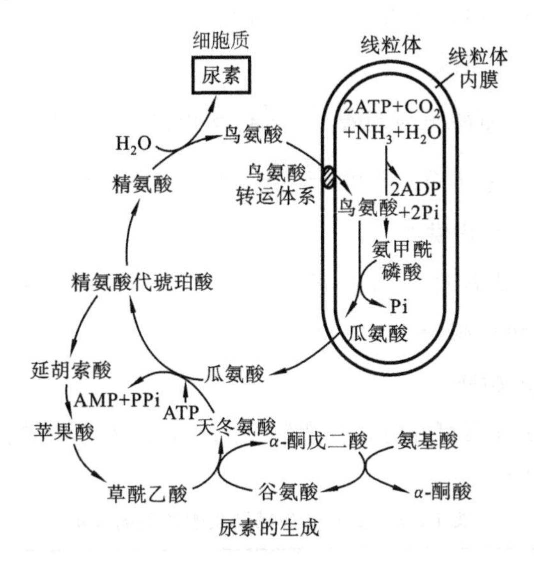

图 1-3-37　鸟氨酸循环过程

（三）高血氨症与肝性脑病

正常情况下，机体产生的氨都能按上述各种代谢途径及时清除，血氨浓度处于较低的水平，对大脑机能没有影响。但当肝功能发生障碍时，由于对氨的解毒（合成尿素）能力下降，血氨含量升高，称为高血氨症。目前，一般认为，血氨浓度升高时，进入脑组织中的氨也会增多。在脑组织中，氨与 α-酮戊二酸结合生成谷氨酸，并进一步形成谷氨酰胺而解

毒,这样就消耗了脑中大量的α-酮戊二酸。在一般组织内,消耗的α-酮戊二酸可很快从血液中得到补充。但脑组织中因α-酮戊二酸很难通过血脑屏障,所以不易从血液中得到补充。α-酮戊二酸是三羧酸循环的中间产物,当α-酮戊二酸减少时,三羧酸循环不能正常进行,导致脑组织中ATP生成量减少,能量供应不足,引起大脑功能障碍,机能紊乱,严重时可发生昏迷。这种症状在临床上称肝性脑病,也称肝昏迷。

肝性脑病是由血中氨浓度的升高引起的,因此限制蛋白质的摄入量、降低血氨浓度和防止氨进入脑组织是治疗本病的关键。临床上常采取服用酸性利尿剂,酸性盐水灌肠,静脉滴注或口服谷氨酸盐、精氨酸等降血氨药物等措施,其目的就是降低血中氨的浓度。

四、α-酮酸的代谢

氨基酸经脱氨基作用后,大部分生成相应的α-酮酸。α-酮酸的主要代谢途径有:转氨基化生成非必需氨基酸;转变为糖或脂肪;氧化生成CO_2和H_2O,为机体提供能量。

(一)由转氨基作用合成非必需氨基酸

体内氨基酸的转氨基作用和联合脱氨基作用都是可逆的,因此,α-酮酸可在体内经氨基化作用转变成相应的氨基酸,只要体内具备各种α-酮酸,即可生成各种氨基酸。

由于L-谷氨酸脱氢酶在氨基酸脱氨基作用中的独特地位,α-酮酸氨基化作用生成非必需氨基酸的氨的供体一般都来自谷氨酸。如谷氨酸与丙酮酸和草酰乙酸通过转氨基作用分别合成丙氨酸和天冬氨酸。

$$\text{谷氨酸}+\text{丙酮酸}\xrightleftharpoons{\text{转氨酶}}\alpha\text{-酮戊二酸}+\text{丙氨酸}$$

$$\text{谷氨酸}+\text{草酰乙酸}\xrightleftharpoons{\text{转氨酶}}\alpha\text{-酮戊二酸}+\text{天冬氨酸}$$

(二)经三羧酸循环氧化供能

氨基酸脱氨基后生成各种α-酮酸,在体内可经三羧酸循环彻底氧化分解成CO_2和H_2O,同时释放能量供机体利用。

(三)转变为糖类或脂肪

氨基酸所生成的α-酮酸可经特定代谢转变成糖和酮体。依转化产物不同,可将氨基酸分为三类(见表1-3-8)。

表1-3-8 氨基酸生糖及生酮性质的分类

氨基酸类别	氨基酸名称
生糖氨基酸	甘氨酸、丙氨酸、丝氨酸、半胱氨酸、天冬氨酸、天冬酰胺、谷氨酸、谷氨酰胺、组氨酸、精氨酸、脯氨酸、缬氨酸、甲硫氨酸
生酮氨基酸	亮氨酸、赖氨酸
生糖兼生酮氨基酸	异亮氨酸、苏氨酸、酪氨酸、苯丙氨酸、色氨酸

① 生糖氨基酸:指经脱氨基作用产生的α-酮酸可以在体内经糖异生作用转变成糖的氨基酸。

② 生酮氨基酸：指经脱氨基作用产生的 α-酮酸可以在体内转变成酮体的氨基酸，它们经脂肪酸代谢途径可以合成脂肪。

③ 生糖兼生酮氨基酸：指既能转变为糖，又能转变为酮体的氨基酸。

一般来说，生糖氨基酸代谢可以生成糖代谢过程中的中间代谢物如丙酮酸、草酰乙酸、α-酮戊二酸、琥珀酰 CoA、延胡索酸或者与这几种物质相关的化合物，再经糖异生作用可以转变为糖。生酮氨基酸代谢可以生成乙酰 CoA 或乙酰乙酸等，后者可以合成脂肪。

综上所述，氨基酸的代谢与糖和脂肪的代谢密切相关。氨基酸可转变成糖与脂肪，糖也可以转变成脂肪及多数非必需氨基酸的碳架部分。但一般来说，脂肪酸既不能转变成糖，也不能转变为氨基酸(奇数碳的脂肪酸例外)。由此可见，三羧酸循环是物质代谢的总枢纽，它可使糖、脂肪酸及氨基酸完全氧化，也可使这三者彼此相互转变，构成一个完整的代谢体系。

五、个别氨基酸的特殊代谢

(一) 氨基酸的脱羧基作用

氨基酸在脱羧酶的催化下脱去羧基，生成 CO_2 和相应伯胺的过程称为氨基酸的脱羧基作用。氨基酸的脱羧基作用不是氨基酸分解代谢中的主要途径，在体内只有很少量的氨基酸首先经过脱羧基作用生成 CO_2 和相应的伯胺。但其中有些伯胺类在体内具有特殊的生理作用，下面列举几种氨基酸脱羧基作用的产物及其生理功能(见表 1-3-9)。

表 1-3-9 几种氨基酸脱羧基作用的产物及其生理功能

氨基酸	脱羧基作用产物	生理功能
谷氨酸	γ-氨基丁酸	对中枢神经系统的传导有抑制作用
组氨酸	组胺	舒张血管，降低血压；刺激胃液分泌
酪氨酸	酪胺	升高血压
色氨酸	5-羟色胺	一种重要的神经递质，可使大多数交感节前神经元兴奋，对中枢起抑制作用；使副交感节前神经元抑制，对外周组织起兴奋作用

绝大多数氨基酸脱羧基作用产生的胺类物质对机体来说是有害的，必须被降解或排出体外。在体内有胺氧化酶，能将胺氧化成醛和 NH_3，醛可进一步氧化为脂肪酸，再分解成 CO_2 和 H_2O；而 NH_3 既可合成尿素，又可参与氨基酸的合成。

各种氨基酸的脱羧基作用是在脱羧酶的催化下进行的。此酶具有高度专一性，一般一种氨基酸脱羧酶只对一种 L-氨基酸起作用。除组氨酸脱羧酶不需要辅酶外，其他氨基酸脱羧酶均需磷酸吡哆醛作为辅酶。肝、肾、脑等组织中都有这类酶。

(二) 一碳单位的代谢

1. 一碳单位的概念

某些氨基酸在代谢过程中能生成含一个碳原子的基团，经过转移参与生物合成过程，这些含一个碳原子的基团称为一碳单位。体内由氨基酸分解代谢产生的一碳单位见表 1-3-10。

表 1-3-10 常见的一碳单位及名称

一碳单位	名称
$—CH=NH$	亚氨甲基
$—C(=O)—H$	甲酰基
$—CH_2OH$	羟甲基
$—CH_2—$	亚甲基或甲叉基
$—CH=$	次甲基或甲川基
$—CH_3$	甲基

凡涉及一碳单位生成、转变、运输和参与物质合成的反应,统称为一碳单位代谢。一碳单位不能以游离形式存在,通常与四氢叶酸(tetrahydrofolic acid,FH_4)结合而转运或参加生物代谢,FH_4是一碳单位代谢的辅酶,即一碳单位由氨基酸生成的同时结合在FH_4的N-5、N-10上。

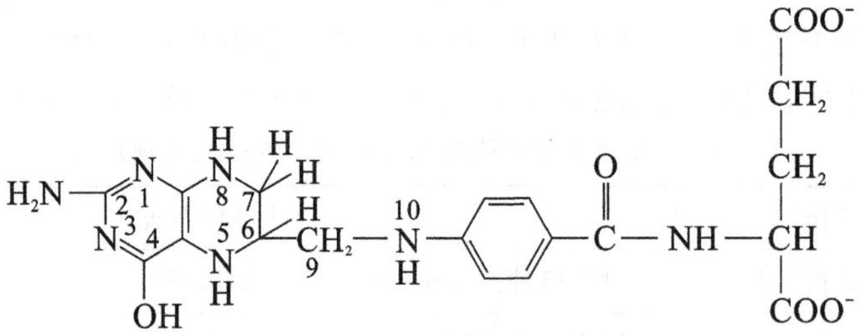

四氢叶酸(代号FH_4)

2. 一碳单位的来源

一碳单位来自丝氨酸、甘氨酸、甲硫氨酸、色氨酸和组氨酸的分解代谢,如图1-3-38所示。丝氨酸在羟甲基转移酶作用下,其羟甲基与FH_4结合生成N^5,N^{10}-CH_2-FH_4;甘氨酸在甘氨酸合成酶(glycine synthase)催化下可分解为CO_2、NH_4^+和N^5,N^{10}-CH_2-FH_4。此外,苏氨酸可经相应酶催化转变为丝氨酸。因此也可产生N^5,N^{10}-CH_2-FH_4。在组氨酸转变为谷氨酸过程中,由亚氨甲基谷氨酸提供了N^5-$CH=NH$-FH_4。色氨酸分解代谢能产生甲酸,甲酸可与FH_4结合产生N^{10}-CHO-FH_4。蛋氨酸分子中的甲基也是一碳单位。在ATP的参与下蛋氨酸转变生成*S*-腺苷蛋氨酸(*S*-adenosyl methionine,SAM)。*S*-腺苷蛋氨酸是活泼的甲基供体。

(三)含硫氨基酸的代谢

体内含硫氨基酸:蛋氨酸、半胱氨酸和胱氨酸。

1. 蛋氨酸的转甲基作用

蛋氨酸中含有*S*-甲基,可参与多种转甲基的反应,生成多种含甲基的生理活性物质。在腺苷转移酶催化下与ATP反应生成*S*-腺苷蛋氨酸。SAM中的甲基是高度活化的,称

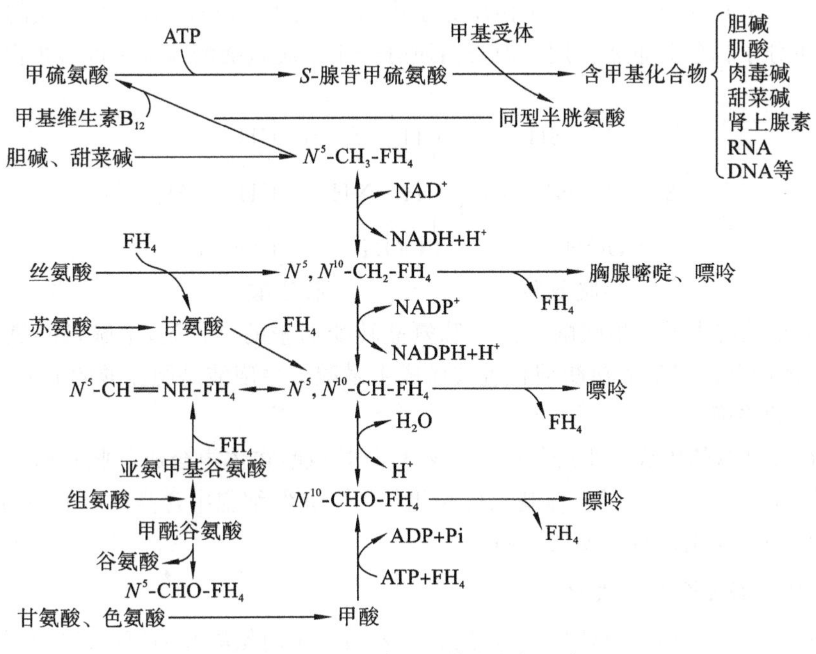

图 1-3-38　一碳单位的来源与互变

为活性甲基，SAM 称为活性蛋氨酸。

SAM 可在不同甲基转移酶（methyl transferase）的催化下，将甲基转移给各种受体而形成许多甲基化合物，如肾上腺素、胆碱、甜菜碱、肉毒碱、肌酸等。

SAM 转出甲基后形成 *S*-腺苷同型半胱氨酸（*S*-adenosyl homocystine，SAH），SAH 水解释放出腺苷，变为同型半胱氨酸（homocystine，hCys）。同型半胱氨酸可以接受 N^5-CH_3-FH_4 提供的甲基再生成蛋氨酸，形成一个循环过程，称为蛋氨酸循环（methionine cycle），如图 1-3-39 所示。此循环的生理意义在于通过 SAM 提供甲基以进行体内甲基化反应。

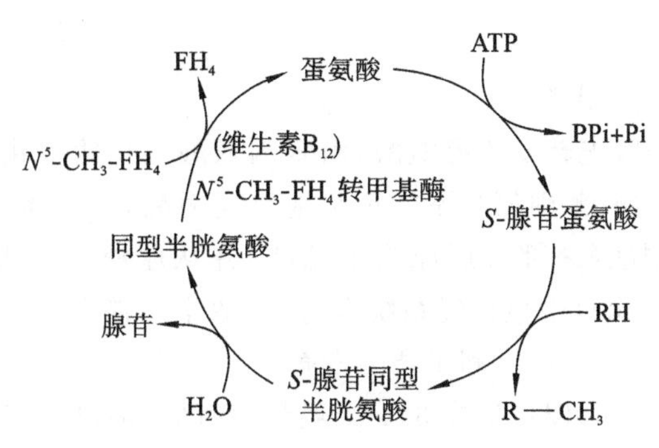

图 1-3-39　蛋氨酸循环

2. 半胱氨酸和胱氨酸的代谢

（1）半胱氨酸和胱氨酸的互变　半胱氨酸含巯基（—SH），胱氨酸含有二硫键（—S-S—），两者可通过氧化还原而互变。胱氨酸不参与蛋白质的合成，蛋白质中的胱氨酸由半胱氨酸残基氧化脱氢而来。在蛋白质分子中,两个半胱氨酸残基间所形成的二硫键对维持蛋白质分子构象起重要作用。而蛋白质分子中半胱氨酸的巯基是许多蛋白质或酶的活性基团。

$$2\ \begin{matrix} CH_2-SH \\ | \\ CH-NH_2 \\ | \\ COOH \end{matrix} \underset{+2H}{\overset{-2H}{\rightleftharpoons}} \begin{matrix} CH_2-S-S-CH_2 \\ | \qquad\qquad\quad | \\ CH-NH_2 \quad CH-NH_2 \\ | \qquad\qquad\quad | \\ COOH \qquad\ COOH \end{matrix}$$

半胱氨酸　　　　　　胱氨酸

(2) 牛磺酸的生成　牛磺酸是由半胱氨酸转变而来的。首先,半胱氨酸氧化成磺基丙氨酸,再经磺基丙氨酸脱羧酶催化脱羧而成牛磺酸。牛磺酸是胆汁酸的成分,脑组织中也含有较多的牛磺酸。

(3) 谷胱甘肽的生成　半胱氨酸与谷氨酸及甘氨酸在体内合成谷胱甘肽。还原型谷胱甘肽(GSH)有保护酶分子上巯基及抗氧化作用。如红细胞中含高浓度的GSH,对维持红细胞膜结构的完整性有重要的作用。

(四) 芳香族氨基酸的代谢

芳香族氨基酸包括苯丙氨酸、酪氨酸和色氨酸。苯丙氨酸和酪氨酸结构相似,在体内苯丙氨酸羟化可转变成酪氨酸,所以合并在一起讨论。

$$\begin{matrix} COOH \\ | \\ CH-NH_2 \\ | \\ CH_2 \\ | \\ C_6H_5 \end{matrix} + O_2 \xrightarrow{\text{苯丙氨酸羟化酶}} \begin{matrix} COOH \\ | \\ CH-NH_2 \\ | \\ CH_2 \\ | \\ C_6H_4 \\ | \\ OH \end{matrix} + H_2O$$

四氢生物蝶呤　二氢生物蝶呤

$NADP^+$　$NADPH+H^+$

苯丙氨酸　　　　　　酪氨酸

1. 苯丙氨酸和酪氨酸代谢

苯丙氨酸在体内一般先转变为酪氨酸,由苯丙氨酸羟化酶催化引入羟基完成。若机体内缺乏苯丙氨酸羟化酶,苯丙氨酸不能正常地转变为酪氨酸,体内苯丙氨酸蓄积,并由转氨基作用生成苯丙酮酸(一部分还原为苯乙酸)并从尿液中排出,这就是苯丙酮酸症(PKU)。苯丙酮酸的堆积对中枢神经系统有毒性,故本病伴发智力发育障碍。早期发现时可控制饮食中苯丙氨酸含量,有利于智力发育。

酪氨酸经酪氨酸羟化酶催化生成3,4-二羟苯丙氨酸(多巴),多巴经多巴脱羧酶催化生成多巴胺。多巴胺在多巴胺β-氧化酶催化下使β-碳原子羟化,生成去甲肾上腺素。而后由SAM提供甲基使去甲肾上腺素甲基化生成肾上腺素。多巴胺、去甲肾上腺素、肾上腺素统称为儿茶酚胺。帕金森病患者多巴胺生成量减少。

酪氨酸 $\xrightarrow{\text{羟化}}$ 3,4-二羟苯丙氨酸 $\xrightarrow{\text{脱羧}}$ 多巴胺 $\xrightarrow{\text{羟化}}$ 去甲肾上腺素 $\xrightarrow{\text{甲基化}}$ 肾上腺素

在黑色素细胞中，酪氨酸在酪氨酸酶催化下羟化生成多巴，多巴再经氧化生成多巴醌而进入合成黑色素的途径。所形成的多巴醌进一步环化和脱羧生成吲哚醌。黑色素即为吲哚醌的聚合物。人体若缺乏酪氨酸酶，黑色素合成障碍，皮肤、毛发发“白”，称为白化病。

酪氨酸 $\xrightarrow{\text{酪氨酸酶}}$ 多巴 $\longrightarrow$ 多巴醌 $\longrightarrow \longrightarrow \longrightarrow$ 吲哚-5,6-醌 $\longrightarrow \longrightarrow \longrightarrow$ 黑色素

2. 色氨酸的代谢

色氨酸是必需氨基酸。大多数蛋白质中含量均较少，机体对其摄取少，分解亦少。除参加蛋白质合成外，还可经氧化脱羧生成 5-羟色胺(5-HT)，并可降解产生生糖、生酮成分，此过程中产生一碳单位及尼克酸等。

总结与反馈

蛋白质是生命的物质基础，在维持细胞、组织的生长、更新、修复、催化等方面具有重要的作用，蛋白质消化为氨基酸才能被机体吸收和转化。分解蛋白质的酶称为蛋白质水解酶，根据作用方式蛋白质水解酶可分为三大类，它们对蛋白质的氨基酸基团具有选择

性。组成蛋白质的氨基酸有20种,其中有8种氨基酸在动物和人体内不能合成,必须从食物中摄取,称为必需氨基酸。评价蛋白质生理价值的高低主要取决于蛋白质分子组成中必需氨基酸的种类和数量的高低。机体内游离氨基酸共同组成氨基酸代谢库,参与蛋白质的合成和分解代谢。

氨基酸的一般分解途径包括脱氨基作用和脱羧基作用,其中脱氨基作用是氨基酸的主要代谢方式。转氨酶和脱羧酶的辅酶都是磷酸吡哆醛,是维生素B_6的磷酸酯。氨基酸脱氨基作用的方式有氧化脱氨基作用、转氨基作用和联合脱氨基作用等,联合脱氨基作用是氨基酸脱氨的根本途径。氨基酸脱氨基作用的产物为氨和α-酮酸。氨是一种毒性物质,人体内氨的去路主要是在肝脏合成尿素。氨在机体内的运输形式是谷氨酰胺和天冬酰胺,α-酮酸的去路主要有通过转氨基作用生成非必需氨基酸、经三羧酸循环氧化供能或转变为糖或脂肪。氨基酸脱羧基作用可以生成CO_2和相应的伯胺。有些伯胺类物质具有强烈的生理活性,大多数胺类都有毒性作用,可经胺氧化酶氧化为醛,进一步氧化为脂肪酸,再分解为CO_2和H_2O。还有些氨基酸具有自身特殊的代谢模式,如参与一碳单位代谢的氨基酸、含硫氨基酸、芳香族氨基酸等。

思考训练

1. 名词解释:联合脱氨基作用、转氨基作用、必需氨基酸、生糖氨基酸、生酮氨基酸。
2. 催化蛋白质降解的酶有哪几类?它们的作用特点如何?
3. 氨基酸脱氨后产生的氨和α-酮酸有哪些主要的去路?
4. 简述人体内丙氨酸彻底分解成最终产物的过程。1分子丙氨酸彻底分解共产生多少ATP?
5. 鸟氨酸循环的作用是什么?请写出鸟氨酸循环的总反应式。
6. 当人体血液中的氨浓度升高引起高氨血症时,出现昏迷现象,请解释可能的原因。

任务五　核酸的降解与核苷酸代谢

知识目标

(1) 掌握核酸的降解产物;
(2) 熟悉核酸和核苷酸的代谢过程;
(3) 熟悉嘌呤核苷酸的分解代谢及合成代谢;
(4) 熟悉嘧啶核苷酸的分解代谢及合成代谢。

技能目标

（1）能叙述嘌呤碱和嘧啶碱的分解过程；

（2）能叙述核苷酸的合成过程；

（3）能够理论联系实际，学会分析实际生活中与核酸代谢有关的问题。

素质目标

（1）了解核酸代谢过程的变化与疾病的关系；

（2）通过对课程内容的总结，培养观察分析、归纳总结、探究思维的能力；

（3）通过对代谢规律的学习，培养严谨的工作习惯、诚信品质及敬业精神。

核酸是生物体内重要的遗传物质，它与生物体的代谢、遗传、变异及蛋白质的生物合成密切相关。核酸的基本组成单位是核苷酸，在生物体中核苷酸既是合成 DNA 和 RNA 的前体，又是 FAD、NAD^+、$NADP^+$ 等辅酶的成分，生物体中还存在 ADP、ATP 等核苷酸，它们都具有重要的生理功能。生物体中核苷酸、脱氧核苷酸、DNA 和 RNA 的合成与分解受到精确的调节与控制，以满足机体的需要。

一、核酸的降解与核酸酶类

（一）核酸的降解

生物体内的核酸，多以核蛋白的形式存在。核蛋白在酸性条件下可被分解为核酸和蛋白质。核酸在核酸酶的作用下，水解为寡核苷酸或单核苷酸，单核苷酸可进一步降解为碱基、戊糖和磷酸（见图 1-3-40）。

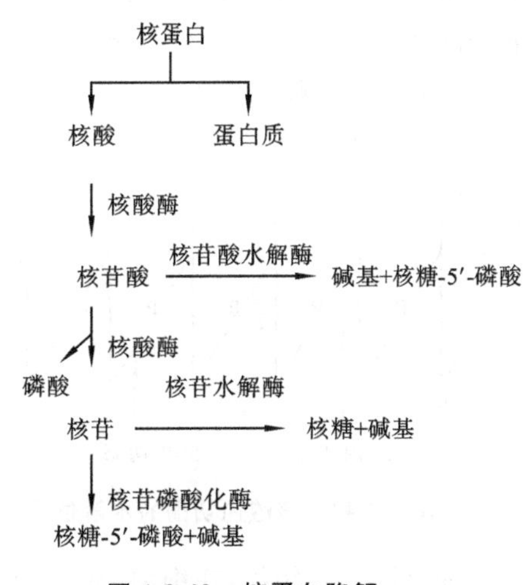

图 1-3-40 核蛋白降解

（二）核酸酶

核酸分解的第一步是水解核苷酸之间的磷酸二酯键。在高等动植物中都有作用于磷酸二酯键的核酸酶。不同来源的核酸酶，其专一性、作用方式都有所不同。有些核酸酶只能作用于 RNA，称为核糖核酸酶（RNase）；有些核酸酶只能作用于 DNA，称为脱氧核糖核酸酶（DNase）；有些核酸酶专一性较低，既能作用于 RNA，也能作用于 DNA。因此，上述统称为核酸酶（nuclease）。根据核酸酶作用的位置不同，又可将核酸酶分为核酸外切酶（exonuclease）和核酸内切酶（endonuclease）。

1. 核酸外切酶

能从 DNA 或 RNA 链的一端逐个水解下单核苷酸的酶称为核酸外切酶。只作用于

DNA的核酸外切酶称为脱氧核糖核酸外切酶,只作用于RNA的核酸外切酶称为核糖核酸外切酶,也有一些核酸外切酶可以作用于DNA与RNA。核酸外切酶从5′端开始逐个水解核苷酸,称为5′→3′外切酶。例如:牛脾磷酸二酯酶即为一种5′→3′外切酶,核苷酸的水解产物为3′-核苷酸,如图1-3-41(a)所示。核酸外切酶从3′端开始逐个水解核苷酸,称为3′→5′外切酶。例如:蛇毒磷酸二酯酶即为一种3′→5′外切酶,核苷酸的水解产物为5′-核苷酸,如图1-3-41(b)所示。

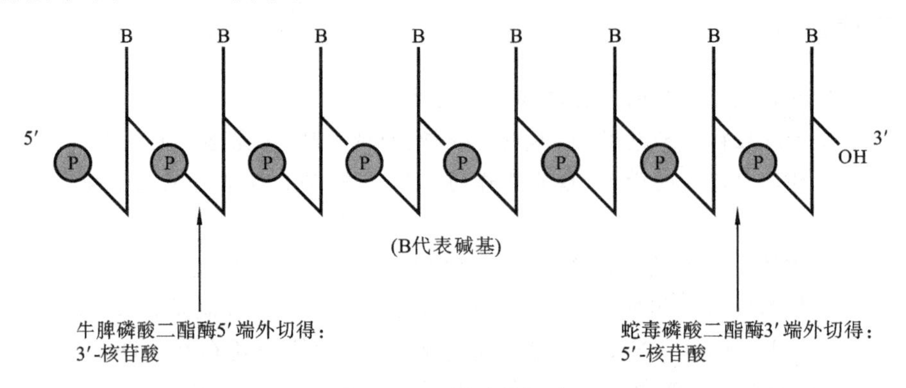

图1-3-41　核酸外切酶

2. 核酸内切酶

核酸内切酶催化水解多核苷酸内部的磷酸二酯键。有些核酸内切酶仅水解5′-磷酸二酯键,把磷酸基团留在3′位置上,称为5′-内切酶;而有些仅水解3′-磷酸二酯键,把磷酸基团留在5′位置上,称为3′-内切酶(见图1-3-42)。还有一些核酸内切酶对磷酸酯键一侧的碱基有专一性要求。例如胰腺核糖核酸酶(RNaseA)即是一种高度专一性核酸内切酶,它作用于嘧啶核苷酸的C-3上的磷酸根和相邻核苷酸的C-5之间的键,产物为3′-嘧啶单核苷酸或以3′-嘧啶核苷酸结尾的低聚核苷酸(见图1-3-43)。

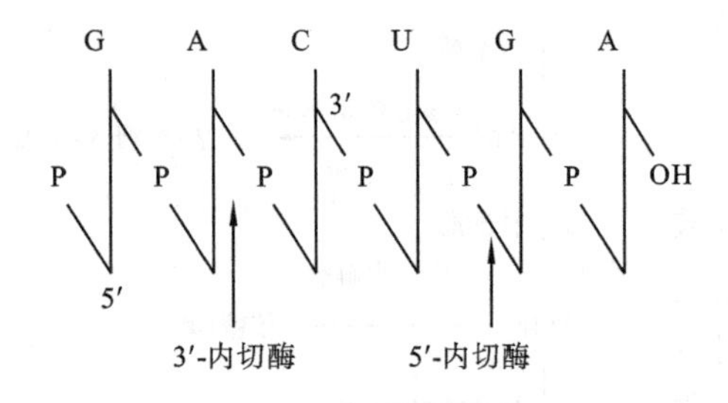

图1-3-42　核酸内切酶的水解位置

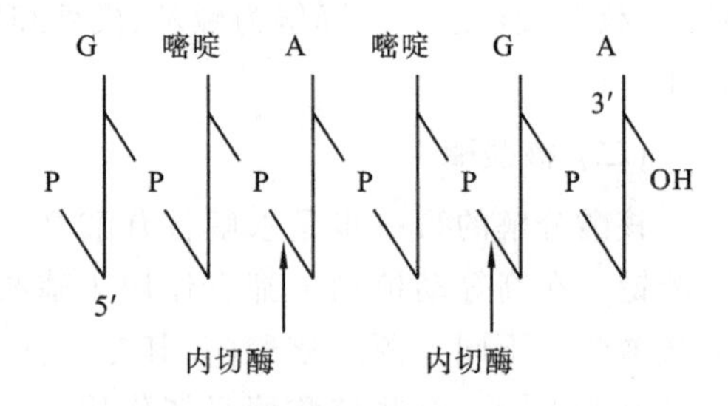

图1-3-43　胰腺核糖核酸酶的水解位置

20世纪70年代,在细菌中陆续发现了一类核酸内切酶,这类核酸内切酶能专一性地识别并水解双链DNA上的特异核苷酸顺序,称为限制性核酸内切酶(restriction endonuclease,简称限制酶)。当外源性DNA侵入细菌后,限制性核酸内切酶可将其水解切成片段,从而限制了外源性DNA在细菌细胞内的表达,而细菌本身的DNA由于在该特异核苷酸顺序处被甲基化酶修饰,不被水解,从而得到保护。已提纯的限制性核酸内切酶有100多种,限制性核酸内切酶的研究和应用发展很快,许多已成为基因工程研究中必不可少的工具酶。

二、核苷酸的代谢

(一) 核苷酸代谢的动态

1. 核苷酸的分解代谢

核酸经核酸酶降解后产生的核苷酸还可以进一步分解。生物体内广泛存在的核苷酸酶(磷酸单酯酶)可催化核苷酸水解,产生无机磷酸和核苷。

核苷酸水解产生的核苷可在核苷酶的作用下进一步分解为戊糖和碱基。核苷酶的种类也很多,按底物不同可分为嘌呤核苷酶和嘧啶核苷酶,按催化反应的不同可分为核苷磷酸化酶(nucleoside phosphorylase)和核苷水解酶(nucleoside hydrolase)。

核苷磷酸化酶催化核苷分解生成含氮碱基和戊糖的磷酸酯。此酶对两种核苷都能起作用。

$$\text{核苷}+\text{磷酸}\xrightarrow{\text{核苷磷酸化酶}}\text{嘌呤(或嘧啶)}+\text{戊糖-1-磷酸}$$

核苷水解酶将核苷分解生成含氮碱和戊糖,此酶对脱氧核糖核苷不起作用。

$$\text{核苷}+H_2O\xrightarrow{\text{核苷水解酶}}\text{嘌呤(或嘧啶)}+\text{戊糖}$$

核苷酸分解产生的嘌呤碱和嘧啶碱在生物体中还可以继续进行分解(见图 1-3-44)。

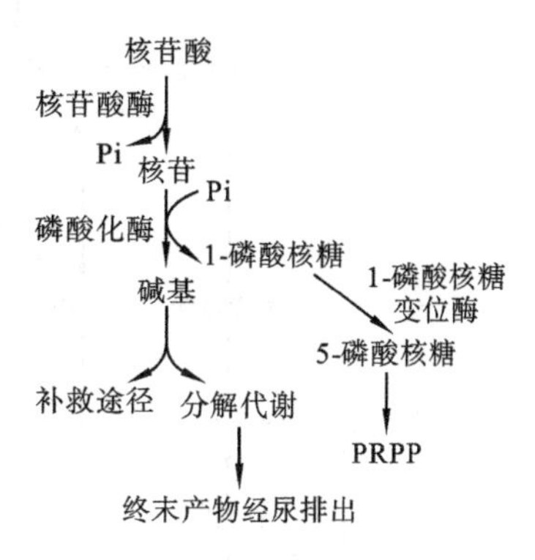

图 1-3-44 核苷酸分解的大致过程

2. 核苷酸的合成代谢

(1) 核糖核苷酸的生物合成 核糖核苷酸可以从一些简单的非碱基前体物质合成。其中,嘌呤核苷酸从 5-磷酸核糖焦磷酸(5-PRPP)开始,然后在一系列酶催化下先合成五元环,后合成六元环,共十步生成次黄嘌呤核苷酸。最后再生成 A、G 等嘌呤核苷酸。嘧啶核苷酸则先合成嘧啶环(乳清酸),再与 5-PRPP(含核糖、磷酸部分)反应生成乳清苷酸,脱羧生成尿嘧啶核苷酸(UMP),再转变成其他嘧啶核苷酸。

在合成过程中仍有补救途径:利用已有的碱基、核苷合成核苷酸,更经济。特别在从头合成受阻时(遗传缺陷或药物中毒)更为重要。外源或降解产生的碱基和核苷可通过补救途径被生物体重新利用。动物、植物或微生物通常都能合成各种嘌呤和嘧啶核苷酸,满足自身需要。

(2) 脱氧核糖核苷酸的合成 由核糖核苷酸还原形成,还原发生在核苷二磷酸(NDP)的水平上,酶为核糖核苷酸还原酶。NDP(ADP,GDP,CDP,UDP)→dNDP(dADP,dGDP,dCDP,dUDP)。其中 NDP 可由 NMP 与 ATP 形成。另外,dNMP 也能利用已有的碱基和核苷合成。

核苷三磷酸的生物合成:RNA 合成的底物是 4 种核糖核苷三磷酸,DNA 合成的底物是 4 种脱氧核糖核苷三磷酸。核苷三磷酸都可从核苷一磷酸或脱氧核苷一磷酸(NMP 或 dNMP)经相应的磷酸激酶催化,再经核苷二磷酸(NDP 或 dNDP)生成。这两种酶催化的反应均为可逆反应,并且都需要 ATP 作为磷酸基团的供体。

以嘌呤核苷一磷酸作为底物的核苷一磷酸激酶的专一性较严格。例如：AMP 激酶只能催化 AMP 的磷酸化；GMP 激酶只能催化 GMP 和 dGMP 的磷酸化。嘧啶核苷一磷酸激酶的专一性较差。核苷二磷酸激酶的底物专一性很差，几乎可催化各种核苷二磷酸与核苷三磷酸之间的磷酸基团的转移。各种核苷酸合成及相互关系总结于图 1-3-45。

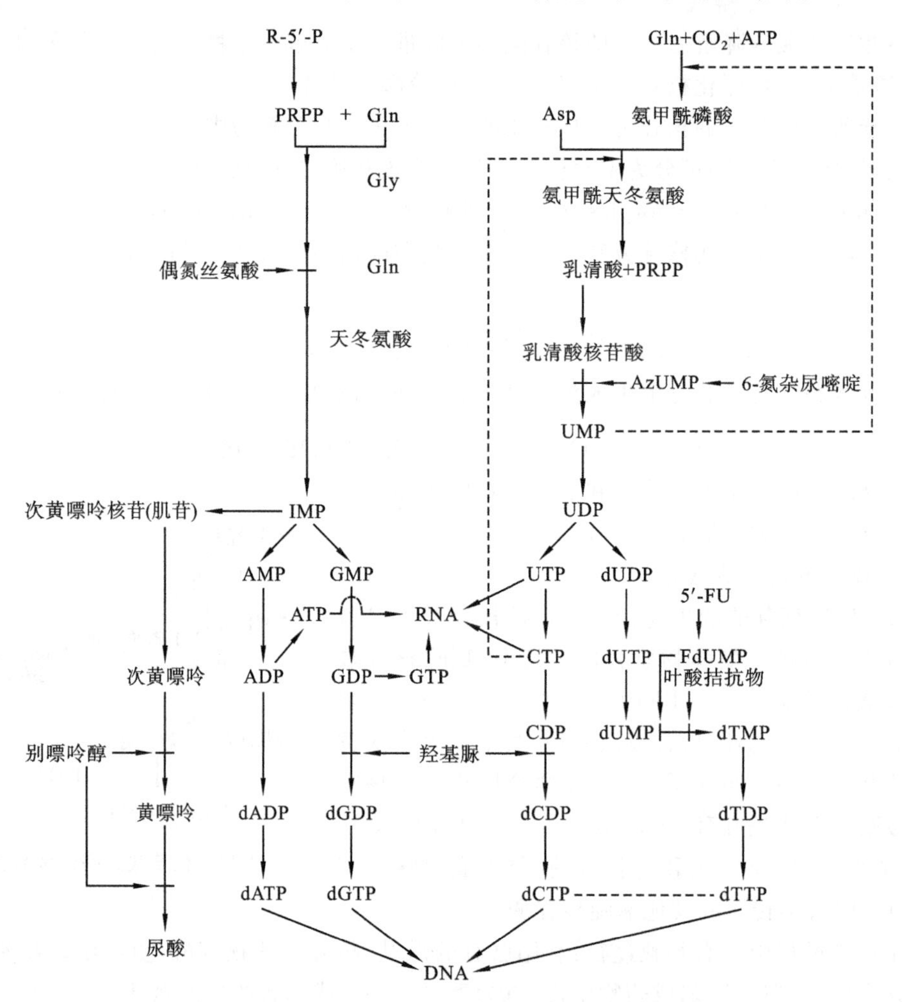

图 1-3-45 核苷酸与核酸合成的相互关系

(二) 嘌呤核苷酸的代谢

1. 嘌呤核苷酸的分解代谢

在生物体内，嘌呤可进一步发生降解。首先嘌呤在脱氨酶的作用下脱去氨基，腺嘌呤脱氨后生成次黄嘌呤(hypoxanthine)，然后在黄嘌呤氧化酶(xanthine oxidase)作用下，将次黄嘌呤氧化成黄嘌呤。黄嘌呤氧化酶是一种黄素蛋白，含 FAD、铁和钼。鸟嘌呤脱氨后直接生成黄嘌呤(xanthine)。黄嘌呤进一步氧化为尿酸(uric acid)，尿酸在尿酸氧化酶(urate oxidase，一种含铜酶)作用下降解为尿囊素(allantoin)和 CO_2。尿囊素在尿囊素酶(allantoinase)作用下水解为尿囊酸(allantoic acid)，尿囊酸在尿囊酸酶(allantoicase)的作用下进一步降解为尿素和乙醛酸。

不同种类的生物降解嘌呤碱基的能力不同，因而代谢产物的形式也各不相同。灵长类、鸟类、爬虫类及大多数昆虫体内缺乏尿酸酶，故嘌呤代谢的最终产物是尿酸；灵长类以外的哺乳动物体内存在尿酸氧化酶，可将尿酸氧化为尿囊素，故尿囊素是其体内嘌呤代谢的终产物；在某些硬骨鱼体内存在尿囊素酶，可将尿囊素氧化分解为尿囊酸；在大多数鱼类、两栖类中的尿囊酸酶，可将尿囊酸进一步分解为尿素及乙醛酸；而氨是甲壳类、海洋无脊椎动物等体内嘌呤代谢的终产物，这些动物体内存在脲酶，可将尿素分解为氨和二氧化碳。

植物、微生物体内嘌呤代谢的途径与动物相似。尿囊素酶、尿囊酸酶和脲酶在植物体内广泛存在，当植物进入衰老期时，体内的核酸会发生降解，产生的嘌呤碱进一步分解为尿囊酸，然后从叶子内运输到储藏器官，而不是排出体外，可见植物有保存和同化氨的能力。微生物一般能将嘌呤类物质分解为氨、二氧化碳及有机酸，如甲酸、乙酸、乳酸等。

嘌呤碱基的降解过程如图 1-3-46 所示。此外，嘌呤的降解也可在核苷或核苷酸的水平上进行（见图 1-3-47）。

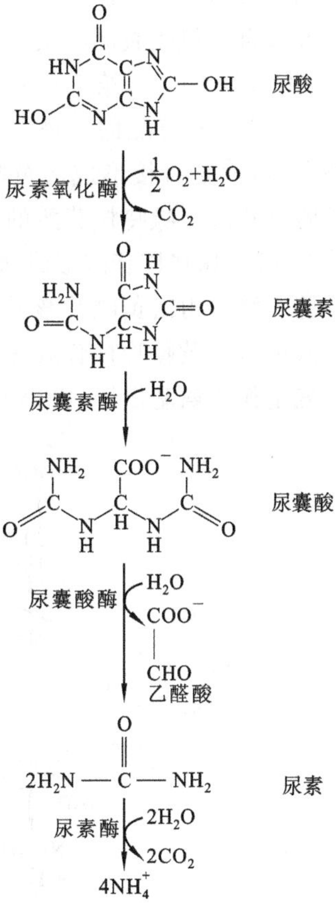

尿酸 —尿素氧化酶（$\frac{1}{2}O_2+H_2O$ → CO_2）→ 尿囊素 —尿囊素酶（H_2O）→ 尿囊酸 —尿囊酸酶（H_2O → COO^-—CHO 乙醛酸）→ 尿素（$H_2N—C(=O)—NH_2$）—尿素酶（$2H_2O$ → $2CO_2$）→ $4NH_4^+$

图 1-3-46　嘌呤碱基的降解过程

※2. 嘌呤核苷酸的合成代谢

嘌呤核苷酸的合成有两类基本途径：一类是从头合成途径，指从氨基酸、磷酸核糖、CO_2 和 NH_3 这些化合物合成核苷酸；另一类是补救合成途径，是由核酸分解产生的嘌呤碱基和核苷转变成核苷酸。从头合成途径是生物体合成嘌呤核苷酸的主要途径。

(1) 嘌呤碱的合成　几乎所有的生物体都能合成嘌呤碱，某些细菌除外。此途径主要是以 CO_2、甲酸盐、甘氨酸、天冬氨酸和谷氨酰胺为原料合成嘌呤环（见图 1-3-48）。

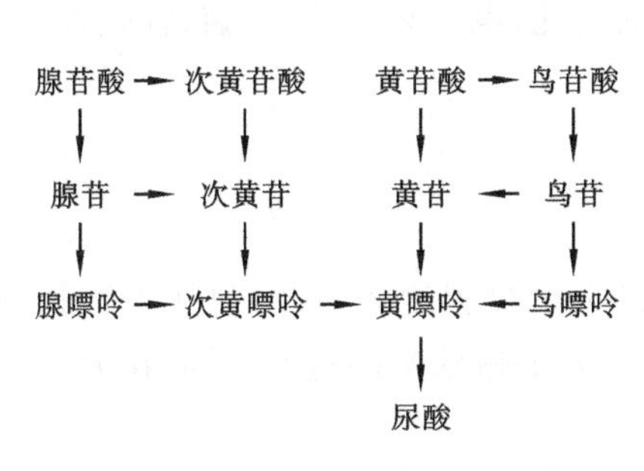

图 1-3-47　嘌呤类在核苷酸、核苷和碱基三个水平上的降解

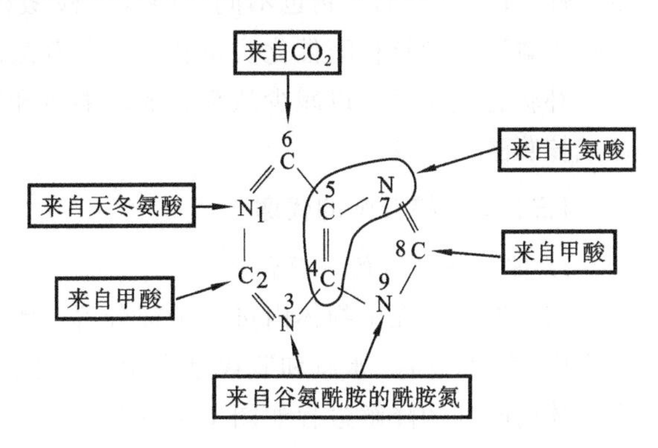

图 1-3-48　嘌呤环中各原子的来源

同位素示踪实验证明:嘌呤环中的第 1 位 N 来自天冬氨酸的氨基氮;第 3 位 N 及第 9 位 N 来自谷氨酰胺的酰胺氮;四氢叶酸的活化衍生物供给第 2 位及第 8 位 C;第 6 位 C 来自 CO_2;第 4 位 C、第 5 位 C 及第 7 位 N 来自甘氨酸。

(2) 嘌呤核苷酸的生物合成 嘌呤核苷酸的合成并不是先形成游离的嘌呤,然后生成核苷酸,而是直接形成次黄嘌呤核苷酸(inosinic acid,IMP),也称肌苷酸,再转变为其他嘌呤核苷酸。嘌呤核苷酸的合成分为三个阶段:①从 5-磷酸核糖形成 5-氨基咪唑核苷酸;②5-氨基咪唑核苷酸形成次黄嘌呤核苷酸;③腺苷酸和鸟苷酸的合成。

腺苷酸可由次黄嘌呤核苷酸经氨基化生成,由天冬氨酸提供氨基,GTP 提供能量。鸟苷酸可由次黄嘌呤核苷酸先氧化成黄嘌呤核苷酸(XMP),再氨基化而生成。谷氨酰胺的酰氨基作为氨基供体,由 ATP 提供反应所需能量(见图 1-3-49)。

图 1-3-49 由次黄嘌呤核苷酸(IMP)转变为腺苷酸和鸟苷酸

注:①为腺苷酸代琥珀酸合成酶;②为腺苷酸代琥珀酸裂解酶;③为脱氢酶;④为鸟苷酸合成酶。

嘌呤核苷酸也可通过补救合成途径进行合成(见图 1-3-50)。在补救反应里,PRPP 的核糖磷酸部分转移给嘌呤形成相应的核苷酸。有两种酶可催化补救合成途径,它们的专一性不同,形成的产物也不同。腺嘌呤磷酸核糖转移酶催化腺苷酸的形成,次黄嘌呤-鸟嘌呤磷酸核糖转移酶催化次黄苷酸和鸟苷酸的形成。

补救合成途径可以减少从头合成时能量和原料的消耗,也是某些器官(脑、骨髓和脾)合成核苷酸的途径。

(三) 嘧啶核苷酸的代谢

1. 嘧啶核苷酸的分解代谢

嘧啶碱可以在生物体内进一步被分解。嘧啶碱的分解过程比较复杂,包括水解脱氨基作用、氨化、还原、水解和脱羧基作用等。不同种类生物分解嘧啶的过程不同,在大多数生物体内嘧啶的降解过程如图 1-3-51 所示。

胞嘧啶先经水解脱氨转变为尿嘧啶。尿嘧啶或胸腺嘧啶降解的第一步是加氢还原反应,生成的产物是二氢尿嘧啶或二氢胸腺嘧啶,然后经连续两次水解作用,前者产生 CO_2、

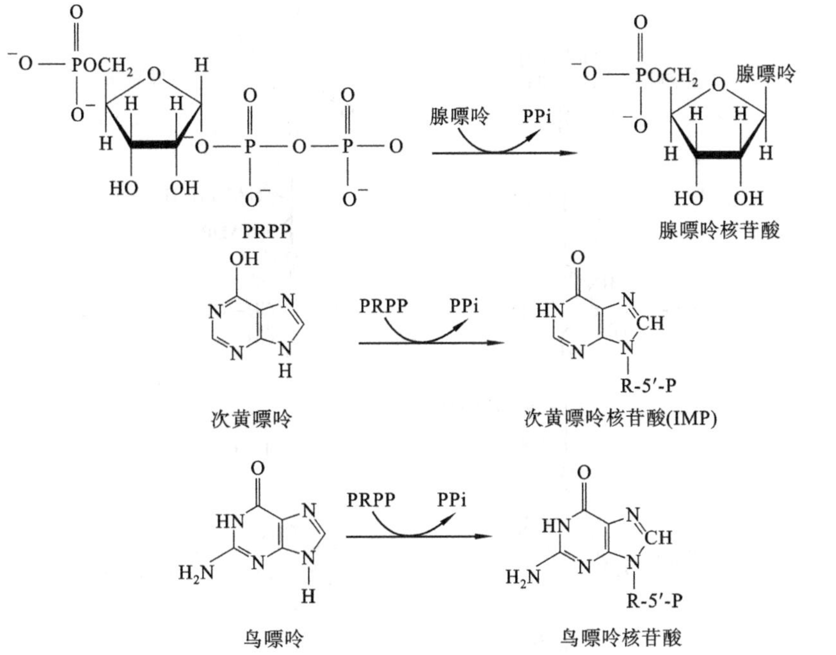

图 1-3-50　嘌呤核苷酸合成的补救合成途径

NH_3和β-丙氨酸，后者产生CO_2、NH_3和β-氨基异丁酸。β-丙氨酸和β-氨基异丁酸脱去氨基转变为相应的酮酸，并进入三羧酸循环进一步代谢。β-丙氨酸亦可用于泛酸和辅酶 A 的合成。

※2. 嘧啶核苷酸的合成代谢

(1) 嘧啶碱的合成　合成嘧啶的原料主要是CO_2、NH_3和天冬氨酸。同位素示踪实验表明，嘧啶环中的第 3 位 N 来自NH_3，第 2 位 C 来自CO_2，第 1 位 N 及第 4、5、6 位 C 来自天冬氨酸(见图 1-3-52)。

(2) 嘧啶核苷酸的生物合成　嘧啶核苷酸与嘌呤核苷酸的合成有所不同。生物体先利用小分子化合物形成嘧啶环，然后再与核糖磷酸结合形成嘧啶核苷酸。首先形成的是尿苷酸，然后再转变为其他嘧啶核苷酸。

尿苷酸的合成是从氨甲酰磷酸与天冬氨酸合成氨甲酰天冬氨酸开始的，由天冬氨酸转氨甲酰基酶催化；然后经环化，脱水生成二氢乳清酸，并经脱氢作用形成乳清酸，至此已形成嘧啶环。乳清酸与 PRPP 提供的 5′-磷酸核糖结合，形成乳清酸核苷酸，再经脱羧作用就生成了尿苷酸。整个过程如图 1-3-53 所示。

尿苷酸向胞苷酸的转变在核苷三磷酸的水平上进行。尿苷酸在尿苷酸激酶的作用下，可转变为尿嘧啶核苷二磷酸(UDP)，后者在尿苷二磷酸激酶的作用下转变为尿嘧啶核苷三磷酸(UTP)，然后经氨基化生成胞嘧啶核苷三磷酸。

$$\text{UMP}+\text{ATP} \xrightleftharpoons{\text{尿苷酸激酶}} \text{UDP}+\text{ADP}$$

$$\text{UDP}+\text{ATP} \xrightleftharpoons{\text{尿苷二磷酸激酶}} \text{UTP}+\text{ADP}$$

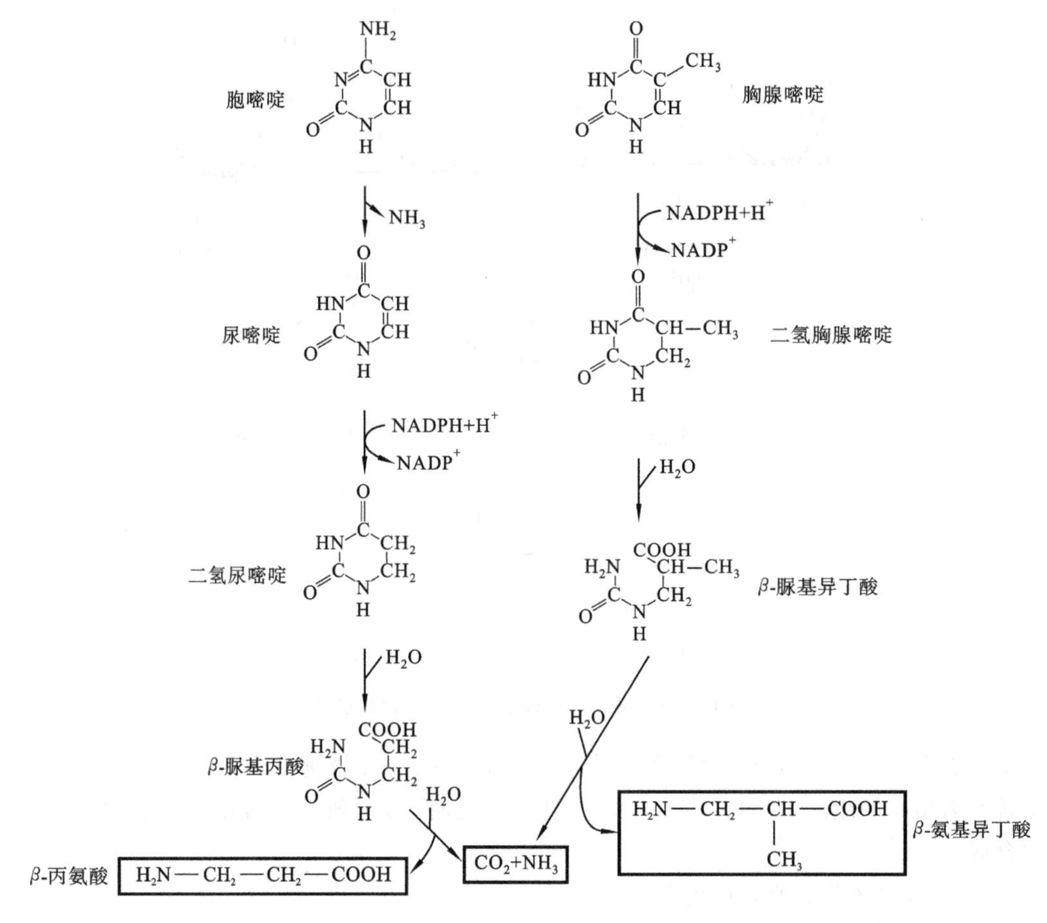

图 1-3-51 嘧啶碱的分解代谢

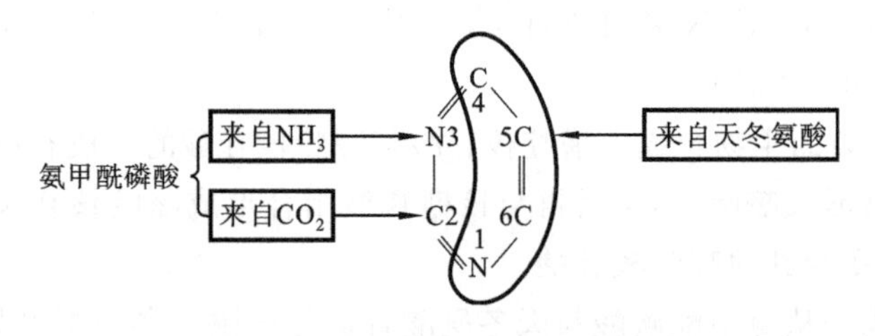

图 1-3-52 嘧啶环中各原子的来源

$$\text{UTP}+\text{谷氨酰胺}+\text{ATP}+\text{H}_2\text{O}\xrightarrow{\text{CTP 合成酶}}\text{CTP}+\text{谷氨酸}+\text{ADP}+\text{Pi}$$

嘧啶核苷酸的补救合成途径:尿嘧啶可以直接与 PRPP 反应产生尿苷酸。动物及微生物细胞中的尿嘧啶磷酸核糖转移酶可催化此反应。此酶不能催化胞嘧啶生成胞苷-5′-磷酸。此外,尿苷激酶也可催化尿苷生成尿苷酸。

$$\text{尿嘧啶}+\text{PRPP}\rightleftharpoons\text{尿苷-5}'\text{-磷酸}+\text{PPi}$$

$$\text{尿苷}+\text{ATP}\xrightarrow{\text{Mg}^{2+}}\text{尿苷-5}'\text{-磷酸}+\text{ADP}$$

尿苷及胞苷均可作为此酶的底物,但次黄苷不能作为此酶的底物。

表 1-3-11 所示为嘌呤核苷酸与嘧啶核苷酸的比较。

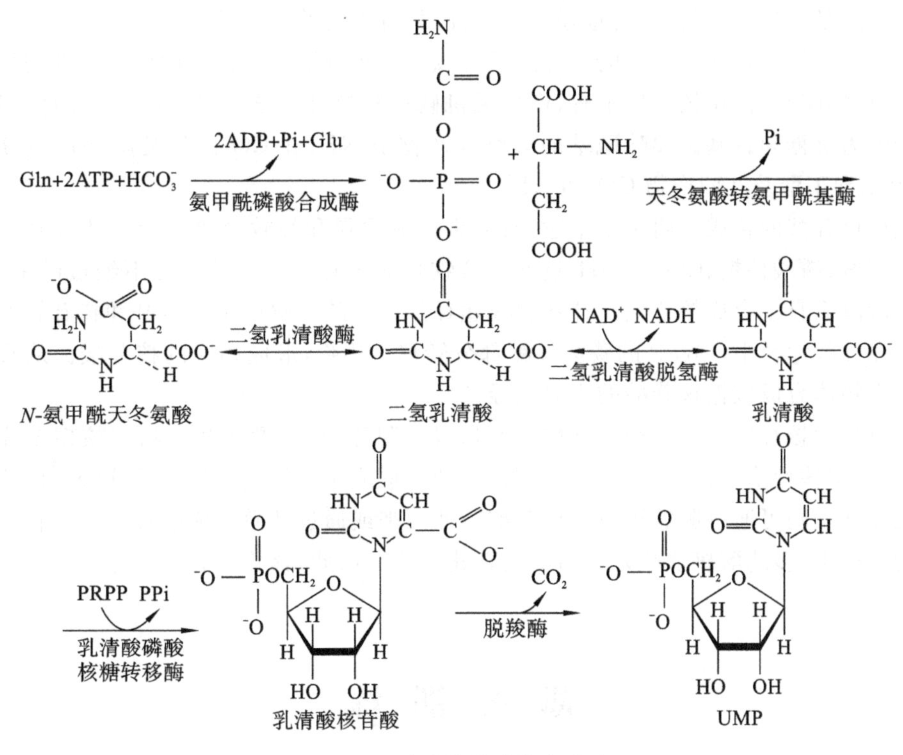

图 1-3-53 嘧啶核苷酸的合成过程

表 1-3-11 嘌呤核苷酸与嘧啶核苷酸合成的比较

	嘌呤核苷酸	嘧啶核苷酸
相同点	合成原料基本相同； 合成对高等动物来说主要在肝脏； 都有两种合成途径； 都是先合成一个与之有关的核苷酸，再在此基础上进一步合成核苷酸	
不同点	在 5′-P-R 基础上合成嘌呤环； 先合成 IMP； 在 IMP 的基础上合成 AMP 和 GMP	先合成嘧啶环，再与 5′-P-R 结合； 先合成 UMP； 在 UMP 基础上合成 CTP、dTMP

总结与反馈

核酸在核酸酶的作用下，水解为寡核苷酸或单核苷酸，单核苷酸可进一步降解为碱基、戊糖和磷酸。根据核酸酶作用的位置不同，可将核酸酶分为核酸外切酶和核酸内切酶。能从 DNA 或 RNA 链的一端逐个水解下单核苷酸的酶称为核酸外切酶。能特异地水解多核苷酸内部的键的酶称为核酸内切酶，它是特异的磷酸二酯酶。能专一性地识别

并水解双链DNA上的特异核苷酸顺序的核酸内切酶,称为限制性核酸内切酶。限制性核酸内切酶是一种工具酶,具有很强的专一性,具有重要的生物学意义。

核酸经核酸酶降解后产生的核苷酸还可以进一步分解。生物体内广泛存在的核苷酸酶(磷酸单酯酶)可催化核苷酸水解,产生无机磷酸和核苷。核苷可在核苷酶的作用下进一步分解为戊糖和碱基。嘌呤碱基的分解终产物是NH_3和CO_2。嘧啶降解产生β-丙氨酸、β-氨基异丁酸及共同产物CO_2和NH_3。

核糖核苷酸的合成有两条基本途径:从头合成途径和补救合成途径。从头合成途径是由氨基酸、磷酸核糖、CO_2和NH_3这些化合物合成核苷酸。这条途径不经过碱基、核苷的中间阶段而直接合成核苷酸。补救合成途径是由核酸分解产生的碱基和核苷转变成核苷酸。在补救途径中,PRPP的磷酸核糖部分转移给嘌呤,形成相应的核苷酸。从头合成途径是生物体合成核糖核苷酸的主要途径。

脱氧核糖核苷酸可由核糖核苷酸还原形成。腺嘌呤、鸟嘌呤和胞嘧啶核糖核苷酸经还原,将其中核糖第二位碳原子上的氧脱去,即可形成相应的脱氧核糖核苷酸。而脱氧胸腺嘧啶核苷酸则可通过脱氧尿嘧啶核苷酸转变而来或通过补救合成途径合成。在核苷酸的生物合成中,多磷酸核苷酸是最活跃的转化形式。因此,核苷酸必须转化为多磷酸核苷酸才能起作用。

思考训练

1. 名词解释:核酸内切酶、核酸外切酶、限制性核酸内切酶、从头合成途径、补救合成途径。
2. 核酸酶进行分类的原则是什么?
3. 不同种类的生物嘌呤代谢的最终产物有何不同?
4. 脱氧核糖核苷酸是如何生成的?
5. 合成嘌呤核苷酸的起始物是什么?首先合成出的具有嘌呤环结构的中间产物是什么?
6. 合成嘧啶碱基的起始物是什么?首先合成出的具有嘧啶环结构的中间产物是什么?

※任务六　物质代谢的联系与调节

知识目标

(1) 了解物质代谢的特点,理解物质代谢的意义;
(2) 理解蛋白质、糖类、脂类、核酸代谢之间的联系,掌握重要的枢纽物质;
(3) 理解细胞水平代谢的调节方式,掌握变构调节和化学修饰调节;
(4) 了解激素、整体水平的代谢调节机制和特点。

技能目标

(1) 能用变化和联系的观点，分析生物体中的代谢过程；

(2) 对常见的代谢异常造成的疾病，能简单解释其发病机理。

素质目标

能认真思考，真实体会生物化学的飞速发展给疾病防治带来的重要作用和对医学的极大促进作用。更加坚定学习专业知识的信心，树立对专业的热爱和坚定学好专业课的决心。

物质代谢是机体从食物中摄取糖、脂和蛋白质等营养物质，经消化吸收进入体内，一方面经分解代谢释放能量，满足生命活动需要；另一方面经合成代谢，转变成机体自身的糖、脂、蛋白质和其他成分。物质代谢的顺利进行，依赖于机体复杂而精确的代谢调节机制的正常发挥，以适应机体生命活动需要。

一、物质代谢的特点

物质代谢是在精细调节下有条不紊地进行的，其特点如下。

1. 具有整体性

体内各种物质代谢过程同时进行，相互协调，相互联系，相互转变，形成一个整体。如糖、脂和蛋白质代谢产生共同的中间产物乙酰 CoA，它不仅可通过三羧酸循环彻底氧化分解，而且是脂肪酸合成的原料。

2. 具有共同的代谢池

机体主要营养物质可以从食物中摄取，也可以在体内合成。无论是内源性还是外源性营养物质，都形成共同的代谢池参与代谢。如血液中的葡萄糖，无论是从食物中消化吸收的，还是肝糖原分解产生的，或是非糖物质经糖异生途径转变而来的，都形成共同的血糖池，参与体内的糖代谢途径。

3. 各种代谢处于动态平衡

体内糖、脂、氨基酸及核苷酸等物质的代谢受到精细调节，处于动态平衡状态。若这种平衡被破坏，则会导致机体产生疾病。

4. ATP 是“能量货币”

ATP 是体内储存和消耗能量的共同形式，ATP 作为机体可直接利用的能量载体，将产能物质的分解代谢和耗能物质的合成代谢紧密联系在一起。

5. NADH/NADPH 是体内重要的还原当量

NADH 是体内多种代谢和氧化磷酸化的供氢体，NADPH 是脂肪酸和胆固醇合成代谢所需的还原当量。

6. 各组织器官物质代谢各具特点

机体各组织、器官的结构不同，功能也不同。除了具有细胞基本的代谢过程，它们还具有不同的酶系,以完成各自特殊的代谢途径和生理功能(表 1-3-12)。

表 1-3-12 重要组织和器官的代谢特点

细胞、组织、器官	主要酶及特点	主要代谢途径	功　能
肝	葡萄糖-6-磷酸酶、磷酸烯醇式丙酮酸羧激酶、葡萄糖激酶、甘油激酶、HMG-CoA 合酶	糖异生、糖有氧氧化、脂肪酸 β-氧化、酮体生成	代谢核心
脑	己糖激酶、腺苷脱氨酶	糖有氧氧化、糖酵解、氨基酸代谢	神经中枢
心	硫激酶、乳酸脱氢酶	脂肪酸氧化、酮体利用,极少进行糖酵解	泵出血液
脂肪	激素敏感性甘油三酯脂肪酶	脂肪酸酯化、脂肪动员	储存、动员脂肪
肾	甘油激酶、磷酸烯醇式丙酮酸羧激酶、HMG-CoA 合酶	糖异生、糖酵解、酮体合成	排泄尿液
红细胞	无线粒体	糖酵解	运输氧
肌肉	葡萄糖-6-磷酸酶、脂蛋白脂肪酶	糖酵解、脂肪酸 β-氧化	运动

二、物质代谢相互联系

1. 糖代谢与脂类代谢的相互关系

糖与脂类的联系最为密切,糖代谢为脂肪合成提供原料(α-磷酸甘油、乙酰 CoA)、能量、供氢体,糖可以转变成脂类(见图 1-3-54)。当有过量葡萄糖摄入时,糖分解代谢的产物磷酸二羟丙酮被还原成 α-磷酸甘油。丙酮酸氧化脱羧转变为乙酰 CoA,在线粒体中合成脂酰 CoA。α-磷酸甘油与脂酰 CoA 再用来合成甘油三酯。乙酰 CoA 也是合成胆固醇的原料。磷酸戊糖途径还为脂肪酸、胆固醇合成提供了所需的 NADPH。

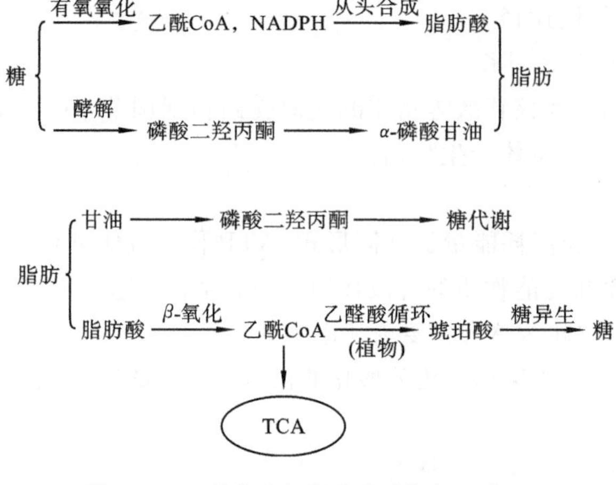

图 1-3-54 糖代谢与脂类代谢的相互关系

在动物体内,脂肪转变成葡萄糖是有限度的。脂肪绝大部分不能在体内转变为糖,但脂肪分解代谢的强度及顺利进行,还有赖于糖代谢的正常进行。脂肪的分解产物包括甘油和脂肪酸。其中,甘油是生糖物质。奇数脂肪酸分解生成的丙酰 CoA 可以经甲基丙二酸单酰 CoA 途径转变成琥珀酸,然后进入异生过程生成葡萄糖(如在反刍动物)。然而,偶数脂肪酸 β-氧化产生的乙酰 CoA 不能净合成糖。因为乙酰 CoA 不能转变为丙酮酸。虽然有研究显示,同位素标记的乙酰 CoA 碳原子最终掺入葡萄糖分子中去,但前提是必须向三羧酸循环中补充草酰乙酸等有机酸,而动物体内的草酰乙酸又只能从糖代谢的中间产物丙酮酸羧化后或其他氨基酸脱氨后得到。

2. 糖代谢与蛋白质代谢的相互联系

糖分解代谢中产生的 α-酮酸可以作为碳架,通过转氨基或氨基化作用进而转变成非必需氨基酸(见图 1-3-55)。

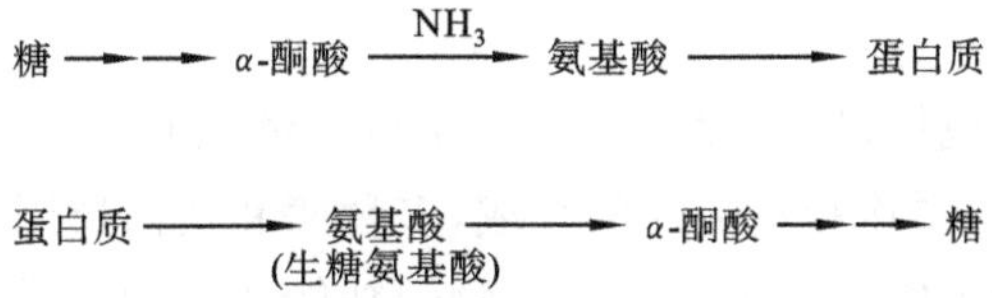

糖 ⟶⟶ α-酮酸 $\xrightarrow{NH_3}$ 氨基酸 ⟶ 蛋白质

蛋白质 ⟶ 氨基酸(生糖氨基酸) ⟶ α-酮酸 ⟶⟶ 糖

图 1-3-55　糖代谢与蛋白质代谢的相互联系

但是当动物摄入糖不足(如饥饿)时,体内蛋白质的分解加强。已知组成蛋白质的 20 种氨基酸中,除赖氨酸和亮氨酸以外,其余的都可以通过脱氨基作用直接地或间接地转变成相应的 α-酮酸。这些 α-酮酸通过三羧酸循环等代谢途径,转变成糖代谢的中间代谢物,通过糖异生途径转变成糖,以满足机体对葡萄糖的需要和维持血糖水平的稳定。

糖的供应不足,不仅非必需氨基酸合成量减少,而且由于细胞的能量水平下降,使需要消耗大量高能磷酸化合物(ATP 和 GTP)的蛋白质的合成速率受到明显抑制。

3. 脂类代谢与蛋白质代谢的相互联系

所有的氨基酸都可以在动物体内转变成脂肪。生酮氨基酸可以通过解酮作用转变成乙酰 CoA 之后合成脂肪酸;生糖氨基酸既然能异生成糖,自然也可以转变成脂肪。此外,蛋氨酸、丝氨酸等还是合成磷脂的原料。脂肪分解产生的甘油可以转变成合成丙酮酸、丝氨酸等非必需氨基酸的碳架。脂类代谢与蛋白质代谢的相互联系如图 1-3-56 所示。

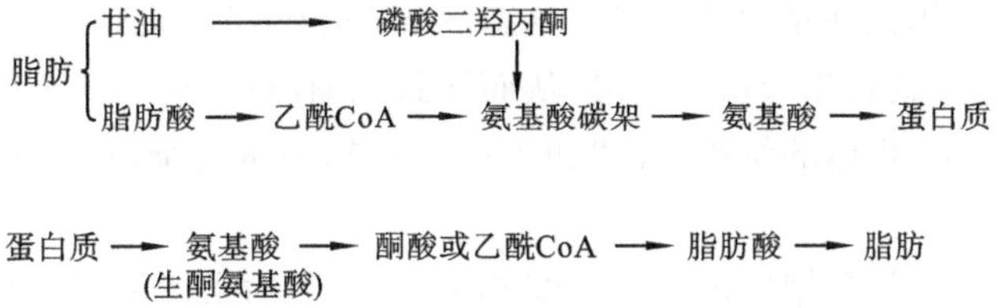

脂肪 {甘油 ⟶ 磷酸二羟丙酮 ↓; 脂肪酸 ⟶ 乙酰CoA ⟶ 氨基酸碳架 ⟶ 氨基酸 ⟶ 蛋白质}

蛋白质 ⟶ 氨基酸(生酮氨基酸) ⟶ 酮酸或乙酰CoA ⟶ 脂肪酸 ⟶ 脂肪

图 1-3-56　脂类代谢与蛋白质代谢的相互联系

但是在动物体内由脂肪酸合成氨基酸碳架结构的可能性不大。因为脂酸分解生成的乙酰 CoA 进入三羧酸循环,再由循环中的中间产物形成氨基酸时,消耗了循环中的有机酸(α-酮酸),如无其他来源得以补充,则反应不能进行下去。因此,一般来说,动物组织不

易利用脂肪酸合成氨基酸。

4. 核酸与糖、脂类、蛋白质代谢的联系

核酸是细胞内重要的遗传物质,控制着蛋白质的合成,影响细胞的成分和代谢类型。核酸生物合成需要糖和蛋白质的代谢中间产物参加,而且需要酶和多种蛋白质因子。

各类物质代谢都离不开具备高能磷酸键的各种核苷酸,核苷酸不仅是核酸的基本组成单位,而且在调节代谢中也起着重要作用。ATP 是能量通用货币和转移磷酸基团的主要分子,UTP 参与单糖的转变和多糖的合成,CTP 参与磷脂的合成,而 GTP 为蛋白质多肽链的生物合成所必需。

核苷酸的一些衍生物(如 CoA、NAD^+、$NADP^+$、cAMP、cGMP)具有重要生理功能。许多重要的辅酶辅基,如 CoA、NAD^+、FAD 等都是腺嘌呤核苷酸的衍生物,参与酶的催化作用。环核苷酸,如 cAMP、cGMP 作为胞内信号分子(第二信使)参与细胞信号的传导。

糖代谢为核苷酸合成提供了磷酸核糖(及脱氧核糖)和 NADPH 还原力。甘氨酸、天冬氨酸、谷氨酰胺等参与嘌呤和嘧啶环的合成,多种酶和蛋白质因子参与了核酸的生物合成(复制和转录),糖、脂等原料分子为核酸生物学功能的实现提供了能量保证。

糖、脂类和蛋白质代谢之间的相互影响突出地表现在能量供应上。动物各种生理活动所需要的能量 70%以上是由糖供应的。当饲料中糖类供应充足时,机体以糖作为能量的主要来源,而脂肪和蛋白质的分解供能较少。当糖的供应量超过机体的需要时,过量的糖则转变成脂肪作为能量储备。当糖类供应不足或饥饿时,一方面糖的异生作用加强,即主要动用机体蛋白转变为糖,另一方面动员脂肪分解供能。长期饥饿,体内脂肪分解大大加快,甚至会出现酮血症。糖、脂、蛋白质、核酸的代谢均离不开酶及一些调节蛋白(如激素),因此蛋白质在物质代谢中起主导作用。核酸与糖、脂类、蛋白质代谢的联系如图 1-3-57所示。

三、代谢调节

生命是靠代谢的正常运转维持的。机体有限的空间内同时有那么多复杂的代谢途径在运转,必须有灵巧而严密的调节机制,才能使代谢适应外界环境的变化与生物自身生长发育的需要,维持机体代谢的基本状态(恒态,stable state)。机体通过代谢调节维持恒态,一旦恒态被破坏,就意味着调节失灵,从而导致代谢障碍、疾病甚至机体的死亡。在漫长的生物进化历程中,机体的结构、代谢和生理功能越来越复杂,代谢调节机制也随之更为复杂。

代谢调节的实质,就是把体内的酶组织起来,在统一的指挥下,互相协作,以便使整个代谢过程适应生理活动的需要。

代谢调节的方式有细胞水平调节(酶水平调节)、激素水平调节和整体水平代谢调节,这三者统称为三级水平的调节。细胞水平调节是基础,后两者是通过细胞水平的代谢调节实现的。所有这些调节机制都是在基因产物蛋白质(可能还有 RNA)的作用下进行的,也就是说与基因表达调控有关。

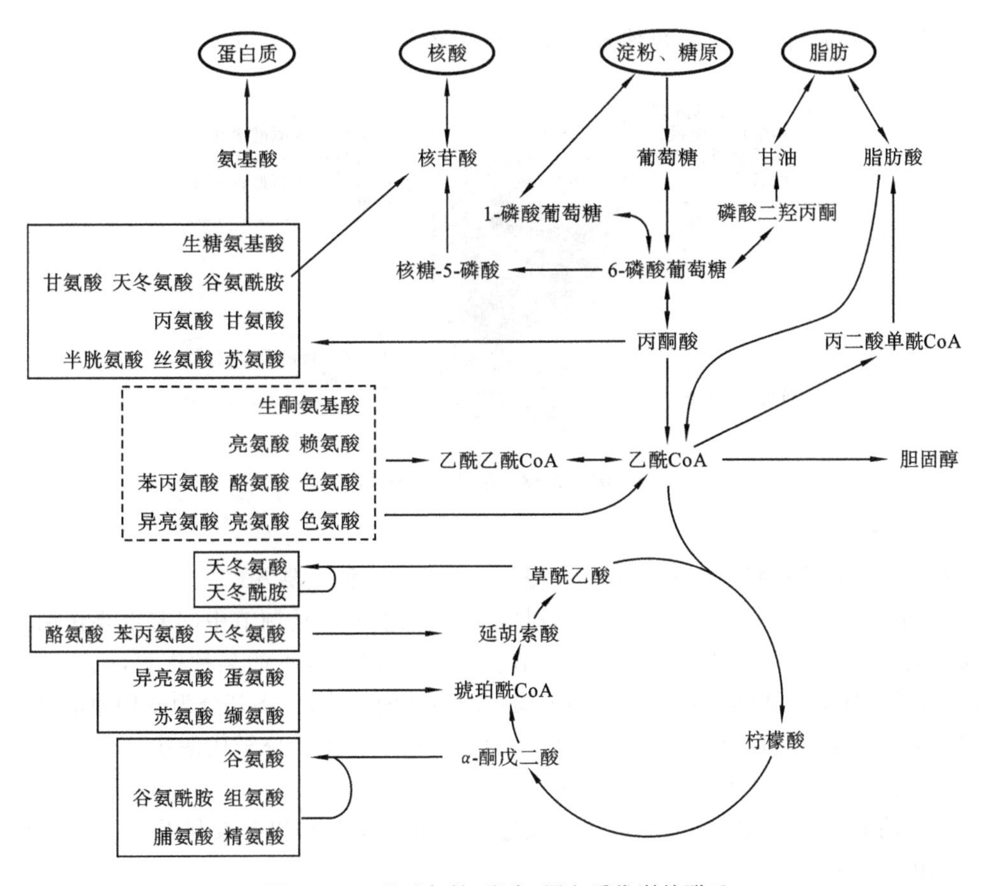

图 1-3-57 核酸与糖、脂类、蛋白质代谢的联系

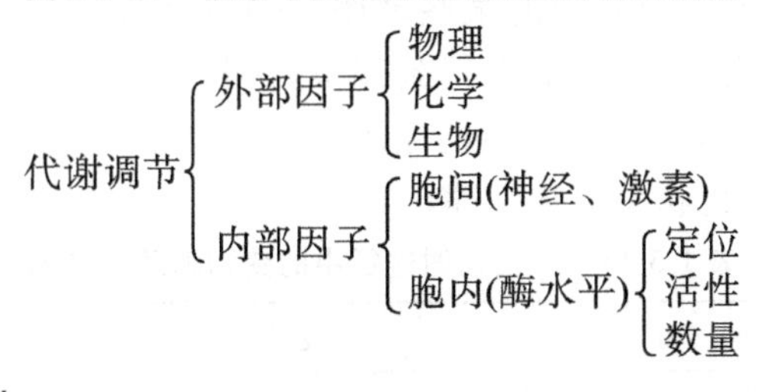

(一) 细胞水平调节

细胞水平调节是通过细胞内代谢物浓度的变化,对酶的活性和含量进行调节,也称为原始调节。

代谢调节主要是对酶进行调节,包括酶的活性和酶量。前者包括激活和抑制,后者包括诱导和阻遏。就化学本质而言,不同调节过程最终导致截然相反的效应。就整个生物体而言,二者只有相辅相成才能执行正常的功能。尤其是途径中的关键酶(限速酶、调节酶),代谢调节使它们的活性不致过高或过低,不会缺乏也不会不适时表达,以保持整个机体的代谢以恒态的方式进行。

1. 酶的区室化

动物细胞的膜结构把细胞分为许多区域,称为酶的区室化。代谢途径有关酶类常常组成酶体系,分布于细胞的某一区域或亚细胞结构中(见图 1-3-58)。酶的区室化作用保

证了代谢途径的定向和有序,也使合成途径和分解途径彼此独立、分开进行。

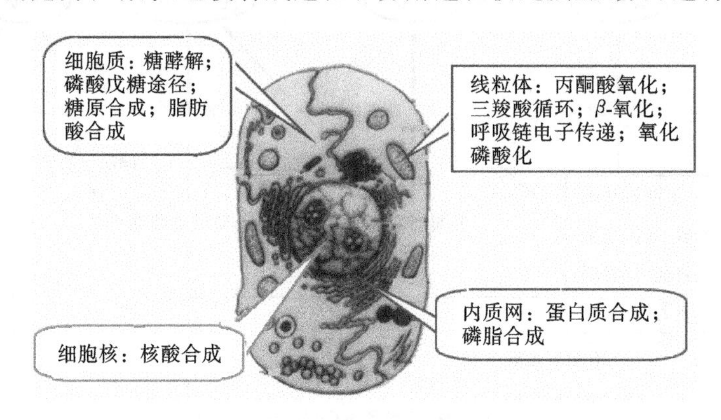

图 1-3-58 酶的区室化

2. 酶活性的调节

变构调节和共价修饰调节是对关键酶活性调节的两种主要方式。

(1) 酶的变构效应 变构效应又称别构效应,在生命活动调节中起着重要作用。调节物与酶分子中的调节中心(变构中心)结合后,诱导出酶分子的某种构象,改变催化活性,调节反应速率及代谢过程。根据调节物对酶活性的影响,可将其分为变构激活剂和变构抑制剂。调节物可以是酶的底物、酶体系的终产物或其他小分子代谢物。表 1-3-13 所示为一些代谢途径中的变构酶及调节物。

变构调节不仅使代谢物的生成量不致过多,还可使能量得以有效利用,并能使不同代谢途径相互协调。

(2) 酶的共价修饰 酶分子中的某些基团,在其他酶的催化下,可以共价结合或脱去,引起酶分子构象的改变,使其活性得到调节,这种方式称为酶的共价修饰(covalent modification)。这是一种体内快速调节的经济而有效的方式,主要有磷酸化和去磷酸化、乙酰化和去乙酰化、甲基化和去甲基化等。

表 1-3-13 一些代谢途径中的变构酶及调节物

代谢途径	变构酶	变构激活剂	变构抑制剂
糖酵解	己糖激酶		G-6-P
	磷酸果糖激酶-1	AMP、ADP、F-1,6-BP、Pi、F-2,6-BP	柠檬酸、ATP
	丙酮酸激酶	F-1,6-BP	ATP、乙酰 CoA
三羧酸循环	柠檬酸合酶	AMP	ATP、长链脂酰 CoA
	异柠檬酸脱氢酶	AMP、ADP	ATP
糖异生	丙酮酸羧化酶	ATP、乙酰 CoA	AMP
糖原分解	磷酸化酶	AMP、G-1-P、Pi	ATP、G-6-P
脂肪酸合成	乙酰 CoA 羧化酶	柠檬酸、异柠檬酸	长链脂酰 CoA
氨基酸代谢	谷氨酸脱氢酶	ADP、亮氨酸、蛋氨酸	GTP、ATP、NADH
嘌呤合成	谷氨酰胺 PRPP 酰胺转移酶		AMP、GMP

续表

代谢途径	变　构　酶	变构激活剂	变构抑制剂
嘧啶合成	天冬氨酸转氨甲酰基酶		CTP、UTP
核酸合成	脱氧胸苷激酶	dCTP、dATP	dTTP

由于酶的共价修饰反应是酶促反应，只要有少量信号分子（如激素）存在，即可通过加速这种酶促反应，而使大量的另一种酶发生化学修饰，从而获得放大效应。这种调节方式快速、效率极高。连锁代谢反应中多个酶的化学修饰配合进行，当其中的一个酶被激活后，连锁的反应中的其他酶被激活，导致原始信号逐级放大，催化效率逐渐放大。

激素→腺苷酸环化酶（cAMP）→蛋白激酶（活性无→有）→磷酸化酶（b→a）。

3. 酶含量的调节

通过改变酶的合成或降解速率来调节细胞内酶含量，从而调节代谢速度和强度。由于酶合成和降解所需时间较长，消耗 ATP 量较多，通常要数小时甚至数日，因此，酶含量调节属迟缓调节，作用时间长久。

酶的底物、产物、激素或药物等均可影响酶合成。一般将加速酶合成的物质称为酶诱导剂（inducer），减少酶合成的物质称为酶阻遏剂（repressor）。

（1）酶蛋白合成的诱导和阻遏。

根据酶合成的诱导和阻遏现象，1961 年 F. Jacob 和 J. Monod 提出了操纵子学说。操纵子是指染色体上控制蛋白质（酶）合成的功能单位，包括一个或多个结构基因及控制结构基因转录的操纵基因和启动子。调节基因控制操纵子“开”与“关”，位于操纵子上游，产物阻遏蛋白。

- 操纵子
  - 结构基因(编码蛋白质，S)
  - 控制部位
    - 操纵基因(operator, O)
    - 启动子(promotor, P)

诱导机理和阻遏机理分别如图 1-3-59 和图 1-3-60 所示。

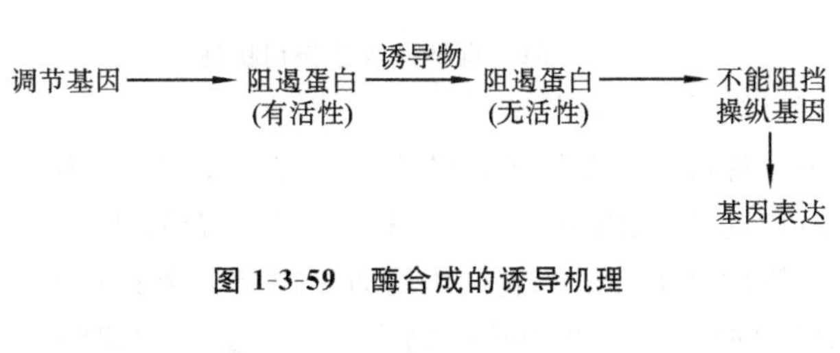

图 1-3-59　酶合成的诱导机理

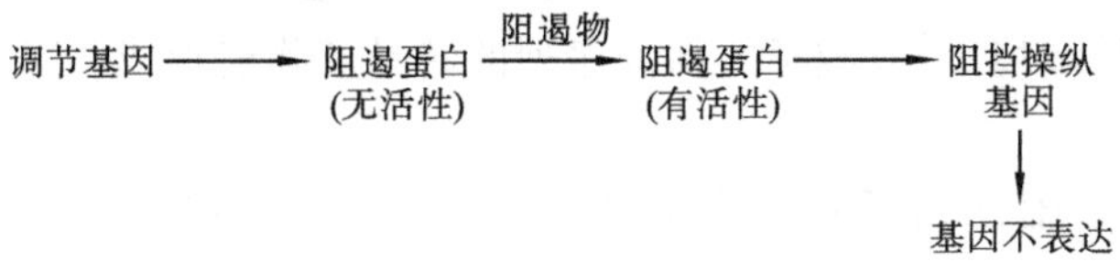

图 1-3-60　酶合成的阻遏机理

实例一　诱导型操纵子——乳糖操纵子

乳糖操纵子的结构基因有 Z(β-半乳糖苷酶基因)、Y(通透酶基因)、α(转乙酰基酶基因)。调控基因有 P(启动子)和 O(操纵基因)。I 是阻遏物基因,不包括在操纵子内。乳糖操纵子的诱导剂是乳糖。生理性诱导剂是别位乳糖。Lac 阻遏物的作用:具有四个相同亚基的 Lac 阻遏物能结合诱导剂。诱导剂结合的 Lac 阻遏物与操纵基因 O 解离,结构基因能被转录。分解物基因激活物蛋白(CAP)与 cAMP 的复合物能刺激操纵子结构基因的转录。乳糖操纵子结构基因的高表达既需要有诱导剂乳糖的存在(使 Lac 阻遏物失活),又要求无葡萄糖或低浓度葡萄糖的条件(增高 cAMP 浓度,并形成 CAP-cAMP 复合物促进转录)。乳糖操纵子作用机理如图 1-3-61 所示。

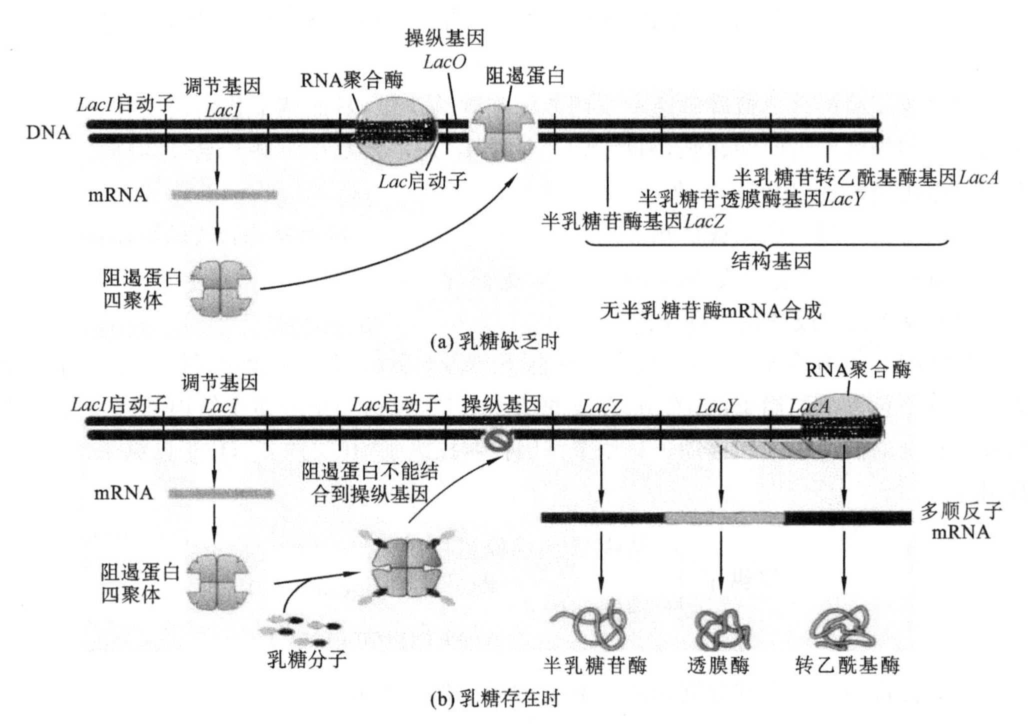

图 1-3-61　乳糖操纵子作用机理

实例二　阻遏型操纵子——色氨酸操纵子

色氨酸操纵子是一种可阻遏操纵子。结构基因有 L、E、D、C、B、A,调控基因有 P(启动子)和 O(操纵基因)。色氨酸阻遏物只有在和色氨酸结合后才能与操纵基因结合,阻遏结构基因表达。色氨酸操纵子转录的衰减作用通过位于 L 基因的衰减子使转录终止,衰减子中两个相邻的色氨酸密码子及原核生物中转录与翻译的偶联是产生衰减作用的基础,在高浓度色氨酸环境中,衰减子的部分序列的转录产物能形成 ρ 因子不依赖的转录终止结构,使转录停止。

除上述外,一些辅助因子对已有酶活性也可以进行调节。比如,能荷物质 ATP、ADP、AMP 对一些酶进行变构调节,能荷水平对 EMP、TCA 途径氧化磷酸化调节。能荷高,抑制上述代谢;能荷低,促进上述代谢,促进 ATP 生成。能量代谢与氧化还原反应有关,[NADH]/[NAD^+]也能对代谢进行调节,而金属离子则作为许多酶的激活剂实现对代谢的调节。

(2) 酶蛋白的降解。

改变酶蛋白分子降解速度也能调节细胞内酶含量。细胞蛋白水解酶主要存在于溶酶体中，所以影响蛋白水解酶从溶酶体内释放速度的因素，可直接影响酶蛋白降解速度。但通过酶蛋白降解来调节酶含量，远不如酶蛋白合成的诱导与阻遏重要。

(二) 激素水平调节

激素水平的代谢调节是内分泌器官及细胞分泌的激素对其他细胞发挥的代谢调节作用。激素通过血液到达其专一作用的组织和细胞，称为靶组织(target tissue)和靶细胞(target cell)，与其特异的受体结合，引起细胞内代谢的改变，于是引起生理效应。

(三) 整体水平调节

人体是一个复杂的有机整体，不仅有完整的内分泌系统，而且有功能复杂的神经系统。在中枢神经系统的控制下，或者通过神经纤维及神经递质对靶细胞直接发生影响，或者通过某些激素的分泌来调节某些细胞的代谢及功能，并通过各种激素的相互协调而对代谢进行的综合调节，称为整体水平的代谢调节。比如：在病理状态或特殊情况下出现短期饥饿状况，肝糖原显著减少，血糖降低，胰岛素分泌量减少，胰高血糖素分泌量增加，导致肌肉蛋白质分解加强，糖异生作用加强，脂肪动员加强，酮体增多，组织对葡萄糖的消耗量降低；此时，输入葡萄糖可减少酮体的生成量，降低酸中毒的可能，也可阻止体内蛋白质的进一步消耗。但长期饥饿时，脂肪动员继续加强，肌肉以脂肪酸为主要能源，蛋白质分解量减少，肾糖异生作用增强。另外，人体受到一些刺激(如剧痛、冻伤、缺氧、中毒及剧烈情绪激动等)时，交感神经兴奋，引起肾上腺髓质及皮质激素分泌量增加，血浆胰高血糖素及生长激素水平增加，胰岛素分泌量减少，血糖升高、脂肪动员增强、蛋白质分解加强等一系列代谢变化。

总结与反馈

生物体新陈代谢的基本目的是为机体的生理活动供应所需的ATP、还原力(NADPH)和生物合成的前体小分子。动物机体是一个统一的整体，各种物质代谢彼此之间密切联系、相互影响。其中，糖与脂类的代谢联系最为重要。糖可以转变为脂类，但是，脂类转变为糖在动物体内是有条件和有限度的。此外，糖代谢的分解产物为非必需氨基酸的合成提供碳架，氨基酸和戊糖则是细胞合成核苷酸的重要原料。恒态是生物体新陈代谢的基本状态，代谢调节的目的是维持恒态。代谢调节的实质是对代谢途径中酶的调节。代谢调节在细胞、激素和整体三个水平上进行，细胞水平是最基本的调节方式，主要通过酶的区室化、变构作用、共价修饰对关键酶的活性进行调节和对酶量进行控制。调节代谢的细胞机制是激素、神经递质等信号分子与细胞膜上的或细胞内的特异受体结合，将代谢信息传递到细胞的内部，以实现对细胞内酶的活性或酶蛋白基因表达的调控。

思考训练

1. 名词解释:变构调节、酶的化学修饰调节、诱导剂、阻遏剂、反馈抑制、操纵子。
2. 简述物质代谢的特点。
3. 试述糖、脂肪、蛋白质在细胞中分解代谢的共同途径及各自的特点。
4. 简述酶的变构调节的机制和生理意义。
5. 简述物质代谢调节的方式及其相互关系。

项目四

遗传信息的传递与表达

1943年，DNA被证明是遗传物质，并开始其功能的研究。

从细胞水平看，遗传的物质基础是核染色体——DNA与碱性蛋白质(组蛋白)，DNA分子中脱氧核苷酸残基的排列顺序就是DNA分子中储存的遗传信息。

从分子水平上看，具有遗传效应的DNA片段就是遗传的功能单位。带有遗传信息并在蛋白质和酶的生物合成中为多肽链的氨基酸顺序编码的DNA片段称为结构基因。原核生物的结构基因是连续的，不存在无编码意义的核苷酸序列。而真核生物的结构基因是断续的，即在有编码意义的细胞内部穿插着若干无编码意义的核苷酸序列，有编码意义的序列称外显子，无编码意义的序列称内含子。

1958年，DNA双螺旋结构的发现人之一F. Crick把遗传信息的传递方式归纳为遗传学中心法则(central dogma)，即在遗传信息的传递过程中，遗传信息的流向是从DNA到DNA，或从DNA到RNA再到蛋白质的传递规律。遗传信息的传递包括两个方面：一是基因的传递，亲代将遗传信息通过DNA复制传递给子代；二是基因的表达，DNA通过转录将遗传信息传递给mRNA，mRNA通过翻译将遗传信息传递给蛋白质，最后由蛋白质表现各种遗传性状。

1970年，H. Temin发现一些以RNA为遗传物质的病毒，其RNA不仅能自身复制，还可以以RNA为模板，指导细胞合成一条DNA链。这种以RNA为遗传物质的病毒称为反转录病毒(retrovirus)。这种遗传信息的流向是从RNA到DNA，与转录相反，这个过程称为反转录(reverse transcription)。这就使中心法则的内容得到补充。

中心法则如图1-4-1所示。

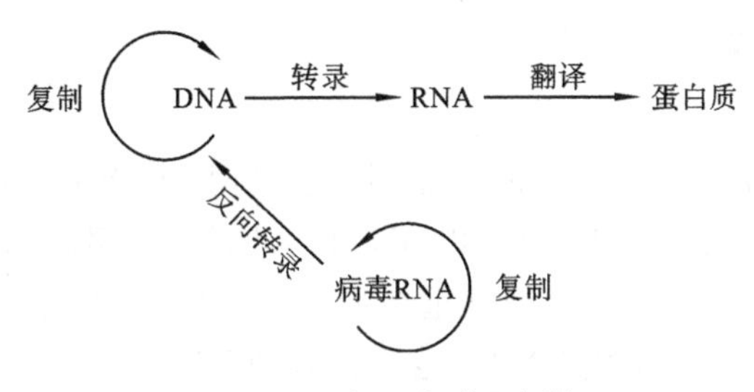

图1-4-1 中心法则示意图

总之,蛋白质是核酸承载的遗传信息的表达形式,而核酸的合成和分解过程又离不开蛋白质的催化与调控。

任务一 DNA的生物合成

知识目标

(1) 认识DNA生物合成的方式及其相关概念;
(2) 熟悉DNA复制的过程和基本规律,能列出复制的原料、模板及参与复制的酶类;
(3) 能理解逆转录的概念及逆转录酶的功能;
(4) 了解DNA分子的损伤原因、类型和修复机制。

技能目标

(1) 能为继续学习在此基础上的改造生物体的相关知识做准备;
(2) 能解释一些与基因及表达异常有关的某些疾病的机理;
(3) 逐步形成良好的学习习惯和学习方法,具有终身学习的能力。

素质目标

能认真思考,真实体会物种连续性的原因,认识学习遗传信息传递的基本知识的必要性,对生命的本质有更深刻的认识。

DNA生物合成的方式有自我复制、逆转录和修复。在生物体内,DNA生物合成的主要方式是复制,从而保证了物种的连续性;一些RNA病毒,则以逆转录的方式合成DNA;在各种因素导致DNA损伤时,生物体可以利用其特殊的修复机制进行DNA的修复,从而保证DNA结构与功能的稳定性。

一、DNA的自我复制

(一) 复制的基本规律

1. 半保留复制

当细胞进行有丝分裂时,DNA进行复制。复制时,亲代DNA双螺旋解开,形成单链,称为亲链,两条亲链均可作为模板;以dNTP为原料,按照碱基配对原则形成与亲链完全互补的新链,称为子链;亲链与子链重新形成双螺旋结构,这样1分子亲代DNA就生成2分子与之完全相同的子代DNA。这个过程即DNA的复制。

在新合成的子代DNA中,有一条链来自亲代,另一条链是新合成的,子代DNA连续复制,亦是如此。这种子代DNA分子总保留一条来自亲代DNA链的复制过程称为半保留复制(semiconservative replication)。半保留的复制实验(见图 1-4-2)于 1958 年由 Matthew Meselson 和 Franklin Stahl 利用同位素示踪法证实。

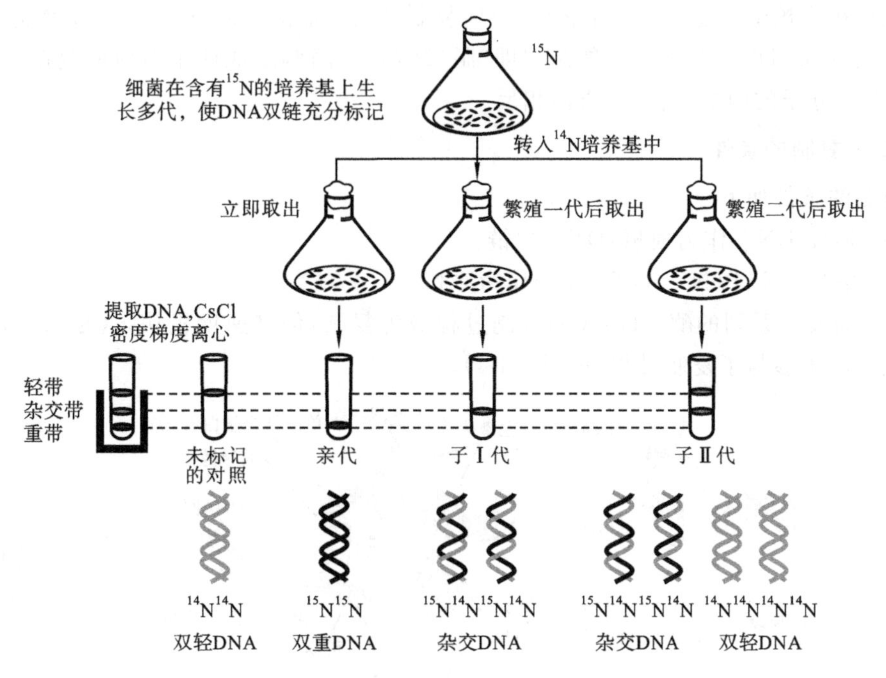

图 1-4-2 半保留的复制实验

2. 半不连续复制

DNA 复制时，以 3′→5′走向为模板的一条链合成是连续的，其方向为 5′→3′，称为前导链(leading strand)；另一条以 5′→3′走向为模板链的合成链则是先形成许多不连续的片断，最后才连接成完整的长链，称为滞后链(lagging strand)。这种复制方式称为半不连续复制(semidiscontinuous replication)。1968 年，冈崎提出 DNA 不连续复制模型，认为新合成的 3′→5′走向的 DNA 链实际上是由许多 5′→3′方向合成的 DNA 片断连接起来的。因此，滞后链中先形成的不连续的片断被称为冈崎片断(见图 1-4-3)。

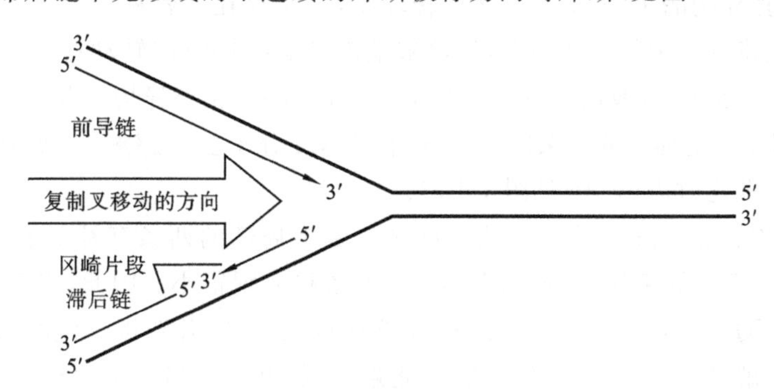

图 1-4-3 半不连续复制

3. 有特定的起始点

DNA 复制时，通常是从具有一些特殊的核苷酸序列的特定部位开始复制过程的。原

核生物中一般只有一个复制起点，而在真核生物中则有多个。

4. 双向复制

无论在原核生物还是真核生物中，双向复制是最普遍的复制方式。DNA 复制起始于一个位点，局部 DNA 解链形成复制泡即“眼”结构，其两侧形成两个对应的复制叉，并不断向 DNA 分子的两端延伸，且方向相反。

(二) 复制的条件

复制的条件如下。

(1) 需要 DNA 作为模板：DNA 单链。

(2) 需要 dNTP(N=A,T,C,G)作为原料。

(3) 需要一系列的酶。DNA 的复制过程极为复杂，但其速度极快，这是由于许多酶和蛋白质因子参与了复制过程(见图 1-4-4)。

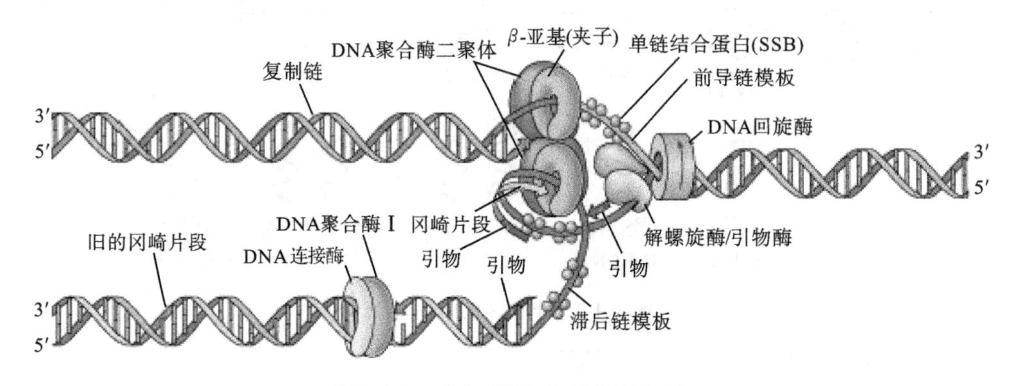

图 1-4-4　参与 DNA 自我复制的酶

① 参与 DNA 解螺旋和解链酶及蛋白质因子　DNA 在核染色体中以超螺旋状态存在，复制时，它的超螺旋和双螺旋必须解开，形成单链，才能作为复制的模板，解螺旋和解链由拓扑异构酶和解链酶完成。

拓扑异构酶(topoisomerase)能解开 DNA 的超螺旋结构，分为拓扑异构酶Ⅰ和拓扑异构酶Ⅱ。拓扑异构酶Ⅰ(ToPoⅠ)又称转环酶，广泛存在于各种生物体中，其作用是在 DNA 一定部位将双链中的一条切开，使链末端沿螺旋松懈方向转动松弛，然后将切口封闭，使 DNA 呈松弛状态，催化时不需 ATP(见图 1-4-5)。拓扑异构酶Ⅱ(ToPoⅡ)又称旋转酶，能将 DNA 一定部位的两条链均切开，使 DNA 分子去除超螺旋，变为松弛态，然后再将切口封闭，催化时需 ATP(见图 1-4-6)。

解链酶又称解螺旋酶，其作用是使 DNA 双螺旋局部的两条互补链解成单链。该酶对单链 DNA 有高度的亲和力，而对双链 DNA 亲和力则很小。因此，当 DNA 双螺旋链有缺口时，解链酶结合在此处，然后沿 DNA 链移行，逐渐解开双链。该酶同时具有 ATP 酶的活性，可水解 ATP 以获得解链所需的能量(每解开一对碱基需水解 2 个 ATP)。有些解链酶还具有引物酶活性，当它移行到 DNA 分子复制起点时，在 DNA 模板链的指导下合成一小段引物 RNA。

SSB(single strand binding protein)又称单链结合蛋白质。当 DNA 局部的两条链解

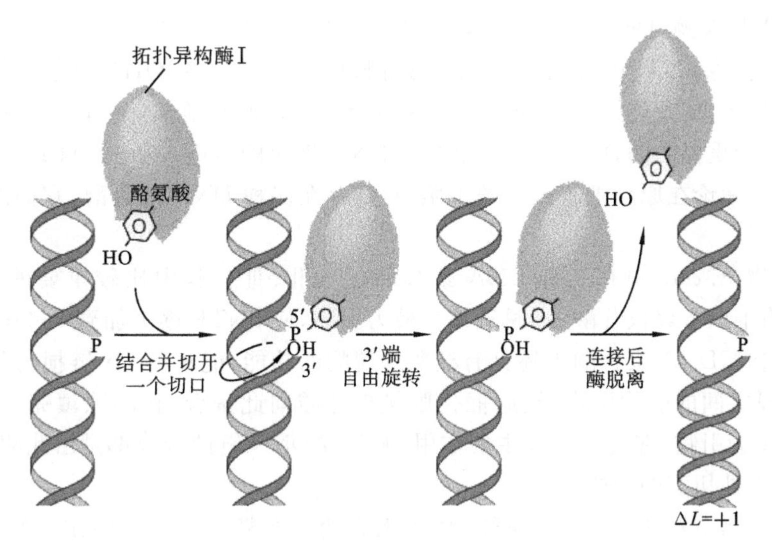

图 1-4-5　拓扑异构酶Ⅰ的作用

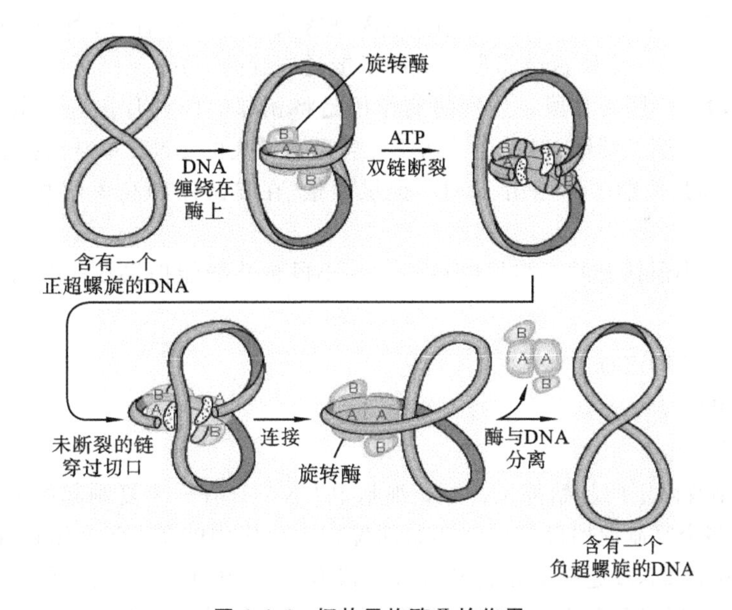

图 1-4-6　拓扑异构酶Ⅱ的作用

开后，还有可能再结合为双螺旋结构而复性。为稳定 DNA 解开的单链，防止复性，SSB 可与解开的单链牢固结合，使其保持模板状态，可避免核酸酶对单链 DNA 的降解。

② 引物酶(DNA primase)　DNA 复制时，需要在 DNA 复制的起始点，在 DNA 模板链指导下先催化合成一小段寡核苷酸引物，然后在引物的一端逐个加上脱氧核苷酸合成 DNA 链。DNA 合成的引物是 RNA 片断，催化 RNA 引物合成的酶称为 RNA 聚合酶。RNA 聚合酶实质是以 DNA 为模板的 RNA 聚合酶(DNA directed RNA polymerase，DDRP)。此酶以 DNA 为模板合成一段 RNA，这段 RNA 作为合成 DNA 的引物(primer)。

③ DNA 聚合酶(DNA polymerase)　在 DNA 模板链的指导下,以 dNTP 为底物,按碱基配对原则,将 dNTP 逐个加在寡核苷酸片段的一末端上(3′-OH),并催化核苷酸之间形成磷酸二酯键,如此连续,新合成的 DNA 链沿 5′→3′方向延长。催化这个过程的酶是 DNA 复制中最重要的酶,即 DNA 指导下的 DNA 聚合酶(DNA directed DNA polymerase,DDDP)。无论在原核细胞或真核细胞中,都存在多种 DNA 聚合酶,它们的性质和作用不完全相同。

原核生物 *E. coli* 中有三种 DNA 聚合酶(Ⅰ、Ⅱ、Ⅲ),其中比较重要的是Ⅰ和Ⅲ。DNA 聚合酶Ⅰ以寡聚核苷酸、寡脱氧核苷酸为引物,使 dNTP 逐个加到 3′-OH 末端的多核苷酸上,同时,DNA 聚合酶Ⅰ还具有核酸外切酶的功能,能将 DNA 链损伤的部分或两个 DNA 片段之间的引物切除,然后催化脱氧核苷酸向此聚合,将间隙填完。DNA 聚合酶Ⅲ以 RNA 为引物,在复制中起主要作用,大多数 DNA 链的合成都是由此酶来催化的,它也具有核酸外切酶的功能。

在真核生物中发现 α、β、γ、δ 四种 DNA 聚合酶。在复制中起主要作用的是 DNA 聚合酶 α,该酶相当于原核生物 DNA 聚合酶Ⅲ。

④ DNA 连接酶(DNA ligase)　在 DNA 双螺旋局部解开后,两条 DNA 均可作为模板。在复制过程中,一条模板链指导合成的子链是连续的,另一条模板链指导合成的是断续的 DNA 片段——冈崎片段。连接酶的作用是将相邻的冈崎片段连接起来,催化它们之间形成 3′,5′-磷酸二酯链,但是连接酶不能将两条游离的 DNA 单链连接起来。这个过程在大肠杆菌和其他细菌体内由 NAD^+ 提供能量,在噬菌体和高等生物体内则由 ATP 提供能量。

(4) 需要一小段核苷酸链引导(引物)　一小段核苷酸能提供 3′-OH 末端,使 dNTP 可以依次聚合。

(三) DNA 复制过程

DNA 复制过程有如下三个阶段。

1. 复制的起始与引物的合成

DNA 复制有固定的起始部位。原核细胞中 DNA 只有一个复制起始部位,而真核细胞中 DNA 有多个复制起始部位。在起始部位首先起作用的是 DNA 拓扑异构酶和解链酶,它们分别松弛 DNA 超螺旋结构和解开一段双链,并由 DNA 结合蛋白保护和稳定解开的 DNA 单链,形成复制点,又称复制叉。在此基础上,进一步由引物酶辨认 DNA 模板链起始点,在此处由模板链指导,按照A═U、G≡C的配对原则,聚合 dNTP,形成 RNA 引物,其长短为十多个至数十个核苷酸(见图 1-4-7)。

2. DNA 片段的合成与延伸

RNA 引物合成以后,在 DNA 模板链指导下(两条),在 DNA 聚合酶Ⅲ的催化下,在引物 3′-OH 端按碱基配对原则逐个聚合 dNTP(碱基配对)。随着复制不断进行,拓扑异构酶Ⅱ和解链酶不断向前推进,复制也不断向前推进,新合成的 DNA 片段也不断延伸(5′→3′)。

子链 DNA 中一条链的延伸方向与复制叉前进方向相同(前导链),另一条子链的延伸方向与复制叉的前进方向相反(滞后链)。前导链和滞后链的合成如图 1-4-8 所示。复

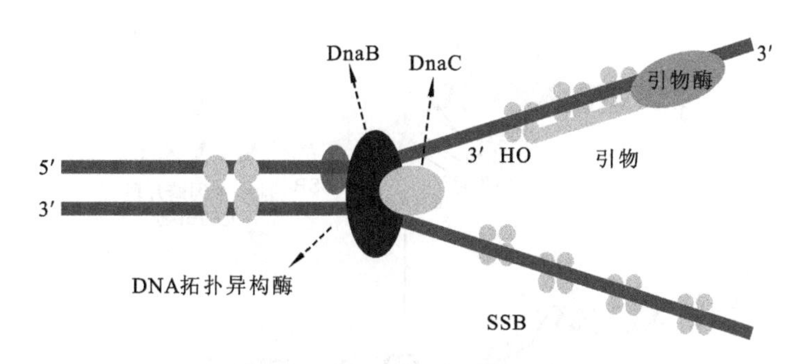

图 1-4-7　复制的起始与引物的合成

制开始后，前导链的合成随复制叉连续延伸，而滞后链是沿复制叉移动的反方向断续合成，即合成一段一段的DNA（冈崎片段）。当一个冈崎片段合成后，随复制叉的移动，在新的分叉处又合成一段引物RNA，再在引物3′-OH端合成一个冈崎片段，如此进行，便合成一条引物-冈崎片段相间排列的序列。当复制到一定程度后，DNA聚合酶Ⅰ将RNA引物切除，它同时又发挥DNA聚合酶功能，催化冈崎片段3′-OH端延长，直到前一个冈崎片段5′末端为止。

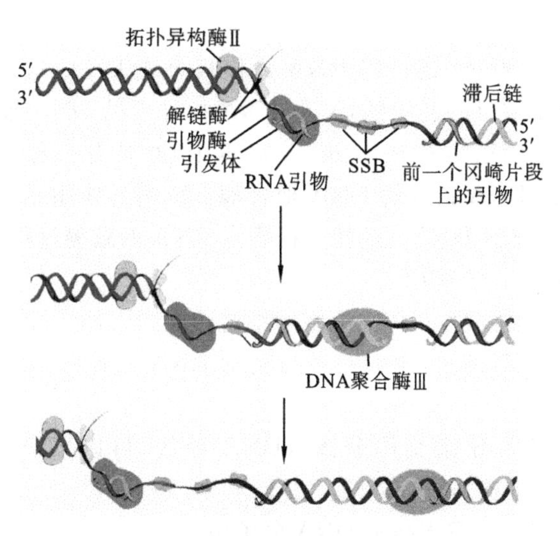

图 1-4-8　前导链和滞后链的合成

3. RNA引物的水解和复制的终止

复制进行到一定程度，核酸外切酶将RNA引物切除，由DNA聚合酶Ⅰ催化其延长补缺，然后由连接酶将相邻的两个冈崎片段连接起来，使之完成长链，与其对应的DNA模板链一起生成子代双螺旋DNA，即完整的DNA分子。合成的前导链也与其对应的另一条DNA模板链生成另一个双螺旋子代DNA分子。这两个子代DNA与亲代DNA的结构完全相同，由此遗传信息从亲代传递给子代。RNA引物的水解和复制的终止如图1-4-9所示。

DNA复制在细胞分裂周期的S期进行。抑制DNA复制可以抑制细胞分裂，某些抗肿瘤药物就是通过这个途径而达到治疗目的的。

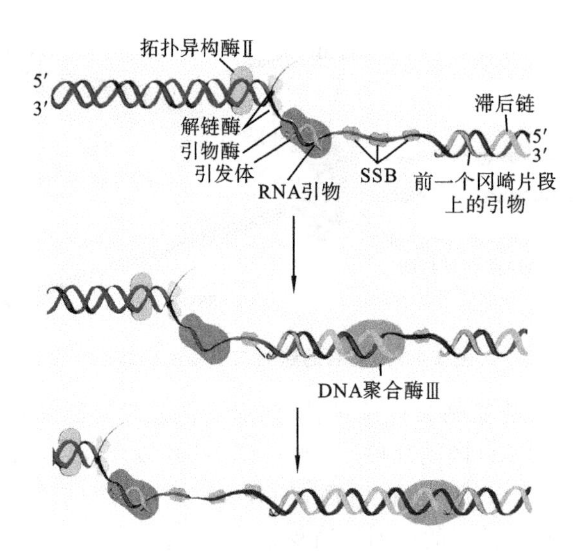

图 1-4-9 RNA 引物的水解和复制的终止

二、逆转录

DNA 的合成除了复制外,还可以 RNA 为模板合成 DNA,这个过程称为逆(反)转录。催化此反应的酶是逆(反)转录酶,又称 RNA 指导下的 DNA 聚合酶(RNA directed DNA polymerase)。该酶通常存在于 RNA 病毒中,并具有三种酶活性:RNA 指导的 DNA 聚合酶、RNA 酶、DNA 指导的 DNA 聚合酶。该酶的作用是以 RNA 为模板,合成带有 RNA 全部遗传信息的 DNA。逆转录在病毒 RNA 的致癌过程中起重要作用。

逆转录过程(见图 1-4-10)如下。

(1) 病毒感染宿主细胞后,在宿主细胞的细胞液中脱去外壳,以病毒 RNA 为模板,以 dNTP 为原料,由逆转录酶催化,合成一条与病毒 RNA 互补的 DNA 链(cDNA),cDNA 与 RNA 形成杂交体。

(2) 逆转录酶继续催化杂交体分离,cDNA 释放,再以 cDNA 为模板,合成互补 DNA,形成双股cDNA,即前病毒。

(3) 双股 cDNA 整合到宿主细胞 DNA 分子中。

当整合有病毒的宿主细胞 DNA 转录时,此插入的 cDNA 即可转录出相应的 mRNA,再经翻译合成由病毒 RNA 编码的蛋白质而使机体致病。

※三、DNA 分子的损伤和修复

(一) DNA 分子的损伤

DNA 突变(其实质是碱基对的改变)造成 DNA 结构和功能破坏称为 DNA 分子的损伤。引起损伤的因素有紫外线、电离辐射和化学诱变剂(碱基、核苷类似物、抗生素、亚硝胺、烷化剂)等。

损伤的类型如下。

(1) 紫外线引起的损伤：紫外线(UV)引起DNA链上相邻碱基的聚合，形成二聚体(TT)，二聚体之间通过共价键连接。

(2) 烷化剂引起的脱氧核苷酸残基烷化。

(3) DNA双链局部断裂，碱基破坏。

(二) 损伤的修复

损伤的DNA若不经修复可引起机体细胞发生突变，导致疾病发生，严重时引起死亡。然而，生物在长期进化过程中形成了一种对损伤DNA的修复机制。

1. 光复活

在细胞内存在光复活酶，在较强的可见光照射下可被激活，活化的光复活酶可使二聚体解聚，从而使损伤部位得到修复。该酶专一性强，只作用于嘧啶二聚体。该酶在自然界中广泛存在，但在人体中，只存在于淋巴细胞和成纤维细胞中，低等生物、鸟类中都有这种酶。光复活作用如图1-4-11所示。

2. 转甲基作用

烷化剂所引起的碱基甲基化损伤(如硫酸二甲酯所致的鸟嘌呤甲基化)，可在细胞内转甲基酶的催化下除去甲基，使损伤部位修复。

3. 切除修复

在一系列酶的作用下，将DNA一条链上的损伤部位切除，同时，以完好的互补链为模板合成正常的DNA片段以弥补切去的部分，这就是切除修复。切除修复作用如图1-4-12所示。

4. 重组修复

重组修复又称复制后修复。其原理是DNA大面积损伤，来不及修复就进行复制，复制时损伤部位失去模板的作用，因此，新合成的子链与损伤相对应的部位就出现缺失。这时另一条完好的母链可与有缺口的子链进行重组交换，将其缺口补上。母链上的缺口由DNA聚合酶和连接酶催化，以新形成的子链为模板进行复制，将其缺口补上。但是这种重组修复并没有去除原有的损伤，只能通过多次复制使损伤的DNA所占的比例减少。

5. SOS修复

当DNA损伤范围很大时，复制便会受到抑制，这

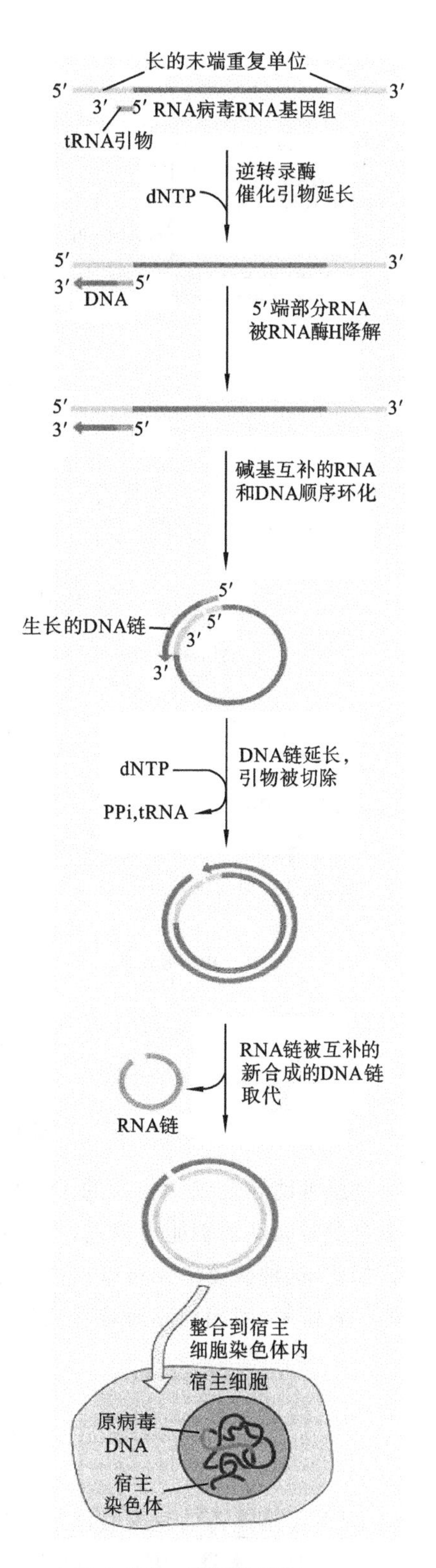

图1-4-10 逆转录过程

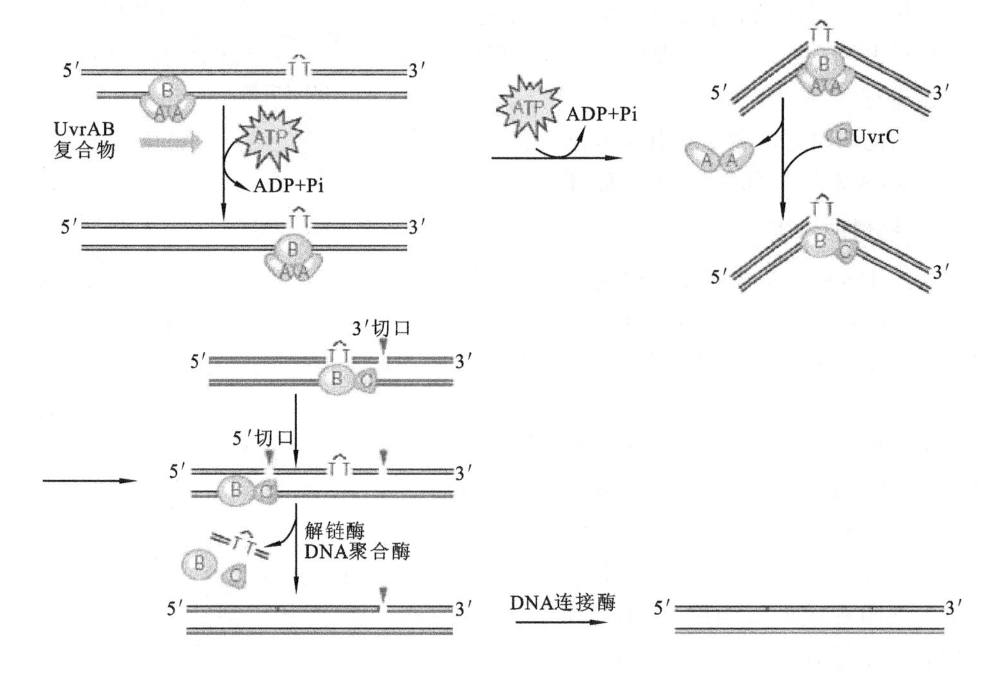

图 1-4-11　光复活作用示意图

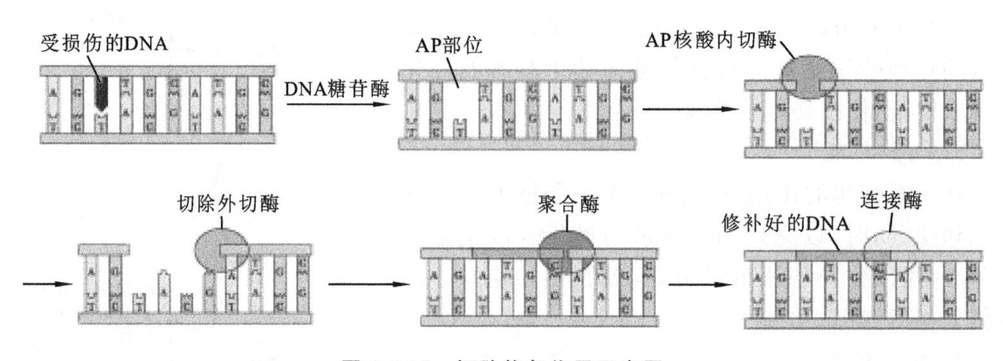

图 1-4-12　切除修复作用示意图

时细胞可诱导合成一些新的 DNA 聚合酶，催化缺口部位 DNA 的合成，但是这类 DNA 聚合酶对碱基识别能力较差，常使修复后的 DNA 链上出现许多差错，甚至细胞癌变。尽管如此，这种修复单元可以提高细胞的存活率，称为紧急补救措施，是细胞在危急状态下的一种修复，引用国际海难呼救信号称之为 SOS 修复。

DNA 是遗传信息的载体，在遗传信息传递过程中，决定其结构特异性的遗传信息只能来自 DNA 本身。因此，必须以原来存在的分子为模板来合成新的分子，即进行 DNA 的自我复制。DNA 的双链结构对于维持这类遗传物质的稳定性和复制的准确性都是极

为重要的。因此，DNA复制是保持生物种群遗传性状稳定性的基本分子机制，是DNA最重要的生物功能之一。在DNA聚合酶的催化下，DNA由四种脱氧核糖核苷三磷酸(dATP、dGTP、dCTP和dTTP)聚合而成。在Mg^{2+}存在的条件下，并在DNA聚合酶的催化下，脱氧核糖核苷酸被加到DNA链的末端，同时释放出无机焦磷酸。与DNA聚合反应有关的酶包括多种DNA聚合酶、DNA连接酶、拓扑异构酶及解链酶等。

DNA复制的基本过程主要包括复制起始、链延伸和复制终止。在复制起始阶段，DNA的双螺旋拆分成两条单链。以DNA单链为模板，按照碱基互补配对的原则，在DNA聚合酶催化下，合成与模板DNA完全互补的新链，即每个子代分子的一条链来自亲代DNA，另一条链则是新合成的，这种复制方式称为半保留复制。DNA分子是由两条反向平行的多核苷酸链构成的，而且两条链都可以作为模板合成子代DNA。但是，DNA聚合酶只能催化$5'\rightarrow3'$方向的新生链合成。一条模板链是$3'\rightarrow5'$走向，在其上DNA能以$5'\rightarrow3'$方向连续合成，该链称为前导链；另一条模板链是$5'\rightarrow3'$走向，在其上DNA也是从$5'\rightarrow3'$方向合成，形成许多不连续的片段(称为冈崎片段)，最后连成一条完整的DNA链，该链称为滞后链。这种前导链连续复制，滞后链不连续复制的方式称为DNA半不连续复制。机体内DNA的合成除了复制外，还可以RNA为模板合成DNA，这个过程称为逆(反)转录。催化此反应的酶是逆(反)转录酶。

另外，某些物理化学因素，如化学诱变剂、紫外线和电离辐射等都可以引起基因突变和细胞凋亡，其化学本质是这些物理化学因素直接作用于DNA，造成其结构和功能的破坏。生物体都具有一系列起修复作用的酶系统。这种酶系统可以除去DNA上的损伤，恢复DNA的正常双螺旋结构。目前，已知有多种修复系统：光复活修复、切除修复和重组修复等。

思考训练

1. 名词解释：DNA自我复制、冈崎片段、逆转录、DNA损伤、DNA聚合酶。
2. 简述DNA自我复制过程。
3. 写出参与DNA自我复制的酶及其相应的功能。
4. 常见的DNA损伤有哪几种类型？如何修复？

任务二 RNA的生物合成

知识目标

(1) 掌握转录的原料、模板、酶及转录的基本过程；
(2) 熟悉编码链、模板链、内含子、外显子的概念；

(3) 能比较 DNA 自我复制与 RNA 转录的区别。

技能目标

学会运用观察、实验等方法获取信息,能用文字、图表和生物化学语言表述有关的信息,具有运用比较、分类、归纳、概括等方法对获取的信息进行加工的能力。

素质目标

保持和增强对生命中的化学现象的好奇心和探究欲,培养起继续学习专业知识的兴趣。发扬勤于思考、善于合作、严谨求实、勇于创新和实践的科学精神。

细胞中的各种 RNA(包括 mRNA、tRNA 和 rRNA)都是以 DNA 为模板,在 RNA 聚合酶催化下合成的,最初转录的 RNA 产物通常需要一系列断裂、拼接、修饰和改造才能成为成熟的 RNA 分子。这种由 DNA 向 RNA 传递信息的过程,称为转录。RNA 的转录需要多种成分参与:DNA 模板、4 种三磷酸核糖核苷酸(NTP)、RNA 聚合酶及某些蛋白质因子等。这些成分总称为转录体系。在细胞生长周期的某个阶段,DNA 双螺旋解开成为转录模板,在 RNA 聚合酶催化下,合成 mRNA。新型冠状病毒属于 RNA 病毒,是 β 属冠状病毒,具有包膜,颗粒呈圆形或者椭圆形,直径为 60～140 nm,具有 5 个必需基因,分别表达病毒包膜、核蛋白、基质蛋白、棘突蛋白以及 RNA 依赖性 RNA 聚合酶。

一、转录的酶和模板

(一) 转录的酶

DNA 指导的 RNA 聚合酶(DDRP)是转录过程中最重要的酶,它催化核糖核苷酸之间形成磷酸二酯键,合成 RNA 链。

在原核细胞中只有一种 RNA 聚合酶,已知大肠杆菌的 RNA 聚合酶全酶的相对分子质量约 50 万,由 $\alpha\alpha\beta\beta'\sigma$ 五个亚基组成,全酶去除 σ 亚基(又称 σ 因子)后,称为核心酶($\alpha\alpha\beta\beta'$)。RNA 聚合酶结构如图 1-4-13 所示。σ 因子的作用是辨认 DNA 模板上转录的启动子,协助转录的起始。核心酶只能使已经开始合成的 RNA 链延长,但不具有起始合成 RNA 的能力,因此,称 σ 亚基为起始因子。某些药物(如利福霉素或利福平)能特异性抑制细菌的 RNA 聚合酶,从而发挥药理作用。

目前,已知的真核细胞 RNA 聚合酶有 3 种,它们在结构上具有极大的相似性,都由两个大亚基和多个小亚基构成。3 种酶的大亚基的氨基酸序列有同源性,某些小亚基为 3 种酶所共有。RNA 聚合酶在结构上虽有相似性,但分工不同:RNA 聚合酶Ⅰ负责转录出 rRNA 前体(前体中不包括 5S rRNA);RNA 聚合酶Ⅱ转录编码蛋白质的基因和snRNA 基因;RNA 聚合酶Ⅲ合成 5S rRNA、tRNA、U6RNA 及 7S rRNA 等。

另外,真核基因转录过程中,RNA 聚合酶须在一系列转录因子的辅助下才能与启动子结合,形成稳定的起始复合物。根据转录因子的功能,可以分为 3 类,即普通因子、上游因子、可诱导因子。

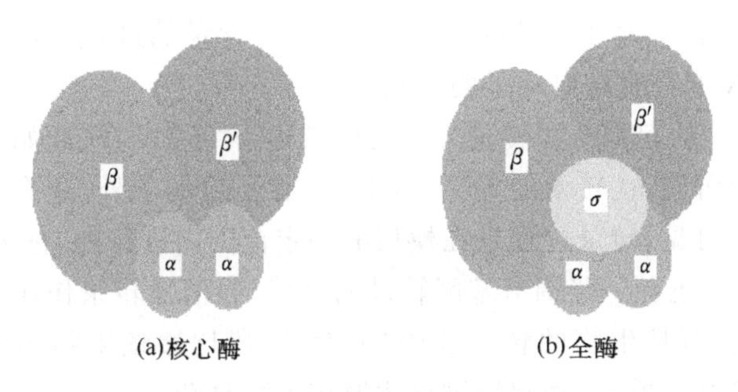

图 1-4-13 RNA 聚合酶结构

(1) 普遍因子与 DNA 聚合酶一起在转录起始点周围形成复合物。

(2) 上游因子是 DNA 结合蛋白,能够特异地识别转录起点上游的顺式作用单元(特异的 DNA 调控序列)并与之结合。

(3) 可诱导的因子也是一种 DNA 结合蛋白,其作用方式与上游因子相同。

(二) 转录的模板

在 RNA 聚合反应中,RNA 聚合酶以完整双链 DNA 为模板,DNA 碱基顺序的转录是全保留方式,转录后,DNA 仍然保持双链的结构。虽然转录时,双链结构部分地解开,但天然的(双链)DNA 作为模板比变性的(单链)DNA 更有效。

在体外,RNA 聚合酶能使 DNA 的两条链同时进行转录。但在体内,DNA 分子的两条链仅有一条链可用于转录(或者某些区域以这条链转录,另一些区域以另一条链转录),这条可以作为模板转录合成 RNA 的链,称为模板链(template strand),也称为有意义链或 Watson 链;对应的链只能进行复制,而无转录的功能。转录的 RNA 的核苷酸序列与 DNA 模板链序列互补,与无转录功能的链序列基本相同,只是无转录功能的链中的 T 相应在转录本 RNA 中为 U。由于转录本 RNA 编码合成蛋白质,故 DNA 的这条链命名为编码链(coding strand),也称为反义链或 Crick 链。与 DNA 复制不同,转录是不对称的(即只有一条链转录,而不是像复制中两条链均可以用作模板),即 DNA 链上只有部分的区段作为转录模板(模板链)。DNA 分子上转录出 RNA 的区段,称为结构基因(structural gene)。另外,在一个包含多个基因的双链 DNA 分子中,各个基因的模板链并不是全在同一条链上,在某个基因节段以某一条链为模板转录,而在另一个基因节段可由另一条链为模板。

二、转录过程

转录过程大体分为三个阶段,即起始、RNA 链的延长和终止。与 DNA 复制不同的是:转录不需要引物;转录时碱基配对的规律是 U 代替 T。转录时 RNA 链的合成也有方向性,即从 $5'\rightarrow3'$进行,这一点与复制类似。

(一) 转录起始

转录是在 DNA 模板上的特定部位即转录起始点开始的。

RNA 聚合酶需要先与 DNA 模板的一定部位相互识别并结合,并局部打开 DNA 双螺旋,然后开始转录。DNA 上与酶结合的部位称为启动子。启动子在转录的调控中起着重要作用。与酶结合的启动子核苷酸中常有高A═T含量的区域,双链比较容易打开。σ亚基能够增强 RNA 聚合酶对启动子的识别能力。

在 DNA 模板上,从起始点顺转录方向的区域称为“下游”,从起始点开始与转录方向相反的区域称为“上游”。在转录的 DNA 模板上,除了启动子外,还有停止转录作用的部位,称为终止信号。可见,转录过程是在模板的一定范围内进行的,称为转录单位。

在模板 DNA 上,还有一些调节基因转录的区域,如增强转录作用的增强子和减弱转录作用的抑制子等。真核生物的转录起始“上游”区段比原核生物多样化,转录起始时,RNA 聚合酶不直接结合模板,其起始过程比原核生物复杂。

当 RNA 聚合酶进入合成的起始点后,遇到起始信号而开始转录,即按照模板顺序选择第一个和第二个核苷三磷酸,使两个核苷酸之间形成磷酸二酯键,同时释放焦磷酸。转录开始后,σ 亚基对便从全酶中解离出来,与另一个酶结合,开始另一转录过程。

在新合成的 RNA 链的 5′端通常为带有三个磷酸基团的鸟苷或腺苷(pppG 或 pppA),也就是说,合成的第一个底物必定是 GTP 或 ATP。

RNA 转录起始如图 1-4-14 所示。

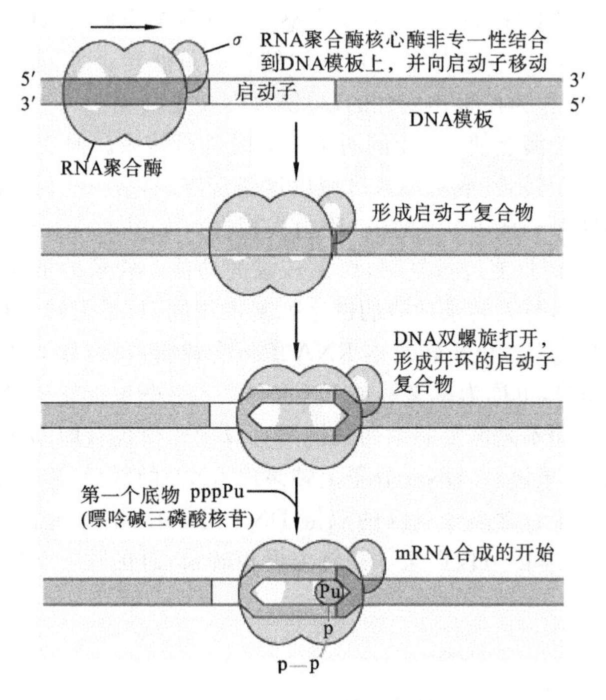

图 1-4-14　RNA 转录起始

(二) RNA 链的延长

RNA 链的延长反应由核心酶催化,聚合酶在 DNA 模板上以一定速度滑行,同时根据被转录 DNA 链的核苷酸顺序选择相应的核苷三磷酸底物,使 RNA 链不断延长(见图 1-4-15)。

RNA 链的合成方向是 5′→3′。因为 DNA 链与合成的 RNA 链具有反平行的关系,所以 RNA 聚合酶是沿着 DNA 链的 3′→5′方向移动。真核生物转录延长过程与原核生物大致相似,但因有核膜相隔,没有转录与翻译同步的现象。

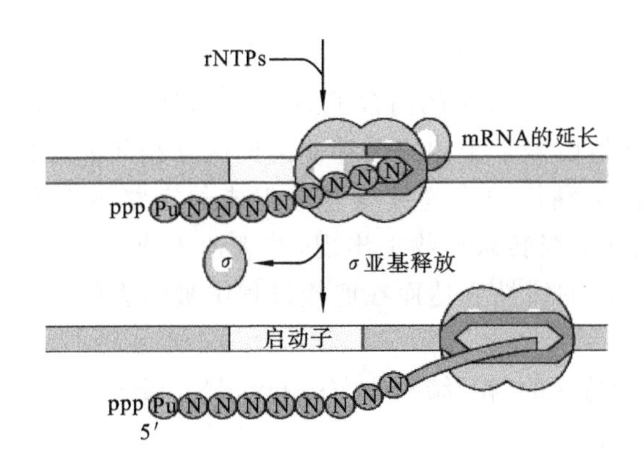

图 1-4-15 RNA 链的延长

（三）RNA 链的终止

DNA 分子具有终止转录的核苷酸序列信号。在这些信号中，有些能被 RNA 聚合酶本身所识别，转录进行到此即行终止，mRNA 与 RNA 聚合酶便会从 DNA 模板上脱落下来。另外，还有一些信号可以被一种参与转录终止过程的蛋白质 ρ 因子所识别。ρ 因子能辨别 DNA 上特殊的终止位点（ρ 位点），使 mRNA 从 DNA 模板上脱离，而 RNA 聚合酶却不脱离。RNA 链的终止如图 1-4-16 所示。

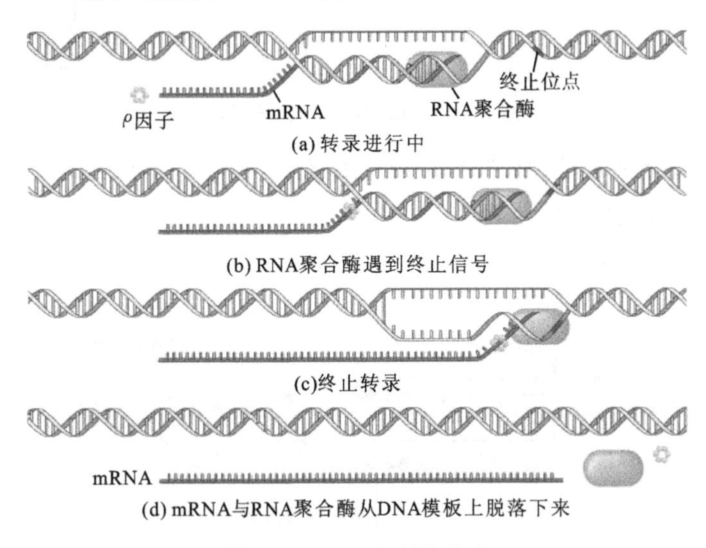

图 1-4-16 RNA 链的终止

※三、真核生物的转录后修饰

值得注意的是，转录生成的是 RNA 初级产物，即 RNA 的前体。真核细胞转录的前体 RNA 均要经过一系列酶的作用，进行修饰加工，才能成为具有生物功能的成熟 RNA，这个过程称为转录后加工。

细胞质中的 mRNA 是由核内相对分子质量极大的前体，即核内不均一 RNA（snRNA）转变而来的，其分子中只有 10%左右的部分转变为 mRNA，其余部分将在加工过程中被降解掉。

mRNA的加工具有特别重要的意义,主要包括:剪接、加“帽”、加“尾”、碱基修饰。

(1)剪接,即切去前体RNA中的内含子部分,而将外显子拼接起来。

真核生物结构基因,由若干个编码区和非编码区互相间隔开但又连续镶嵌而成,去除非编码区再连接后,可翻译出由连续氨基酸组成的完整蛋白质,这些基因称为断裂基因。在断裂基因及其初级转录产物上出现,并表达为成熟RNA的核酸序列,称为外显子(exon);而隔断基因的线性表达而在剪接过程中被除去的核酸序列,被称为内含子(intron)。

(2)在5′端加一个特殊的“帽”结构($m^7G5'ppp5'NmpNp$—),如图1-4-17所示。

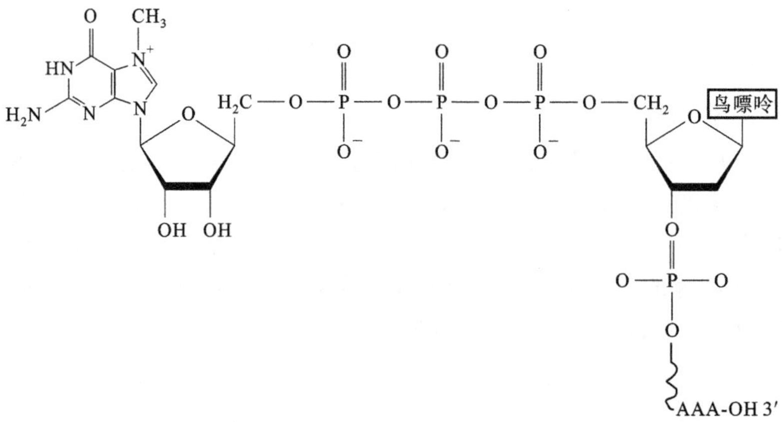

图1-4-17　mRNA 5′端“帽”结构

(3)在3′端加多聚腺苷酸的“尾”结构,“尾”结构为150～250个核苷酸的多聚腺苷酸(poly A)片段(见图1-4-18)。

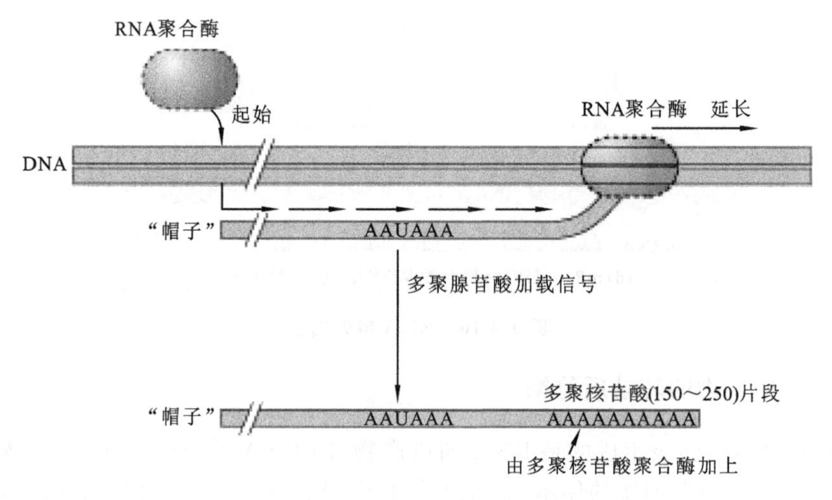

图1-4-18　mRNA 3′端“尾”结构

(4)前体RNA链中碱基的修饰中最常见的是碱基甲基化。

虽然,mRNA、tRNA、rRNA的具体加工过程不同,但不外乎是链的剪切、拼接、末端添加核苷酸和碱基修饰等几种基本方式。

总结与反馈

转录是基因表达的重要过程，细胞中由 DNA 向 RNA 传递信息，以 DNA 为模板合成 RNA 的过程，称为转录。转录体系包括模板 DNA、原料(四种三磷酸核糖核苷酸(NTP))、RNA 聚合酶及某些蛋白质因子等。

细胞内转录时，DNA 的双链中只有一条链可以作为模板(模板链)，而不是像复制中两条链均可以用作模板，另一条链无转录功能(编码链)。即转录是不对称的，这是与 DNA 复制的重要区别。转录从模板 DNA 的特定部位(起始点)开始。在转录起始点上游有一段核苷酸序列为 RNA 聚合酶所识别和结合部位，称为启动子，启动子在转录的调控中起着重要作用。在转录的 DNA 模板上，还有停止转录及一些调节基因转录的区域。可见，转录过程是在模板的一定范围内进行并由模板上的调节基因进行调节和控制的。

DNA 指导的 RNA 聚合酶(DDRP)是转录过程中最重要的酶，它催化核糖核苷酸之间形成磷酸二酯键，合成 RNA 链。在原核生物和真核生物细胞中，RNA 聚合酶作用基本类似。但真核细胞中有三种 RNA 聚合酶，它们分别催化不同类型 RNA 的合成。

转录过程与 DNA 复制一样，大体分为起始、延伸和终止三个阶段。RNA 链的合成也从 $5'\rightarrow3'$进行。与 DNA 复制不同的是，转录不需要引物，转录时碱基配对的规律是 U 代替 T。

另外，转录生成的 RNA 并不是真正成熟的 RNA，而只是 RNA 的前体。真核细胞转录的前体 RNA 均要经过一系列酶的作用，进行剪接、加“帽”、加“尾”及碱基的修饰等转录后加工，才能成为具有生物功能的成熟 RNA。

思考训练

1. 名词解释：转录、启动子、ρ 因子、转录体系、编码链、模板链、断裂基因、外显子、内含子。
2. 简述 RNA 转录过程。
3. 比较 DNA 自我复制与 RNA 转录的不同。

任务三　蛋白质的生物合成

知识目标

(1) 熟悉参与蛋白质生物合成的物质，尤其是三种 RNA 及其作用；
(2) 掌握蛋白质合成的机制；

(3) 能理解遗传密码的特性,了解翻译后的加工和运输过程;

(4) 熟悉蛋白质生物合成的干扰和抑制物及其作用机理。

技能目标

(1) 具有提出问题和进行初步的科学探究的能力;

(2) 会比较、分类、归纳、概括获取的信息并结合所学知识综合运用,能解释相关现象和一些实际问题。

素质目标

培养实事求是、独立思考的思维品质与态度习惯,渐渐树立对专业的热爱之心和投身行业实践的愿望。

一、蛋白质的合成体系

生物体内的各种蛋白质都是生物体利用约 20 种氨基酸为原料自行合成的。蛋白质的生物合成过程就是将 DNA 传递给 mRNA 的遗传信息,再具体地解译为蛋白质中氨基酸排列顺序的过程,这一过程称为翻译(translation)。参与蛋白质生物合成的各种因素构成了蛋白质合成体系,该体系包括如下内容。

(一) mRNA 与遗传密码

mRNA 分子中所存储的蛋白质合成信息,是指导蛋白质生物合成的模板。原核生物中,一段 mRNA 可为功能相关的几种蛋白质编码,称为多顺反子(polycistron);真核生物中,一段 mRNA 一般只是一种蛋白质合成的模板,称为单顺反子(monocistron)。

mRNA 是由组成它的 4 种碱基(A、G、C 和 U)以特定顺序排列成三个一组的三联体代表的,即每 3 个碱基代表 1 个氨基酸信息。这种代表遗传信息的三联体称为密码子或三联体密码子,共有 64 种不同的密码。其中除了 5′端的 AUG 称为起始密码子,UAG、UAA、UGA 为肽链合成的终止密码子外,其余 61 个密码子代表 20 种氨基酸。密码阅读方向是从 5′到 3′,决定翻译的方向性。图 1-4-19 所示为遗传密码表。

遗传密码具有以下特点。

① 连续性(commaless) 从 AUG 开始,各密码子连续阅读而无间断,若有碱基插入或缺失,则会造成框移突变。

② 简并性(degeneracy) 大部分氨基酸有多个密码子,以 2～4 个居多,可有 6 个。这种由多种密码编码一种氨基酸的现象称为简并性。决定同一种氨基酸密码子的头两个碱基是相同的,第三位碱基不同,第三位碱基发生点突变时仍可翻译出正常的氨基酸。

③ 通用性(universal) 生物体的遗传密码相同,称为密码的通用性。但有些动物细胞的线粒体、植物细胞的叶绿体密码子有例外。如 AUA 与 AUG 均代表 Met 和起始密码子,UGA 为 Trp 密码子而不是终止密码子等。蛋白质生物合成的整套密码,从原核生

第二位碱基

第一位碱基	U	C	A	G	第三位碱基
U	UUU UUC Phe UUA UUG Leu	UCU UCC UCA Ser UCG	UAU UAC Tyr UAA 终止密码 UAG 终止密码	UGU UGC Cys UGA 终止密码 UGG Trp	U C A G
C	CUU CUC CUA Leu CUG	CCU CCC CCA Pro CCG	CAU CAC His CAA CAG Gln	CGU CGC CGA Arg CGG	U C A G
A	AUU AUC Ile AUA AUG Met	ACU ACC ACA Thr ACG	AAU AAC Asn AAA AAG Lys	AGU AGC Ser AGA AGG Arg	U C A G
G	GUU GUC GUA Val GUG	GCU GCC GCA Ala GCG	GAU GAC Asp GAA GAG Glu	GGU GGC GGA Gly GGG	U C A G

图 1-4-19 遗传密码表

物到人类都通用。密码的通用性进一步证明各种生物进化自同一祖先。

④ 方向性(direction) mRNA 分子中密码子的排列有一定方向性。起始密码子 AUG 位于 mRNA 5′端,终止密码子位于 3′端,翻译时从起始密码子开始,沿 5′→3′方向进行,直到终止密码子为止,与此相应多肽链的合成从 N 端到 C 端延伸。

⑤ 摆动性(wobble) mRNA 密码子的前两位碱基和 tRNA 的反密码子严格配对,而密码子第三位碱基与反密码子第一位碱基不严格遵守配对规则,这称为密码配对的摆动性。

因此,mRNA 分子的碱基顺序即表示了所合成蛋白质的氨基酸顺序。

(二) rRNA 与核糖体

由 rRNA 与多种蛋白质共同构成超分子复合体——核糖体。核糖体是蛋白质多肽链合成的场所,即“装配机”。参与蛋白质生物合成的各种成分,最终均须结合于核糖体上,再将氨基酸按特定的顺序聚合成多肽链。

核糖体由大、小两个亚基组成(见图 1-4-20)。原核生物中的核糖体大小为 70S,可分为 30S 小亚基和 50S 大亚基。小亚基由 16S rRNA 和 21 种蛋白质构成,大亚基由 5S rRNA、23S rRNA 和 35 种蛋白质构成。真核生物中的核糖体大小为 80S,分为 40S 小亚基和 60S 大亚基。小亚基由 18S rRNA 和 30 多种蛋白质构成,大亚基则由 5S rRNA、28S rRNA、5.8S rRNA 和 50 多种蛋白质构成。

核蛋白体的大、小亚基分别有不同的功能。图 1-4-21 所示为两个亚基的功能示意图。

(1) 小亚基可与 mRNA、GTP 和起始 tRNA 结合。

(2) 大亚基的功能如下。

① 具有两个不同的 tRNA 结合点。A 位为受位(acceptor site)或氨酰基位,可与新

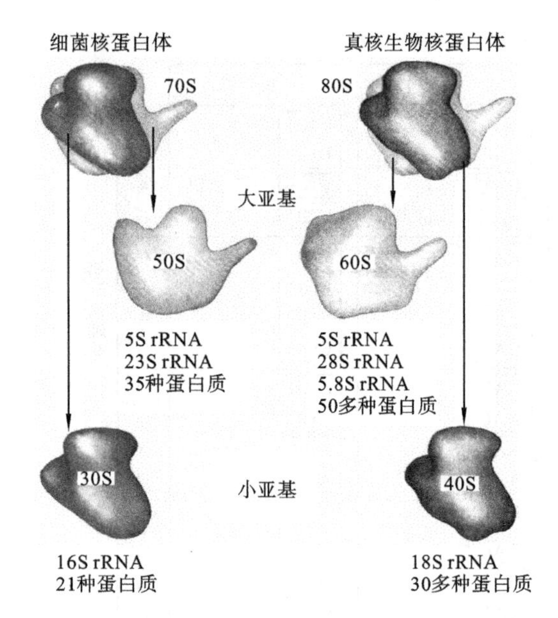

图 1-4-20　核糖体的结构

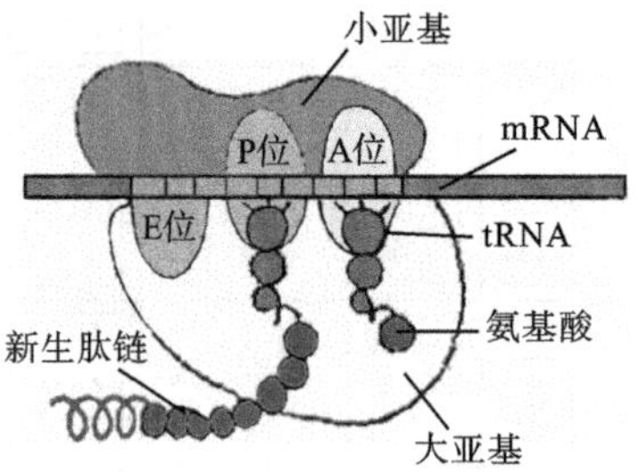

图 1-4-21　核糖体两个亚基的功能示意图

进入的氨基酰-tRNA 结合;P 位为给位或肽酰基位(peptidyl site),可与延伸中的肽酰基-tRNA结合。

② 具有转肽酶活性。在蛋白质生物合成过程中,常常由若干核蛋白体结合在同一 mRNA 分子上,同时进行翻译。由若干核蛋白体结合在一条 mRNA 上同时进行多肽链的翻译所形成的念珠状结构称为多核蛋白体。

③ 具有 GTPase 活性,水解 GTP,获得能量。

④ 具有起始因子、延长因子及释放因子的结合部位。

(三) tRNA 和氨基酰-tRNA

在蛋白质生物合成过程中,tRNA 既可以氨基酰-tRNA 的形式携带活化氨基酸,又可以识别 mRNA 上的遗传密码,通过其反密码子与密码子的结合,使其携带的活化氨基酸在核糖体上按顺序合成多肽链。每一种氨基酸至少有一种对应的氨基酰-tRNA 合成酶。该酶既催化氨基酸与 ATP 作用,也催化氨基酰基转移到 tRNA 上。氨基酰-tRNA 合成酶具有高度的专一性,每一种氨基酰-tRNA 合成酶只能识别一种相应的 tRNA。在氨基酸-tRNA 合成酶的催化下,特定的 tRNA 可与相应的氨基酸结合,并通过 tRNA 氨基酸臂的 3′-OH 与氨基酸的羧基形成活化酯——氨基酰-tRNA,从而携带氨基酸参与蛋白质的生物合成。氨基酰-tRNA 的生成如图 1-4-22 所示。

tRNA 反密码子环中部的三个核苷酸构成三联体,可以识别 mRNA 上相应的密码,此三联体就称为反密码子。反密码子对密码子的识别,通常也是根据碱基互补原则,即 A═U,G≡C配对。但反密码子的第一个核苷酸与第三个核苷酸之间的配对,并不严格遵循碱基互补原则,这种配对称为不稳定配对。能够识别 mRNA 中 5′端启动密码 AUG 的 tRNA 称为启动 tRNA。大肠杆菌和其他原核细胞的蛋白质合成都从蛋氨酸开始,但并不是以蛋氨酸-tRNA 作为起始物,而是在甲酰化酶催化后以 *N*-甲酰蛋氨酰-tRNA(fMet-

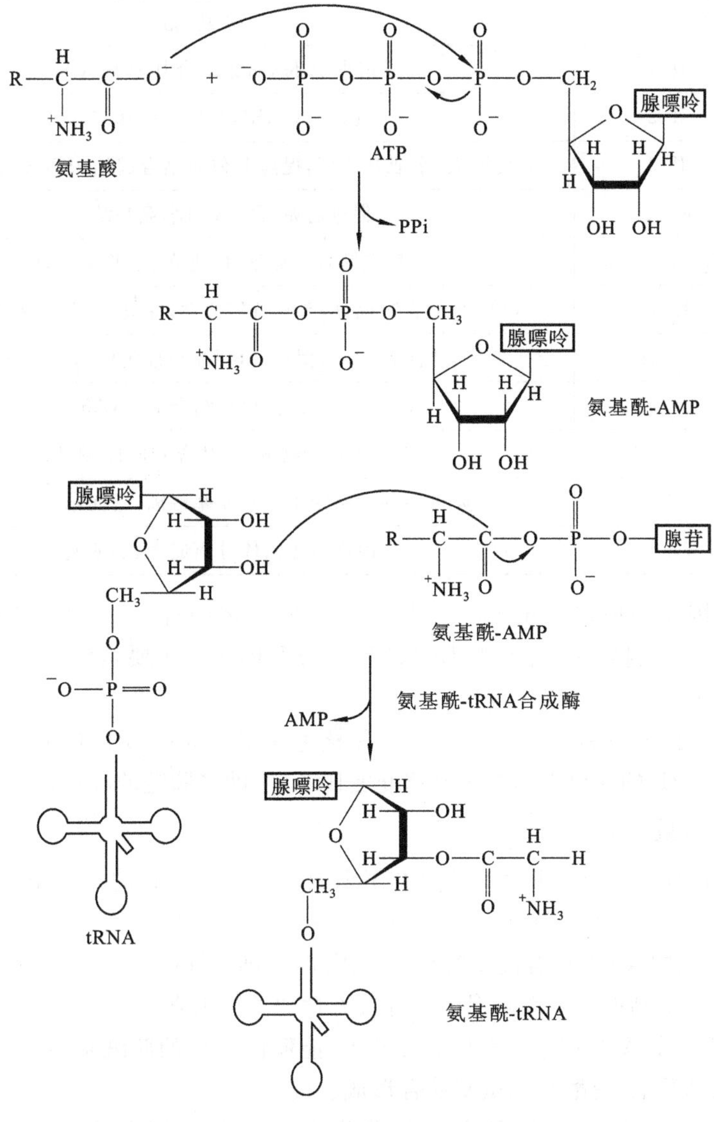

图 1-4-22　氨基酰-tRNA 的生成

tRNA)形式作为肽合成的起始物;而在真核生物中,起始 tRNA 是 Met-tRNA。

(四) 蛋白质因子

(1) 起始因子(initiation factor,IF)　这是一些与多肽链合成起始有关的蛋白质因子。原核生物中存在 3 种起始因子,分别称为 IF-1～3。在真核生物中存在 9 种起始因子(eIF)。IF 的作用主要是促进核糖体小亚基与启动 tRNA 及模板 mRNA 结合。表 1-4-1 所示为原核、真核生物各种起始因子的生物功能。

表 1-4-1　原核、真核生物各种起始因子的生物功能

起始因子		生物功能
原核生物	IF-1	占据A位,防止结合其他tRNA
	IF-2	促进起始tRNA与小亚基结合
	IF-3	促进大、小亚基分离,提高P位对结合起始tRNA的敏感性
真核生物	eIF-2	促进起始rRNA与小亚基结合
	eIF-2B,eIF-3	最先结合小亚基,促进大、小亚基分离
	eIF-4A	eIF-4F复合物成分,有解链酶活性,促进mRNA结合小亚基
	eIF-4B	结合mRNA,促进mRNA扫描定位起始AUG
	eIF-4E	eIF-4F复合物成分,结合mRNA5′帽子
	eIF-4G	eIF-4F复合物成分,结合eIF-4E和PAB
	eIF-5	促进各种起始因子从小亚基解离,进而结合大亚基
	eIF-6	促进核蛋白体分离成大、小亚基

(2) 延长因子(elongation factor,EF)　原核生物中存在3种延长因子(EFTu、EFTs、EFG),真核生物中存在2种(EF1、EF2)。EF的作用主要是促使氨基酰-tRNA进入核蛋白的受体,并可促进移位过程。

(3) 释放因子(releasing factor,RF)　原核生物中有3种:RF-1、RF-2、RF-3。真核生物只有1种。RF的主要作用是识别终止密码子,协助多肽链的释放。

(五) 酶和能量

(1) 氨基酰-tRNA合成酶　该酶存在于细胞液中,在ATP的存在条件下,催化特异氨基酸的活化及与对应tRNA的结合反应。每种氨基酰-tRNA合成酶对相应氨基酸及携带氨基酸的数种tRNA具有高度特异性。因此,在细胞液中有20种以上的氨基酰-tRNA合成酶,该酶的高度专一性是保证翻译准确性的关键因素。

(2) 转肽酶　该酶存在于核糖体大亚基上,能催化P位的肽酰基转移至A位的氨基酰-tRNA的氨基酸上,使酰基和氨基缩合形成肽键。

蛋白质生物合成过程需ATP或GTP提供能源,并需要Mg^{2+}和K^{+}。

二、蛋白质生物合成过程

蛋白质生物合成的具体步骤,在原核生物和真核生物细胞基本类似。下面以原核生物的蛋白质生物合成为例进行介绍。

(一) 氨基酰-tRNA复合物的形成

氨基酸必须通过活化才能参与蛋白质的生物合成,活化反应在氨基酸的羧基上进行,由ATP供能。活化1分子氨基酸要消耗2个高能磷酸键。

氨基酸的活化及活化氨基酸与tRNA的结合,均由氨基酰-tRNA合成酶催化完成。反应完成后,特异的tRNA 3′端CCA上的2′或3′位自由羟基与相应的活化氨基酸以酯键相连接,形成氨基酰-tRNA。

$$\text{氨基酸}+\text{ATP}+\text{tRNA}\xrightarrow[\text{Mg}^{2+}]{\text{氨基酰-tRNA 合成酶}}\text{氨基酰-tRNA}+\text{AMP}+\text{PPi}$$

(二) 翻译的起始

此阶段由核糖体大、小亚基,模板 mRNA 及起始 tRNA 组装形成起始复合物,需要 GTP、三种 IF 及 Mg^{2+} 参与。翻译的起始如图 1-4-23 所示。

1. 核糖体大、小亚基分离

在 IF-1 和 IF-3 的促进下,核糖体的大、小亚基解离,此时 IF-3 与 30S 小亚基结合,能防止大、小亚基重新聚合。

2. mRNA 与小亚基结合

30S 起始复合物的形成。在 IF 的促进下,30S 小亚基与 mRNA 的起始部位、起始 tRNA 和 GTP 结合,形成复合体。

3. 起始氨基酰-tRNA 与小亚基结合

起始氨基酰-tRNA 和 GTP、IF-2 结合形成复合体,然后与核糖体的小亚基结合,并使起始氨基酰-tRNA 定位于起始密码子 AUG 的部位。

4. 起始氨基酰-tRNA 与核蛋白体大亚基结合,起始复合物形成

30S 小亚基、mRNA 和起始氨基酰-tRNA 结合完成以后,IF-3 从小亚基上脱落,同时 GTP 被水解,使 IF-1 和 IF-2 也相继脱落。50S 大亚基结合到 30S 小亚基上,形成 70S 起始复合物。此时,起始氨基酰-tRNA 的反密码子与 mRNA 上的起始密码子互补结合,起始氨基酰-tRNA 占据在核糖体的 P 位,A 位空缺。

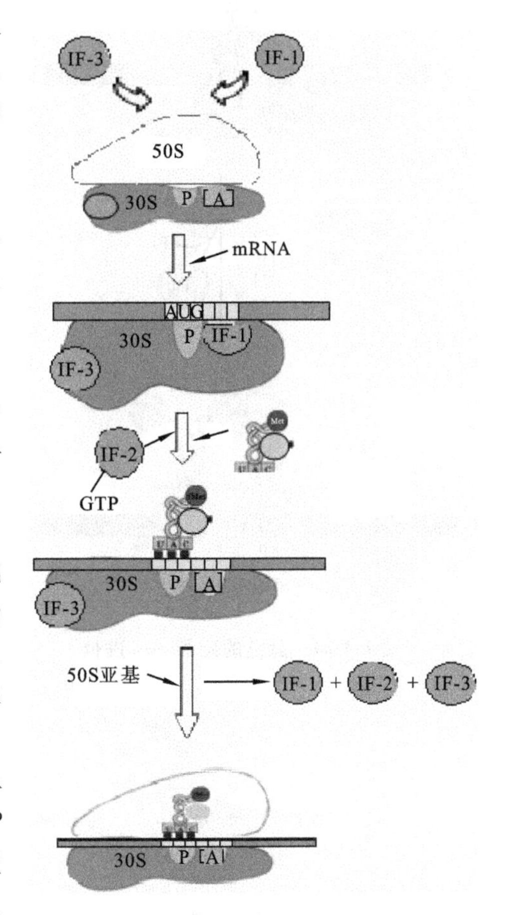

图 1-4-23 翻译的起始

原核生物 mRNA 的起始部位存在 SD 序列(原核生物 mRNA 起始密码子前,普遍存在富含嘌呤 AGGA 序列,可与小亚基 16S rRNA 3′端互补结合。因其发现者是 Shine-Dalgarno 而被称为 SD 序列),核蛋白体小亚基上的 16S rRNA 近 3′端有与此序列互补的 UCCU。因此,又称 SD 序列为核糖体结合位点(ribosomal binding site,RBS)。

真核生物翻译起始的特点:①核糖体是 80S(40S+60S);②起始因子种类多;③起始 tRNA 的 Met 不需甲酰化;④"帽子"结合蛋白(CBP)促使 mRNA 与核糖体小亚基结合;⑤起始 tRNA 先与核糖体小亚基结合,然后再结合 mRNA;⑥此过程除消耗 1 个 GTP 外,还消耗 ATP。

(三) 肽链的延长

肽链的延长是指 tRNA 转运氨基酸到核糖体上,以 mRNA 为模板合成多肽链的过

程。肽链的延长在核糖体上连续性循环式进行,又称为核糖体循环(ribosomal cycle),每次循环增加一个氨基酸。肽链的延长包括以下三步。

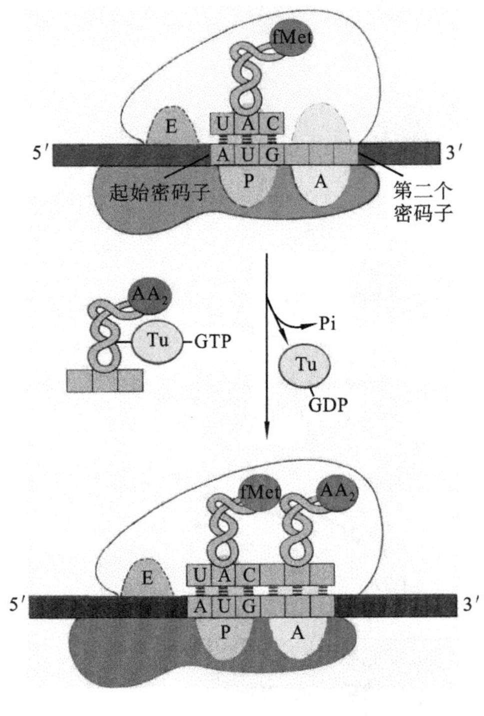

图 1-4-24 肽链的延长——进位

(1) 进位(entrance) 进位又称注册(registration),指根据 mRNA 下一组遗传密码指导,使相应氨基酰-tRNA 进入核糖体 A 位(见图 1-4-24)。进位需要 GTP 和 EF-T。

(2) 成肽(peptide bond formation) 成肽是由转肽酶(transpeptidase)催化的肽键形成过程。在大亚基上转肽酶的催化下,P 位上复合物与 A 位上新进入的氨基酸的氨基缩合成肽键,从而在 A 位上形成二肽酰-tRNA(见图 1-4-25)。该反应需要 Mg^{2+} 和 K^+。

(3) 转位(translocation) 转位又称移位。EF-G 与 GTP 构成的复合物再与核糖体结合,并水解 GTP 提供能量,促使核糖体向 3′端移动一个密码子的距离,二肽酰-tRNA 及其相应的密码子从 A 位移动到 P 位,A 位空出,mRNA 模板的下一个密码子进入 A 位(见图 1-4-26)。

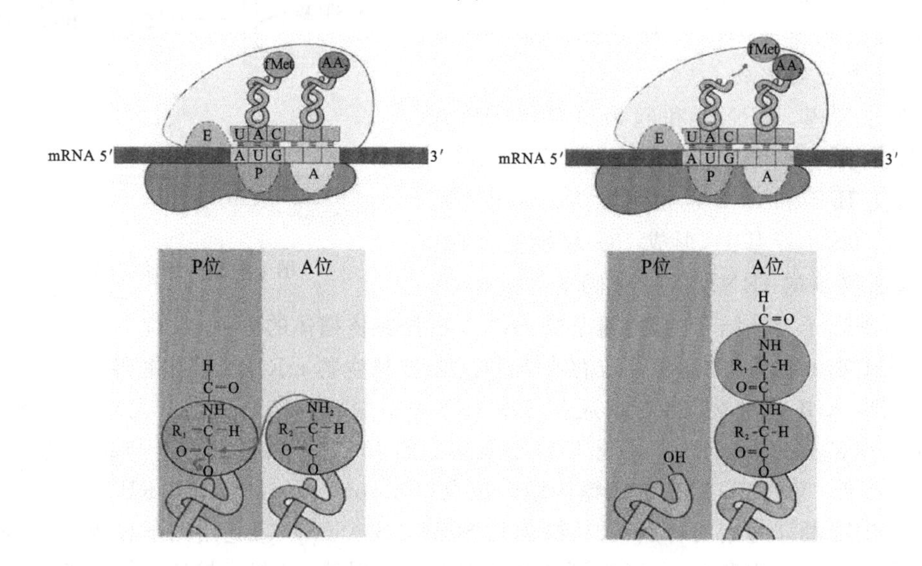

图 1-4-25 肽链的延长——成肽

新生肽链上每增加一个氨基酸残基都需要经过上述三步反应,需要延长因子(EF)的参与。原核生物的延长因子为 EF-T(EF-Tu、EF-Ts)、EF-G。真核生物的延长因子为 EF-1、EF-2。核糖体沿 mRNA 模板上 5′→3′方向阅读遗传密码,相应地,肽链的合成从 N 端向 C 端延伸,直到终止密码子出现在核糖体的 A 位为止。

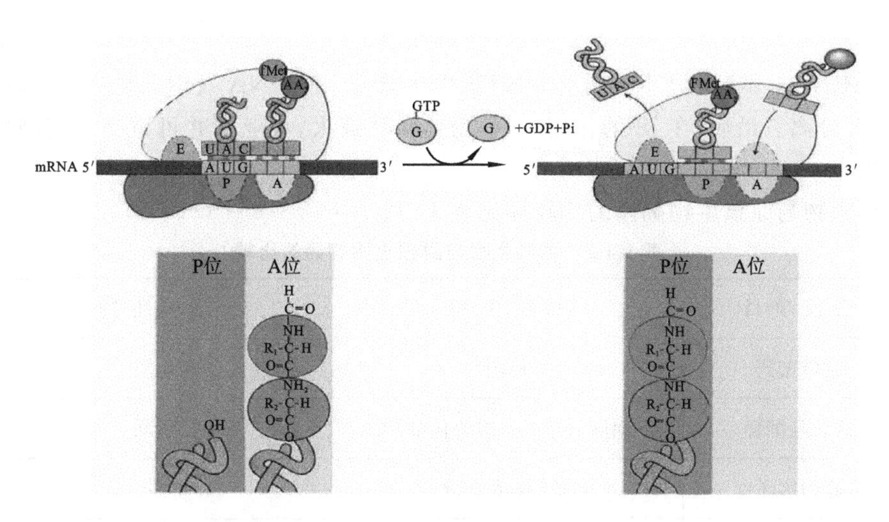

图 1-4-26　肽链的延长——转位

（四）肽链合成的终止

肽链合成的终止是指已经合成完毕的多肽链从核糖体上水解释放，以及原来结合在一起的核糖体大、小亚基，模板 mRNA 及 tRNA 相互分开的过程（见图 1-4-27）。原核生物肽链合成终止需要释放因子。真核生物仅需一种释放因子，有 GTP 酶活性。

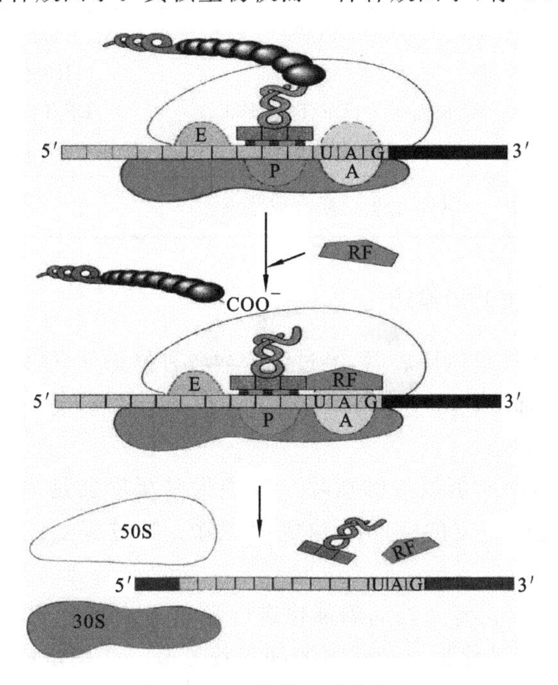

图 1-4-27　肽链合成的终止

（1）释放因子（RF）与终止密码子辨认结合　当多肽链合成至 A 位上出现 UUA、UAG、UGA 时，RF 能与之结合。

（2）肽链与 tRNA 分离　RF 的结合能使转肽酶发挥其水解酶活性，使 P 位上的多肽链水解。

(3) tRNA、mRNA 及 RF 脱落　GTP 提供能量,使 tRNA 及 RF 脱落,核糖体与模板 mRNA 分离。最后,在 IF 的作用下,核糖体解聚成大、小亚基并可重新参与新的多肽链的合成。

真核生物与原核生物翻译的比较详见表 1-4-2。

表 1-4-2　真核生物与原核生物翻译的比较

比较项目	真核生物	原核生物
遗传密码	相同	相同
转录与翻译	不偶联,mRNA 的前体要加工	偶联
起始因子	多,起始复杂	少
mRNA	5′端:"帽子" 3′端:"尾巴" 单顺反子	不需加工 多顺反子 5′端:SD 序列
核糖体	大而复杂	简单
起始 tRNA	$Met\text{-}tRNA_i^{met}$	$fMet\text{-}tRNA_i^{met}$
合成过程	需 ATP 起始因子多 延长因子少(EF-T1、EF-T2) 一种释放因子	需 ATP、GTP RF-1、RF-2、RF-3 EF-TU、EF-TS、EF-G RF-1、RF-2、RF-3
线粒体	独立的蛋白质合成系统	简单

三、蛋白质合成后加工和输送

新合成的多肽链从核糖体释放后,经过细胞内各种修饰处理,成为有活性的成熟蛋白质的过程,称为翻译后加工(posttranslational processing)。

1. 一级结构的修饰

(1) N 端甲酰蛋氨酸或蛋氨酸的切除　N 端甲酰蛋氨酸是多肽链合成的起始氨基酸,必须在多肽链折叠成一定的空间结构之前切除。其过程是:①去甲酰化;②去蛋氨酰基。

(2) 氨基酸的修饰　由专一性的酶催化进行修饰,包括糖基化、羟基化、磷酸化、甲酰化等。脯氨酸、赖氨酸羟基化生成羟脯氨酸和羟赖氨酸。某些蛋白质的丝氨酸、苏氨酸、酪氨酸可被磷酸化等。

(3) 二硫键的形成　由专一性的氧化酶催化,将—SH氧化为—S—S—。

(4) 不必要肽段的切除　由专一性的蛋白酶催化,部分肽段被切除。胰岛素、甲状旁腺素、生长素等激素初合成时是无活性的前体,经水解切去部分肽段而成熟,如鸦片促黑皮素原经切除可生成几种肽类激素。

2. 高级结构的形成

高级结构的形成主要是指在分子内伴侣、辅助酶及分子伴侣的协助下，形成特定的空间构象。高级结构的形成还包括亚基的聚合和辅基的连接。

分子伴侣是一类在序列上没有相关性但有共同功能的蛋白质，它们在细胞内帮助其他含多肽的结构完成正确的组装，而且在组装完毕后与之分离，不构成这些蛋白质结构执行功能时的组分。

分子内伴侣在蛋白质合成过程中与其介导的蛋白质多肽链是一前一后合成出来的，并以共价键相连接，是成熟多肽正确折叠所必需的。成熟多肽完成折叠后即通过水解作用与分子内伴侣脱离。

※四、蛋白质生物合成的干扰和抑制

(一) 抗生素

抗生素通过直接阻断蛋白质生物合成而起抑菌作用，详见表 1-4-3。

表 1-4-3 抗生素抑制蛋白质生物合成的原理

抗生素	作用点	作用原理	应用
四环素族(金霉素、新霉素、土霉素)	原核生物核糖体小亚基	抑制氨基酰-tRNA 与小亚基结合	抗菌药
链霉素、卡那霉素、新霉素	原核生物核糖体小亚基	改变构象引起读码错误，抑制起始	抗菌药
氯霉素、林可霉素	原核生物核糖体大亚基	抑制转肽酶，阻断延长	抗菌药
红霉素	原核生物核糖体大亚基	抑制转肽酶，妨碍移位	抗菌药
梭链孢酸	原核生物核糖体大亚基	跟 EFG 与 GTP 的复合物结合，抑制肽链延长	抗菌药
放线菌酮	真核生物核糖体大亚基	抑制转肽酶，阻断延长	医学研究
嘌呤霉素	真核生物、原核生物核糖体	氨基酰-tRNA 类似物，进位后引起未成熟肽链脱落	抗肿瘤药

(二) 干扰蛋白质生物合成的生物活性物质

1. 毒素

多种毒素在肽链延长阶段可阻断蛋白质合成，如白喉毒素，通过抑制翻译延长的移位，而抑制细菌蛋白质合成。图 1-4-28 所示为白喉毒素的作用机理。

2. 干扰素的作用

干扰素可抑制病毒繁殖。机理有两方面：一是在某些病毒双链 RNA 存在时，诱导特异蛋白激酶活化，使起始因子 eIF-2 磷酸化失活，抑制病毒蛋白质合成；二是干扰素与双链 RNA 共同活化特殊的 2′-5′寡腺苷酸合成酶，生成 2′-5′寡腺苷酸，再活化核酸内切酶 RNase L，使病毒 RNA 降解。

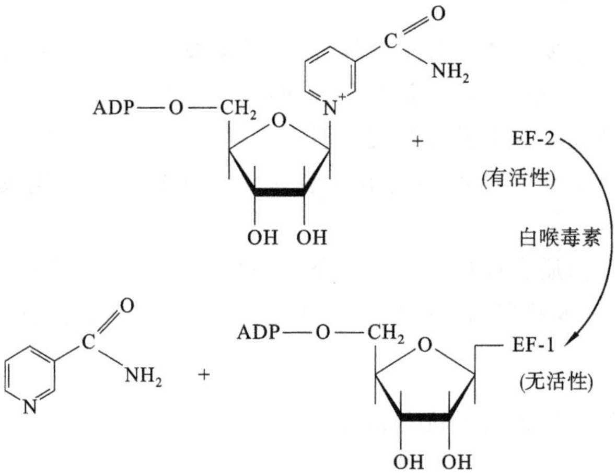

图 1-4-28　白喉毒素的作用机理

总结与反馈

蛋白质的生物合成即翻译过程，是以 mRNA 作为模板、由氨基酸通过肽键结合，形成特定多肽链的过程。由此，遗传信息从 mRNA 的核苷酸排列序列传递到蛋白质分子中相应的氨基酸排列序列。20 种氨基酸是蛋白质合成的原料。mRNA、tRNA 及 rRNA 均参与蛋白质的合成。此外，还需要有关的酶、蛋白质因子、ATP 与 GTP 供能物质及必要的无机离子。mRNA 在蛋白质合成中具有重要作用，其分子中的密码子共有 64 种，包括起始密码子 AUG 和三个终止密码子。密码子具有方向性、连续性、通用性等特点。tRNA 在蛋白质合成中的作用是特异性转运氨基酸，并通过 tRNA 的反密码子与 mRNA 的密码子配对结合，使氨基酸准确地在 mRNA 密码子上“对号入座”，保证了遗传信息的传递。由 rRNA 组成的核糖体是蛋白质多肽链合成的场所，即“装配机”。

蛋白质合成是一个包括氨基酸的活化与转运，肽链合成的起始、延长和终止的耗能、不可逆的转肽酶起着重要作用的过程，并且有方向性，即由 N 端向 C 端延伸。肽链合成的起始、延长和终止三个过程总称为核糖体循环。其中延长阶段肽链上每增加 1 个氨基酸残基就要重复进行进位、转肽、移位三步反应。体内蛋白质合成的速度很快。多个核糖体可以同时利用同一条 mRNA，构成多核糖体，合成多条相同的多肽链，从而提高合成效率。很多蛋白质在肽链合成后，还需要经过一定的加工或修饰后才能表现出生物学活性。

蛋白质生物合成过程中还会受到抗生素、毒素、干扰素等的干扰和抑制，其作用机理可用于药物研究和开发。

思考训练

1. 名词解释:遗传密码、蛋白质合成酶系。
2. 试述蛋白质生物合成的过程。
3. 蛋白质生物合成与医学有哪些关系?抗生素对蛋白质合成有何影响?

模块二

生化技术平台

项目一

实训必备知识

任务一　实训室操作规程和安全要点

一、实训室操作规程

实训室是实施教学、科研的重要基地。可根据需要，积极开展科学研究与技术开发工作，也可有目的地进行实训室开放工作。为保证实训的良好进行，培养良好的工作作风，要求遵守以下规则。

(1) 实训室应保持肃静、文明、整洁的工作环境和良好的秩序，无关人员不得进入实训室。校外人员到实训室参观、学习，必须经主管部门同意。

(2) 实训之前，应备齐实训记录本及实训工作服。

(3) 实训前要了解本次实训的内容、实训目的和操作步骤，严格按照实训方案去做。先检查仪器是否齐全，如有缺损，及时报告老师。

(4) 实训必须按步骤进行，仔细观察现象，如实记录数据。

(5) 实训完毕，要把玻璃仪器清洗干净，做好台面及地面卫生工作。所有仪器、设备、试剂等实训用品按原定位置有序放置好。仪器设备如有损坏，及时向老师报告，根据具体情况，承担相应责任。对水、电进行安全检查，最后由值日生清理废液缸(桶)，清洁地面，关好门窗，经老师确认后方可离开。

(6) 实训室内的一切物品，未经老师许可，不得带出实训室。

(7) 纸屑、棉花、火柴梗等固体废物投入废纸箱中，具有腐蚀性、毒性的废液，应倒入废液缸(桶)里。

(8) 对实训数据进行认真分析和处理，写好实训报告。

二、实训室安全操作的必要性

生物化学与技术实训经常要使用易燃溶剂，如乙醚、乙醇、丙酮和苯等；易燃易爆的气体或药品，如氢气、乙炔和干燥的苦味酸等；有毒药品，如氰化钠、硝基苯和某些有机磷化合物等;有腐蚀性的药品,如氯磺酸、浓硫酸、浓硝酸、浓盐酸、烧碱及溴等。这些药品使用不当,就有可能发生着火、爆炸、灼伤、中毒等事故。此外,玻璃器皿、煤气、电器设备等使用不当也会发生事故。但是这些事故都是可以预防的,只要实训者严格执行操作规程,加强安全措施,就能有效地维护人身安全和实训室的安全。

三、实训室安全事故预防与处理

实训开始前应检查仪器是否完整无损,装置是否正确稳妥;实训进行时应该经常注意仪器有无漏气、碎裂,反应进行是否正常等。对于可能发生危险的实训,在操作时应使用防护眼镜、面罩、手套等防护设备。实训中所用的药品,不得随意散失、遗弃。对化学反应中产生的有害气体,要严格按规定处理,以免污染环境,影响健康。实训结束后要洗手,严禁在实训室内进食。熟悉安全用具,如灭火器的放置地点和使用方法,并妥加爱护。

(一) 火灾、爆炸、中毒、触电事故的预防

实训中使用的有机溶剂大多是易燃的。因此,盛有易燃有机溶剂的容器不得靠近火源。实训室中不应储存较多的易燃有机溶剂。

回流或蒸馏液体时应加入沸石,以防溶液因过热暴沸而冲出。若在加热后发现未放沸石,应停止加热,等稍冷后再放。在过热溶液中加入沸石,会导致液体暴沸而冲出瓶外。不要用火焰直接加热烧瓶,而应根据液体沸点高低使用石棉网、油浴或水浴。冷凝水要保持畅通,若冷凝管忘记通水,大量蒸气来不及逸出也易造成火灾。

易燃有机溶剂(特别是低沸点易燃溶剂)室温下就具有较大的蒸气压。空气中混杂易燃有机溶剂的蒸气达到某一极限时,遇到明火就会发生燃烧爆炸(见表 2-1-1 和表 2-1-2)。而且有机溶剂蒸气都比空气的相对密度大,会沿着桌面或地面飘移至远处,或沉积在低洼处,因此,切勿将易燃溶剂倒入废物缸中,更不能用开口容器盛装易燃溶剂。倾倒易燃溶剂应远离火源,最好在通风橱内进行。蒸馏易燃溶剂(特别是低沸点易燃溶剂),整套装置切勿漏气,接收器的支管应与橡皮管相连,使余气通入水槽或室外。

表 2-1-1 常用易燃溶剂蒸气爆炸极限

名 称	沸 点/℃	内燃点/℃	爆炸范围(在空气中的体积分数)/(%)
甲醇	64.90	11	6.72～36.50
乙醇	78.5	12	3.28～18.95
乙醚	34.51	−45	1.85～36.5
丙酮	56.2	−17.5	2.55～12.80
苯	80.1	−11	1.41～7.10

表 2-1-2 易燃气体爆炸极限

气体名称	分子式或结构式	爆炸范围(在空气中的体积分数)/(%)
氢气	H_2	4～74
一氧化碳	CO	12.50～74.20
氨	NH_3	15～27
甲烷	CH_4	4.5～13.1
乙炔	$CH\equiv CH$	2.5～8.0

使用易燃、易爆气体，如氢气、乙炔时，要保持室内空气畅通，严禁明火，并应防止一切火星的发生，如由于敲击、鞋钉摩擦、电动机炭刷或电器开关产生的火花。

常压操作时应使全套装置通大气，切勿造成密闭体系。减压蒸馏时，要用圆底烧瓶或吸滤瓶做接收器，不可用锥形瓶，否则可能发生炸裂。加压操作时(如高压釜、封管等)应经常注意釜内压力有无超过安全负荷，选用封管的玻璃厚度是否适当，管壁是否均匀，并要有一定的防护措施。

有些有机化合物遇氧化剂时会发生猛烈爆炸或燃烧，操作时应特别小心。存放药品时，应将氯酸钾、过氧化物、浓硝酸等强氧化剂和有机药品分开存放。

开启储有挥发性液体的瓶塞和安瓿时，必须先充分冷却然后开启(开启安瓿时需用布包裹)。开启时瓶口必须指向无人处，以免由于液体喷溅而产生伤害。如遇瓶塞不易开启，必须注意瓶内储物的性质，切不可贸然用火加热或乱敲瓶塞等。

有些化学反应可能生成危险的化合物，操作时需特别小心。有些类型的化合物具有爆炸性，如叠氮化合物、干燥的重氮盐、硝酸酯、多硝基化合物等，使用时必须严格遵守操作规程。有些化合物如乙醚或四氢呋喃，久置后会生成易爆炸的过氧化物，需特殊处理后才能使用。

有毒药品应认真操作，妥为保管，不许乱放。实训中所有的剧毒物质必须由专人负责收发，并向使用者提出必须遵守的操作规程。实训后有的有毒残渣必须进行妥善而有效的处理，不准乱丢。

有些有毒的物质会渗入皮肤，因此在接触固体或液体有毒物质时，必须戴橡皮手套，操作后立即洗手，切勿让毒品沾及五官或伤口。例如，氰化钠沾及伤口就随血液循环全身，严重者会造成中毒死亡事故。

在化学反应过程中，可能生成有毒或有腐蚀性气体的操作，应在通风橱内进行。在使用通风橱时，不要把头伸入橱内。

使用电器时，应防止人体与电器导电部分直接接触，不能用湿手或手握湿物接触插头。为了防止触电，装置和设备的金属外壳都应该连接地线。实训后应切断电源，再将连接电源的插头拔下。

(二)事故的处理与急救

1. 火灾

一旦发生火灾，应沉着冷静，不必惊慌失措，并立即采取相应措施，以减小事故损失。首先，应立即熄灭附近所有的火源(关闭煤气)，切断电源，并移开附近的易燃物质。锥形瓶内溶剂着火，可用石棉网或湿布盖熄。小火可用湿布或黄沙盖熄。火较大时应根据具体情况采用下列灭火器材。

(1) 四氯化碳灭火器　四氯化碳用于扑灭电器内或电器附近着火，但不能在狭小和通风不良的实训室中应用。因为四氯化碳在高温时会生成剧毒的光气。此外，四氯化碳和金属钠接触也会发生爆炸。使用时只需连续扣动喷筒，四氯化碳即会从喷嘴喷出。

(2) 二氧化碳灭火器　二氧化碳灭火器是实训室中最常用的一种灭火器，它的钢筒内装有高压的液态二氧化碳，使用时打开开关，二氧化碳气体即会喷出，用以扑灭有机物及电气设备的火焰。使用时应一手提灭火器，另一手握在二氧化碳喇叭筒的把手上。因喷出的二氧化碳压力骤然降低，温度也骤降，手若握在喇叭筒上易被冻伤。

(3) 泡沫灭火器　泡沫灭火器内部分别装有含发泡剂的碳酸氢钠溶液和硫酸铝溶液，使用时将筒身颠倒，两种溶液即反应生成硫酸氢钠、氢氧化铝及大量二氧化碳。灭火器筒内压力突然增大，大量二氧化碳泡沫喷出。

无论用何种灭火器，都应从火的四周开始向中心扑灭。油和有机溶剂着火时绝对不能用水浇，因为这样反而会使火焰蔓延开来。

若衣服着火，切勿奔跑，可用厚的外衣包裹使其熄灭。较严重的应躺在地上(以免火焰烧向头部)用防火毯紧紧包住，直至火熄，或打开自来水开关，用水冲淋熄灭。如有烧伤应急送医院。

2. 割伤

取出伤口中的玻璃或其他固形物，用蒸馏水洗后涂上红药水，用绷带扎住，大伤口则应先按紧主血管以防止大量出血，并急送医院。

3. 烫伤

轻伤涂以玉树油或鞣酸油膏，重伤应立即送医院。

4. 试剂灼伤

酸灼伤时，应立即用大量水冲洗，再以 3%～5%的碳酸氢钠溶液洗，最后用水洗。严重时要消毒，拭干后涂烫伤油膏。

碱灼伤时，应立即用大量水洗，再以 2%的乙酸溶液洗，最后用水洗。严重时要消毒，拭干后涂烫伤油膏。

溴灼伤时，应立即用大量水洗，再用酒精擦至无溴液存在为止，然后涂上甘油或烫伤油膏。

钠灼伤时，应立即用大量水洗，再以 2%的乙酸溶液洗，最后用水洗。严重时要消毒，拭干后涂烫伤油膏。

5. 试剂溅入眼内

任何情况下都要先洗涤，处理后送医院。

酸溅入眼内时，先用大量水洗，再用 1%的碳酸氢钠溶液洗。碱溅入眼内时，先用大量水洗，再用 1%的硼酸溶液洗。溴溅入眼内时，先用大量水洗，再用 1%的碳酸氢钠溶液洗。玻璃溅入眼内时，先用镊子移去碎玻璃，或在盆中用水洗，切勿用手搓动。

6. 中毒

溅入口中的毒物尚未咽下者应立即吐出，用大量水冲洗口腔。如已吞下，应立即送医院。

酸性毒物中毒，先饮大量水，然后服用氢氧化铝膏、鸡蛋白。碱性毒物中毒，也应先饮大量水，然后服用乙酸、酸果汁、鸡蛋白。不论是酸性还是碱性中毒，皆再以牛奶灌注，不要服用呕吐剂。

刺激剂及神经性毒物中毒，先给牛奶或鸡蛋白使之立即冲淡或缓和，再用一大匙硫酸镁(约 30 g)溶于一杯水中催吐。有时也可用手指伸入喉部促使呕吐，然后立即送医院。

吸入气体中毒，将中毒者移至室外，解开衣领或纽扣。吸入大量氯气或溴蒸气者，可用碳酸氢钠溶液漱口。

为处理事故需要,实训室应备有急救箱,内置有以下物品:绷带、纱布、棉花、橡皮膏、医用镊子、剪刀、凡士林、玉树油或鞣酸油膏、烫伤油膏及消毒剂、乙酸溶液(2%)、硼酸溶液(1%)、碳酸氢钠溶液(1%及饱和)、酒精、甘油、红汞、龙胆紫等。

四、仪器的清洗和干燥

(一) 玻璃仪器的清洗

实训中所用的玻璃仪器清洁与否,直接影响实训结果。仪器不清洁往往会造成较大的误差,有时甚至还会导致实训失败。

1. 初用玻璃仪器的清洗

新购买的玻璃仪器表面常附着有游离的碱性物质,可先用 0.5%的去污剂洗刷,再用自来水洗净,然后浸泡在 1%~2%盐酸中过夜(不可少于 4 h),再用自来水冲洗,最后用去离子水冲洗两次,在 100~120 ℃烘箱内烘干备用。

2. 使用过的玻璃仪器的清洗

先用自来水洗刷至无污物,再用合适的毛刷蘸上去污剂(粉)洗刷,或浸泡在 0.5%的清洗剂中超声清洗(比色皿不宜),然后用自来水洗净去污剂,用去离子水洗两次,烘干备用(计量仪器不可烘干)。清洗后器皿内外不可挂有水珠,否则重洗。若重洗后仍挂有水珠,可用去污粉擦洗,或用洗液浸泡数小时后重新清洗。

(二) 塑料器皿的清洗

聚乙烯、聚丙烯等制成的塑料器皿在生物化学实训中已用得越来越多。第一次使用塑料器皿时,可先用 8 mol/L 尿素(用浓盐酸调 pH=1)清洗,接着依次用去离子水、1 mol/L KOH 溶液和去离子水清洗,然后用 3~10 mol/L EDTA 溶液除去金属离子的污染,最后用去离子水彻底清洗,以后每次使用时,可只用 0.5%的去污剂清洗,然后用自来水和去离子水洗净即可。

(三) 玻璃和塑料器皿的干燥

实训中用到的玻璃和塑料器皿经常需要干燥,通常是用烘箱或烘干机在 110~120 ℃进行干燥,而不要用丙酮荡洗再吹干的方法来干燥,因为那样会有残留的有机物覆盖在器皿的内表面,从而干扰化学反应。硝酸纤维素的塑料离心管加热时会发生爆炸,所以绝不能放在烘箱中干燥,只能用冷风吹干。

五、实验室安全事故案例

案例一:2018 年 11 月 11 日南京中医药大学翰林学院一实验室在实验过程中发生爆燃。

案例二:2015 年 12 月 18 日清华大学化学系实验室发生一起爆炸事故,一名博士研究生在实验室内使用氢气做化学实验时发生爆炸,后被确认身亡。

案例三:2018 年 12 月 26 日北京交通大学东校区环境工程实验室内进行垃圾渗滤液污水处理科研实验时发生爆炸并引发火灾。3 名参与实验的研究生在事故中不幸遇难。

任务二 常用缓冲溶液的配制

一、缓冲溶液的配制原理

（一）基本概念

溶液中加入少量酸、碱，或溶液被溶剂稀释，而溶液 pH 值基本保持不变的作用称为缓冲作用。具有缓冲作用的溶液称为缓冲溶液。

（二）缓冲溶液的组成及计算公式

缓冲溶液一般是由共轭酸碱对组成的，例如弱酸和弱酸盐，或弱碱和弱碱盐。如果缓冲溶液由弱酸和弱酸盐（例如 HAc-NaAc）组成，则

$$c_{H^+} \approx K_a \frac{c_a}{c_s}, \quad pH \approx pK_a - \lg \frac{c_a}{c_s}$$

（三）缓冲溶液性质

缓冲溶液具有抗酸碱、抗稀释作用。缓冲溶液中具有抗酸成分和抗碱成分，所以加入少量强酸或强碱，其 pH 值基本上是不变的。稀释缓冲溶液时，酸和碱的浓度比值不改变，适当稀释不影响其 pH 值。

（四）缓冲容量

缓冲容量是衡量缓冲溶液缓冲能力大小的尺度。缓冲容量的大小与缓冲组分浓度和缓冲组分的比值有关。

缓冲组分浓度越大，缓冲容量越大。缓冲组分比值为 1 时，缓冲容量最大。

二、常用缓冲溶液的配制方法

（1）甘氨酸-盐酸缓冲溶液（0.05 mol/L） 参照表 2-1-3，X mL 0.2 mol/L 甘氨酸＋Y mL 0.2 mol/L HCl，再加水稀释至 200 mL。

表 2-1-3 甘氨酸-盐酸缓冲溶液（0.05 mol/L）配制比例参照表

pH	X	Y	pH	X	Y
2.0	50	44.0	3.0	50	11.4
2.4	50	32.4	3.2	50	8.2
2.6	50	24.2	3.4	50	6.4
2.8	50	16.8	3.6	50	5.0

注：甘氨酸相对分子质量为 75.07，0.2 mol/L 的甘氨酸溶液含甘氨酸 15.01 g/L。

（2）邻苯二甲酸-盐酸缓冲溶液（0.05 mol/L） 参照表 2-1-4，X mL 0.2 mol/L 邻苯二甲酸氢钾＋Y mL 0.2 mol/L HCl，再加水稀释至 20 mL。

表 2-1-4　邻苯二甲酸-盐酸缓冲溶液(0.05 mol/L)配制比例参照表

pH(20 ℃)	X	Y	pH(20 ℃)	X	Y
2.2	5	4.070	3.2	5	1.470
2.4	5	3.960	3.4	5	0.990
2.6	5	3.295	3.6	5	0.597
2.8	5	2.642	3.8	5	0.263
3.0	5	2.022			

注:邻苯二甲酸氢钾相对分子质量为204.23,0.2 mol/L邻苯二甲酸氢钾溶液含邻苯二甲酸氢钾40.85 g/L。

(3) 磷酸氢二钠-柠檬酸缓冲溶液　参照表2-1-5配制。

表 2-1-5　磷酸氢二钠-柠檬酸缓冲溶液配制比例参照表

pH	0.2 mol/L Na_2HPO_4体积/mL	0.1 mol/L 柠檬酸体积/mL	pH	0.2 mol/L Na_2HPO_4体积/mL	0.1 mol/L 柠檬酸体积/mL
2.2	0.40	19.60	5.2	10.72	9.28
2.4	1.24	18.76	5.4	11.15	8.85
2.6	2.18	17.82	5.6	11.60	8.40
2.8	3.17	16.83	5.8	12.09	7.91
3.0	4.11	15.89	6.0	12.63	7.37
3.2	4.94	15.06	6.2	13.22	6.78
3.4	5.70	14.30	6.4	13.85	6.15
3.6	6.44	13.56	6.6	14.55	5.45
3.8	7.10	12.90	6.8	15.45	4.55
4.0	7.71	12.29	7.0	16.47	3.53
4.2	8.28	11.72	7.2	17.39	2.61
4.4	8.82	11.18	7.4	18.17	1.83
4.6	9.35	10.65	7.6	18.73	1.27
4.8	9.86	10.14	7.8	19.15	0.85
5.0	10.30	9.70	8.0	19.45	0.55

注:Na_2HPO_4相对分子质量为141.98,0.2 mol/L的Na_2HPO_4溶液含Na_2HPO_4 28.40 g/L;$Na_2HPO_4 \cdot 2H_2O$相对分子质量为178.05,0.2 mol/L的Na_2HPO_4溶液含Na_2HPO_4 35.61 g/L;$C_6H_8O_7 \cdot H_2O$相对分子质量为210.14,0.1 mol/L的$C_6H_8O_7 \cdot H_2O$溶液含$C_6H_8O_7 \cdot H_2O$ 21.01 g/L。

(4) 柠檬酸-氢氧化钠-盐酸缓冲溶液　参照表2-1-6配制。

表 2-1-6　柠檬酸-氢氧化钠-盐酸缓冲溶液配制比例参照表

pH	钠离子浓度/(mol/L)	柠檬酸质量/g	氢氧化钠(97%)质量/g	浓盐酸体积/mL	最终体积/L
2.2	0.20	210	84	160	10
3.1	0.20	210	83	116	10
3.3	0.20	210	83	106	10
4.3	0.20	210	83	45	10
5.3	0.35	245	144	68	10
5.8	0.45	285	186	105	10
6.5	0.38	266	156	126	10

(5) 柠檬酸-柠檬酸钠缓冲溶液(0.1 mol/L) 参照表 2-1-7 配制。

表 2-1-7 柠檬酸-柠檬酸钠缓冲溶液(0.1 mol/L)配制比例参照表

pH	0.1 mol/L 柠檬酸体积/mL	0.1 mol/L 柠檬酸钠体积/mL	pH	0.1 mol/L 柠檬酸体积/mL	0.1 mol/L 柠檬酸钠体积/mL
3.0	18.6	1.4	5.0	8.2	11.8
3.2	17.2	2.8	5.2	7.3	12.7
3.4	16.0	4.0	5.4	6.4	13.6
3.6	14.9	5.1	5.6	5.5	14.5
3.8	14.0	6.0	5.8	4.7	15.3
4.0	13.1	6.9	6.0	3.8	16.2
4.2	12.3	7.7	6.2	2.8	17.2
4.4	11.4	8.6	6.4	2.0	18.0
4.6	10.3	9.7	6.6	1.4	18.6
4.8	9.2	10.8			

注：柠檬酸($C_6H_8O_7 \cdot H_2O$)的相对分子质量为 210.14，0.1 mol/L 的 $C_6H_8O_7 \cdot H_2O$ 溶液含 $C_6H_8O_7 \cdot H_2O$ 21.01 g/L；柠檬酸钠($Na_3C_6H_5O_7 \cdot 2H_2O$)的相对分子质量为 294.12，0.1 mol/L 的 $Na_3C_6H_5O_7 \cdot 2H_2O$ 溶液含 $Na_3C_6H_5O_7 \cdot 2H_2O$ 29.41 g/L。

(6) 乙酸-乙酸钠缓冲溶液(0.2 mol/L) 参照表 2-1-8 配制。

表 2-1-8 乙酸-乙酸钠缓冲溶液(0.2 mol/L)配制比例参照表

pH(18 ℃)	0.2 mol/L NaAc 体积/mL	0.3 mol/L HAc 体积/mL	pH(18 ℃)	0.2 mol/L NaAc 体积/mL	0.3 mol/L HAc 体积/mL
2.6	0.75	9.25	4.8	5.90	4.10
3.8	1.20	8.80	5.0	7.00	3.00
4.0	1.80	8.20	5.2	7.90	2.10
4.2	2.65	7.35	5.4	8.60	1.40
4.4	3.70	6.30	5.6	9.10	0.90
4.6	4.90	5.10	5.8	9.40	0.60

注：$NaAc \cdot 3H_2O$ 相对分子质量为 136.09，0.2 mol/L 的 $NaAc \cdot 3H_2O$ 溶液含 $NaAc \cdot 3H_2O$ 27.22 g/L。

(7) 磷酸氢二钠-磷酸二氢钠缓冲溶液(0.2 mol/L) 参照表 2-1-9 配制。

表 2-1-9 磷酸氢二钠-磷酸二氢钠缓冲溶液(0.2 mol/L)配制比例参照表

pH	0.2 mol/L Na_2HPO_4 体积/mL	0.3 mol/L NaH_2PO_4 体积/mL	pH	0.2 mol/L Na_2HPO_4 体积/mL	0.3 mol/L NaH_2PO_4 体积/mL
5.8	8.0	92.0	7.0	61.0	39.0
5.9	10.0	90.0	7.1	67.0	33.0
6.0	12.3	87.7	7.2	72.0	28.0
6.1	15.0	85.0	7.3	77.0	23.0
6.2	18.5	81.5	7.4	81.0	19.0
6.3	22.5	77.5	7.5	84.0	16.0
6.4	26.5	73.5	7.6	87.0	13.0
6.5	31.5	68.5	7.7	89.5	10.5

续表

pH	0.2 mol/L Na_2HPO_4体积/mL	0.3 mol/L NaH_2PO_4体积/mL	pH	0.2 mol/L Na_2HPO_4体积/mL	0.3 mol/L NaH_2PO_4体积/mL
6.6	37.5	62.5	7.8	91.5	8.5
6.7	43.5	56.5	7.9	93.0	7.0
6.8	49.5	51.0	8.0	94.7	5.3
6.9	55.0	45.0			

注:$Na_2HPO_4 \cdot 2H_2O$相对分子质量为178.05,0.2 mol/L的$Na_2HPO_4 \cdot 2H_2O$溶液含$Na_2HPO_4 \cdot 2H_2O$ 35.61 g/L;$Na_2HPO_4 \cdot 12H_2O$相对分子质量为358.22,0.2 mol/L的$Na_2HPO_4 \cdot 12H_2O$溶液含$Na_2HPO_4 \cdot 12H_2O$ 71.64 g/L;$NaH_2PO_4 \cdot 2H_2O$相对分子质量为156.03,0.2 mol/L的$NaH_2PO_4 \cdot 2H_2O$溶液含$NaH_2PO_4 \cdot 2H_2O$ 31.21 g/L。

(8) 磷酸氢二钠-磷酸二氢钾缓冲溶液(1/15 mol/L)　参照表2-1-10配制。

表2-1-10　磷酸氢二钠-磷酸二氢钾缓冲溶液(1/15 mol/L)配制比例参照表

pH	1/15 mol/L Na_2HPO_4体积/mL	1/15 mol/L KH_2PO_4体积/mL	pH	1/15 mol/L Na_2HPO_4体积/mL	1/15 mol/L KH_2PO_4体积/mL
4.92	0.10	9.90	7.17	7.00	3.00
5.29	0.50	9.50	7.38	8.00	2.00
5.91	1.00	9.00	7.73	9.00	1.00
6.24	2.00	8.00	8.04	9.50	0.50
6.47	3.00	7.00	8.34	9.75	0.25
6.64	4.00	6.00	8.67	9.90	0.10
6.81	5.00	5.00	9.18	10.00	0
6.98	6.00	4.00			

注:$Na_2HPO_4 \cdot 2H_2O$相对分子质量为178.05,1/15 mol/L的$Na_2HPO_4 \cdot 2H_2O$溶液含$Na_2HPO_4 \cdot 2H_2O$ 11.876 g/L;KH_2PO_4相对分子质量为136.09,1/15 mol/L的KH_2PO_4溶液含KH_2PO_4 9.073 g/L。

(9) 磷酸二氢钾-氢氧化钠缓冲溶液(0.05 mol/L)　参照表2-1-11,X mL 0.2 mol/L KH_2PO_4+Y mL 0.2 mol/L NaOH,加水稀释至29 mL。

表2-1-11　磷酸二氢钾-氢氧化钠缓冲溶液(0.05 mol/L)配制比例参照表

pH(20 ℃)	X	Y	pH(20 ℃)	X	Y
5.8	5	0.372	7.0	5	2.963
6.0	5	0.570	7.2	5	3.500
6.2	5	0.860	7.4	5	3.950
6.4	5	1.260	7.6	5	4.280
6.6	5	1.780	7.8	5	4.520
6.8	5	2.365	8.0	5	4.680

(10) 巴比妥钠-盐酸缓冲溶液(18 ℃)　参照表2-1-12配制。

表2-1-12　巴比妥钠-盐酸缓冲溶液(18 ℃)配制比例参照表

pH	0.04 mol/L 巴比妥钠溶液体积/mL	0.2 mol/L 盐酸体积/mL	pH	0.04 mol/L 巴比妥钠溶液体积/mL	0.2 mol/L 盐酸体积/mL
6.8	100	18.4	8.4	100	5.21
7.0	100	17.8	8.6	100	3.82

续表

pH	0.04 mol/L 巴比妥钠溶液体积/mL	0.2 mol/L 盐酸体积/mL	pH	0.04 mol/L 巴比妥钠溶液体积/mL	0.2 mol/L 盐酸体积/mL
7.2	100	16.7	8.8	100	2.52
7.4	100	15.3	9.0	100	1.65
7.6	100	13.4	9.2	100	1.13
7.8	100	11.47	9.4	100	0.70
8.0	100	9.39	9.6	100	0.35
8.2	100	7.21			

注：巴比妥钠相对分子质量为206.18；0.04 mol/L的巴比妥钠溶液含巴比妥钠8.25 g/L。

(11) Tris-盐酸缓冲溶液(0.05 mol/L，25 ℃)　参照表2-1-13，50 mL 0.1 mol/L三羟甲基氨基甲烷(Tris)溶液与 X mL 0.1 mol/L盐酸混匀后，加水稀释至100 mL。

表2-1-13　Tris-盐酸缓冲溶液(0.05 mol/L，25 ℃)配制比例参照表

pH	X	pH	X
7.10	45.7	8.10	26.2
7.20	44.7	8.20	22.9
7.30	43.4	8.30	19.9
7.40	42.0	8.40	17.2
7.50	40.3	8.50	14.7
7.60	38.5	8.60	12.4
7.70	36.6	8.70	10.3
7.80	34.5	8.80	8.5
7.90	32.0	8.90	7.0
8.00	29.2		

注：三羟甲基氨基甲烷($C_4H_{11}NO_3$)相对分子质量为121.14，0.1 mol/L的 $C_4H_{11}NO_3$ 溶液含 $C_4H_{11}NO_3$ 12.114 g/L；Tris溶液可从空气中吸收二氧化碳，使用时注意将瓶盖严。

(12) 硼酸-硼砂缓冲溶液(0.2 mol/L硼酸根)　参照表2-1-14配制。

表2-1-14　硼酸-硼砂缓冲溶液(0.2 mol/L硼酸根)配制比例参照表

pH	0.05 mol/L 硼砂体积/mL	0.2 mol/L 硼酸体积/mL	pH	0.05 mol/L 硼砂体积/mL	0.2 mol/L 硼酸体积/mL
7.4	1.0	9.0	8.2	3.5	6.5
7.6	1.5	8.5	8.4	4.5	5.5
7.8	2.0	8.0	8.7	6.0	4.0
8.0	3.0	7.0	9.0	8.0	2.0

注：硼砂($Na_2B_4O_7 \cdot 10H_2O$)相对分子质量为381.43，0.05 mol/L的 $Na_2B_4O_7 \cdot 10H_2O$ 溶液(相当于0.2 mol/L硼酸根)含 $Na_2B_4O_7 \cdot 10H_2O$ 19.07 g/L；硼酸(H_3BO_3)相对分子质量为61.84，0.2 mol/L的 H_3BO_3 溶液含 H_3BO_3 12.37 g/L；硼砂易失去结晶水，必须在带塞的瓶中保存。

(13) 甘氨酸-氢氧化钠缓冲溶液(0.05 mol/L)　参照表2-1-15，X mL 0.2 mol/L甘氨酸+Y mL 0.2 mol/L NaOH，加水稀释至200 mL。

(14) 硼砂-氢氧化钠缓冲溶液(0.05 mol/L硼酸根)　参照表2-1-16，X mL 0.05 mol/L硼砂+Y mL 0.2 mol/L NaOH，加水稀释至200 mL。

表 2-1-15 甘氨酸-氢氧化钠缓冲溶液(0.05 mol/L)配制比例参照表

pH	X	Y	pH	X	Y
8.6	50	4.0	9.6	50	22.4
8.8	50	6.0	9.8	50	27.2
9.0	50	8.8	10.0	50	32.0
9.2	50	12.0	10.4	50	38.6
9.4	50	16.8	10.6	50	45.5

注:甘氨酸相对分子质量为75.07,0.2 mol/L 甘氨酸溶液含甘氨酸15.01 g/L。

表 2-1-16 硼砂-氢氧化钠缓冲溶液 (0.05 mol/L 硼酸根)配制比例参照表

pH	X	Y	pH	X	Y
9.3	50	6.0	9.8	50	34.0
9.4	50	11.0	10.0	50	43.0
9.6	50	23.0	10.1	50	46.0

注:硼砂($Na_2B_4O_7 \cdot 10H_2O$)相对分子质量为381.43,0.05 mol/L 的 $Na_2B_4O_7 \cdot 10H_2O$ 溶液含 $Na_2B_4O_7 \cdot 10H_2O$ 19.07 g/L。

(15)碳酸钠-碳酸氢钠缓冲溶液(0.1 mol/L) 参照表 2-1-17 配制。Ca^{2+}、Mg^{2+} 存在时不得使用。

表 2-1-17 碳酸钠-碳酸氢钠缓冲溶液(0.1 mol/L)配制比例参照表

pH		0.1 mol/L Na_2CO_3 体积/mL	0.1 mol/L $NaHCO_3$ 体积/mL
20 ℃	37 ℃		
9.16	8.77	1	9
9.40	9.12	2	8
9.51	9.40	3	7
9.78	9.50	4	6
9.90	9.72	5	5
10.14	9.90	6	4
10.28	10.08	7	3
10.53	10.28	8	2
10.83	10.57	9	1

注:$Na_2CO_3 \cdot 10H_2O$ 相对分子质量为286.2,0.1 mol/L 的 $Na_2CO_3 \cdot 10H_2O$ 溶液含 $Na_2CO_3 \cdot 10H_2O$ 28.62 g/L;$NaHCO_3$ 相对分子质量为84.0,0.1 mol/L 的 $NaHCO_3$ 溶液含 $NaHCO_3$ 8.40 g/L。

(16)PBS 缓冲溶液 参照表 2-1-18 配制。

表 2-1-18 PBS 缓冲溶液配制比例参照表

pH	7.6	7.4	7.2	7.0
H_2O 体积/mL	1 000	1 000	1 000	1 000
NaCl 质量/g	8.5	8.5	8.5	8.5
Na_2HPO_4 质量/g	2.2	2.2	2.2	2.2
NaH_2PO_4 质量/g	0.1	0.2	0.3	0.4

项目二 实训

实训1 糖类化合物的性质

一、实训目的

(1) 加深对糖类化合物化学性质的认识。
(2) 能利用糖类的性质解释实训现象。

二、必备知识

糖类化合物是一类多羟基的内半缩醛、酮及其聚合物。

(1) 单糖的性质:包括一般性质和特殊性质。一般性质主要表现为羰基的典型反应及羟基的典型反应。特殊性质有:水溶液中的变旋现象;与苯肼成脎;在稀碱介质中的差向异构化;半缩醛、酮羟基与含羟基的化合物成苷;氧化反应(醛糖能被溴水温和氧化成糖酸;醛、酮都能被托伦试剂、斐林试剂氧化等)。

(2) 双糖的性质:双糖根据分子中是否还保留有原来一个单糖分子的半缩醛羟基而分成还原性双糖(如麦芽糖、乳糖、纤维二糖)与非还原性双糖(如蔗糖)。

(3) 多糖的性质:难溶于水,无甜味,无还原性,能被酸或碱催化而逐步水解成单糖。淀粉是常见的多糖,在酸或酶催化下水解,可逐步生成分子较小的糊精,最后水解成葡萄糖。碘与淀粉作用显蓝紫色,与不同相对分子质量的糊精作用显红色或黄色,糖相对分子质量太小时,遇碘不显色。

三、仪器与试剂

(一) 仪器

恒温水浴锅、试管及试管架、吸量管、吸管、点滴板。

(二) 试剂

(1) 0.1 mol/L 葡萄糖溶液。

(2) 0.1 mol/L 果糖溶液。

(3) 0.1 mol/L 麦芽糖溶液。

(4) 0.1 mol/L 乳糖溶液。

(5) 0.1 mol/L 蔗糖溶液。

(6) 0.2 g/L 淀粉溶液。

(7) Benedict 试剂:将 173 g 柠檬酸钠和 100 g 无水碳酸钠溶解于 800 mL 水中。再取 17.3 g 结晶硫酸铜溶解在 100 mL 水中,慢慢将此溶液加入上述溶液中,最后用水稀释到 1 L,当溶液不澄清时可过滤。

(8) 3 mol/L H_2SO_4 溶液。

(9) 1 mol/L Na_2CO_3 溶液。

(10) 碘液。

(11) 浓盐酸。

四、操作步骤

(一) 糖的还原性

取 6 支试管,各加入 10 滴 Benedict 试剂,再分别加入 5 滴 0.1 mol/L 葡萄糖、0.1 mol/L 果糖、0.1 mol/L 麦芽糖、0.1 mol/L 乳糖、0.1 mol/L 蔗糖、0.2 g/L 淀粉溶液,在沸水浴中加热 2~3 min,冷却后观察结果并解释实训现象。

(二) 糖的水解

1. 蔗糖的水解

取 1 支试管,加入 1 mL 0.1 mol/L 蔗糖溶液,再加入 3 滴 3 mol/L H_2SO_4 溶液,沸水浴中加热约 10 min,冷却后,用 1 mol/L Na_2CO_3 溶液调至碱性,并用 pH 试纸检验。加入 1 mL Benedict 试剂,在沸水浴中加热 3 min,冷却后观察结果并解释实训现象。

2. 淀粉的水解

取 1 支试管,加入 1 mL 0.2 g/L 淀粉溶液,加入 5 滴浓盐酸,在沸水浴中加热约 15 min。加热时每隔 2 min 用吸管吸出 2 滴放在点滴板上,加 1 滴碘液,仔细观察颜色变化。待反应液不与碘液发生颜色变化时,再加热 2~3 min,冷却后用 1 mol/L Na_2CO_3 溶液调至碱性,加入 10 滴 Benedict 试剂,沸水浴中加热 3 min,冷却后观察结果并解释实训现象。

(三) 淀粉与碘的反应

取 1 支试管,加入 1 mL 0.2 g/L 淀粉溶液,加 1 滴碘液,摇匀后观察颜色。将试管在沸水浴中加热,观察有何变化。冷却后,观察又有什么变化。并解释实训现象。

五、思考题

(1) 分析葡萄糖与果糖在结构与性质上的相同点和不同点。

(2) 如何鉴别蔗糖和麦芽糖?

实训2　DNS法测定藕粉或玉米粉中的还原糖和总糖的含量

一、实训目的

(1) 掌握比色法测定还原糖的原理。

(2) 学习用分光光度计比色测定还原糖的方法。

二、必备知识

还原糖是指含有游离的半缩醛(酮)基的糖。单糖都是还原糖,低聚糖只有一部分是还原糖(如乳糖、麦芽糖是还原糖,蔗糖是非还原糖),多糖为非还原糖。

在NaOH和丙三醇存在下,3,5-二硝基水杨酸(DNS)与还原糖共热后被还原生成3-氨基-5-硝基水杨酸,而还原糖被氧化成糖酸及其他产物。在过量的NaOH碱性溶液中3-氨基-5-硝基水杨酸呈棕红色,在540 nm波长处有最大吸收。在一定的浓度范围内,还原糖的量与吸光度值即反应液的颜色深度呈线性关系,利用分光光度计进行比色测定,可以求得样品中还原糖的含量。

三、仪器、材料与试剂

(一) 仪器

分光光度计、水浴锅、电炉、试管(15 mm×180 mm)、烧杯、吸量管、容量瓶、锥形瓶、白瓷板、过滤装置、电子天平。

(二) 材料

藕粉或玉米粉。

(三) 试剂

(1) 3,5-二硝基水杨酸(DNS)试剂:称取6.5 g DNS,溶于少量热蒸馏水中,溶解后移入1 000 mL容量瓶中,加入2 mol/L氢氧化钠溶液325 mL,再加入45 g丙三醇,摇匀,冷却后定容至1 000 mL。

(2) 葡萄糖标准溶液:准确称取干燥至恒重的葡萄糖100 mg,加少量蒸馏水溶解后,以蒸馏水定容至100 mL,即含葡萄糖为1.0 mg/mL。

(3) 6 mol/L HCl溶液:取250 mL浓盐酸(35%～38%),用蒸馏水稀释到500 mL。

(4) 碘化钾-碘溶液:称取5 g碘、10 g碘化钾,溶于100 mL蒸馏水中。

(5) 6 mol/L NaOH溶液:称取120 g NaOH,溶于500 mL蒸馏水中。

(6) 0.1%酚酞指示剂。

四、操作步骤

(一) 制作葡萄糖标准曲线

取6支试管,按表2-2-1加入1.0 mg/mL的葡萄糖标准溶液、蒸馏水和DNS试剂,于沸水浴中加热2 min进行显色,取出后用流动水迅速冷却,各加入蒸馏水7.0 mL,摇匀,在540 nm波长处测定吸光度($A_{540\ nm}$)。以1.0 mL蒸馏水代替葡萄糖标准溶液按同样显色操作为空白调零点。以葡萄糖含量(mg)为横坐标,吸光度为纵坐标,绘制标准曲线。

表2-2-1 标准曲线绘制操作参照表

试管号	0	1	2	3	4	5
葡萄糖标准溶液体积/mL	0	0.2	0.4	0.6	0.8	1.0
蒸馏水体积/mL	1.0	0.8	0.6	0.4	0.2	0
DNS试剂体积/mL	2.0	2.0	2.0	2.0	2.0	2.0
葡萄糖含量/mg	0	0.2	0.4	0.6	0.8	1.0
$A_{540\ nm}$						

(二) 提取样品中的还原糖

准确称取0.5 g藕粉或玉米粉,放在100 mL烧杯中,先以少量蒸馏水(约2 mL)调成糊状,然后加入40 mL蒸馏水,混匀,于50 ℃恒温水浴中保温20 min,不时搅拌,使还原糖浸出。过滤,将滤液全部收集在50 mL的容量瓶中,用蒸馏水稀释至刻度,即为还原糖提取液。

(三) 水解及提取样品的总糖

准确称取0.5 g藕粉或玉米粉,放在锥形瓶中,加入10 mL 6 mol/L HCl溶液、15 mL蒸馏水,在沸水浴中加热0.5 h,取出1~2滴置于白瓷板上,加1滴碘化钾-碘溶液检查水解是否完全。如已水解完全,则不呈现蓝色。水解完毕,冷却至室温后加入1滴酚酞指示剂,以6 mol/L NaOH溶液中和至溶液呈微红色,并定容到100 mL,过滤,取滤液10 mL于100 mL容量瓶中,定容,混匀,即为稀释1 000倍的总糖水解液,用于总糖测定。

(四) 测定样品中的含糖量

取2支试管,分别加入0.5 mL还原糖提取液和总糖提取液,按与标准溶液一样的方法加入试剂。加完试剂后,于沸水浴中加热2 min进行显色,取出后用流动水迅速冷却,各加入蒸馏水7.0 mL,摇匀,在540 nm波长处测定吸光度。以样品的吸光度在标准曲线上查出相应的糖量。

五、结果计算

按下式计算样品中还原糖和总糖的质量分数。

$$\text{还原糖或总糖(以葡萄糖计)的质量分数} = \frac{c \times V}{m \times 1\ 000} \times 100\%$$

式中,c——还原糖或总糖提取液的浓度,mg/mL;

V——还原糖或总糖提取液的总体积,mL;

m——样品质量,g。

六、温馨提示

标准曲线制作与样品含糖量测定应同时进行,一起显色和比色。

七、思考题

(1) 比色时为什么要设计空白管?
(2) 比色测定糖含量时,其他杂质是否会影响测定结果?

实训3 油脂皂化价及酸价的测定

一、实训目的

(1) 掌握皂化价、酸价测定的原理和方法。
(2) 加深对油脂氧化裂变性质的了解。

二、必备知识

油脂在酸、碱和酶的作用下会发生水解反应,生成一分子甘油和三分子脂肪酸。油脂的水解是可逆的。如果在过量碱的催化下,水解所产生的脂肪酸与碱作用生成盐而使水解反应完全。产物脂肪酸钠盐是合成肥皂的主要成分,因此,油脂在碱性溶液中的水解叫皂化。完全皂化1 g油脂所需KOH的质量(mg)称为皂化价。各种油脂都有自己特定的皂化价,油脂的皂化价和其相对分子质量成反比(亦与所含脂肪酸相对分子质量成反比)。由皂化价的数值可以推测油脂中所含甘油酯的平均相对分子质量,也可用于检验油脂的质量,并指示皂化时一定量的油脂转化为肥皂所需要的碱量。

油脂在储藏期间常会受热、湿、光和空气的作用而逐渐变质,产生不愉快气味,这便是油脂的酸败。鉴定油脂酸败的程度,就是测定油脂中游离脂肪酸的含量,其含量常用酸价表示,即中和1 g油脂中游离脂肪酸所消耗KOH的质量(mg)。新鲜油脂酸价很小,酸败后油脂所含游离脂肪酸增多,故酸价增高,因此,酸价是衡量油脂质量的重要指标。根据食品卫生的国家标准规定,食用植物油的酸价不得大于3.0 mg(KOH)/g。由于油脂中的游离脂肪酸与KOH发生中和反应,从KOH标准溶液消耗量可计算出游离脂肪酸的量。

三、仪器、材料和试剂

(一) 仪器

电热恒温水浴锅、电子天平、烧瓶(250 mL)、锥形瓶(100 mL)、酸式滴定管(50 mL)、碱式滴定管(50 mL)、移液管(25 mL)、球形冷凝管。

(二)材料

油脂(猪油、豆油、棉籽油等植物油均可)。

(三)试剂

(1) 0.1 mol/L NaOH 乙醇溶液。

(2) 0.100 mol/L HCl 标准溶液:取浓盐酸(A.R.,相对密度 1.19)8.5 mL,加蒸馏水稀释至 100 mL,此溶液约为 0.1 mol/L,需标定,标定方法如下。

称取 3~5 g 无水碳酸钠(A.R.),平铺于直径约为 5 cm 的扁形称量瓶中,105 ℃烘 5 h,置干燥器中冷却至室温,称取此干燥碳酸钠两份,每份 0.13~0.15 g(精确到小数点后 4 位),溶于 50 mL 蒸馏水中,加甲基橙指示剂 2 滴,用待标定的 HCl 溶液滴定至橙红色,按下式计算 HCl 溶液的浓度 c。

$$c=\frac{\frac{m}{106}\times 2}{\frac{V}{1\,000}}=\frac{m}{V\times 0.053}$$

式中,c——HCl 溶液的浓度,mol/L;

m——Na_2CO_3 质量,g;

V——滴定所耗 HCl 溶液的体积,mL。

取两次滴定结果平均值。如两次滴定结果相差大于 0.2%,需重新标定。

(3) 70%乙醇:取 95%乙醇 70 mL,加蒸馏水稀释至 100 mL。

(4) 1%酚酞指示剂:称取酚酞 1 g,溶于 100 mL 95%的乙醇中。

(5) 中性醇醚混合液:取 95%的乙醇和乙醚等体积混合,或取苯和 95%的乙醇等体积混合,混合液中加入酚酞指示剂数滴,用 0.1 mol/L KOH 溶液中和至红色。

(6) 无水乙醇。

(7) 0.100 mol/L KOH 标准溶液:配好后以 0.100 mol/L HCl 标准溶液标定,准确调整其浓度至 0.100 mol/L。

四、操作步骤

(一)皂化价的测定

(1) 样品处理　用电子天平准确称取油脂约 0.5 g,置于 250 mL 烧瓶中,加入 0.100 mol/L NaOH 乙醇溶液 50 mL,再加几粒玻璃珠,安装好回流装置。

(2) 皂化　将烧瓶及冷凝管置于沸水浴内加热回流 30~60 min,至烧瓶内的液体澄清,无油珠出现为止,表明油脂已完全皂化,停止加热。皂化过程中,若乙醇被蒸发,可酌情补充适量的 70%乙醇。

(3) 滴定　皂化完毕,冷却至室温,加 1%酚酞指示剂 2 滴,以 0.100 mol/L HCl 标准溶液滴定剩余的碱(滴定所用 0.100 mol/L HCl 标准溶液的量太少,可用微量滴定管),记录 HCl 标准溶液用量。

(4) 结果处理　另做一份空白试验,除不加油脂外,其余操作同上,记录空白试验所消耗 HCl 标准溶液的量。计算皂化价。

（二）酸价的测定

（1）取样　取干燥、洁净的锥形瓶两个（100 mL），用电子天平准确称取油脂1.000～5.000 g，置于锥形瓶中，另取一个锥形瓶不加油样留做空白对照。

（2）溶解　在三个锥形瓶中分别加入中性醇醚混合液 50 mL，振摇溶解、混匀，使油脂完全呈透明状态。可以酌情增加混合液用量或在 50～60 ℃水浴上加热至完全溶解（固体脂肪须水浴熔化再加入混合液）。

（3）滴定　油脂溶解后加入酚酞指示剂 1～2 滴，用 0.1 mol/L KOH 标准溶液滴定（KOH 浓度视脂肪酸败程度而定）至淡红色 1 min 内不褪色为终点。记录 0.1 mol/L KOH 的用量。

五、结果处理

（一）皂化价

皂化价按下式计算。

$$\text{皂化价} = \frac{c(V_1 - V_2) \times 56.1}{m}$$

式中，V_1——空白试验所消耗的 0.100 mol/L HCl 标准溶液的体积，mL；

V_2——样品所消耗的 0.100 mol/L HCl 标准溶液的体积，mL；

c——HCl 标准溶液的浓度，即 0.100 mol/L；

m——油脂质量，g；

56.1——KOH 的摩尔质量，g/mol。

（二）酸价

酸价按下式计算。

$$\text{酸价} = \frac{c(V_2 - V_1) \times 56.1}{m}$$

式中，c——KOH 标准溶液浓度，mol/L；

V_2——样品消耗 KOH 标准溶液的体积，mL；

V_1——空白所用 KOH 标准溶液的体积，mL；

56.1——KOH 的摩尔质量，g/mol；

m——样品质量，g。

六、温馨提示

（1）实训中所用玻璃器皿一定要干燥、洁净，以免影响测定结果。

（2）皂化反应要完全，否则测定值不准确。

七、思考题

（1）测定皂化价、酸价有何意义？

（2）说明油脂酸败的原因。

(3) 为什么油脂要选择乙醚-乙醇混合液来溶解?

(4) 测定深色油酸价时应注意哪些问题?

(5) 酸价在评价油脂过程中的作用是什么?

实训 4　用索氏抽提法测定粗脂肪的含量

一、实训目的

(1) 学习用索氏抽提器提取粗脂肪。

(2) 掌握粗脂肪的含量测定方法。

二、必备知识

脂肪广泛存在于许多植物的种子和果实中,测定脂肪的含量,可以作为鉴别其品质优劣的一个指标。脂肪含量的测定有很多方法,如抽提法、酸水解法、比重法、折射法、电测和核磁共振法等。目前国内外普遍采用抽提法,其中索氏抽提法(Soxhlet extractor method)是公认的经典方法,也是我国粮油分析首选的标准方法。

本实训采用索氏抽提法中的残余法,即用低沸点有机溶剂(乙醚或石油醚)回流抽提,除去样品中的粗脂肪,以样品与残渣质量之差,计算粗脂肪含量。由于有机溶剂的抽提物中除脂肪外,还有游离脂肪酸、甾醇、磷脂、蜡及色素等类脂物质,因而抽提法测定的结果只能是粗脂肪。

三、仪器、材料与试剂

(一) 仪器

索氏抽提器、干燥器(直径 15～18 cm,盛变色硅胶)、不锈钢镊子(长 20 cm)、培养皿、分析天平(感量 0.001 g)、称量瓶、恒温水浴装置、烘箱、中速滤纸。

(二) 材料

油料作物种子。

(三) 试剂

无水乙醚或低沸点石油醚(A. R.)。

四、操作步骤

(一) 预处理

将滤纸切成 8 cm×8 cm 大小,叠成一边不封口的纸包,用硬铅笔编写顺序号,按顺序排列在培养皿中。将盛有滤纸包的培养皿移入(105±2) ℃烘箱中干燥 2 h,取出放入干燥器中冷却至室温。按顺序将各滤纸包放入同一称量瓶中称重(记作 a),称量时室内相对湿度必须低于 70%。

(二) 包装和干燥

在上述已称重的滤纸包中装入 3 g 左右研细的样品,封好包口,放入(105±2) ℃烘箱中干燥 3 h,移至干燥器中冷却至室温。按顺序号依次放入称量瓶中称重(记作 b)。

(三) 抽提

(1) 将滤纸筒放入索氏抽提器的抽提筒内,连接已干燥至恒重的脂肪烧瓶(记作 c),由抽提器冷凝管上端加入乙醚或石油醚至瓶内容积的 2/3 处,通入冷凝水,将底瓶浸没在水浴中加热,将一小团脱脂棉轻轻塞入冷凝管上口。

(2) 水浴温度应控制在使提取液每 6～8 min 回流一次。

(3) 抽提时间视试样中粗脂肪含量而定,一般样品提取 6～12 h,坚果样品提取约 16 h。提取结束时,用毛玻璃板接取一滴提取液,如无油斑则表明提取完毕。

(4) 取下脂肪烧瓶,回收乙醚或石油醚。待烧瓶内乙醚或石油醚仅剩下 1～2 mL 时,水浴上赶尽残留的溶剂,于 95～105 ℃干燥 2 h 后,置于干燥器中冷却至室温,称量。继续干燥 30 min 后冷却称量,反复干燥至恒重(前后两次称量差不超过 2 mg)(记作 d)。

五、结果处理

$$\text{粗脂肪含量}=\frac{d-c}{b-a}\times 100\%$$

式中,a——称量瓶加滤纸包重,g;

b——称量瓶加滤纸包和烘干样重,g;

c——烧瓶的质量,g;

d——烧瓶与粗脂肪的质量,g。

六、温馨提示

(1) 测定用样品、抽提器、抽提用有机溶剂都需要进行脱水处理。这是因为:第一,抽提体系中有水,会使样品中的水溶性物质溶出,导致测定结果偏高;第二,抽提溶剂可溶解少量的水,如乙醚中可溶解 2%的水,从而影响抽提效率;第三,样品中有水,抽提溶剂不易渗入细胞组织内部,结果不易将脂肪抽提干净。

(2) 样品滤纸的高度不能超过虹吸管,否则上部脂肪不能提尽而造成误差。

(3) 脂肪烧瓶在烘箱中干燥时,瓶口侧放,而且先不要关上烘箱门,以利于空气流通。于 90 ℃以下鼓风干燥 10～20 min,驱尽残余溶剂后再将烘箱门关紧,升至所需温度。

(4) 试样粗细度要适宜。试样粉末过粗,脂肪不易抽提干净;试样粉末过细,则有可能透过滤纸孔隙随回流溶剂流失,影响测定结果。

(5) 索氏抽提法测定脂肪最大的不足之处是耗时过长,如能将样品先回流 1～2 次,然后浸泡在溶剂中过夜,次日再继续抽提,则可明显缩短抽提时间。

(6) 待测样品若是液体,应将一定体积的样品滴在脱脂滤纸上,在 60～80 ℃烘箱中烘干后放入提取管内。

(7) 必须十分注意乙醚的安全使用。抽提时室内严禁有明火存在,如用明火加热。保持抽提室内通风良好,以防燃爆。

(8) 乙醚中不得含有过氧化物。

① 检查方法:取适量乙醚,加入碘化钾溶液,用力摇动,放置 1 min,若出现黄色则表明存在过氧化物,应进行处理后方可使用。

② 处理的方法:将乙醚放入分液漏斗中,先以 1/5 乙醚量的稀 KOH 溶液洗涤 2～3 次,以除去乙醇;然后用盐酸酸化,加入 1/5 乙醚量的 $FeSO_4$ 或 Na_2SO_3 溶液,振摇,静置,分层后弃去下层水溶液,以除去过氧化物;最后用水洗至中性,用无水 $CaCl_2$ 或无水 Na_2SO_4 脱水,并进行重蒸馏。

七、思考题

(1) 如何利用残余法测定油料作物种子中的粗脂肪含量?

(2) 测定过程中为什么需要对样品、抽提器、抽提用有机溶剂进行脱水处理?

(3) 在实训过程中使用乙醚时应注意哪些问题?

(4) 测定样品粒子粗细有什么要求?

实训 5　蛋白质及氨基酸的显色反应

一、实训目的

(1) 验证蛋白质和氨基酸的四种颜色反应:双缩脲反应、茚三酮反应、黄色反应及坂口反应。

(2) 学习和了解常用的几种鉴定蛋白质与氨基酸的方法。

(3) 了解蛋白质和某些氨基酸的呈色反应原理。

二、必备知识

氨基酸和蛋白质分子中的某种或某些基团与显色剂作用,可产生特定的颜色反应。不同蛋白质所含的氨基酸不完全相同,颜色反应亦会不同。但颜色反应不是蛋白质的专一反应,因此不能仅根据颜色反应的结果来决定被测物质是否为蛋白质。颜色反应是一些蛋白质定量测定的依据。

(一) 双缩脲反应

180 ℃左右,两分子尿素缩合脱去一分子氨,生成双缩脲;双缩脲在碱性条件下,与二价铜离子作用,生成紫红色配合物的反应,称为双缩脲反应。

$$\mathrm{H_2N{-}\overset{O}{\overset{\|}{C}}{-}NH_2} + \mathrm{H_2N{-}\overset{O}{\overset{\|}{C}}{-}NH_2} \xrightarrow[180\ ℃]{\triangle} \mathrm{H_2N\overset{O}{\overset{\|}{C}}NH\overset{O}{\overset{\|}{C}}NH_2} + NH_3\uparrow$$

$$\mathrm{H_2N{-}\overset{O}{\overset{\|}{C}}{-}NH{-}\overset{O}{\overset{\|}{C}}{-}NH_2} + Cu^{2+} \xrightarrow{OH^-} \text{（双缩脲-}Cu^{2+}\text{配合物：}Cu^{2+}\text{与两分子双缩脲的四个 N 原子配位）}$$

肽和蛋白质分子都具有肽键，其结构与双缩脲类似，在碱性条件下与铜离子也能发生此反应，生成蓝紫色或紫红色的配合物。

$$\mathrm{NH_2{-}CHR{-}CO{-}NH{-}CHR{-}CO{-}NH{-}CHR{-}\overset{O}{\overset{\|}{C}}{-}NH{\sim\sim}} + Cu^{2+} \xrightarrow{OH^-} \text{（肽链-}Cu^{2+}\text{配合物：}Cu^{2+}\text{与肽链中的四个 N 原子配位）}$$

该反应常用于蛋白质的定性或定量测定。但该反应的干扰因素较多，某些非蛋白质类物质（含有—CS—NH、—CH_2—NH_2、—CRH—NH_2、—CHOH—CH_2NH_2 等基团的物质）也能发生类似的颜色反应。并且 NH_3 对此反应具有严重的干扰，因为 NH_3 与铜离子可生成深蓝色的铜氨配合物。因此可以说蛋白质和多肽都有双缩脲反应，但有双缩脲反应的物质不一定是蛋白质或多肽。此反应所产生颜色的深浅与蛋白质的浓度成正比，而与蛋白质的相对分子质量及氨基酸成分无关。

（二）茚三酮反应

除脯氨酸、羟脯氨酸和茚三酮反应生成黄色物质外，所有的 α-氨基酸及一切蛋白质都能和茚三酮反应生成蓝紫色物质。

该反应分为两步进行：第一步是氨基酸被氧化，产生 CO_2、NH_3 和醛，而水合茚三酮被还原成还原型茚三酮；第二步是所生成的还原型茚三酮与另一个水合茚三酮分子和氨缩合生成有色物质。

（1）水合茚三酮＋氨基酸$\longrightarrow$还原型茚三酮＋NH_3＋CO_2＋醛类。

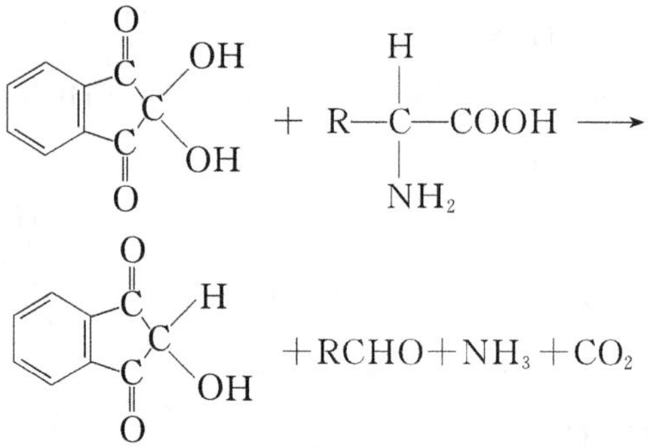

$$\text{水合茚三酮} + R\text{—}\underset{NH_2}{\overset{H}{C}}\text{—}COOH \longrightarrow \text{还原型茚三酮} + RCHO + NH_3 + CO_2$$

(2) 还原型茚三酮＋水合茚三酮＋NH_3⟶蓝色物质。

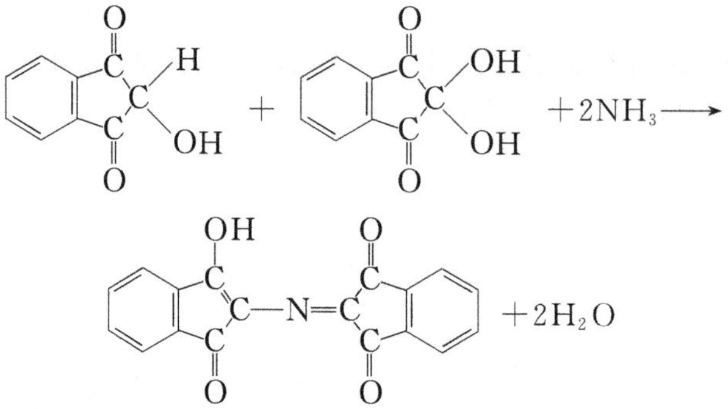

$$\text{还原型茚三酮} + \text{水合茚三酮} + 2NH_3 \longrightarrow \text{(茚三酮—}C\text{—}N{=}C\text{—茚三酮)} + 2H_2O$$

pH 值为 5～7 时,同一浓度的蛋白质或氨基酸在不同 pH 值条件下的颜色深浅不同,酸度过大时甚至不显色。该反应十分灵敏,1∶1 500 000 浓度的氨基酸水溶液即能显示反应效果,这是一种常用的氨基酸定量方法。但有些物质对茚三酮也呈类似的阳性反应,如 β-丙氨酸、氨和许多伯胺化合物等。所以在定性或定量测定中,应严防干扰物存在。

(三) 黄色反应

凡是含有苯环的化合物都能与浓硝酸作用产生黄色的硝基苯衍生物。该化合物在碱性溶液中进一步转化成深橙色的硝醌酸钠。芳香族氨基酸,如苯丙氨酸和色氨酸,都可有此反应。

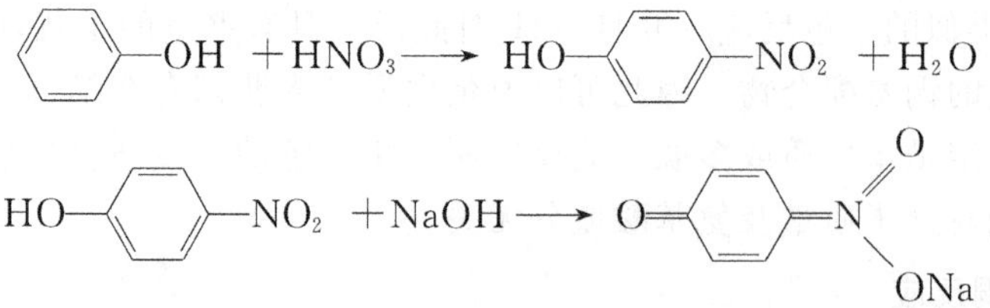

$$C_6H_5\text{—}OH + HNO_3 \longrightarrow HO\text{—}C_6H_4\text{—}NO_2 + H_2O$$

$$HO\text{—}C_6H_4\text{—}NO_2 + NaOH \longrightarrow O{=}C_6H_4{=}N(O)\text{—}ONa$$

在蛋白质分子中酪氨酸和色氨酸残基易发生上述反应,而苯丙氨酸不易硝化,需加少量浓硫酸催化才能呈明显的阳性反应。皮肤、指甲、头发等遇浓硝酸变黄即为这一反应的结果。

(四) 坂口反应

在次溴酸钠或次氯酸钠存在的条件下,许多含有胍基的化合物(如胍乙酸、甲胍、胍基丁胺等)能与 α-萘酚发生反应生成红色物质。在 20 种氨基酸中唯有精氨酸含有胍基,所以只有它呈阳性反应。

生成的氨被次溴酸钠氧化生成氮，反应方程式为 $2NH_3+3NaBrO \!=\!=\!= N_2+3H_2O+3NaBr$。该反应中过量的次溴酸钠是不利的，因其能进一步缓慢氧化，使产物分解，引起颜色消失。但加入适量尿素可破坏过量的次溴酸钠。酪氨酸、色氨酸和组氨酸也能降低产生颜色的强度，甚至会阻止颜色的生成。

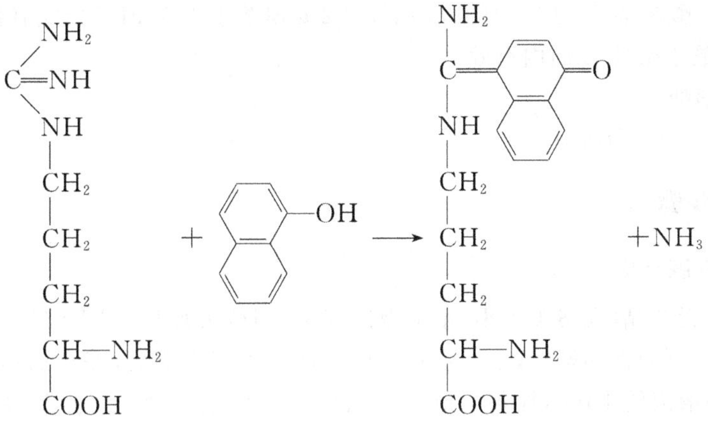

$$NH_2-C(=NH)-NH-CH_2-CH_2-CH_2-CH(NH_2)-COOH + \text{(α-萘酚)}-OH \longrightarrow NH_2-C(=\text{萘醌})-NH-CH_2-CH_2-CH_2-CH(NH_2)-COOH + NH_3$$

精氨酸　　　　　　　　　　红色

该反应灵敏度达 1∶250 000，常用于定量测定精氨酸的含量和定性鉴定含有精氨酸的蛋白质。

三、仪器、材料与试剂

（一）仪器

试管及试管架、酒精灯、吸量管（0.5 mL、1 mL、2 mL）、滴管、电热恒温水浴锅。

（二）材料

（1）2%卵清蛋白溶液：将鸡蛋清用蒸馏水稀释 20～40 倍，2～3 层纱布过滤，滤液冷藏备用。

（2）大豆提取液：将大豆浸泡，充分吸胀后研磨成浆状，再用纱布过滤，稀释至 100 mL。

（三）试剂

（1）1%酪蛋白溶液。

（2）1%白明胶溶液：1 g 白明胶溶于少量热水，完全溶解后稀释至 100 mL。

（3）尿素结晶。

（4）10%氢氧化钠溶液。

（5）1%硫酸铜溶液。

（6）0.1%茚三酮溶液：0.1 g 茚三酮溶于 95%的乙醇并稀释至 100 mL。

（7）0.5%甘氨酸溶液。

（8）0.5%脯氨酸溶液。

（9）0.5%精氨酸溶液。

（10）0.5%酪氨酸溶液：将 0.5 g 酪氨酸逐滴加入 1 mol/L HCl 溶液，待溶解后，加

蒸馏水定容至 100 mL。

(11) 0.5%色氨酸溶液:0.5 g 色氨酸加 100 mL 蒸馏水,稍加热,持续搅拌至溶解。

(12) 0.5%苯丙氨酸溶液:0.5 g 苯丙氨酸加 100 mL 蒸馏水,稍加热,持续搅拌至溶解。

(13) 次溴酸钠溶液:在冰块的冷却下,将 2 g 溴溶于 100 mL 5%氢氧化钠溶液中,棕色瓶中储存,放于暗处,2 周内有效。

(14) 浓硝酸。

(15) 0.2%α-萘酚溶液。

四、操作步骤

(一) 双缩脲反应

取少许尿素结晶(火柴头大小)于干燥试管中,用微火加热,尿素缓慢熔化,熔液逐渐硬化,并放出有刺激性的氨气,至试管有白色固体双缩脲生成后,停止加热。冷却后加入10%氢氧化钠溶液约 1 mL,摇匀,再加入 2 滴 1%硫酸铜溶液,混匀,观察有无粉红色颜色出现。

取 11 支洁净试管并编号,依次加入卵清蛋白溶液、大豆提取液、酪蛋白溶液、白明胶溶液、甘氨酸溶液、脯氨酸溶液、精氨酸溶液、酪氨酸溶液、色氨酸溶液、苯丙氨酸溶液、蒸馏水各 1 mL,各加入 10%氢氧化钠溶液 2 mL,摇匀,再加入 1%硫酸铜溶液 2 滴,混匀。观察有无紫玫瑰色出现。比较蛋白质和氨基酸呈色的深浅,将结果记录在记录表中。

(二) 茚三酮反应

取 11 支洁净试管并编号,依次加入卵清蛋白溶液、大豆提取液、酪蛋白溶液、白明胶溶液、甘氨酸溶液、脯氨酸溶液、精氨酸溶液、酪氨酸溶液、色氨酸溶液、苯丙氨酸溶液、蒸馏水各 1 mL,再各加 0.5 mL 0.1%茚三酮溶液,混匀,在沸水浴中加热 1~2 min,观察颜色变化。比较蛋白质和氨基酸呈色的深浅,将结果记录在记录表中。

(三) 黄色反应

取 11 支洁净试管并编号,依次加入卵清蛋白溶液、大豆提取液、酪蛋白溶液、白明胶溶液、甘氨酸溶液、脯氨酸溶液、精氨酸溶液、酪氨酸溶液、色氨酸溶液、苯丙氨酸溶液、蒸馏水各 1 mL,再加入浓硝酸 5 滴,加热(不必沸腾),当沉淀变为黄色时,停止加热,冷却后再加入 10%氢氧化钠溶液 5 滴,观察颜色变化,将结果记录在记录表中。

(四) 坂口反应

取 11 支洁净试管并编号,依次加入卵清蛋白溶液、大豆提取液、酪蛋白溶液、白明胶溶液、甘氨酸溶液、脯氨酸溶液、精氨酸溶液、酪氨酸溶液、色氨酸溶液、苯丙氨酸溶液、蒸馏水各 1 mL,再加入 10% NaOH 溶液 0.5 mL、0.2%α-萘酚溶液 2 滴,混合后再加次溴酸钠溶液 2 滴。观察现象,将结果记录在记录表中。

五、结果处理

将实训结果填在表 2-2-2 中。

表 2-2-2　实训结果记录表

样　品		双缩脲反应	茚三酮反应	黄色反应	坂口反应
蛋白质	卵清蛋白				
	大豆提取液				
	酪蛋白				
	白明胶				
氨基酸	甘氨酸				
	脯氨酸				
	精氨酸				
	酪氨酸				
	色氨酸				
	苯丙氨酸				
对照	蒸馏水				

六、温馨提示

(1) 在双缩脲反应中，硫酸铜不能多加，否则将产生蓝色氢氧化铜。此外，在碱性溶液中氨或铵盐与铜离子作用，生成深蓝色的配离子$[Cu(NH_3)_4]^{2+}$，妨碍此颜色反应的观察。

(2) 在茚三酮反应中，必须控制溶液 pH 值为 5～7。

七、思考题

(1) 比较分析蛋白质和氨基酸各种鉴定方法的特点和用途。

(2) 是否所有的氨基酸都呈现黄色反应的阳性结果？为什么？是否大部分蛋白质都呈现阳性结果？为什么？

(3) 根据氨基酸的显色反应，如何确证溶液中精氨酸的存在？

实训 6　蛋白质的两性反应和等电点的测定

一、实训目的

(1) 验证蛋白质的两性解离性质和等电点。

(2) 掌握利用沉淀法测定蛋白质等电点的方法。

二、必备知识

蛋白质是两性电解质，既能和酸作用，也能和碱作用。蛋白质分子中可解离基团除肽链末端的 α-氨基和 α-羧基外，还有氨基酸残基上的侧链基团，如谷氨酸、天冬氨酸残基中的 γ 和 β-羧基，赖氨酸残基中的 ε-氨基，精氨酸残基中的胍基和组氨酸中的咪唑基。在一定的 pH 值条件下，这些基团能解离为带电基团从而使蛋白质带电。在酸性环境中，各碱性基团与质子结合，使蛋白质带正电荷；在碱性环境中，酸性基团解离出质子，与环境中的羟基结合成水，使蛋白质带负电荷。蛋白质分子的解离状态和解离程度受溶液的酸碱度影响。因此，在蛋白质溶液中存在着下列平衡。

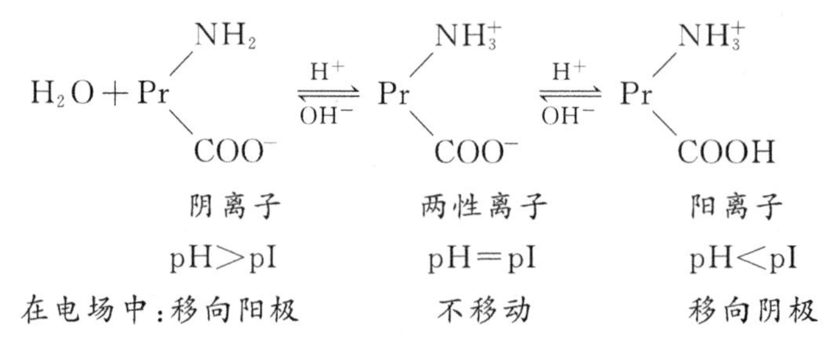

当调节溶液的 pH 值达到一定数值使蛋白质颗粒所带正、负电荷的数目相等时，在电场中，蛋白质既不向阴极移动，也不向阳极移动，此时溶液的 pH 值称为此种蛋白质的等电点(pI)。各种蛋白质具有特定的等电点，这主要与其所含氨基酸的种类和数量有关。

蛋白质在等电点时，以两性离子的形式存在，其所带净电荷为零，对外不显电性，这样的蛋白质颗粒在溶液中因为没有相同电荷而互相排斥的影响，所以最不稳定，溶解度最小，极易借静电引力结合成较大的聚合体，因而沉淀析出。

三、仪器与试剂

(一) 仪器

试管及试管架、水浴锅、电子天平、锥形瓶(200 mL)、乳钵、容量瓶(100 mL)、吸量管(1 mL、2 mL、5 mL)、吸管。

(二) 试剂

(1) 0.5%酪蛋白的乙酸钠溶液：称取纯酪蛋白 0.5 g，加蒸馏水 40 mL，再准确加入 1.00 mol/L NaOH 溶液 10.0 mL，振荡使酪蛋白溶解，然后准确加入 1.00 mol/L 乙酸溶液 10 mL，混匀后倒入 100 mL 容量瓶中，用蒸馏水稀释至刻度，混匀。

(2) 0.5%酪蛋白溶液：称取 0.5 g 酪蛋白，溶解于 0.01 mol/L NaOH 溶液中，定容至 100 mL。

(3) 0.01%溴甲酚绿指示剂：称取 0.005 g 溴甲酚绿，溶于 50 mL 无水乙醇中，或者加 0.29 mL 1 mol/L NaOH 溶液，然后加水至 50 mL。溴甲酚绿微溶于水，溶于乙醇、乙醚、乙酸乙酯和苯。该指示剂 pH 值变色范围为 3.8～5.4。指示剂的酸色型为黄色，碱色型为蓝色。

(4) 1.00 mol/L 乙酸溶液：吸取 99.5%乙酸(相对密度 1.05)2.875 mL，加水至 50 mL。

(5) 0.10 mol/L 乙酸溶液：吸取 1 mol/L 乙酸 5 mL，加水至 50 mL。

(6) 0.01 mol/L 乙酸溶液：吸取 0.10 mol/L 乙酸 5 mL，加水至 50 mL。

(7) 0.02 mol/L 氢氧化钠溶液。

(8) 0.02 mol/L HCl 溶液。

四、操作步骤

(一) 蛋白质的两性反应

(1) 取 1 支洁净试管，加入 0.5%酪蛋白溶液 1 mL 和 0.01%溴甲酚绿指示剂 5～7 滴，混匀。观察溶液的颜色，并说明原因。

(2) 利用吸管缓慢加入 0.02 mol/L HCl 溶液，随滴随摇，直至观察到明显的大量沉淀，此时溶液的 pH 值接近蛋白质的等电点。观察溶液颜色的变化。

(3) 继续滴入 0.02 mol/L HCl 溶液，观察沉淀和溶液颜色的变化。

(4) 再滴入 0.02 mol/L 氢氧化钠溶液进行中和，观察是否出现沉淀，解释其现象。继续滴入 0.02 mol/L 氢氧化钠溶液，沉淀又会消失，溶液的颜色发生变化。解释其现象。

(二) 酪蛋白等电点的测定

(1) 配制不同 pH 值的缓冲溶液：取相同规格的洁净试管 9 支，编号，按表 2-2-3 顺序精确地加入各种试剂，混匀。

表 2-2-3 酪蛋白等电点的测定

试 管 号	1	2	3	4	5	6	7	8	9
0.01 mol/L 乙酸体积/mL							2.5	1.25	0.62
0.1 mol/L 乙酸体积/mL			4	2	1	0.5			
1 mol/L 乙酸体积/mL	1.6	0.8							
蒸馏水体积/mL	2.4	3.2		2	3	3.5	1.5	2.75	3.38
0.5%酪蛋白乙酸钠体积/mL	1.0	1.0	1.0	1.0	1.0	1.0	1.0	1.0	1.0
最终的 pH 值	3.5	3.8	4.1	4.4	4.7	5.0	5.3	5.6	5.9

(2) 室温下静置 20 min，观察沉淀出现的多少，并以“－，＋，＋＋，＋＋＋，＋＋＋＋”符号记录沉淀的数量。说明：“－”表示没有沉淀；“＋”表示有沉淀，“＋”越多，表示沉淀越多。

五、结果处理

(一) 蛋白质的两性反应

把酪蛋白的反应现象和原因填在表 2-2-4 中。

表 2-2-4　酪蛋白的两性反应的现象和原因

步　　骤	现　　象	原　　因
0.5%酪蛋白溶液		
加入溴甲酚绿指示剂 5～7 滴		
加入 0.02 mol/L HCl 溶液		
继续加入 0.02 mol/L HCl 溶液		
滴入 0.02 mol/L 氢氧化钠溶液中和		
继续滴入 0.02 mol/L 氢氧化钠溶液		

(二) 酪蛋白等电点的测定

把酪蛋白等电点的测定结果填在表 2-2-5 中。

表 2-2-5　酪蛋白等电点的测定结果

pH 值		3.5	3.8	4.1	4.4	4.7	5.0	5.3	5.6	5.9
沉淀的量	0 min									
	10 min									
	20 min									

根据观察的结果，指出哪一个 pH 值是酪蛋白的等电点(混浊显著或静置后沉淀最多，上部溶液变得最清亮的一管的 pH 值，即为酪蛋白的等电点)。

六、温馨提示

(1) 本实训要求各种试剂的浓度和加入量相当准确。除了需要精心配制试剂以外，实训中应该严格按照定量分析的操作进行。为了保证实训的重复性或进行大批量的测定，可以事先按照上述的比例配制成大量的 9 种不同 pH 值的乙酸溶液。实训时分别准确吸取 4 mL 该溶液，再各加入 1 mL 0.5%酪蛋白的乙酸钠溶液。

(2) 酪蛋白的乙酸钠溶液每加一管后，应立即摇匀，勿在 9 支试管加完后再摇。

七、思考题

(1) 什么是蛋白质的等电点？在等电点时，蛋白质有何特性？

(2) 在混合蛋白质溶液中分离提纯蛋白质时，等电点有何指导意义？

(3) 本实训中酪蛋白处于等电点时则从溶液中沉淀析出，由此得出蛋白质在等电点时必然沉淀，此结论对吗？为什么？

实训 7　蛋白质沉淀反应及变性作用

一、实训目的

(1) 加深对蛋白质胶体溶液稳定因素的理解。

（2）认识蛋白质的沉淀与变性之间的关系。

（3）学习蛋白质盐析的基本原理与操作方法。

二、必备知识

蛋白质的水溶液是一种比较稳定的亲水胶体，这是因为：①蛋白质表面带有很多极性基团，如—NH_3^+、—COO^-、—OH、—SH、—$CONH_2$等，和水有高度亲和性，当蛋白质与水接触时，水易被蛋白质吸住，在蛋白质表面形成一层水化膜，水化膜的存在使蛋白质颗粒相互隔开，颗粒之间不会碰撞而聚集沉淀；②蛋白质颗粒在非等电点状态时，都带有相同正电荷或负电荷，使蛋白质颗粒之间相互排斥，从而不会聚集沉淀。

如果在蛋白质溶液中加入适当的试剂，破坏了蛋白质的水化膜或中和了蛋白质所带的电荷，则蛋白质胶体溶液就不稳定而出现固体沉淀现象。这种反应可分为两种类型。

（1）可逆沉淀反应：蛋白质发生沉淀时，其分子内部尚未发生显著变化，基本上保持原有的性质。除去引起沉淀的因素后，蛋白质仍能溶于原来的溶剂中。如盐析作用、低温处理、有机溶剂等对蛋白质的短时间作用及利用蛋白质等电点引起的蛋白质沉淀都属于此类反应。

（2）不可逆的沉淀反应：蛋白质发生沉淀时，其分子内部结构、空间构象已遭到破坏，这时蛋白质已发生变性，失去原有的天然性质，蛋白质就不能再溶解于原来的溶剂中了。如重金属盐、有机酸、强酸强碱、加热等引起的蛋白质沉淀都属于此类反应。

下面介绍几种常用的蛋白质沉淀方法。

（1）蛋白质盐析作用。

一些中性盐如硫酸铵、硫酸钠、氯化钠等可以破坏蛋白质胶体周围的水化膜，同时又可中和蛋白质所带电荷，使蛋白质产生沉淀，这种加盐使蛋白质沉淀析出的现象称为盐析。盐析法是分离纯化蛋白质的常用方法。不同蛋白质盐析时所需的盐浓度不同，通过调节盐浓度使溶液中的多种蛋白质分段析出，这种方法称为分段盐析。如球蛋白可在半饱和硫酸铵溶液中析出，而清蛋白则在饱和硫酸铵溶液中才能析出。

由盐析作用获得的蛋白质沉淀，当降低其盐类浓度时，蛋白质沉淀又能再溶解。所以蛋白质的盐析沉淀是可逆沉淀反应。

（2）有机溶剂沉淀蛋白质。

有机溶剂如乙醇、丙酮等可使蛋白质发生沉淀，这是因为这些有机溶剂和水有较强的作用，破坏了蛋白质分子周围的水化膜，从而发生沉淀反应。调节蛋白质溶液的 pH 值在等电点时，加入这些有机溶剂可加速蛋白质的沉淀。

（3）重金属盐类沉淀蛋白质。

重金属盐类如氯化汞、硝酸银、乙酸铅、三氯化铁等可使蛋白质发生沉淀，其原因可能是金属阳离子与蛋白质的阴离子结合生成不易溶解的盐。经过这种处理后的蛋白质沉淀不再溶解于水中，因为它已经发生了变性。

重金属盐类沉淀蛋白质的反应通常很完全，特别是在碱金属盐存在时更是如此。因此，生物分析中常用重金属盐除去溶液中的蛋白质，临床上也用蛋白质除去重金属盐来解毒。

(4) 生物碱试剂沉淀蛋白质。

植物体内具有显著生理作用的含氮碱性化合物称为生物碱(或植物碱)。凡能使生物碱沉淀,或能与生物碱作用生成有色产物的物质称为生物碱试剂,如鞣酸、苦味酸、磷钨酸、单宁酸、三氯乙酸和磺基水杨酸等。生物碱试剂可使蛋白质发生沉淀,其原因可能是有机酸的阴离子与蛋白质的阳离子结合生成不易溶解的盐。

(5) 加热沉淀蛋白质。

几乎所有的蛋白质都可因加热变性而凝固,变成不可逆的不溶状态。少量盐类能促进蛋白质的加热凝固,当蛋白质处于等电点时,加热凝固最完全、最迅速。

(6) 等电点沉淀蛋白质。

许多蛋白质可利用等电点来达到沉淀的目的。调整蛋白质溶液的 pH 值至其等电点时,一般蛋白质就会沉淀析出。

蛋白质的变性是指在某些理化因素的作用下,蛋白质中维持其空间结构的次级键(甚至二硫键)断裂,空间结构遭受破坏,从而出现理化性质改变和生物活性丧失的现象。蛋白质变性后的明显改变是溶解度降低,易沉淀析出。但有时由于维持蛋白质溶液稳定的因素仍然存在(如蛋白质所带电荷),蛋白质并不沉淀析出。因此,蛋白质变性并不一定都表现为沉淀,而沉淀的蛋白质也不一定都已变性。

三、仪器、材料与试剂

(一) 仪器

试管及试管架、吸量管(1 mL、2 mL、5 mL)、滴管、漏斗、滤纸、烧杯。

(二) 材料

蛋白质溶液:将蛋清用蒸馏水稀释 20～40 倍,充分搅匀后用 3～4 层纱布过滤,滤液冷藏备用。

(三) 试剂

(1) 固体硫酸铵粉末。

(2) 饱和硫酸铵溶液:蒸馏水 100 mL,加硫酸铵至饱和。

(3) 95%乙醇。

(4) 氯化钠晶体。

(5) 1%乙酸铅溶液:1 g 乙酸铅溶于蒸馏水,定容至 100 mL。

(6) 3%硝酸银溶液:3 g 硝酸银溶于蒸馏水,定容至 100 mL。

(7) 5%鞣酸溶液:5 g 鞣酸溶于蒸馏水,定容至 100 mL。

(8) 饱和苦味酸溶液。

(9) 0.1 mol/L HCl 溶液。

(10) 0.1 mol/L 氢氧化钠溶液。

(11) 0.05 mol/L 碳酸钠溶液。

(12) 0.1 mol/L 乙酸溶液。

(13) pH=4.7 乙酸-乙酸钠缓冲溶液。

(14) 甲基红指示剂:甲基红的 pH 值变色范围是 4.2～6.2,由红色变为黄色。

四、操作步骤

(一) 蛋白质盐析作用

(1) 取洁净试管 1 支,加入 5 mL 蛋白质溶液,再加入等量饱和硫酸铵溶液,轻轻混匀后静置数分钟,试管中出现沉淀,即为球蛋白。

(2) 将上述混合液过滤,取少许滤渣加适量蒸馏水,观察沉淀是否溶解,为什么? 向滤液中加硫酸铵粉末至饱和状态,此时析出的沉淀即为清蛋白,再加水稀释,观察沉淀是否溶解。

(二) 乙醇沉淀蛋白质

取洁净试管 1 支,加入 2 mL 蛋白质溶液,再加入 2 mL 95%乙醇。混匀,观察沉淀的生成。

(三) 重金属盐沉淀蛋白质

取 2 支洁净试管,分别加入蛋白质溶液 2 mL,向 1 支试管滴加乙酸铅溶液,向另 1 支试管滴加硝酸银溶液,振荡试管,直至有沉淀生成。再向试管内滴加蒸馏水,观察沉淀是否溶解。

(四) 生物碱试剂沉淀蛋白质

取洁净试管 2 支,分别加入蛋白质溶液 2 mL,向 1 支试管滴加 5%鞣酸溶液数滴,向另 1 支试管滴加饱和苦味酸溶液,观察有无沉淀产生。放置片刻,倾出上清液,向沉淀中加入少量水,观察沉淀是否溶解。

(五) 乙醇引起的变性与沉淀

取 3 支洁净试管,编号,依表 2-2-6 的顺序加入试剂。

表 2-2-6 乙醇沉淀蛋白质

试管号	蛋白质溶液体积/mL	0.1 mol/L 氢氧化钠溶液体积/mL	0.1 mol/L HCl 溶液体积/mL	pH=4.7 缓冲溶液	95%乙醇体积/mL
1	1			1	1
2	1	1			1
3	1		1		1

混匀后,观察各管的变化。放置片刻,向各管内加蒸馏水 8 mL,然后在第 2、3 号管中各加 1 滴甲基红指示剂,再分别用 0.1 mol/L 乙酸溶液和 0.05 mol/L 碳酸钠溶液中和。观察各管颜色变化和沉淀的生成。每管再加 0.1 mol/L HCl 溶液数滴,观察沉淀的溶解情况。说出各管现象产生的原因。

五、结果处理

(一) 蛋白质的盐析

把蛋白质的盐析现象填在表 2-2-7 中并进行解释。

表 2-2-7　蛋白质的盐析现象及原因

步　　骤		现　　象	原　　因
蛋白质溶液 加入等量饱和硫酸铵溶液后			
过滤	滤渣中加少量水		
	滤液中加硫酸铵粉末至饱和状态		
向第二次沉淀中加少量水后			

(二) 乙醇沉淀蛋白质

把乙醇沉淀蛋白质的现象填在表 2-2-8 中并进行解释。

表 2-2-8　乙醇沉淀蛋白质的现象及原因

步　　骤	现　　象	原　　因
蛋白质溶液 加入 2 mL 95%乙醇		

(三) 重金属盐沉淀蛋白质

把重金属盐沉淀蛋白质的现象填在表 2-2-9 中并进行解释。

表 2-2-9　重金属盐沉淀蛋白质的现象及原因

步　　骤	现　　象	原　　因
蛋白质溶液 (1) 加乙酸铅溶液；		
(2) 向沉淀中加水		
蛋白质溶液 (1) 加硝酸银溶液；		
(2) 向沉淀中加水		

(四) 生物碱试剂沉淀蛋白质

把生物碱试剂沉淀蛋白质的现象填在表 2-2-10 中并进行解释。

表 2-2-10　生物碱试剂沉淀蛋白质的现象及原因

步　　骤	现　　象	原　　因
蛋白质溶液 (1) 加 5%鞣酸溶液；		
(2) 向沉淀中加水		
蛋白质溶液 (1) 加饱和苦味酸溶液；		
(2) 向沉淀中加水		

(五) 乙醇引起的变性与沉淀

把乙醇引起的变性与沉淀现象填在表 2-2-11 中并进行解释。

表 2-2-11 乙醇引起的变性与沉淀现象及原因

试 管 号	现 象	原 因
1		
2		
3		

六、温馨提示

(1) 做蛋白质盐析作用实训时,应先加蛋白质溶液,然后再加饱和硫酸铵溶液。

(2) 固体硫酸铵若加到过饱和状态则有结晶析出,不要把这种结晶析出与蛋白质沉淀相混淆。

(3) 使用重金属盐沉淀蛋白质时,试剂不可加过量,否则可使沉淀的蛋白质重新溶解。

七、思考题

(1) 蛋白质的盐析作用机理是什么?

(2) 为什么鸡蛋清可用作铅或汞等重金属离子中毒的解毒剂?

(3) 变性的蛋白质是不是一定沉淀析出?

实训 8 紫外分光光度法测定蛋白质的含量

一、实训目的

(1) 学习紫外分光光度法测定蛋白质浓度的原理。

(2) 学会紫外分光光度计的使用技术。

二、必备知识

由于蛋白质分子中苯丙氨酸、酪氨酸和色氨酸残基上含有共轭双键,因此蛋白质有吸收紫外线的性质,吸收峰在 280 nm 波长处。在此波长处,蛋白质溶液的吸光度与其含量成正比,可用于定量测定。

核酸在 280 nm 波长处也有光吸收,对蛋白质的测定有干扰作用,但核酸的最大吸收峰在 260 nm 波长处,如同时测定 260 nm 波长处的光吸收,通过计算可能消除其对蛋白质测定的影响。利用紫外分光光度法测定蛋白质含量的优点是迅速、简便、不消耗样品、低浓度盐类不干扰测定。但对于测定那些与标准蛋白质中苯丙氨酸、酪氨酸和色氨酸含量差异较大的蛋白质,有一定误差;若样品中含有嘌呤、嘧啶等吸收紫外线的物质,会出现较大的干扰。

三、仪器与试剂

(一) 仪器

试管及试管架、吸量管(1 mL、5 mL)、紫外-可见光分光光度计。

(二) 试剂

(1) 标准蛋白质溶液:结晶牛血清蛋白预先经微量凯氏定氮法测定蛋白氮含量,根据其纯度用 0.15 moL/L NaCl 溶液配制成 1.0 mg/mL 蛋白质溶液。

(2) 未知蛋白质溶液。

四、操作步骤

(一) 标准曲线的制作

取 5 支试管,按表 2-2-12 编号并加入试剂,以 $A_{280\ nm}$ 为纵坐标,标准蛋白质含量为横坐标,绘制标准曲线。

表 2-2-12　紫外分光光度法标准曲线的制作

试　管　号	0	1	2	3	4
1 mg/mL 标准蛋白质溶液体积/mL	0	1.0	2.0	3.0	4.0
蒸馏水体积/mL	4.0	3.0	2.0	1.0	0
比色测定	摇匀,以 0 号管为空白对照,在 280 nm 波长处比色				
$A_{280\ nm}$					

(二) 样品测定

取未知浓度蛋白质溶液 1.0 mL,加蒸馏水 3.0 mL,混匀,测 $A_{280\ nm}$。

五、结果处理

用测得的吸光度值从标准曲线上查得相当于标准蛋白质的量,计算出待测蛋白质的含量。

六、温馨提示

(1) 测定中,不可使用玻璃比色皿,应使用石英比色皿。

(2) 由于各种蛋白质中的苯丙氨酸、酪氨酸和色氨酸的含量不同,因此紫外分光光度法用于不同蛋白质测定时有较大的偏差。

七、思考题

干扰紫外分光光度法测定蛋白质含量的因素有哪些?

实训 9　用考马斯亮蓝染色法测定蛋白质的浓度

一、实训目的

（1）掌握不同方法测定蛋白质浓度的原理。

（2）学习用考马斯亮蓝染色法测定蛋白质的浓度。

二、必备知识

考马斯亮蓝 G-250（Coomassie G-250）是一种分子中有磺酸基的蓝色染料，它在 465 nm 波长处有最大吸收值。该染料在酸性溶液中为棕红色，当它与蛋白质通过范德华力结合成蛋白质-考马斯亮蓝复合物而变为蓝色时，最大吸收峰由 465 nm 变成 595 nm，且该复合物在 595 nm 波长处的吸收远高于考马斯亮蓝在 465 nm 波长处的吸收。在蛋白质浓度为0.01～0.1 mg/mL 范围内，蛋白质和此染料结合符合比尔定律（Beer's Law）。通过测定 595 nm 波长处吸收的增加量可知与其结合的蛋白质的量。考马斯亮蓝 G-250 主要是与蛋白质中的碱性氨基酸（尤其是精氨酸）和芳香族氨基酸残基相结合。

蛋白质和考马斯亮蓝 G-250 结合，在 2 min 左右的时间内达到平衡，反应十分迅速，其结合物在室温下 1 h 内稳定。蛋白质-染料复合物具有很高的消光系数，使得在测定蛋白质浓度时灵敏度很高，可测微克级蛋白质含量，最低测试蛋白质质量在 1 μg 左右。

三、仪器与试剂

（一）仪器

试管及试管架、吸量管（1 mL、5 mL）、紫外-可见光分光光度计。

（二）试剂

（1）考马斯亮蓝 G-250：考马斯亮蓝 G-250 100 mg 溶于 50 mL 95%乙醇中，加入 100 mL 85%磷酸作为母液保存，使用时用水稀释至 1 000 mL，用滤纸过滤。最终试剂中含 0.01%的考马斯亮蓝 G-250、4.7%的乙醇、8.5%的磷酸。

（2）标准蛋白质溶液：结晶牛血清蛋白预先经微量凯氏定氮法测定蛋白氮含量，根据其纯度用 0.15 mol/L NaCl 溶液配制成 0.1 mg/mL 蛋白质溶液。

（3）未知蛋白质溶液。

四、操作步骤

（一）标准曲线的制作

取 6 支试管，分两组按表 2-2-13 操作。以 $A_{595\ nm}$ 为纵坐标，标准蛋白质含量为横坐标，在坐标纸上绘制标准曲线。

表 2-2-13 标准曲线绘制

试 管 号	0	1	2	3	4	5
0.1 mg/mL 标准蛋白质溶液体积/mL	0	0.2	0.4	0.6	0.8	1.0
0.15 mol/L NaCl 溶液体积/mL	1.0	0.8	0.6	0.4	0.2	0
考马斯亮蓝试剂体积/mL	5.0	5.0	5.0	5.0	5.0	5.0
比色测定	摇匀，1 h 内以 0 号管为空白对照，在 595 nm 波长处比色					
$A_{595\ nm}$						

(二) 未知样品蛋白质浓度测定

配制浓度约为 100 μg/mL 的待测蛋白质溶液。取一支试管加入 0.5 mL 待测蛋白质溶液，按作标准曲线的方法测待测蛋白质溶液的 $A_{595\ nm}$。

五、结果处理

用测得的吸光度值从标准曲线上查得相当于标准蛋白质的量，计算出待测蛋白质的含量。

六、温馨提示

(1) 如果测定要求很严格，可以在试剂加入后的 5～20 min 内测定吸光度，因为在这段时间内颜色是最稳定的。比色反应需在 1 h 内完成，而且每管显色后放置的时间尽量保持一致。

(2) 测定中，不可使用石英比色皿，应使用玻璃比色皿。蛋白质-染料复合物会有少部分吸附于比色皿壁上，试验证明此复合物的吸附量是可以忽略的。测定完后可用乙醇将蓝色的比色皿洗干净。

(3) 由于各种蛋白质中的精氨酸和芳香族氨基酸的含量不同，因此考马斯亮蓝染色法用于不同蛋白质测定时有较大的偏差，在制作标准曲线时通常选用 G-球蛋白为标准蛋白质，以减少这方面的偏差。

(4) 考马斯亮蓝 G-250 法测定蛋白质含量虽然干扰物质少，但仍有一些物质会干扰测定，主要的干扰物质有去污剂，如十二烷基磺酸钠(SDS)等。

(5) 考马斯亮蓝 G-250 对呼吸道、眼睛和皮肤有刺激，在配制该试剂时必须佩戴安全眼镜和手套，在通风橱内操作。如果有试剂溅出，立刻用大量水冲洗干净。

(6) 考马斯亮蓝 G-250 不宜久存，以 1～2 个月为宜。

七、思考题

(1) 考马斯亮蓝 G-250 法测定蛋白质含量时，应该注意哪些问题？

(2) 根据下列所给条件和要求，选一种或几种常用蛋白质定量测定方法测定蛋白质的浓度。

①样品不易溶解，但要求结果准确；

②要求在短时间内测定大量样品；

③要求迅速地测定一系列试管中溶液的蛋白质浓度。

(3) 2004年中央电视台报导了安徽阜阳"大头娃娃"事件，请设计实验以验证此事件是否为劣质奶粉导致的。

实训10 Folin-酚试剂法测定蛋白质含量

一、实训目的

(1) 掌握不同方法测定蛋白质浓度的原理。

(2) 学习用Folin-酚试剂法测定蛋白质含量。

二、必备知识

Folin-酚试剂法测定蛋白质含量灵敏度高(比紫外吸收法灵敏10～20倍，比双缩脲法灵敏100倍)、操作简单快速、不需要复杂的仪器设备，不足之处是受干扰的因素较多。

Folin-酚试剂由试剂A和试剂B两部分组成。在Folin-酚试剂法中，蛋白质中的肽键首先在碱性条件下与酒石酸钾钠-铜盐溶液(试剂A)起作用生成紫色配合物(类似双缩脲反应)。由于蛋白质中酪氨酸、色氨酸的存在，该配合物在碱性条件下进而与试剂B(磷钼酸和磷钨酸、硫酸、溴等组成)形成蓝色复合物，其颜色深浅与蛋白质含量成正比。

通过比色测定，参照已知含量的标准蛋白质的标准曲线，可确定待测样品的蛋白质含量。本法可测定蛋白质含量的范围为25～250 μg/mL。

不同蛋白质所含酪氨酸和色氨酸残基的量不同，致使等量的不同蛋白质所显示的颜色深度不尽一致，从而产生误差。如果所用溶液或样品中含有带—CO—NH_2、—CH_2—NH_2、—CS—NH_2基团的化合物，或者溶液或样品中含有氨基酸、Tris、核酸、蔗糖、硫酸铵、带巯基的化合物及酚类等化合物时，会给本方法的测定带来干扰。

磷钼酸-磷钨酸试剂(Folin-酚试剂B)仅在酸性条件下稳定，而蛋白质的显色反应需在pH=10的环境中进行，因此当试剂B加入后应当立即充分混匀，以便在磷钼酸-磷钨酸试剂被破坏之前与蛋白质发生显色反应，这对于结果的重现性非常重要。

三、仪器、材料与试剂

(一) 仪器

试管及试管架、722型分光光度计、吸量管(0.2 mL、0.5 mL、1 mL、5 mL、10 mL)。

(二) 材料

样品液：牛血清原液，使用前用蒸馏水稀释100倍。

(三) 试剂

(1) Folin-酚试剂 A:配制 4%碳酸钠溶液、0.2 mol/L 氢氧化钠溶液、1%硫酸铜溶液、2%酒石酸钾钠溶液,临用前将前两者等体积混合配制成碳酸钠-氢氧化钠溶液,后两者等体积混合配制成硫酸铜-酒石酸钾钠溶液,然后,将这两种试剂按 50∶1 的比例混合,即成 Folin-酚试剂 A。此试剂临用前配制,1 天内有效。

(2) Folin-酚试剂 B:称取钨酸钠($Na_2WO_4 \cdot 2H_2O$)100 g、钼酸钠($Na_2MoO_4 \cdot 2H_2O$)25 g,置于 2 000 mL 磨口回流装置内,加蒸馏水 700 mL、85%磷酸 50 mL 和 37%浓盐酸 100 mL,充分混匀,使其溶解。小火加热,回流 10 h。再加入硫酸锂(Li_2SO_4)150 g、蒸馏水 50 mL 及液体溴数滴,在通风橱中开口煮沸 15 min,以除去多余的溴。冷却后定容到 1 000 mL,过滤,即成 Folin-酚试剂 B。此液体应为黄色,不带绿色,置棕色瓶中保存。使用前应确定其酸度。用它滴定氢氧化钠标准溶液(1 mol/L),以酚酞为指示剂,溶液颜色由红到紫红,再到紫灰,最后墨绿时即为滴定终点。该试剂的酸度应为 2 mol/L 左右,将它稀释到 1 mol/L 的酸度使用。

(3) 酪蛋白标准溶液(5 mg/mL):酪蛋白预先经微量凯氏定氮法测定蛋白氮含量,根据其纯度用 0.1 mol/L NaCl 溶液配制成 250 μg/mL 蛋白质标准溶液。

四、操作步骤

(一) 标准曲线的绘制

取 7 支试管,编号 1~7,按表 2-2-14 所示加入溶液。立即摇匀,然后在室温下放置 10 min。以 1 号管作空白对照,在 500 nm 波长处比色测定。以标准蛋白质的质量(mg)为横坐标,$A_{500\ nm}$值为纵坐标,绘制标准曲线。

表 2-2-14 操作参照表

试 管 号	1	2	3	4	5	6	7
酪蛋白标准溶液体积/mL	0	0.1	0.2	0.4	0.6	0.8	1.0
蒸馏水体积/mL	1.0	0.9	0.8	0.6	0.4	0.2	0
Folin-酚试剂 A 体积/mL	5.0	5.0	5.0	5.0	5.0	5.0	5.0
	摇匀,于室温放置 10 min						
Folin-酚试剂 B 体积/mL	5.0	5.0	5.0	5.0	5.0	5.0	5.0

(二) 蛋白质浓度的测定

取 1 支试管,精确吸取 0.2 mL 样品液,再加入 0.8 mL 蒸馏水。其他操作与标准曲线的绘制操作相同。样品蛋白质含量测定应与标准曲线制作过程同步进行,一起显色和比色。从标准曲线上查得样品蛋白质含量。

五、结果处理

样品蛋白质含量按下式计算。

$$\text{蛋白质含量(g/100 mL(血清))}=\frac{A_{500\ nm}\text{值对应标准曲线蛋白质含量(mg/mL)}\times 10^{-6}}{\text{测定时所用稀释血清的体积(mL)}}\times\text{血清稀释倍数}\times 100$$

六、温馨提示

Folin-酚试剂仅在酸性条件下稳定，但此实训的反应是在 pH 值为 10 的条件下发生，所以加 Folin-酚试剂 B 后，必须立即混匀，以便在磷钼酸-磷钨酸试剂被破坏之前即能发生还原反应，否则会使显色程度减弱。

七、思考题

(1) 为什么加入 Folin-酚试剂 A 混合后要在室温下放置 10 min?
(2) 试述有几种测定蛋白质含量的方法，及其简要原理和优、缺点。

实训 11　用纸层析法分离、鉴定氨基酸

一、实训目的

(1) 了解并掌握氨基酸纸层析的原理和方法。
(2) 学习纸层析法分离混合氨基酸的操作技术，分析未知氨基酸的成分。

二、必备知识

用滤纸作为支持物进行层析的方法称为纸层析法(filter paper chromatography)，它是分配层析法中的一种。分配层析是利用混合物中各组分在两种或两种以上不同溶剂中的分配系数不同而将混合物中各组分彼此分离开来的方法。当把一种物质在两种互不相溶的溶剂系统中进行振荡时，它将在两相中不均匀地分配，达到平衡。它在两种溶剂中的浓度之比是一个常数，称为分配系数。

$$分配系数=\frac{溶质在溶剂 A(流动相)中的浓度}{溶质在溶剂 B(固定相)中的浓度}$$

在分配层析的溶剂系统中，被吸附在惰性载体(如滤纸)上的水构成固定相，而以水饱和的有机溶剂(通常也称为展层剂)构成流动相。层析时，将氨基酸的混合样品点在滤纸上，滤纸一端浸入展层剂，当流动相经过点有样品的原点时，混合物中各种氨基酸依据本身的分配系数在流动相和固定相中进行分配。分配过程中，一部分氨基酸随流动相移动离开原点进入无溶质区，并进行重新分配，不断向前移动。随着流动相不断向前移动，氨基酸也不断地在两相间进行分配。由于各种氨基酸的结构和极性不同，它们在两相中的分配系数就不同，随展层剂移动的速度也不同，从而达到将各种氨基酸分离的目的。物质在层析过程中移动的速率的相对大小可用比移值 R_f 表示。

$$R_f=\frac{原点到层析点中心的距离}{原点到溶剂前沿的距离}$$

物质在一定溶剂系统中的分配系数是一定的，在特定组成的溶剂系统中的比移值 R_f 也是一定的，借此可鉴定被分离的物质。一般而言，在纸层析溶剂系统中，极性物质易进

入固定相,非极性物质易进入流动相,所以极性大的物质其 R_f 值较小,极性小的物质其 R_f 值较大。当然,影响 R_f 值的因素很多,如 pH 值、温度、滤纸的质地以及被分离物质的性质等。

三、仪器与试剂

(一) 仪器

层析缸、玻璃钟罩、平板玻璃、培养皿(15 cm)、喷雾器、镊子、剪刀、烧杯、毛细管(内径 0.1 cm)、电吹风、烘箱、层析滤纸(13 cm×13 cm)。

(二) 试剂

(1) 显色剂:0.1%的茚三酮丙酮液,避光保存。

(2) 溶剂系统(展层剂):第一相,正丁醇∶88%甲酸∶水=15∶3∶2(体积比),临用时配制;第二相,正丁醇∶吡啶∶95%乙醇∶水=5∶1∶1∶1(体积比),可连续使用。

(3) 标准氨基酸溶液:亮氨酸、缬氨酸、谷氨酸、脯氨酸、赖氨酸各 10 mg,分别溶于 5 mL 0.01 mol/L HCl 溶液中。

(4) 氨基酸混合溶液:亮氨酸、缬氨酸、谷氨酸、脯氨酸、赖氨酸各 100 mg 溶于 50 mL 0.01 mol/L HCl 溶液中。

四、操作步骤

(一) 准备

取 3 张层析滤纸(长 13 cm、宽 13 cm),其中两张供点标准氨基酸样品用,分别用第一相、第二相展层剂作单相层析。另一张供点氨基酸混合溶液样品,作双向层析。在纸的边缘 2~3 cm 处用铅笔画一条直线,在此直线上每隔 2 cm 标记点样位置。

(二) 点样

用毛细管蘸取少量样品溶液,点样于滤纸的相应位置,斑点直径不超过 2 mm,点样干后可重复点 1~2 次,以保证样品的质量。

(三) 展层

在层析缸中平稳地放入装有第一相层析溶剂的培养皿。将点好样的滤纸卷成圆筒形,滤纸两边不搭界,用线固定好,然后将点有氨基酸混合样品的滤纸放入盛有溶剂的培养皿中(如图 2-2-1 所示)。点样的一端接触溶剂,以样点不浸入溶剂为准。溶剂自下而上均匀展开,约 2 h 后,溶剂前沿到达距滤纸边约 0.5 cm 处时取出滤纸,拆开,室温下悬挂,用电吹风充分吹尽溶剂。然后,裁去未走过溶剂的滤纸边缘,将滤纸转 90°,再卷成圆筒状,放入盛有第二相溶剂的层析缸内,进行第二相展层(操作同上)。约 1 h 后,待溶剂前沿移动到距滤纸边约 0.5 cm 时取出滤纸圆筒,用电吹风吹尽溶剂使其干燥。

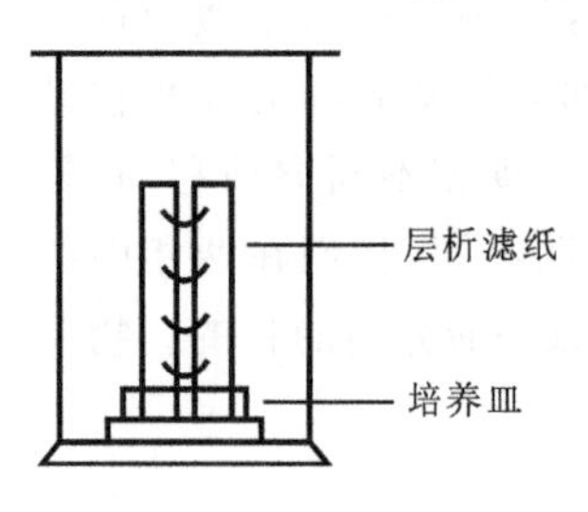

图 2-2-1 纸层析装置

与此同时，点有标准氨基酸样品的两张滤纸，分别与其相伴作第一相和第二相单相层析。

（四）显色

用喷雾器将茚三酮均匀、细致地喷在滤纸上，然后将滤纸悬挂吹干，或于 80 ℃烘箱内烘 3～5 min 取出，即可看到紫红色氨基酸斑点，只有脯氨酸呈黄色。将图谱上的斑点用铅笔圈出。

五、结果处理

用直尺量出各斑点中心与原点的距离以及溶剂前沿与原点的距离，求出各氨基酸的 R_f 值。将各显色斑点的 R_f 值与标准氨基酸 R_f 值比较，可得知该斑点的准确成分。

六、温馨提示

（1）烘箱加热温度不可过高，且不可有氨的干扰，否则图谱背景会泛红。

（2）第一相溶剂最好在使用前按比例混合，否则会引起酯化，影响层析效果。

（3）使用茚三酮显色法，在整个层析操作中要避免手直接接触层析滤纸，因为手上常有少量含氮物质，显色时它也呈现紫色斑点。

（4）层析纸经第一相层析后，上端未经溶剂走过的滤纸（距纸边约 1 cm）与已被溶剂走过的部分形成一个分界线。进行第二相层析前，需将第一相上端截去约 2 cm，除去边缘，在截去边缘以前，先将原点到溶剂前沿的距离量好并记录。

七、思考题

（1）整个操作过程中应注意哪些问题？

（2）为什么展层时要用两种溶剂系统？

（3）酸性与碱性溶剂系统对氨基酸极性基团的解离各有何影响？

（4）什么是 R_f 值？影响 R_f 值的因素有哪些？

（5）纸层析分离氨基酸的原理是什么？

实训 12　用乙酸纤维素薄膜电泳分离血清蛋白质

一、实训目的

（1）掌握乙酸纤维素薄膜电泳法分离蛋白质的原理及方法。

（2）了解血清中各种蛋白质成分，熟悉血液的特性及血清的制备技术。

二、必备知识

电泳是指荷电质点在电场中向着它所带电荷的相反方向移动的现象。在目前常采用的三类电泳方法（显微电泳、自由界面电泳和区带电泳）中，区带电泳应用最为广泛。所谓区带电泳,是指将样品点在某一支持物(或支撑物)上所进行的电泳。采用乙酸纤维素薄膜作为支持物的电泳方法,称为乙酸纤维素薄膜电泳。乙酸纤维素是纤维素的羟基乙酰化所形成的纤维素乙酸酯。将它溶于有机溶剂(如丙酮、氯仿、乙酸乙酯等)后,涂抹成均匀的薄膜,干燥后就成为乙酸纤维素薄膜。该膜具有均一的泡沫状结构,有强渗透性,其厚度约为120 μm,对分子移动阻力很小。乙酸纤维素薄膜电泳是近几年来推广的一种新技术。它具有微量、快速、简便、分辨力高、对样品无拖尾和吸附现象等优点,目前已广泛应用于血清蛋白、血红蛋白、糖蛋白、脂蛋白、结合球蛋白、同工酶的分离和测定等。

本实训以动物血清为材料,乙酸纤维素薄膜为支持物来分离血清中的蛋白质,并测定每种蛋白质的相对含量。由于蛋白质是两性电解质,具有等电点,在某一pH值范围中(只要蛋白质所处溶液的pH值不等于它的等电点)蛋白质都会解离而带电荷。在pH值小于其等电点的溶液中,蛋白质成为带正电荷的阳离子,在电场中它将移向阴极;在pH值大于其等电点的溶液中,蛋白质则成为带负电荷的阴离子,在电场中它将移向阳极。动物血清中含有数种蛋白质,由于它们的结构、相对分子质量、等电点不同,在同一pH值条件下,其解离状况就不同,各种蛋白质所带电量的差异决定它们在电场中的移动速度不同,所以采用电泳的方法可将其分离开来。

三、仪器、材料与试剂

(一) 仪器

中压电泳仪(带电泳槽)、培养皿、盖玻片、载玻片、乙酸纤维素薄膜、试管、分光光度计、电吹风、镊子、直尺、铅笔、试管、试管架、吸量管、点样器。

(二) 材料

新鲜血清(制备时要无溶血现象)。

(三) 试剂

(1) 巴比妥钠缓冲溶液(pH值为8.6,0.075 mol/L,离子强度为0.06):称取巴比妥1.66 g和巴比妥钠12.76 g,溶于少量蒸馏水后定容至1 000 mL。

(2) 染色液:称取氨基黑10B 0.5 g,加入蒸馏水40 mL、甲醇50 mL和冰乙酸10 mL,混匀,储存于具塞试剂瓶中备用。

(3) 漂洗液:取95%乙醇45 mL、冰乙酸5 mL和蒸馏水50 mL,混匀,装具塞试剂瓶中储存备用。

(4) 透明液:①甲液,取冰乙酸15 mL和无水乙醇85 mL,混匀;②乙液,取冰乙酸25 mL和无水乙醇75 mL,混匀。

(5) 0.4 mol/L NaOH溶液:称取16 g NaOH,用少量蒸馏水溶解后定容至1 000 mL。

四、操作步骤

(一) 仪器和薄膜的准备

1. 润湿和选择乙酸纤维素薄膜

将薄膜裁成8 cm×2 cm条状(如图2-2-2所示),使其漂在缓冲溶液液面上,若迅速湿润，整条薄膜颜色一致而无白色斑点，则表明薄膜质地均匀（实训中应选择质地均匀的膜）。然后用镊子轻轻将薄膜完全浸入缓冲溶液中，待膜完全浸透后（约半小时）取出。用清洁的滤纸吸去多余的缓冲溶液，同时分辨出光泽面和无光泽面。

2. 制作电桥

将电泳缓冲溶液倒入电泳槽两边并用虹吸管平衡两边液面。根据电泳槽的纵向尺寸，在两电极槽中各放入四层纱布，一端浸入缓冲溶液中，另一端贴附在电泳槽支架上，它们是联系薄膜与两电极缓冲溶液的“桥梁”。

（二）点样

取出浸透的薄膜，平放在滤纸上（无光泽面朝上），轻轻吸去多余的缓冲溶液。取血清 0.1 mL 放至洁净载玻片上并混匀。用点样器蘸一下（2～3 μL），再“印”在薄膜的点样区（见图 2-2-2）。注意，应使血清均匀分布在点样区，形成有一定的宽度、粗细匀称的直线，这是获得清晰区带的电泳图谱的重要环节之一。

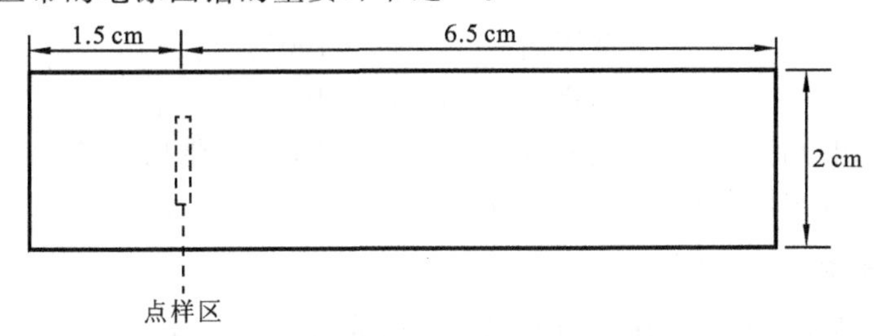

图 2-2-2　乙酸纤维素薄膜规格及点样区

（三）电泳

将点好样的薄膜（无光泽面朝下）两端紧贴在支架的纱布上。平衡 10 min，接通电源（负极靠点样端），调节电流为 0.4～0.6 mA（每厘米宽薄膜），电压为 10～12 V（每厘米长薄膜），电泳 45～60 min。

（四）染色

电泳完毕，关闭电源，立即取出薄膜，直接浸入染色液中 5 min。然后用漂洗液漂洗，每隔 10 min 左右换一次漂洗液，连续 3 次，使背景颜色脱去，将薄膜夹在滤纸中吸干。

（五）结果判断

一般经漂洗后，薄膜上可呈现清晰的 5 条区带，由正端起依次为清蛋白、α_1-球蛋白、α_2-球蛋白、β-球蛋白和 γ-球蛋白。

（六）透明

将用滤纸吸干的薄膜浸入透明液的甲液中，2 min 后立即取出，并浸入透明液的乙液中，1 min（要准确）后迅速取出，紧贴在载玻片上，赶走气泡。2～3 min 内薄膜完全透明，放置 10～15 min 后，用电吹风吹干，在水龙头下将载玻片上的薄膜润湿，用刀片将膜的一角撬起，将薄膜轻轻揭下，以滤纸吸干水珠。

五、结果处理

未经透明处理的乙酸纤维素薄膜电泳图谱，可直接用于血清各组分蛋白相对含量的

定量测定。一般采用洗脱法和吸光度法。

(一) 洗脱法

将电泳图谱的各区带剪下，分别浸入盛有 0.4 mol/L 氢氧化钠溶液的试管中(清蛋白管为 4 mL，其余各管为 2 mL)，振摇。放入 37 ℃恒温水浴中浸提 30 min，中间每隔 10 min 摇动一次。然后在 620 nm 波长下比色，以无蛋白区带的薄膜管为空白调“0”，分别测得各管吸光度 $A_{清}$、A_{α_1}、A_{α_2}、A_{β}、A_{γ}，按下述方法计算各组蛋白质的质量分数。

(1) 总吸光度 T 为

$$T=(2\times A_{清})+A_{\alpha_1}+A_{\alpha_2}+A_{\beta}+A_{\gamma}$$

(2) 各组分蛋白质的质量分数为

$$清蛋白=(2\times A_{清}/T)\times 100\%$$
$$\alpha_1\text{-球蛋白}=(A_{\alpha_1}/T)\times 100\%$$
$$\alpha_2\text{-球蛋白}=(A_{\alpha_2}/T)\times 100\%$$
$$\beta\text{-球蛋白}=(A_{\beta}/T)\times 100\%$$
$$\gamma\text{-球蛋白}=(A_{\gamma}/T)\times 100\%$$

血清蛋白各组分正常值：清蛋白 54.0%～73.0%，α_1-球蛋白 2.8%～5.1%，α_2-球蛋白 6.3%～10.6%，β-球蛋白 5.2%～11.0%，γ-球蛋白 12.5%～20.0%。

(二) 吸光度法

将干燥的血清蛋白乙酸纤维素薄膜电泳图谱放入自动扫描吸光度仪内，通过反射(使用未透明的薄膜时)或透射(使用已透明的薄膜时)方式，在记录仪上自动绘出血清各种蛋白质各组分曲线图。横坐标为薄膜长度，纵坐标为吸光度，每个峰代表一种蛋白质组分。然后，用求积仪测量各峰的面积，每个峰的面积与它们总面积的百分比就代表血清中各种蛋白质组分的质量分数。或者剪下各峰，称其质量，按下式计算血清中各种蛋白质的质量分数。

$$清蛋白=(W_{清}/W_{总})\times 100\%$$
$$\alpha_1\text{-球蛋白}=(W_{\alpha_1}/W_{总})\times 100\%$$
$$\alpha_2\text{-球蛋白}=(W_{\alpha_2}/W_{总})\times 100\%$$
$$\beta\text{-球蛋白}=(W_{\beta}/W_{总})\times 100\%$$
$$\gamma\text{-球蛋白}=(W_{\gamma}/W_{总})\times 100\%$$

式中，$W_{总}$ 为 5 个峰的面积或质量之和，$W_{清}$、W_{α_1}、W_{α_2}、W_{β}、W_{γ} 分别为清蛋白、α_1-球蛋白、α_2-球蛋白、β-球蛋白、γ-球蛋白峰的面积或质量。

六、温馨提示

(1) 染色液、漂洗液、透明液应在具塞瓶中密封储存，否则由于易挥发成分的挥发，组分比例发生变化，会影响实训结果，尤其在高温季节，更要十分注意。

(2) 乙酸纤维素薄膜的润湿要迅速。

(3) 整条薄膜色泽深浅一致，则表明薄膜质地均匀。否则表明薄膜的质地不均。薄膜质地不均对实训结果影响颇大，会造成区带歪扭不齐、各带界限不清、背景脱色困难、结果难以重复等问题。

(4) 在电泳过程中，应注意控制电压和电流，防止过高或偏低。待电泳区带展开约3.5 cm时，关闭电源，一般通电时间为60 min左右。

(5) 要认真仔细地点样，使点样区形成具有一定的宽度、粗细匀称的直线，这是获得清晰区带电泳图谱的重要环节之一。可事先在滤纸上练习，掌握点样技术。

七、思考题

(1) 乙酸纤维素薄膜电泳的原理是什么？为什么血清蛋白质可用电泳法分离？

(2) 比较乙酸纤维素薄膜电泳与纸电泳的异同点。

(3) 指出乙酸纤维素薄膜用作电泳的支持物的优点。

(4) 在实际结果中，可能出现少于三条和多于三条的情况，如何解释？

实训13　SDS-聚丙烯酰胺凝胶电泳测定蛋白质的相对分子质量

一、实训目的

(1) 掌握SDS-聚丙烯酰胺凝胶电泳测定相对分子质量的原理和方法。

(2) 熟悉SDS-聚丙烯酰胺凝胶电泳的操作技术。

二、必备知识

SDS-聚丙烯酰胺凝胶电泳是最常用的定性分析蛋白质的电泳方法，特别是可用于蛋白质纯度检测和测定蛋白质的相对分子质量。

SDS-聚丙烯酰胺凝胶电泳对于未知蛋白质相对分子质量的测定，是在同一凝胶上对一系列已知相对分子质量的标准蛋白质及未知蛋白质进行电泳，测定某标准蛋白质的电泳距离(或迁移率)，并对其相对分子质量的对数($\lg M_r$)作图，得到标准曲线。测定未知蛋白质的电泳距离(或迁移率)，通过标准曲线就可以求出未知蛋白质的相对分子质量。

(一) 电荷效应

SDS(十二烷基磺酸钠)与蛋白质结合后使SDS-蛋白质复合物上带有大量的负电荷，平均每两个氨基酸残基结合一个SDS分子，这时各种蛋白质分子本身的电荷完全被SDS掩盖。这样就消除了各种蛋白质本身电荷上的差异。SDS与蛋白质结合后引起蛋白质构象的改变。SDS-蛋白质复合物的流体力学和光学性质表明，它们在水溶液中呈长椭圆棒状，近似于雪茄烟，不同蛋白质的SDS-蛋白质复合物的短轴长度都一样(约为18 Å，即1.8 nm)，而长轴则随蛋白质相对分子质量成正比例变化。这样的SDS-蛋白质复合物在凝胶电泳中的迁移率，不再受蛋白质原有电荷和形状的影响，而是由椭圆棒的长度所决定，也就是说，迁移率是蛋白质相对分子质量的函数。

(二) 浓缩效应

SDS-聚丙烯酰胺凝胶电泳有两种系统，即只有分离胶的连续系统和有浓缩胶与分离胶的不连续系统。其中,不连续系统中最典型、国内外均广泛使用的是著名的 Ornstein-Davis 高 pH 碱性不连续系统,其浓缩胶丙烯酰胺浓度为 4%,pH 值为 6.8,分离胶的丙烯酰胺浓度为 12.5%,pH 值为 8.8。电极缓冲溶液 pH 值为 8.3,用 Tris(三羟甲基氨基甲烷)、SDS 和甘氨酸配制。配胶的缓冲溶液用 Tris、SDS 和 HCl 配制。

浓缩胶是低浓度的聚丙烯酰胺凝胶,由于浓缩胶具有较大的孔径(丙烯酰胺浓度通常为 3%~5%),各种蛋白质都可以不受凝胶孔径阻碍而自由通过。样品在电泳过程中首先通过浓缩胶,在进入分离胶前,由于等速电泳现象而被浓缩。这是由于在电泳缓冲溶液中主要存在三种阴离子:Cl^-、甘氨酸阴离子以及 SDS-蛋白质复合物。在浓缩胶的 pH 值下,甘氨酸只有少量解离,所以其电泳迁移率最小,而 Cl^- 的电泳迁移率最大。在电场的作用下,Cl^- 最初的迁移速度最快,这样在 Cl^- 后面形成低离子浓度区域,即低电导区,而低电导区会产生较高的电场强度,因此 Cl^- 后面的离子在较高的电场强度作用下会加速移动。达到稳定状态后,Cl^- 和甘氨酸之间形成稳定移动的界面。而 SDS-蛋白质复合物由于相对量较少,聚集在甘氨酸和 Cl^- 的界面附近而被浓缩成很窄的区带(可以被浓缩 300 倍),所以在浓缩胶中 Cl^- 是快离子(前导离子),甘氨酸是慢离子(尾随离子)。

(三) 分子筛效应

蛋白质离子进入分离胶后,条件有很大变化。由于分离胶的 pH 值(通常 pH 值为 8.8)较大,甘氨酸解离度加大,使甘氨酸解离成负离子的效应增加,电泳迁移速度变大,超过 SDS-蛋白质复合物,甘氨酸和 Cl^- 的界面很快超过 SDS-蛋白质复合物。这时 SDS-蛋白质复合物在分离胶中以本身的电泳迁移速度进行电泳,向正极移动。由于 SDS-蛋白质复合物在单位长度上带有相等的电荷,因此它们以相等的迁移速度从浓缩胶进入分离胶。进入分离胶后,由于聚丙烯酰胺的分子筛作用,小分子的蛋白质容易通过凝胶孔径,阻力小,迁移速度快;大分子的蛋白质则受到较大的阻力而滞后,这样蛋白质在电泳过程中就会根据其各自相对分子质量的大小而被分离。

样品处理液中通常还加入溴酚蓝染料。溴酚蓝分子较小,可以自由通过凝胶孔径,所以它显示着电泳的前沿位置。当指示剂到达凝胶底部时,停止电泳,从而控制电泳过程。另外,样品处理液中也可加入适量的蔗糖或甘油以增大溶液密度,使加样时样品溶液可以沉入样品凹槽底部。

三、仪器、材料与试剂

(一) 仪器

(1) 微型凝胶电泳装置(Bio-Rad 公司 Mini-Protein 电泳仪)。

(2) 水浴锅。

(3) 干胶器、真空泵或水泵。

(4) 摇床。

(5) Eppendorf 管。

(6) 微量注射器(50 μL)。

(7) 带盖的玻璃或塑料小容器。

(二) 材料

大豆分离蛋白。

（三）试剂

（1）母液（100 mL）：丙烯酰胺 30.00 g、甲叉双丙烯酰胺 0.80 g 溶于蒸馏水中并定容至 100 mL。

（2）分离胶缓冲溶液（pH 8.8，1.5 mol/L）：Tris18.20 g、10% SDS 溶液 4 mL，溶于蒸馏水中，用浓盐酸调节 pH 值到 8.8，定容至 100 mL，过滤，4 ℃存放。

（3）浓缩胶缓冲溶液（pH 6.8，0.50 mol/L）：Tris6.06 g、10% SDS 溶液 4 mL，加蒸馏水 80 mL 溶解，用浓盐酸调 pH 值到 6.8，定容至 100 mL，4 ℃存放。

（4）样品缓冲溶液储液（50 mL）：浓缩胶缓冲溶液 25 mL、SDS（固体干粉）2.00 g、甘油 10 mL、溴酚蓝 20 mg、β-巯基乙醇 2 mL，加蒸馏水溶解，定容至 50 mL，−20 ℃保存。

（5）10%过硫酸铵（APS）溶液（1 mL）：过硫酸铵 0.100 g，加蒸馏水至 1.00 mL，4 ℃低温保存。

（6）10% SDS 溶液（100 mL）：SDS 10 g，加蒸馏水至 100 mL，室温保存。

（7）电泳缓冲溶液（1 000 mL）：Tris-碱 3.00 g、甘氨酸 14.40 g、SDS 1.00 g，加蒸馏水至 1 000 mL，pH 值应该在 8.3 左右；也可以制成 10 倍的储存液，在室温下长期保存。

（8）染色液（1 000 mL）：考马斯亮蓝 R250 2.5 g、甲醇 454 mL、冰乙酸 92 mL，加蒸馏水 454 mL。

（9）脱色液（1 000 mL）：甲醇 456 mL、冰乙酸 72 mL，加蒸馏水 472 mL。

（10）蛋白质的抽提和纯化试剂：0.03 mol/L Tris-HCl 缓冲溶液（含 β-巯基乙醇 0.01 mol/L）。

（11）低相对分子质量标准蛋白质。

（12）0.03 mol/L Tris-HCl 缓冲溶液：称取 0.363 g Tris，用 80 mL 水溶解，用浓盐酸调 pH 值为定容至 100 mL。

（13）*N*，*N*，*N*′，*N*′-四甲基乙二胺（TEMED）。

四、操作步骤

操作步骤共分六步，其中灌胶、加样等操作可参考图 2-2-3 至图 2-2-10。

图 2-2-3　Bio-Rad 的 Mini-Protein 电泳槽

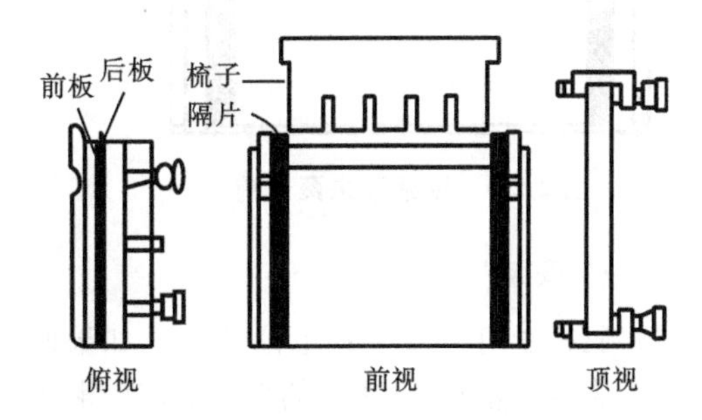

图 2-2-4　Bio-Rad 的 Mini-Protein 凝胶模具组装示意图

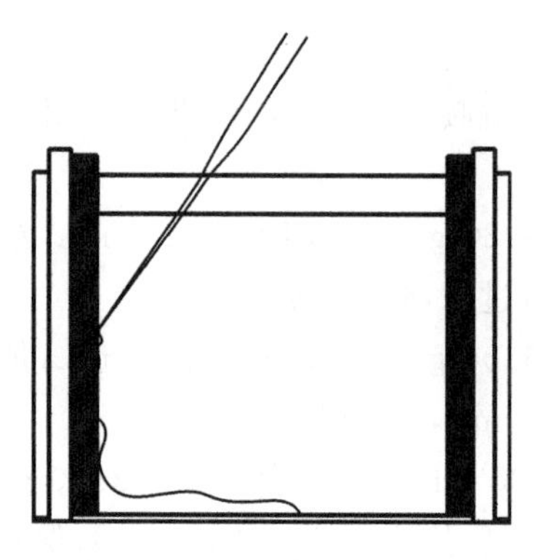

图 2-2-5　将分离胶注入模具

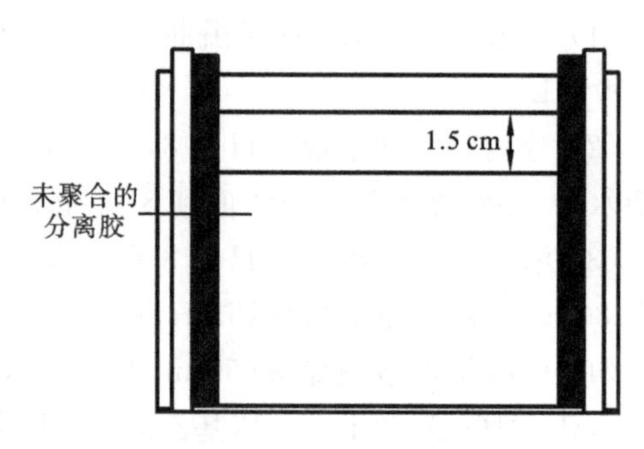

图 2-2-6　分离胶聚合之前

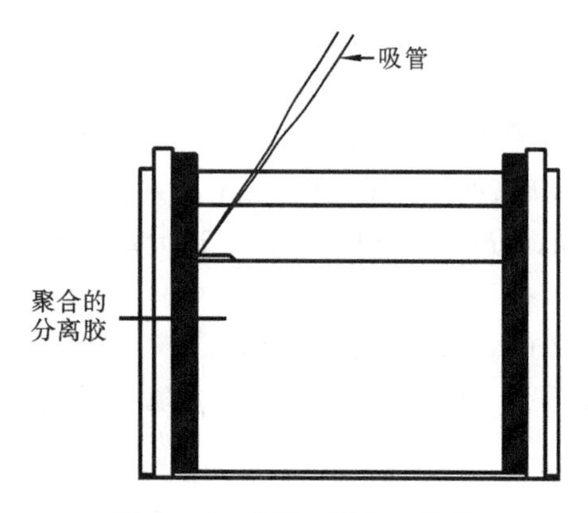

图 2-2-7　将浓缩胶注入模具

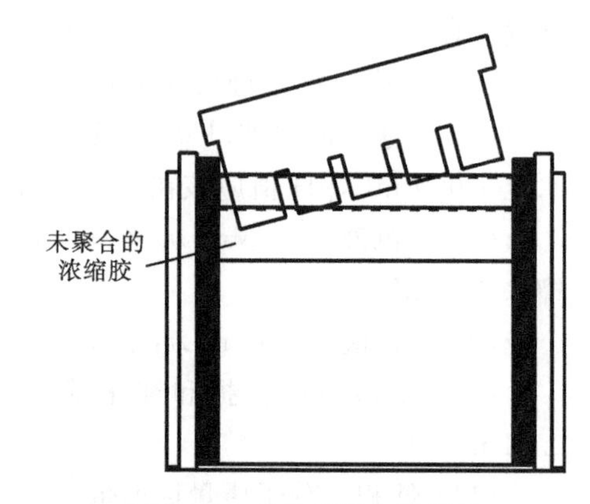

图 2-2-8　将梳子插入浓缩胶

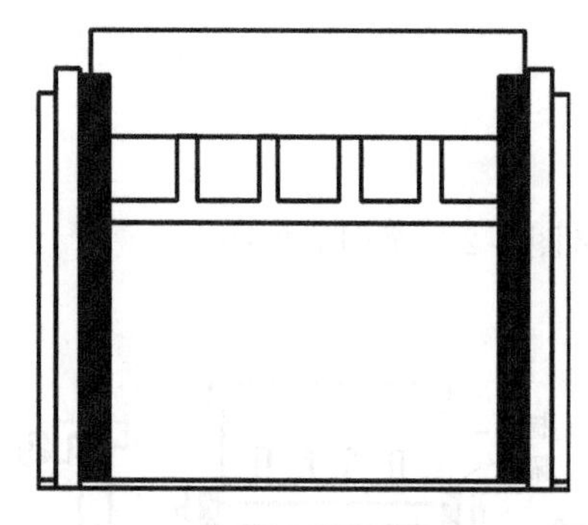

图 2-2-9　浓缩胶未聚合前

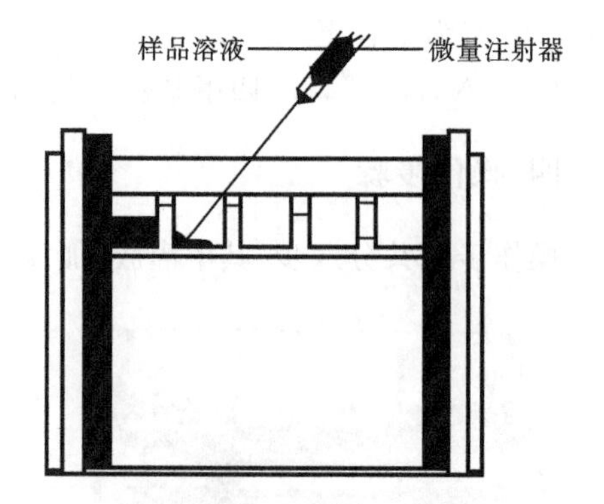

图 2-2-10　将蛋白质样品加入加样孔中

(一) 安装

将胶板上好并安装在电泳槽中。如果使用需要封口的凝胶模具系统,建议使用1.5%热的琼脂糖溶液(或 1.0%的琼脂粉)来融封凝胶玻璃板。

(二) 制样

将样品在 50 ℃烘箱中烘干,称取 1.00 g,用 20 mL 0.03 mol/L Tris-HCl 抽提缓冲溶液研磨至匀浆,浸泡 1 h 后离心(5 000 r/min,5 min,如果有大量蛋白质碎片则应延长离心时间)。各取上清液 20 μL,与相同体积的样品缓冲溶液混匀,沸水浴 5 min,冷却后备用(如不能即时点样应存放在 4 ℃冰箱中)。

(三) 制胶

1. 分离胶的制备

根据蛋白质相对分子质量大小,选择分离胶的浓度为 12%的凝胶较为适合。其配制方法见表 2-2-15。

(1) 将母液、分离胶缓冲溶液及蒸馏水在一个小烧瓶或试管中混合(母液中的丙烯酰胺是神经毒素,所以操作时必须戴手套)。

(2) 加入过硫酸铵和 TEMED 后,轻轻搅拌使其混匀(过量气泡的产生会干扰聚合;凝胶聚合速度很快,所以操作要迅速)。

表 2-2-15 两块 12%的分离胶(6 cm×8 cm×0.75 mm)

分离胶浓度	12%
母液体积/mL	4.0
蒸馏水体积/mL	3.5
分离胶缓冲溶液体积/mL	2.5
10%APS 体积/μL	50
TEMED 体积/μL	5
总量(约)/mL	10

(3) 小心将凝胶溶液用吸管沿隔片缓慢加入模具内,这样可以避免在凝胶内产生气泡。

(4) 当加入适量的分离胶溶液时,凝胶液加至约距前玻璃板顶端 1.5 cm,或距梳子齿约 0.5 cm 时,轻轻在分离胶溶液上覆盖一层 1~5 mm 的水层,使凝胶表面变得平整。

(5) 25~35 ℃静置 30~60 min,使凝胶聚合。当凝胶聚合后,在分离胶和水层之间将会出现一个清晰的界面,可以微微倾斜模具,检测凝胶是否聚合。

(6) 凝固后倒掉蒸馏水,用吸水纸将胶面吸干。

2. 浓缩胶的制备

配制方法见表 2-2-16。

表 2-2-16 两块 5%的浓缩胶(6 cm×8 cm×0.75 mm)

浓缩胶浓度	5%
母液体积/mL	0.67
去离子水体积/mL	2.3
浓缩胶缓冲溶液体积/mL	1.0
10%APS 体积/μL	30
TEMED 体积/μL	5
总量(约)/mL	4

(1) 吸尽覆盖在分离胶上的水。

(2) 将母液、浓缩胶缓冲溶液和蒸馏水在锥形瓶或小试管中混合。

(3) 加入过硫酸铵和 TEMED,并轻轻搅拌使其混匀。

(4) 将浓缩胶溶液用吸管加至分离胶的上面,直至凝胶溶液到达前玻璃板的顶端。

(5) 将梳子插入凝胶内,直至梳子齿的底部与前玻璃板的顶端平齐。必须确保梳子齿的末端没有气泡。将梳子稍微倾斜插入可以减少气泡的产生。

(6) 约 30 min 凝胶聚合。

(7) 凝胶聚合后,小心拔出梳子,不要将加样孔撕裂。

(四) 上样

(1) 用微量移液器上样 10 μL。

(2) 用微量注射器将样品加入样品孔中,将蛋白质样品加至样品孔的底部,并随着染料水平的升高而提升注射器针头,避免带入气泡。气泡易使样品混入相邻的加样孔中。

(五) 电泳

(1) 将电极插头与适当的电极相接,电流应流向阳极。

(2) 将电压调至 200 V(保持恒压;对于两块 0.75 mm 的胶来说,电流在电泳开始时为 100 mA,结束时应为 60 mA;对于两块 1.5 mm 的胶来说,开始时应为 110 mA,结束时应为 80 mA)。

(3) 对于两块 0.75 mm 的凝胶,染料的前沿迁移至凝胶的底部需 30～40 min(1.5 mm 的凝胶则需 40～50 min)。

(4) 关闭电源。

(六) 染色、脱色

结束电泳后,撤下胶板,切去浓缩胶,小心揭下凝胶,用自来水快速漂洗两次,放入适量新鲜染色液染色 45 min。倾去染色液,用自来水漂洗直到水流无颜色,倒入适量脱色液脱色,每隔 2 h 换一次脱色液。

五、结果处理

(一) 相对分子质量测定依据

SDS-聚丙烯酰胺凝胶电泳中,SDS 已经掩盖了电荷、分子形状等因素(或使其作用减少到忽略不计的程度)的影响,使该物质迁移率(泳动率)的大小仅仅取决于其相对分子质量的大小。

在一定条件下,蛋白质的相对分子质量与电泳迁移率间的关系符合下列公式:

$$\lg M_r = -b \cdot R_m + K$$

式中,M_r为相对分子质量,K、b 为常数,R_m为迁移率。

(二) 电泳迁移率的计算

染料和蛋白质区带移动的距离,是指从分离胶电泳起始点至染料区带及蛋白质区带中心位置的距离。该距离与指示染料移动的距离的比值即为相对迁移率(relative mobility, R_m），即

$$R_m = \frac{\text{样品移动的距离(cm)}}{\text{指示染料移动的距离(cm)}}$$

（三）标准曲线的制作

取一张半对数纸（即纵轴为对数，横轴为十进制的等分格），用表 2-2-17 中的标准蛋白质相对分子质量和 R_m 绘出各点，相连后便可得到测定蛋白质相对分子质量的标准曲线。

（四）待测样品蛋白质相对分子质量的确定

根据实训中得到的待测蛋白质样品的 R_m 数值，可从标准曲线上求得其相对分子质量。

表 2-2-17　标准蛋白质及样品的相对分子质量、相对迁移率

标准蛋白质	相对分子质量	移动距离/cm		相对迁移率(R_m)
		蛋白质	溴酚蓝	
标准蛋白质 1				
标准蛋白质 2				
⋮				
样品 1				
样品 2				

六、温馨提示

（一）制胶

(1) 试剂溶液通常储存在 4 ℃下，在混匀或灌胶之前无须恢复到室温。

(2) 在解决凝胶不聚合的问题时，若是由过硫酸铵或 TEMED 的量不够所造成，可增加催化剂的量；若是由试剂质量差所造成，可改用电泳级的试剂；若是由过硫酸铵或 TEMED 失活所造成，可改用新配制的储存液；若是由聚合时温度太低所造成，可将凝胶置于室温使温度上升。

(3) 聚合反应的速度可以通过增减所使用的聚合催化剂的量来加以改变。

(4) 在聚合反应中，特别是对于高浓度的凝胶，出现凝胶裂纹的主要原因是产热过量，可使用冷却的试剂加以改善。

(5) 对丙烯酰胺液脱气，可加速聚合作用，但这一步可以省略。

(6) 如果在 4 ℃下进行电泳，十二烷基硫酸锂（LiDS）可用来取代 SDS，在低温下 LiDS 不会沉淀。

(7) 蛋白质条带的清晰与否取决于所使用的 SDS 的级别及品牌。

(8) 聚丙烯酰胺凝胶电泳，可以分离相对分子质量为 $5.0\times10^4 \sim 5.0\times10^5$ 的蛋白质分子。

(9) 凝胶通常在 0.5～1 h 内凝聚最好，过快表示 TEMED、APS 的用量过多，其不良后果是胶太硬易龟裂,而且电泳时容易烧胶;太慢则说明 TEMED、APS 的用量不够或者试剂不纯或失效。

(10) 混合搅拌速度太快,容易产生气泡,影响聚合,从而导致电泳带畸形;太慢则不均匀。

(二) 上样

(1) 在准备样品的过程中,如果样品混合物变为黄色,说明溶液酸度太大,可加入 NaOH 直至溶液变为蓝色;否则,蛋白质样品就会出现反常迁移。

(2) 为了避免边缘效应,在未加样的孔中可加入等量的样品缓冲溶液。

(3) 样品不能沉到加样孔底部的原因是,样品缓冲溶液中没有足够的甘油,或者梳子安放得不合适使孔底留有聚合的丙烯酰胺。

(三) 电泳

(1) 只有在恒压的条件下,电泳时蛋白质才可以保持恒定的迁移速率。

(2) 电泳中,出现不规则的蛋白质迁移带多半是因为电流不稳定。为此,要确保上下电泳槽中的电泳缓冲溶液与凝胶保持很好的接触。其他可能的原因包括:样品孔中加样太多;样品中盐浓度太高;边缘效应。在凝胶边缘电泳条带出现"微笑"状或样品泳动的速度减慢,可能是因为凝胶的中间比两侧更热,降低电压便可改善这一状况。

(3) 异常迁移的原因及解决办法有如下几种。

① "︶"条带呈笑脸状,原因是凝胶不均匀冷却,中间冷却不好。

② "︵"条带呈皱眉状,可能是由于装置不合适,特别可能是凝胶和玻璃挡板底部有气泡,或者两边聚合不完全。

③ 拖尾,原因是样品溶解不好。

④ 纹理(纵向条纹),原因是样品中含有不溶性颗粒。

⑤ 条带偏斜,原因是电极不平衡或者加样位置偏斜。

⑥ 条带两边扩散,原因是加样量过多。

⑦ 如果在应出现单一蛋白质条带的情况下出现了双带,可能是部分蛋白质样品没有被完全还原,增加样品缓冲溶液中巯基乙醇的浓度可解决这一问题,但亦可能是蛋白质水解引起的。

相对分子质量在 1.5×10^4 以下的蛋白质在 SDS-聚丙烯酰胺凝胶电泳中比较反常,主要是因为它们的荷质比与大分子的蛋白质不同,而且小粒子在凝胶中迁移时,其特性会发生改变,SDS 尿素胶可以部分地解决这些问题(SDS 尿素聚丙烯酰胺凝胶电泳分离蛋白质的相对分子质量范围是 1.0×10^6～1.0×10^7)。

(四) 染色和脱色

(1) 一般用最短的时间已足够,但如果染色过夜将需要更长的时间脱色。如果脱色后染色显得并不彻底,可以对凝胶重新进行染色。

(2) 不均匀的染色可能是因为染料没有完全穿透凝胶,也可能是加入染料的量不足,或者是振荡得不够充分。

(3) 在凝胶染色的浸泡过程中,缓慢振荡(40～60 r/min)是非常重要的。

（五）安全

（1）丙烯酰胺有剧毒，可导致中枢神经麻痹，也可能有致癌和致畸变作用，可被皮肤吸收。如果皮肤接触丙烯酰胺的粉末或溶液，应立即用肥皂水冲洗。

（2）过硫酸铵可以用水稀释后，冲洗弃之。

（3）TEMED 置于避光的瓶子中，在 4 ℃下保存。

（4）甲醛的蒸气有很强刺激性，置于密闭的容器内，在室温下保存。

七、思考题

（1）SDS 和巯基乙醇在电泳中的作用是什么？

（2）SDS-聚丙烯酰胺凝胶电泳测定相对分子质量的原理是什么？

实训 14　酵母 RNA 的提取与鉴定

一、实训目的

（1）掌握稀碱法分离酵母 RNA 的原理与操作过程。

（2）了解 RNA 的组分，并掌握鉴定 RNA 组分的方法。

（3）学习离心机的使用技术。

二、必备知识

酵母核酸中 RNA 含量较多。RNA 可溶于碱性溶液，在碱提取液中加入酸性乙醇溶液可以使解聚的核糖核酸沉淀，由此即可得到 RNA 的粗制品。

核糖核酸含有核糖、嘌呤碱和磷酸等组分。加硫酸煮沸可使其水解，从水解液中可以测出上述组分的存在。

（1）核糖与苔黑酚试剂反应呈鲜绿色。

（2）磷酸与钼酸铵试剂作用产生磷钼酸，后者在还原剂抗坏血酸（或硫酸亚铁）的作用下形成蓝色的钼蓝。

（3）嘌呤碱与硝酸银能产生白色的嘌呤银化合物沉淀。

三、仪器、材料与试剂

（一）仪器

离心机、托盘天平、研钵、恒温水浴锅、锥形瓶。

（二）材料

酵母粉。

（三）试剂

（1）0.04 mol/L 氢氧化钠溶液。

(2) 酸性乙醇溶液:将 0.3 mL 浓盐酸加入 30 mL 乙醇中。

(3) 95%乙醇。

(4) 乙醚

(5) 3 mol/L 硫酸。

(6) 浓氨水。

(7) 0.1 mol/L 硝酸银溶液。

(8) 三氯化铁浓盐酸溶液:将 2 mL10%三氯化铁溶液(用 $FeCl_3 \cdot 6H_2O$ 配制)加入 100 mL 浓盐酸中。

(9) 苔黑酚乙醇溶液:6 g 苔黑酚溶于 100 mL 95%乙醇中(可在冰箱中保存 1 个月)。

(10) 钼酸铵试剂:取 25 g 钼酸铵,溶于 300 mL 蒸馏水中,另将 75 mL 浓硫酸慢慢地加入 125 mL 蒸馏水中,混匀,冷却。将以上两溶液合并即为钼酸铵溶液。

(11) 抗坏血酸(或 $FeSO_4$)粉末。

四、操作步骤

将 2～3 g 酵母悬浮于 20 mL 0.04 mol/L 氢氧化钠溶液中,并在研钵中研磨均匀。将悬浮液移至 50 mL 锥形瓶中。在沸水上加热 30 min,冷却,离心(3000 r/min)15 min,将上清液缓慢倾入 5～10 mL 酸性乙醇溶液中。注意:要一边搅拌一边缓缓倾入。待核糖核酸沉淀完全后,离心(3000 r/min)3 min。弃去清液,用 95%乙醇洗涤一次,沉淀可在空气中干燥。

将沉淀加入 10 mL 3 mol/L 硫酸,在沸水浴中加热 10 min,制成水解液,进行组分的鉴定。

(1) 嘌呤碱:取水解液 1 mL,加入 2 mL 浓氨水,然后加入约 1 mL 0.1 mol/L 硝酸银溶液,观察有无嘌呤银化物沉淀。

(2) 核糖:取一支试管,加入水解液 1 mL、三氯化铁浓盐酸溶液 2 mL 和苔黑酚乙醇溶液 0.2 mL,在沸水浴中加热 10 min,观察溶液是否变成绿色。

(3) 磷酸:取 1 mL 水解液于试管中,再加 3 mL 钼酸铵试剂,摇匀,加入抗坏血酸(或 $FeSO_4$)粉末少许(几颗细砂粒大小),加热 2～3 min,观察有何颜色变化。

五、温馨提示

(1) 稀碱法提取的 RNA 为变性 RNA,可用于 RNA 组分鉴定及单核苷酸制备,不能作为 RNA 生物活性实训材料。

(2) 使用离心机时,一定要将离心管平衡对称放入离心机中,离心机达到设置转速才能离开。

六、思考题

(1) 本实训 RNA 组分是什么?是怎样验证的?

(2) 验证 RNA 中核糖的方法,可否用以验证脱氧核糖?为什么?

实训15　动物肝脏DNA的提取与测定

一、实训目的

(1) 学习用浓盐法从动物组织中提取DNA的原理与技术。

(2) 了解常见生化组分提取技术。

(3) 掌握二苯胺法测定DNA含量的原理和方法。

二、必备知识

核酸和蛋白质在生物体中以核蛋白的形成存在，其中DNA主要存在于细胞核中，RNA主要存在于核仁及细胞质中，破碎细胞即可释放出核蛋白。为防止核酸酶的降解作用，可加入核酸酶的抑制剂如EDTA、柠檬酸钠等。

动植物的DNA核蛋白能溶于水及高浓度的盐溶液(如1 mol/L NaCl)，但在0.14 mol/L盐溶液中溶解度很低，而RNA核蛋白则溶于0.14 mol/L盐溶液，可利用不同浓度的氯化钠溶液，将DNA核蛋白和RNA核蛋白从样品中分别抽提出来。

将抽提得到的DNA核蛋白用SDS处理，DNA即与蛋白质分开，可用氯仿-异戊醇将蛋白质沉淀除去。而DNA则溶解于溶液中，向含有DNA的水相中加入冷乙醇，DNA即呈纤维状沉淀析出。

DNA分子中的脱氧核糖基，在酸性溶液中与二苯胺试剂作用生成蓝色化合物，此化合物在595 nm波长处有最大吸收，在DNA浓度为20～200 μg/mL范围内，吸光度与DNA浓度成正比，可用比色法测定。

三、仪器与试剂

(一) 仪器

电子天平、匀浆器、恒温水浴锅、离心管、离心机、分光光度计、玻璃棒、滤纸、试管、吸量管。

(二) 试剂

(1) 0.1 mol/L氯化钠-0.05 mol/L柠檬酸钠缓冲溶液：称取2.925 g氯化钠、2.085 g柠檬酸钠，用水溶解定容至500 mL。

(2) 氯仿-异戊醇混合溶液：按照体积比20∶1配制。

(3) 5%SDS溶液：10 g SDS溶于200 mL水中。

(4) 二苯胺试剂。

A液：1.5 g二苯胺溶于100 mL冰乙酸中，再加1.5 mL浓硫酸，用棕色瓶保存。如冰乙酸呈结晶状态，则需加热待其熔化后，再使用。

B液：0.2%(体积分数)的乙醛溶液。

将 0.1 mL B 液加入 10 mL A 液中,制成二苯胺试剂,现配现用。

(5) DNA 标准溶液:用 0.01 mol/L NaOH 溶液稀释成 200 μg/mL。

(6) 氯化钠。

(7) 95%乙醇。

四、操作步骤

(1) 称取猪肝 2 g,用匀浆器磨碎(冰浴),加入 4 mL 0.1 mol/L 氯化钠-0.05 mol/L 柠檬酸钠缓冲溶液,研磨三次,然后倒出匀浆物,匀浆物在 4000 r/min 下离心 10 min,弃上清液,在沉淀中加入 6 mL 缓冲溶液,于 4000 r/min 下离心 10 min,弃上清液,取沉淀。

(2) 在上述沉淀中加入 10 mL 0.1 mol/L 氯化钠-0.05 mol/L 柠檬酸钠缓冲溶液、5 mL 氯仿-异戊醇混合溶液、1 mL 5%SDS 溶液,振摇 15 min,然后缓慢加固体氯化钠,使其终浓度为 1 mol/L(约 0.9 g)。将上述混合物在 3500 r/min 离心 15 min,取上清水相。

(3) 在上述水相溶液中加入等体积冷 95%乙醇,边加边用玻璃棒慢慢搅动,将缠绕在玻璃棒上的凝胶状物用滤纸吸去多余的乙醇,即得 DNA 粗品。将 DNA 粗品溶于 10 mL 蒸馏水中,待测。

(4) 标准曲线的绘制:按表 2-2-18 加入各种试剂,混匀,于 60 ℃恒温水浴 45 min,冷却后,用分光光度计在 595 nm 波长处测吸光度,以吸光度对 DNA 浓度作图,绘制标准曲线。

表 2-2-18　DNA 测定标准曲线的绘制

试　管　号	0	1	2	3	4	5
DNA 标准溶液体积/mL	0.0	0.4	0.8	1.2	1.6	2.0
蒸馏水体积/mL	2.0	1.6	1.2	0.8	0.4	0.0
二苯胺试剂体积/mL	4.0	4.0	4.0	4.0	4.0	4.0
$A_{595\ nm}$						

(5) 样品的测定:吸取 1.0 mL DNA 样液,加入 1.0 mL 蒸馏水,混匀,然后准确加入 4 mL 二苯胺试剂,混匀,于 60 ℃恒温水浴 45 min,冷却后,用分光光度计在 595 nm 波长处测吸光度。根据所测得的吸光度,对照标准曲线求得 DNA 的质量(μg)。

五、结果处理

按下式计算猪肝中 DNA 含量。

$$m_1 = \text{标准曲线求得 DNA 的质量}(\mu g) \times \text{稀释倍数}$$

$$W = m_1 / m_2 \times 100$$

式中,W——DNA 的含量,μg/(100 g);

m_1——样液中测得的 DNA 的质量,μg;

m_2——新鲜猪肝的质量,g。

六、温馨提示

(1) 避免过酸、过碱或高温环境,合适的温度为 0~4 ℃,pH 值为 4~9。

(2) 防止机械力的剪切作用,避免剧烈振荡。
(3) 防止核酸酶的降解作用,可加入抑制剂如 EDTA、柠檬酸钠等。

七、思考题

(1) 二苯胺法测定 DNA,为什么加乙醛? 其作用是什么?
(2) 实训过程中是怎么除去蛋白质与 RNA 的?
(3) 怎样防止 DNA 酶的降解作用?

实训 16 酶的性质

一、实训目的

(1) 加深对酶特性的认识。
(2) 了解温度、pH 值、激活剂、抑制剂对酶活力的影响。

二、必备知识

酶是一类由生物体活细胞分泌的具有高效催化能力和高度特异性的生物催化剂。酶的化学本质为蛋白质和核酸,大多数酶是蛋白质。酶对环境条件极为敏感,在高温、强酸、强碱、重金属等引起蛋白质变性的条件下,都能使酶丧失活性。同时酶也常因温度、pH 值等轻微的改变或抑制剂的存在而使其活性发生改变。

酶的催化活性受温度的影响很大。温度对于酶的作用有两种不同的影响:一方面,酶反应在一定的温度范围(0～40 ℃)内进行时,其速度随温度升高而加快;另一方面,酶遇热易变性而失活。绝大多数酶在 60 ℃以上即失去活性。各种酶在一定条件下都有其一定的最适温度,通常动物体内酶的最适温度在 37～50 ℃,植物体内酶的最适温度在 50～60 ℃。

对环境酸碱度敏感是酶的特点之一。每一种酶只能在一定的 pH 值范围内才表现活性,超出这个范围,酶即失活。另一方面,在这有限的范围内,酶的活性也随着 pH 值的改变而有所不同,酶表现最大活性时的 pH 值称为酶的最适 pH。一般酶的最适 pH 在4～8 之间。植物和微生物体内的酶,其最适 pH 多在 4.5～6.5 之间;动物体内的酶,最适 pH 多在 6.5～8 之间。但也有例外,如胃蛋白酶的最适 pH 为 1.9,胰蛋白酶的最适 pH 为8.1。

酶的活性受某些物质的影响。激活剂能提高酶的活性,抑制剂能降低酶的活性。本实训中,氯化钠为唾液淀粉酶的激活剂,硫酸铜为抑制剂。

唾液淀粉酶可将淀粉逐步水解成分子大小不同的各种糊精及麦芽糖,它们遇碘各呈不同的颜色。直链淀粉(即可溶性淀粉)遇碘呈蓝色,糊精按分子从大到小的顺序,遇碘可呈蓝色、紫色、暗褐色和红色,最简单的糊精和麦芽糖遇碘不显色。在不同 pH 值、温度以

及激活剂、抑制剂存在下，唾液淀粉酶对淀粉水解活力的高低可通过水解混合物遇碘呈现颜色的不同来判断。

三、仪器、材料与试剂

（一）仪器

试管及试管架、电热恒温水浴锅、锥形瓶（50 mL 或 100 mL）、量筒（100 mL）、烧杯（100 mL）、吸量管（1 mL、2 mL、5 mL、10 mL）、计时器、白瓷板、pH 试纸。

（二）材料

稀释 200 倍的新鲜唾液：用蒸馏水漱口，清洗口腔，含一口蒸馏水（5 mL），约 1 min 后吐入烧杯，用纱布过滤，再用蒸馏水稀释 200 倍左右（可根据个人唾液淀粉酶活性调整），混匀备用。

（三）试剂

（1）新配制的 0.3%NaCl 的 0.5%淀粉溶液。

（2）碘化钾-碘溶液：将碘化钾 10 g 及碘 5 g 溶于 50 mL 水中。

（3）0.2 mol/L 磷酸氢二钠溶液。

（4）0.1 mol/L 柠檬酸溶液。

（5）0.1%淀粉溶液。

（6）1%氯化钠溶液。

（7）1%硫酸铜溶液。

（8）1%硫酸钠溶液。

四、操作步骤

（一）温度对酶活性的影响

取 3 支试管，编号后按表 2-2-19 加入试剂。

表 2-2-19　温度对酶活性的影响

试　管　号	1	2	3
0.3%NaCl 的 0.5%淀粉溶液体积/mL	1.5	1.5	1.5
稀释唾液体积/mL	1.0	1.0	
煮沸稀释唾液体积/mL			1.0

充分摇匀后，将 1、3 号试管放入 37.5 ℃恒温水浴中，2 号试管放入冰水中。每隔 3 min 取出 1 滴溶液在白瓷板中，用碘化钾-碘液检查水解程度，记录现象。当 1 号管呈棕黄色后，将 2 号管取出分成 2 份，一份放入 37.5 ℃水中保温并检测水解程度，另一份继续放入冰水中检测水解程度，记录实训现象，填在表 2-2-22 中。

（二）pH 值对酶活性的影响

取 5 个编号的锥形瓶，按表 2-2-20 配制 pH 值在 5.0～8.0 的五种缓冲溶液。

表 2-2-20 五种缓冲溶液

瓶号	0.2 mol/L Na_2HPO_4溶液体积/mL	0.1 mol/L 柠檬酸溶液体积/mL	pH 值
1	5.15	4.85	5.0
2	6.31	3.69	6.0
3	7.72	2.28	6.8
4	9.36	0.64	7.6
5	9.72	0.28	8.0

另取 5 支编号的试管，分别加入按表 2-2-20 配好的缓冲溶液 3 mL，再分别加入0.3% NaCl 的 0.5%淀粉溶液 2 mL，加稀释唾液 2 mL，将各管混匀，依次静置于 37.5 ℃恒温水浴中。

4 号试管放入水浴 2 min 后，每隔 1 min 由 3 号试管中取出一滴溶液，置于白瓷板上，加 1 小滴碘化钾-碘溶液检验淀粉水解程度。待混合液变为棕黄色时，向所有试管依次添加 1～2 滴碘化钾-碘溶液。观察各试管内容物呈现的颜色，指出酶的最适 pH，并将结果填在表 2-2-23 中。

（三）激活剂和抑制剂对酶活性的影响

取 4 支编号的试管，按表 2-2-21 加入试剂。

混匀后，同时置于 37.5 ℃水浴保温，每隔 2 min 从 2 号试管取 1 滴溶液于白瓷板上，用碘化钾-碘液检测，待混合液变为棕黄色时，向所有试管依次添加 1～2 滴碘化钾-碘溶液。观察各试管内容物呈现的颜色，并将结果填在表 2-2-24 中。

表 2-2-21 激活剂和抑制剂对酶活性的影响

试管号	试剂体积/mL					
	0.1%淀粉	1%氯化钠	1%硫酸铜	1%硫酸钠	蒸馏水	1∶30 唾液
1	2.0	1.0				1.0
2	2.0		1.0			1.0
3	2.0			1.0		1.0
4	2.0				1.0	1.0

五、结果处理

（一）温度对酶活性的影响

对表 2-2-22 记录的现象进行解释并填在表中。

表 2-2-22 温度对酶活性的影响的现象记录及解释

试管号	呈现的颜色	解释
1		
2 号一半（37.5 ℃保温）		
2 号另一半（冰水中）		
3		

(二) pH 值对酶活性的影响

对表 2-2-23 记录的现象进行解释并填在表中。

表 2-2-23　pH 值对酶活性的影响的现象记录及解释

试　管　号	呈现的颜色	解　　释
1		
2		
3		
4		
5		

(三) 激活剂和抑制剂对酶活性的影响

对表 2-2-24 记录的现象进行解释并填在表中。另外,指出 3 号管在本实训中的作用。

表 2-2-24　激活剂和抑制剂对酶活性的影响的现象记录及解释

试　管　号	呈现的颜色	解　　释
1		
2		
3		
4		

六、温馨提示

(1) 煮沸稀释唾液要保证加热时充分沸腾。

(2) 配制缓冲溶液时,各试剂的加入量要准确。

(3) 酶的最适 pH 受底物性质和缓冲溶液性质的影响。如唾液淀粉酶的最适 pH 约为 6.8,但在磷酸缓冲溶液中,其最适 pH 为 6.4～6.6,在乙酸缓冲溶液中则为 5.6。

(4) 在做激活剂和抑制剂对酶活性的影响实训时,如 4 支试管颜色反应无明显差别,可能是酶活力太高,可将其稀释后重做。

(5) 加碘化钾-碘液时,注意量不要太多,以免影响颜色观察。

七、思考题

(1) 影响酶促反应速率的因素有哪些?

(2) 为什么可以用碘化钾-碘溶液作为指示剂检测温度、pH 值、激活剂和抑制剂对唾液淀粉酶活性的影响?

(3) 最适温度和最适 pH 是酶的特征常数吗? 为什么?

实训 17 用分光光度法测定蛋白酶的活力

一、实训目的

(1) 掌握蛋白酶活力测定的操作技术。

(2) 熟练使用分光光度计。

二、必备知识

蛋白酶在一定的温度与 pH 值条件下水解酪蛋白底物,会产生含有酚基的氨基酸(如酪氨酸、色氨酸等)。在碱性条件下,Folin-酚试剂极不稳定,易被酪氨酸还原生成钼蓝与钨蓝,在一定范围内,蓝色的深浅与酪氨酸的浓度成正比。而加入三氯乙酸可以终止酶反应,并使未水解的酪蛋白沉淀除去。可用紫外分光光度法对滤液进行测定,根据吸光度,即单位时间内催化酪蛋白产生的酪氨酸的量来计算蛋白酶的活力。

三、仪器、材料与试剂

(一) 仪器

分光光度计、试管、恒温水浴锅、容量瓶、离心管、离心机等。

(二) 材料

酶粉。

(三) 试剂

(1) Folin-酚试剂:见实训 10。

(2) 0.4 mol/L 碳酸钠溶液:称取 42.4 g 无水碳酸钠,用水溶解并稀释至 1 000 mL。

(3) 酪氨酸标准溶液:准确称取 0.100 0 g 酪氨酸,加少量 0.2 mol/L HCl 溶液(取 1.7 mL 浓盐酸,用水稀释至 100 mL),加热溶解,用水定容至 1 000 mL,1 mL 含酪氨酸 100 μg。

(4) 2 g/L 酪蛋白溶液:称取 2.00 g 酪蛋白,加约 40 mL 水和 2~3 滴浓氨水,于沸水浴中加热溶解,冷却后,用水稀释至 100 mL,加热溶解,用 pH7.5 磷酸盐缓冲溶液稀释定容至 1 000 mL,储存于冰箱中备用。

(5) 0.4 mol/L 三氯乙酸溶液:称取 65.4 g 三氯乙酸,用水溶解并稀释至 1 000 mL。

(6) pH7.5 磷酸盐缓冲溶液:称取 6.02 g 磷酸氢二钠和 0.5 g 磷酸二氢钠,用水溶解并稀释至 1 000 mL。(pH3.0 乳酸缓冲溶液、pH10.5 硼酸缓冲溶液分别适用于酸性和碱性蛋白酶。)

四、操作步骤

(一)标准曲线的绘制

取9支试管,分别吸取0 mL、1 mL、2 mL、3 mL、4 mL、5 mL、6 mL、7 mL、8 mL酪氨酸标准溶液(100 μg/mL),补水至10 mL。混匀后,在上述试管中各吸取1 mL,分别加入5 mL 0.4 mol/L碳酸钠溶液、1 mL Folin-酚试剂,于40 ℃水浴显色20 min,然后取出,以0号管为空白,分别测其在680 nm波长处的吸光度,以吸光度为纵坐标,酪氨酸浓度为横坐标,绘制标准曲线,求吸光度为1时的酪氨酸质量(mg)。

(二)酶液的制备

准确称取酶粉1.000~2.000 g,用少量缓冲溶液溶解,将上清液转入容量瓶中,至全部溶解,全部转移,并用缓冲溶液定容至刻度,摇匀。过滤,滤液根据酶活力再一次用缓冲溶液稀释至适当浓度,供测试用(稀释至被测试液吸光度在0.25~0.40范围内)。

(三)酶活力的测定

取4支10 mL离心管,分别加入2 mL稀释酶液,其中之一为空白。先与2 mL磷酸缓冲溶液一起放入40 ℃恒温水浴中,预热5 min。再分别加入1 mL 20 g/L酪蛋白溶液,保温10 min。立即加入2 mL 0.4 mol/L三氯乙酸溶液,15 min后离心分离或滤纸过滤。取1 mL上清液,加5 mL 0.4 mol/L碳酸钠溶液,最后加入1 mL Folin-酚试剂,摇匀,于40 ℃水浴显色20 min。

空白管中先加入2 mL 0.4 mol/L三氯乙酸溶液,再加入1 mL 20 g/L酪蛋白溶液,15 min后离心或用滤纸过滤。在680 nm波长下,测定吸光度,取平均值。

五、结果处理

(1)将所测数据填入表2-2-25中,绘制标准曲线。

表2-2-25 酪氨酸标准溶液测试结果

酪氨酸标准溶液/(μg/mL)	0	10	20	30	40	50	60	70	80
$A_{680\ nm}$									
曲线方程 $y=ax+b$		$a=$		$b=$					

(2)将所测数据填入表2-2-26中,并按下式计算样品中的酶活力。

$$x = A \times K \times \frac{4}{10} \times n \times \frac{1}{m}$$

式中,x——样品的酶活力,U/g;

A——试样溶液的平均吸光度;

K——吸光常数,即为标准曲线中直线斜率的倒数;

4——反应试剂的总体积,mL;

n——稀释倍数;

10——反应时间,min;

m——试样称取量,g。

表 2-2-26 酶活力的测定结果

测定项目	1次	2次	3次	空白
$A_{680\ nm}$				
样品中酶活力/(U/g)				
样品中酶活力平均值/(U/g)				

六、温馨提示

对于同一分光光度计和同一批试剂，工作曲线 K 值可以沿用，但当另配试剂时，工作曲线就要重新绘制。另外，酪蛋白配制应严格按操作方法进行，否则会影响测定结果。

七、思考题

本方法为中性蛋白酶的活力测定方法。想一想：若为酸性蛋白酶或碱性蛋白酶，应该如何测定其活力？应注意哪些事项？

实训 18 脂肪酸的 β-氧化

一、实训目的

(1) 了解脂肪酸的 β-氧化作用。

(2) 通过测定和计算反应液内丁酸氧化生成丙酮的量，掌握测定 β-氧化作用的原理及方法。

二、必备知识

在肝脏内脂肪酸经 β-氧化作用生成乙酰辅酶 A，两分子的乙酰辅酶 A 可缩合生成乙酰乙酸。乙酰乙酸可脱羧生成丙酮，也可还原生成 β-羟丁酸。乙酰乙酸、β-羟丁酸和丙酮总称为酮体。肝脏不能利用酮体，必须经血液运至肝外组织特别是肌肉和肾脏，再转变为乙酰辅酶 A 而被氧化利用。酮体作为有机体代谢的中间产物，在正常的情况下，其产量甚微，患糖尿病或食用高脂肪膳食时，血中酮体含量增高，尿中也能出现酮体。

本实训用新鲜肝糜与丁酸保温下反应，生成的丙酮可用碘仿反应滴定。在碱性条件下，丙酮与碘生成碘仿。反应式如下：

$$2NaOH + I_2 = NaOI + NaI + H_2O$$

$$CH_3COCH_3 + 3NaOI = CHI_3 + CH_3COONa + 2NaOH$$

剩余的碘可用硫代硫酸钠标准溶液滴定。反应式如下：

$$NaOI + NaI + 2HCl = I_2 + 2NaCl + H_2O$$

$$I_2 + 2Na_2S_2O_3 = Na_2S_4O_6 + 2NaI$$

根据滴定样品与滴定对照所消耗的硫代硫酸钠标准溶液体积之差，可以计算由丁酸氧化生成丙酮的量。

三、仪器、材料和试剂

(一) 仪器

研钵(或匀浆器)、剪刀、镊子、漏斗、锥形瓶(50 mL)、碘量瓶、试管和试管架、吸量管(5 mL、10 mL)、微量滴定管、恒温水浴装置。

(二) 材料

家兔(或鸡、大鼠)的新鲜肝脏。

(三) 试剂

(1) 0.1%淀粉溶液:取 1 g 淀粉,溶于 1 000 mL 饱和氯化钠溶液中。

(2) 0.9%氯化钠溶液。

(3) 0.5 mol/L 丁酸溶液:取 4.5 mL 正丁酸,用 1 mol/L 氢氧化钠溶液中和至 pH=7.6,并稀释至 100 mL。

(4) 20%三氯乙酸溶液。

(5) 10%氢氧化钠溶液。

(6) 10% HCl 溶液。

(7) 0.1 mol/L 碘溶液:称取 12.7 g 碘和约 25 g 碘化钾,溶于水中,稀释到 1000 mL,混匀,用 0.1 mol/L 硫代硫酸钠标准溶液标定。

(8) 0.02 mol/L 硫代硫酸钠标准溶液:临用时将已标定的 1 mol/L 硫代硫酸钠溶液稀释成 0.02 mol/L。

(9) 1/15 mol/L pH7.6 磷酸盐缓冲溶液:1/15 mol/L 磷酸氢二钠溶液 86.8 mL 与 1/15 mol/L 磷酸二氢钠溶液 13.2 mL 混合。

四、操作步骤

(一) 肝匀浆的制备

将家兔(或鸡、大鼠)颈部放血处死,取出肝脏。用 0.9%氯化钠溶液洗去表面的污血后,用滤纸吸去表面溶液。称取肝组织 5 g,置于研钵中,加入少许 0.9%氯化钠溶液,将肝组织研磨成肝匀浆。再加入 0.9%氯化钠溶液,使肝匀浆总体积达 10 mL。

(二) 酮体的生成

(1) 取锥形瓶两个,编号后,按表 2-2-27 分别加入各试剂。

表 2-2-27　酮体的形成

锥形瓶编号	A	B
新鲜肝匀浆体积/mL		2.0
预先煮沸肝匀浆体积/mL	2.0	
pH7.6 磷酸缓冲溶液体积/mL	3.0	3.0

续表

锥形瓶编号	A	B
正丁酸溶液体积/mL	2.0	2.0

(2) 将加入试剂的两个锥形瓶于 40 ℃恒温水浴锅中保温 40 min 后取出。

(3) 在上述两个锥形瓶中分别加入 3 mL 20%三氯乙酸溶液,摇匀后,室温放置 10 min。

(4) 将锥形瓶中的混合物分别过滤,收集滤液于事先编号的试管中。

(三) 酮体的测定

(1) 取碘量瓶两个,编号后按表 2-2-28 加入有关试剂。

表 2-2-28 酮体的测定

碘量瓶编号	A	B
滤液体积/mL	5.0	5.0
0.1 mol/L 碘溶液体积/mL	3.0	3.0
10%氢氧化钠溶液体积/mL	3.0	3.0

加完试剂后摇匀,放置 10 min。

(2) 于各碘量瓶中滴加 10%HCl 溶液 3 mL,将各瓶溶液调至中性或微酸性。

(3) 用 0.02 mol/L 硫代硫酸钠标准溶液滴定至碘量瓶中溶液呈浅黄色时,往瓶中滴加 0.1%淀粉溶液 2～3 滴,使瓶中溶液呈蓝色。

(4) 用 0.02 mol/L 硫代硫酸钠标准溶液继续滴定至碘量瓶中溶液的蓝色消退为止。

(5) 记下滴定时所用去的硫代硫酸钠标准溶液的体积(mL),计算样品中丙酮的生成量。

五、结果计算

$$实训中所用肝匀浆中生成的丙酮量(mmol)=(V_A-V_B)\times c\times 1/6$$

$$5\ g肝脏生成丙酮的量(mmol)=(V_A-V_B)\times c\times 1/6\times 10/2$$

式中:V_A——滴定 A 样品所消耗的 0.02 mol/L 硫代硫酸钠标准溶液的体积,mL;

V_B——滴定 B 样品所消耗的 0.02 mol/L 硫代硫酸钠标准溶液的体积,mL;

c——硫代硫酸钠标准溶液的浓度,mol/L;

1/6——1 mol 硫代硫酸钠相当于丙酮的物质的量。

六、温馨提示

最好用缓冲溶液把肝脏表面的血块洗去,然后再剪碎研磨,肝与生理盐水的比例一般为 1∶2(质量比)左右。

七、思考题

(1) 为什么说做好本实训的关键是制备新鲜的肝糜?

(2) 什么叫酮体?为什么正常代谢时产生的酮体量很少?在什么情况下血中酮体含

量增高，而尿中也能出现酮体？

(3) 为什么测定碘仿反应中剩余的碘可以计算出样品中丙酮的含量？

(4) 本实训中三氯乙酸起什么作用？

实训 19 维生素 B_{12} 注射液的含量测定

一、实训目的

(1) 掌握维生素含量测定的原理。

(2) 学习中国药典推荐的分析方法——紫外分光光度法测定维生素 B_{12} 的含量。

二、必备知识

维生素 B_{12} 又称钴胺素，是红色结晶，易溶于水和乙醇，但不溶于丙酮、氯仿和乙醚。它的弱酸性水溶液相对稳定，pH 值小于 3 或大于 8 时极易分解。维生素 B_{12} 在紫外区 278 nm、361 nm 波长处有最大吸收峰，在 361 nm 波长处的吸收峰干扰因素较少。因此用 361 nm 作为测定波长，测定待测溶液的吸光度，并用吸光系数法计算维生素 B_{12} 的含量。

三、仪器、材料与试剂

(一) 仪器

紫外分光光度计、石英比色皿、容量瓶(10 mL)、吸量管(5 mL)。

(二) 材料

100 mg/mL 维生素 B_{12} 注射液。

四、操作步骤

(一) 维生素 B_{12} 最大波长扫描

用紫外-可见光分光光度计对其进行扫描。

(二) 比色皿的校正

将 2 只石英比色皿编号，装入蒸馏水，在 361 nm 波长处比较 2 只比色皿的透光率。以透光率较大的比色皿为 100% 透光，测定另一只比色皿的透光率，换算成吸光度作为它的校正值。测定溶液时，以透光率较大的那只比色皿作为空白，另一只比色皿装待测溶液，测定的吸光度减去校正值。

(三) 维生素 B_{12} 含量测定

吸取 3.0 mL 维生素 B_{12} 注射液，置于 10 mL 容量瓶中，加蒸馏水至刻度，摇匀，得样品稀释液。装入 1 cm 石英比色皿中，以蒸馏水为空白，在 361 nm 波长处测得吸光度 A 值。

五、结果处理

将所测数据填入表 2-2-29 中。

表 2-2-29 操作和计算参照表

测定次数	1	2
待测溶液的吸光度 A		
比色皿校正值		
维生素 B_{12} 注射液含量/(mg/mL)		
维生素 B_{12} 注射液平均含量/(mg/mL)		
相对偏差/(%)		
维生素 B_{12} 标示量百分含量/(%)		

样品中的维生素 B_{12} 注射液含量和标示量百分含量按下式计算。

$$\rho=(A-A_0)\times 48.31$$

$$\text{维生素 } B_{12} \text{ 标示量百分含量}=\frac{\rho}{100}\times 100\%$$

式中，ρ——维生素 B_{12} 注射液含量，mg/mL；

A——待测溶液的吸光度；

A_0——比色皿校正值；

48.31——吸光度与维生素 B_{12} 的换算系数；

100——维生素 B_{12} 注射液的标示量，mg/mL。

六、温馨提示

(1) 称取样品的质量时应使样品稀释液中维生素 B_{12} 的浓度小于 0.03 mg/mL。

(2) 测定样品时，为保持稳定，可用乙酸-乙酸钠缓冲溶液调节溶液的 pH 值，使其始终处于 4.5～5 之间。

七、思考题

准确称取维生素 B_{12} 样品 25.0 mg，配成 100 mL 水溶液。精密吸取 10.00 mL，置于 100 mL 容量瓶中，加水至刻度。取此溶液在 1 cm 比色皿中，于 361 nm 波长处测得吸光度值为 0.507，求维生素 B_{12} 的质量分数。

实训 20 从柑橘皮中提取果胶

一、学习目标

(1) 学会提取果胶的方法。

(2) 理解果胶质的有关知识。

二、必备知识

果胶是一种杂多糖。果胶广泛存在于植物中,尤其以果蔬中含量为多,主要分布于细胞壁之间的中胶层。不同的果蔬含果胶的量不同,山楂约为6.6%,柑橘为0.7%~1.5%,南瓜含量较多,为7%~17%。在果蔬中,尤其是在未成熟的水果和果皮中,果胶多数以原果胶存在,原果胶不溶于水,用酸水解,生成可溶性果胶,再进行脱色、沉淀、干燥即得商品果胶。从柑橘皮中提取的果胶是高酯化度的果胶,在食品工业中常用来制作果酱、果冻等食品。

三、仪器、材料和试剂

(一) 仪器

恒温水浴锅、布氏漏斗、抽滤瓶、玻璃棒、纱布、表面皿、精密pH试纸或酸度计、烧杯(100 mL、250 mL)、电子天平、剪刀、循环水真空泵。

(二) 材料

柑橘皮(新鲜)。

(三) 试剂

(1) 95%乙醇、无水乙醇。

(2) 0.2 mol/L HCl溶液。

(3) 3 mol/L氢氧化钠溶液。

(4) 活性炭。

四、操作步骤

(一) 材料的预处理

称取新鲜柑橘皮20 g(干的橘子皮为8 g),用清水洗净后,放入250 mL烧杯中,加120 mL水,加热至90 ℃并保温5~10 min,使酶失活。用水冲洗后切成3~5 mm大小的颗粒,用50 ℃左右的热水漂洗,直至水为无色,果皮无异味为止。每次漂洗都要把果皮用纱布挤干,再进行下一次漂洗。

(二) 抽滤

将处理过的果皮粒放入烧杯中,加入0.2 mol/L HCl溶液以浸没果皮为度,调节溶液的pH值为2.0~2.5。加热至90 ℃,在恒温水浴中保温40 min,保温期间要不断地搅动,趁热用垫有纱布的布氏漏斗抽滤,收集滤液。

(三) 脱色

在滤液中加入0.5%~1%的活性炭,加热至80 ℃,脱色(如橘皮漂洗干净,滤液清澈,则可不脱色)20 min,趁热抽滤。

(四)制得湿果胶

滤液冷却后,用 3 mol/L 氢氧化钠溶液调节溶液的 pH 值至 3~4,在不断搅拌下缓缓地加入 95%乙醇,加入乙醇的量为原滤液体积的 1.5 倍(使其中乙醇的质量分数达 50%~60%)。在加入乙醇的过程中即可看到絮状果胶物质析出,静置 20 min 后,用纱布过滤得湿果胶。

(五)制得干果胶

将湿果胶转移到 100 mL 烧杯中,加入 30 mL 无水乙醇洗涤湿果胶,再用纱布过滤、挤压。将脱水的果胶放入表面皿中摊开,在 60~70 ℃下烘干。将烘干的果胶磨碎过筛,得干果胶。

五、结果处理

将所得干果胶进一步干燥后称重,并计算原料中果胶的质量分数。

六、温馨提示

(1) 在脱色过程中,如抽滤比较困难,可适当地加入 2%~4%的硅藻土作为助滤剂。
(2) 提取过程中,在 90 ℃水浴上加热 5~10 min,主要是使果胶酶钝化。
(3) 滤液可用分馏法回收乙醇。
(4) 本例是用酸水解法提取总果胶,若要提取水溶性果胶,可直接用热水提取。

七、思考题

(1) 从柑橘皮中提取果胶时,为什么要加热使酶失活?
(2) 沉淀果胶除用乙醇外,还可用什么试剂?
(3) 在工业上,可用什么水果蔬菜为原料提取果胶?

实训 21 从牛奶中提取酪蛋白

一、实训目的

(1) 加深对蛋白质胶体溶液稳定因素的认识。
(2) 掌握从牛奶中制备酪蛋白的原理和方法。

二、必备知识

牛奶是一种乳状液,主要由水、脂肪、蛋白质、乳糖和盐组成。酪蛋白是牛奶中的主要蛋白质,约占乳蛋白含量的 80%。酪蛋白不是单一的蛋白质,是含磷蛋白质的复杂混合物,它在牛乳中的含量约为 0.035 g/mL,比较稳定,利用这一性质可以检测牛乳中是否掺假。

蛋白质是两性化合物,在等电点条件下,蛋白质的溶解度最小,容易析出沉淀。当调节牛奶的pH值达到酪蛋白的等电点(pH=4.6~4.8)时,蛋白质所带正、负电荷相等,呈电中性,此时酪蛋白的溶解度最小,会从牛奶中沉淀出来,以此分离得到酪蛋白。酪蛋白不溶于乙醇和乙醚,可用此两种溶剂除去酪蛋白中的脂肪,得到较纯的酪蛋白。

三、仪器、材料与试剂

(一) 仪器

酸度计、恒温水浴锅、台式离心机、磁力搅拌器、电子天平、布氏漏斗、抽滤瓶、真空抽气泵、烧杯、量筒、容量瓶、移液管、离心管、表面皿、玻璃棒。

(二) 材料

鲜牛奶。

(三) 试剂

(1) 无水乙醚。

(2) 95%乙醇。

(3) 0.5 mol/L HCl溶液。

(4) 0.5 mol/L 氢氧化钠溶液。

(5) 0.2 mol/L pH4.7 乙酸-乙酸钠缓冲溶液。

A液(0.2 mol/L 乙酸钠溶液):称取 $NaAc \cdot 3H_2O$ 54.44 g,用蒸馏水溶解并定容至2000 mL。

B液(0.2 mol/L 乙酸溶液):称取优级纯乙酸(含量大于99.8%)12.0 g,用蒸馏水溶解并定容至1000 mL。

取A液1770 mL与B液1230 mL混合,即得pH值为4.7的乙酸-乙酸钠缓冲溶液3000 mL。

(6) 乙醇-乙醚混合液:乙醇与乙醚体积比为1∶1。

四、操作步骤

(一) 酪蛋白的粗提

1. 预处理

将50 mL鲜牛奶与50 mL pH4.7 乙酸-乙酸钠缓冲溶液分别置于100 mL小烧杯中,在水浴中加热至40 ℃。(注意:两种液体分别先预热。)

2. 调pH值

将40 ℃的牛奶置于磁力搅拌器上,在搅拌下缓慢加入预热至40 ℃的pH4.7 乙酸-乙酸钠缓冲溶液。用酸度计调pH值至4.7(用0.5 mol/L HCl溶液或0.5 mol/L 氢氧化钠溶液进行调整)。观察牛奶开始有絮状沉淀出现后,静置一定时间使沉淀完全。

3. 离心

将上述悬浮液冷却至室温,转移至离心管。离心分离(3000 r/min)10 min,弃去上清液,得到的沉淀即为酪蛋白粗制品。

(二) 酪蛋白的纯化

1. 水洗

用蒸馏水洗涤沉淀，将沉淀搅起，同上离心分离(3000 r/min，10 min)，弃去上清液，如此重复3次，得到沉淀蛋白。

2. 去脂

在沉淀中加入30 mL 95%乙醇，搅拌片刻，振荡摇匀，将全部悬浊液转移至布氏漏斗中抽滤。用乙醇-乙醚混合液洗涤沉淀2次，抽滤。

3. 称重

将沉淀摊开在表面皿上，风干，得酪蛋白纯品，称取所获酪蛋白的质量。

五、结果处理

按下列公式计算含量和得率。理论含量见产品标签。

酪蛋白含量(g/mL)＝酪蛋白质量(g)/50 mL

得率＝测得含量/理论含量×100%

六、温馨提示

(1) 离心管中装入样品后必须严格配载平衡，否则离心机易损坏。

(2) 离心管装入样品后必须盖严，并擦去表面的水分和污物后方可放入离心机。

(3) 离心机用完后应拔下电源，然后检查离心腔中有无水迹和污物，擦干净后才能盖上盖子放好保存，以免生锈和损坏。

(4) 用乙醇和乙醚清洗酪蛋白沉淀时，应将酪蛋白捣碎，并在溶剂中搅拌、浸泡，充分洗净脂肪。纯净的酪蛋白应为白色，若发黄表明脂肪未洗干净。

(5) 乙醚具有挥发性，是有毒的有机溶剂，所以最好在通风橱内操作。

(6) 目前市面上出售的牛奶是经过加工的奶制品，不是纯牛奶，所以应按产品的相应指标计算。

七、思考题

(1) 为什么调整溶液的pH值可以将酪蛋白沉淀出来？

(2) 制备高产率纯酪蛋白的关键是什么？

(3) 试设计一个利用蛋白质其他性质提取酪蛋白的实训。

实训22　维生素C含量的测定

一、实训目的

(1) 加深对维生素C性质的理解。

(2) 熟悉微量滴定法的基本操作过程。

(3) 掌握滴定法测定维生素 C 含量的基本原理和操作。

二、必备知识

维生素 C(Vit C)是人类必需的水溶性维生素,缺少它时会产生坏血病,因此又将其称为抗坏血酸(ascorbic acid)。植物的绿色部分及许多水果和蔬菜中都含丰富的维生素 C。

维生素 C 属于不饱和的多羟基化合物,具有很强的还原性,它可分为还原型和脱氢型。还原型抗坏血酸能还原染料 2,6-二氯酚靛酚(DCPIP),本身则氧化为脱氢型。在酸性溶液中,2,6-二氯酚靛酚呈红色,还原后变为无色。

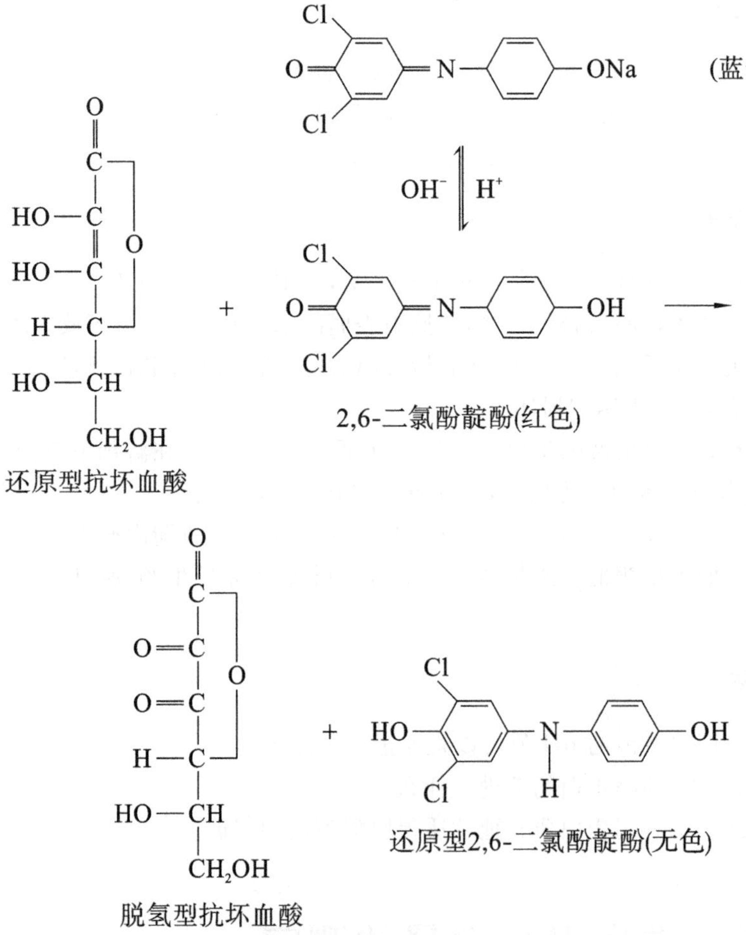

(蓝色)

OH^- ⇌ H^+

还原型抗坏血酸 + 2,6-二氯酚靛酚(红色) ⟶

脱氢型抗坏血酸 + 还原型2,6-二氯酚靛酚(无色)

因此,可利用此反应来测定维生素 C 的含量。当用此染料滴定含有维生素 C 的酸性溶液时,维生素 C 尚未全部被氧化前,则滴下的染料立即被还原成无色。一旦溶液中的维生素 C 已全部被氧化,则滴下的染料立即使溶液变成粉红色。所以溶液从无色变成微红色即表示溶液中的维生素 C 刚刚全部被氧化,此时即为滴定终点。如无其他杂质干扰,样品提取液所还原的标准染料量与样品中所含还原型抗坏血酸量成正比。

三、仪器、材料与试剂

（一）仪器

电子天平、研钵、微量滴定管、漏斗、滤纸、吸量管、容量瓶、锥形瓶。

（二）材料

新鲜水果或蔬菜。

（三）试剂

(1) 2%草酸溶液：2 g 草酸溶于 100 mL 蒸馏水中。

(2) 1%草酸溶液：1 g 草酸溶于 100 mL 蒸馏水中。

(3) 1 mg/mL 抗坏血酸标准溶液：准确称取 100 mg 纯抗坏血酸（应为洁白色，如变为黄色则不能用），溶于 1%草酸溶液中，并稀释至 100 mL，贮于棕色瓶中，冷藏。最好临用前配制。

(4) 0.1%2,6-二氯酚靛酚溶液：称取 250 mg 2,6-二氯酚靛酚，溶于 150 mL 含有 52 mg $NaHCO_3$ 的热水中，冷却后加水稀释至 250 mL，贮于棕色瓶中，冷藏（4 ℃），约可保存一周。每次临用时，以抗坏血酸标准溶液标定。

四、操作步骤

（一）样品液的制备

(1) 取材：将新鲜水果或蔬菜用水洗干净，用纱布或滤纸吸干表面水分，称取 10 g 左右，并准确记录称样量 m (g)。

(2) 研磨：将样品置于研钵中，加 15 mL 2%草酸溶液，用研棒挤压样品，将样品充分磨细至匀浆，用滤纸过滤，将滤液转移到 100 mL 容量瓶中。残渣再加 15 mL 2%草酸溶液，继续研磨，过滤，将汁液再合并到上述容量瓶中。如此反复研磨 2～3 次，合并滤液。

(3) 定容：最后用 2%草酸溶液定容，即为样品提取液的总体积 $V_{总}$(mL)。摇匀备用。

（二）标准液滴定

准确吸取 1 mL 抗坏血酸标准溶液，置于 100 mL 锥形瓶中，加 9 mL 1%草酸溶液，用微量滴定管以 0.1% 2,6-二氯酚靛酚溶液滴定至淡红色，并保持 15 s 不褪色，即达终点，记录所用染料的体积，平行操作 3 次，取其平均值 V_1(mL)。再取 10 mL 1%草酸溶液作空白对照，按以上方法滴定，所用染料的体积记录为 V_0(mL)。由所用染料的体积计算出滴定度(T)，即 1 mL 染料相当于多少毫克抗坏血酸。

（三）样品滴定

吸取 10 mL 提取液，放入 100 mL 锥形瓶中，立即用 2,6-二氯酚靛酚溶液滴定至出现粉红色且在 15 s 内不消失为止，记录所用滴定液的体积，平行操作 3 次，取平均值 V_2 (mL)。

五、结果处理

计算所取生物材料中维生素 C 的含量（单位用 mg/100 g（鲜重））。

$$滴定度\ T(\mathrm{mg/mL})=\frac{1}{V_1-V_0}$$

$$维生素\ \mathrm{C}\ 含量(\mathrm{mg/100\ g}(鲜重))=\frac{(V_2-V_0)\times T\times V_{总}\times 100}{V\times m}$$

式中，V_0——滴定空白对照所耗用的染料的体积，mL；

V_1——滴定标准液所耗用的染料的体积，mL；

V_2——滴定样品液所耗用的染料的体积，mL；

$V_{总}$——样品提取液的体积，mL；

V——滴定时所取的样品提取液的体积，mL；

T——滴定度，即 1 mL 染料能氧化抗坏血酸的质量，mg；

m——检测样品的质量，g。

六、温馨提示

(1) 某些水果、蔬菜(如橘子、西红柿等)浆状物泡沫太多，可加数滴丁醇或辛醇。

(2) 若提取液中色素很多，滴定时不易看出颜色变化，可用白陶土脱色，或在提取液中加 2～3 mL 氯仿，在滴定过程中当氯仿相由无色变为粉红色时，即达终点。

(3) 提取的浆状物如不易过滤，亦可离心，留取上清液进行滴定。

(4) 整个操作过程要迅速进行，并防止与铁铜器具接触，以免还原型抗坏血酸被氧化。滴定过程用时一般不超过 2 min。滴定所用的染料应在 1～4 mL。如果样品含维生素 C 太高或太低，可酌情增减样液用量或改变提取液稀释度。

(5) 草酸及样品的提取液避免日光直射。2%草酸溶液有抑制抗坏血酸氧化酶的作用，而 1%草酸溶液无此作用。

七、思考题

(1) 用滴定法测定生物材料中维生素 C 的含量有什么优缺点？

(2) 影响实训结果的因素有哪些？

实训 23　卵磷脂的提取、纯化和鉴定

一、实训目的

(1) 掌握从鲜鸡蛋中提取卵磷脂的原理与方法。

(2) 掌握卵磷脂鉴定的原理与方法。

(3) 深入了解磷脂类物质的结构和性质。

二、必备知识

卵磷脂是生物体组织细胞的重要成分，主要存在于大豆等植物组织以及动物的肝、

脑、脾、心、卵等组织中，尤其在蛋黄中含量较多(10%左右)。卵磷脂和脑磷脂均溶于乙醚而不溶于丙酮，利用此性质可将其与中性脂肪分离；卵磷脂能溶于乙醇而脑磷脂不溶，利用此性质又可将卵磷脂和脑磷脂分离。

卵磷脂为白色，当与空气接触后，其所含不饱和脂肪酸会被氧化而使卵磷脂呈黄褐色。卵磷脂被碱水解后可分解为脂肪酸盐、甘油、胆碱和磷酸盐。甘油与硫酸氢钾共热，可生成具有特殊臭味的丙烯醛；磷酸盐在酸性条件下与钼酸铵作用，生成黄色的磷钼酸铵沉淀；胆碱在碱的进一步作用下生成无色且具有氨和鱼腥气味的三甲胺。这样通过对分解产物的检验可以对卵磷脂进行鉴定。

三、仪器、材料与试剂

（一）仪器

蛋清分离器、恒温水浴锅、蒸发皿、漏斗、铁架台、磁力搅拌器、天平、量筒、带塞三角瓶、试管、玻璃棒、烧杯、滤纸、红色石蕊试纸。

（二）材料

鲜鸡蛋。

（三）试剂

(1) 95%乙醇。

(2) 乙醚。

(3) 丙酮。

(4) 无水乙醇。

(5) 石油醚。

(6) 3%溴的四氯化碳溶液。

(7) 10%氢氧化钠溶液。

(8) 10% $ZnCl_2$溶液。

(9) 硫酸氢钾。

(10) 钼酸铵溶液：将 6 g 钼酸铵溶于 15 mL 蒸馏水中，加入 5 mL 浓氨水，另外将 24 mL 浓硝酸溶于 46 mL 蒸馏水中，两者混合，静置一天后再用。

四、操作步骤

（一）卵磷脂的提取

(1) 称取鸡蛋黄 10 g 于洁净的带塞三角瓶中，加入 95%乙醇 20 mL，搅拌 15 min。

(2) 以 3000 r/min 离心 5 min。

(3) 将沉淀物重复提取 3 次，回收上清液。

(4) 45 ℃减压蒸馏至近干，用少量石油醚洗下粘壁的黄色油状物质，在水浴上将石油醚挥干。

(5) 加入丙酮，抽滤，分离出沉淀物，即得到淡黄色的粗卵磷脂，真空干燥(40 ℃，30 min)，称重。

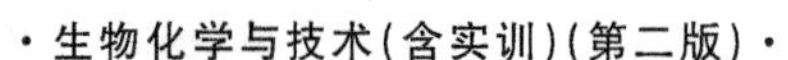

(二)卵磷脂的纯化

(1) 称取一定量的卵磷脂粗品,用无水乙醇溶解,得到约 10%的乙醇粗提液。

(2) 加入相当于卵磷脂质量的 10% $ZnCl_2$ 水溶液,室温搅拌 0.5 h,分离沉淀物。

(3) 加入适量冰丙酮(4 ℃)洗涤,搅拌 1 h。

(4) 用丙酮反复研洗,直到丙酮洗液近无色为止,得到白色蜡状的精卵磷脂。

(5) 真空干燥,称重。

(三)卵磷脂的溶解性试验

取干燥试管,加入少许卵磷脂,再加入 5 mL 乙醚,用玻璃棒搅动使卵磷脂溶解,逐滴加入丙酮 3~5 mL,观察现象。

(四)卵磷脂的鉴定

1. 三甲胺的检验

取干燥试管一支,加入少量提取的卵磷脂以及 2~5 mL 10%氢氧化钠溶液,放入水浴中加热 15 min,在管口放一片湿润的红色石蕊试纸,观察颜色有无变化,并嗅其气味。将加热过的溶液过滤,滤液供下面检验。

2. 不饱和性检验

取干净试管一支,加入 10 滴上述滤液,再加入 1~2 滴 3%溴的四氯化碳溶液,振摇试管,观察有何现象产生。

3. 磷酸的检验

取干净试管一支,加入 10 滴上述滤液和 5~10 滴 95%乙醇;然后再加入 5~10 滴钼酸铵溶液,观察现象;最后将试管放入热水浴中加热 5~10 min,观察有何变化。

4. 甘油的检验

取干净试管一支,加入少许卵磷脂和 0.2 g 硫酸氢钾,用试管夹夹住并先在小火上略微加热,使卵磷脂和硫酸氢钾混熔,然后再集中加热,待有水蒸气放出时,嗅有何气味产生。

五、温馨提示

(1) 本实训中的乙醚、丙酮及乙醇均为易燃、易挥发药品,尽量在通风橱里操作。氯化锌具腐蚀性。

(2) 加热浓缩时,一般用减压蒸馏,以免高温引起卵磷脂变性。

(3) 用丙酮洗涤时要注意丙酮的用量和温度。

六、思考题

(1) 本实训有哪些步骤可以改进?

(2) 查阅资料,设计一种卵磷脂的提取方法。

实训 24　发酵过程中无机磷的利用

一、实训目的

(1) 了解发酵过程中无机磷的利用。

(2) 掌握无机磷的测定原理和方法。

二、必备知识

酵母能使蔗糖和葡萄糖发酵产生乙醇和二氧化碳。此过程与无机磷将糖磷酸化有关。酵母在发酵过程中利用无机磷,使 AMP 生成 ATP。随着发酵时间的增长,无机磷含量降低,ATP 含量上升。本实训利用无机磷在酸性条件下与钼酸铵结合生成磷钼酸铵,此化合物被对苯二酚、亚硫酸钠还原成蓝色化合物钼蓝的原理来测定发酵前后反应混合物中无机磷的含量,用以观察发酵过程中无机磷的消耗。生成的钼蓝在 660 nm 波长处的吸光度值与磷的浓度成正比。用分光光度计测定试样溶液反应前后的吸光度,与标准系列比较定量。试样的吸光度在反应后下降越多,表示在发酵过程中无机磷利用越充分。

三、仪器、材料与试剂

(一) 仪器

分光光度计、恒温水浴锅、电子天平、研钵、微量加样器、吸量管、漏斗、滤纸、锥形瓶、试管、容量瓶。

(二) 材料

干酵母。

(三) 试剂

(1) 蔗糖。

(2) 5%三氯乙酸溶液。

(3) 钼酸铵溶液(50 g/L):称取 5 g 钼酸铵,加硫酸溶液(15%)溶解,并稀释至 100 mL,混匀。

(4) 对苯二酚溶液(5 g/L):称取 0.5 g 对苯二酚,溶于 100 mL 水中,并加入 1 滴浓硫酸,混匀。

(5) 亚硫酸钠溶液(200 g/L):称取 20 g 无水亚硫酸钠,溶解于 100 mL 水中,混匀。临用时配制。

(6) 磷标准储备液(100.0 mg/L):准确称取在 105 ℃下干燥至恒重的磷酸二氢钾 0.4394 g(精确至 0.0001 g),置于烧杯中,加入适量水溶解并转移至 1000 mL 容量瓶中,

加水至刻度,混匀。

(7) 磷标准使用液(10.0 mg/L):准确吸取 10 mL 磷标准储备液(100.0 mg /L),置于 100 mL 容量瓶中,加水稀释至刻度,混匀。

四、操作步骤

(一) 制作标准曲线

取 7 个 25 mL 容量瓶,编号,按表 2-2-30 依次加入试剂(磷标准使用液中磷含量为 10.0 mg/L)。

表 2-2-30 磷含量测定标准曲线制作

试 管 号	1	2	3	4	5	6	7
磷标准使用液体积/mL	0	0.5	1.0	2.0	3.0	4.0	5.0
磷含量/μg	0	5	10	20	30	40	50
钼酸铵溶液体积/mL	2	2	2	2	2	2	2
亚硫酸钠溶液体积/mL	1	1	1	1	1	1	1
对苯二酚溶液体积/mL	1	1	1	1	1	1	1
定容	充分混匀后,加水至刻度,静置 30 min						
$A_{660\ nm}$							

以 1 号为参比,在 660 nm 波长处用分光光度计测量 2～7 号的吸光度,计算各容量瓶中无机磷的含量,以 $A_{600\ nm}$ 为纵坐标,磷含量为横坐标,绘制标准曲线。

(二) 酵母发酵

称取 2～4 g 干酵母和 1 g 蔗糖,放入研钵内仔细研碎。加入 5 mL 蒸馏水和 10 mL 磷酸盐标准使用液研磨均匀。将匀浆转移至 50 mL 锥形瓶中并立即取出 0.5 mL 均匀的悬浮液,加入已盛有 3.5 mL 三氯乙酸溶液的试管中,摇匀,作为 0 min 反应试样。将锥形瓶立即放入 37 ℃恒温水浴中。以后每隔 30 min,将锥形瓶摇匀后,取一次样(0.5 mL 悬浮液),立即加入已盛有 3.5 mL 三氯乙酸溶液的试管中,摇匀。共取 3 次,作为 30 min、60 min、90 min 反应试样。将每个试样静置 10 min,然后过滤,得到的上清液作为待测样品,用作以下实训,空白为不加磷酸盐标准使用液的样品。

(三) 样品中无机磷的测定

准确吸取反应 0 min、30 min、60 min 和 90 min 的试样溶液 2.00 mL 及等量的空白溶液,分别置于 5 个 25 mL 容量瓶中,加入 2 mL 钼酸铵溶液(50 g/L),摇匀,静置。加入 1 mL 亚硫酸钠溶液(200 g/L)、1 mL 对苯二酚溶液(5 g/L),摇匀。加水至刻度,混匀。静置 0.5 h 后,用 1 cm 比色皿,在 660 nm 波长处测定其吸光度,从标准曲线上查出各试样的无机磷含量,以 0 min 反应试样的无机磷含量为 100%,计算酵母发酵 30 min、60 min 和 90 min 后消耗无机磷的分数(%)。

五、温馨提示

(1) 在本实训的预备试验中,应首先摸索酵母的用量及磷酸盐的稀释倍数,使吸光度值在适当的范围内。

（2）加试剂时应加一管，混匀一管，力求各管的无机磷与还原剂反应的时间严格一致。

六、思考题

（1）本实训中如何观察发酵过程中无机磷的消耗？

（2）什么是糖酵解？指出糖酵解过程中利用无机磷的步骤。

参考文献

[1] 朱圣庚,徐长法.生物化学[M].4版.北京:高等教育出版社,2017.

[2] 修志龙.生物化学[M].2版.北京:化学工业出版社,2017.

[3] 李晓华.生物化学[M].3版.北京:化学工业出版社,2015.

[4] 赵永芳.生物化学技术原理及应用[M].5版.北京:科学出版社,2015.

[5] 余蓉.生物化学[M].2版.北京:中国医药科技出版社,2015.

[6] 查锡良,药立波.生物化学与分子生物学[M].8版.北京:人民卫生出版社,2013.

[7] 张洪渊.生物化学[M].北京:化学工业出版社,2014.

[8] 杨安钢.生物化学与分子生物学实验技术[M].北京:高等教育出版社,2010.

[9] 杨荣武.生物化学原理[M].3版.北京:高等教育出版社,2012.

[10] 周爱儒.生物化学[M].6版.北京:人民卫生出版社,2012.

[11] 陈电容.生物化学与生化药品实验[M].北京:化学工业出版社,2010.

[12] 倪菊华.生物化学与分子生物学实验教程[M].北京:北京大学医学出版社,2008.

[13] 于自然.生物化学习题及实验技术[M].2版.北京:化学工业出版社,2010.

[14] 李旭甡,赵锐,初秋,等.生物化学学习指导与习题[M].上海:第二军医大学出版社,2013.

[15] 宋方州,何凤田.生物化学与分子生物学实验[M].北京:科学出版社,2008.

[16] 孙军.医学生物化学与分子生物学实验[M].武汉:华中科技大学出版社,2008.

[17] 袁勤生.现代酶学[M].2版.上海:东华理工大学出版社,2007.

[18] 李培青.食品生物化学[M].北京:中国轻工业出版社,2008.
[19] 聂剑初.生物化学简明教程[M].北京:高等教育出版社,1998.
[20] 吴显荣.基础生物化学[M].北京:中国农业出版社,1999.
[21] 罗继盛.生物化学简明教程[M].3版.北京:高等教育出版社,1999.
[22] 梅星元,袁均林,吴柏春.生物化学[M].3版.武汉:华中师范大学出版社,2007.
[23] [美]杰弗里·佐贝.生物化学[M].曹凯鸣等译.上海:复旦大学出版社,1999.